编程改变生活

用PySide6/PyQt6创建GUI程序 基础篇·微课视频版

邢世通 编著

清华大学出版社

北京

内 容 简 介

本书以 PySide6/PyQt6 的实际应用为主线，以理论基础为核心，引导读者渐进式学习 PySide6/PyQt6 的编程基础和实际应用。

本书共 10 章，可分为四部分。第一部分（第 1 章）讲解 PySide6 和 PyQt6 的历史与发展、PySide6 编程环境搭建和 PySide6 的基础知识，第二部分（第 2 章）应用 Qt Designer 设计 UI 界面，第三部分（第 3～8 章）介绍 PySide6 中各种类的应用方法，第四部分（第 9 章和第 10 章）深入介绍信号/槽机制、多线程和比较底层的事件处理机制。

本书示例代码丰富，实用性和系统性较强，并配有视频讲解，助力读者透彻理解书中的重点、难点。本书适合初学者入门，精心设计的案例对于工作多年的开发者也有参考价值，并可作为高等院校和培训机构相关专业的教学参考书。

图书在版编目（CIP）数据

编程改变生活：用 PySide6/PyQt6 创建 GUI 程序. 基础篇：微课视频版/邢世通编著. —北京：清华大学出版社，2024.3

　　ISBN 978-7-302-65750-7

　　Ⅰ. ①编…　Ⅱ. ①邢…　Ⅲ. ①软件工具－程序设计　Ⅳ. ①TP311.561

中国国家版本馆 CIP 数据核字（2024）第 042627 号

责任编辑：赵佳霓
封面设计：刘　键
责任校对：申晓焕
责任印制：丛怀宇

出版发行：清华大学出版社
　　　　网　　　址：https://www.tup.com.cn，https://www.wqxuetang.com
　　　　地　　　址：北京清华大学学研大厦 A 座　　　　邮　　编：100084
　　　　社　总　机：010-83470000　　　　　　　　　　邮　　购：010-62786544
　　　　投稿与读者服务：010-62776969，c-service@tup.tsinghua.edu.cn
　　　　质量反馈：010-62772015，zhiliang@tup.tsinghua.edu.cn
　　　　课件下载：https://www.tup.com.cn，010-83470236
印　装　者：北京鑫海金澳胶印有限公司
经　　　销：全国新华书店
开　　　本：186mm×240mm　　　印　　张：32.25　　　　　字　　　数：727 千字
版　　　次：2024 年 3 月第 1 版　　　　　　　　　　　　印　　　次：2024 年 3 月第 1 次印刷
印　　　数：1～2000
定　　　价：119.00 元

产品编号：102604-01

前 言
PREFACE

  Python 作为一门优秀的编程语言,由于其语法简洁、优雅、明确,因此受到很多程序员和编程爱好者的青睐。GUI 用户图形界面开发是 Python 的一个非常重要的方向。PySide6 或 PyQt6 都是跨平台、高效的 GUI 框架,是使用 Python 开发 GUI 程序时非常常用、高效的一种技术。使用 PySide6 或 PyQt6 开发的程序,可以运行在 Windows、Linux、macOS 等桌面系统上,也可以运行在 Android、iOS、嵌入式设备上。

  也许会有人问:"既然 PySide6 或 PyQt6 功能强大,是否需要非常多的时间才能学会这个 GUI 框架?"其实这样的担心是多余的。任何一个 GUI 框架都是帮助开发者提高开发效率的工具,PySide6 或 PyQt6 也不例外。学习 PySide6 或 PyQt6 不是为了学习而学习,而是为了编写实用、稳定的 GUI 程序。如果我们用最短的时间掌握 PySide6 或 PyQt6 的必要知识,然后持续地应用这些知识创建不同的 GUI 程序,则学习效率会非常高,而且会体会到 PySide6 或 PyQt6 的强大之处,并且在实际开发中可以引入 Python 的内置模块和第三方模块,这会明显地提高开发效率。

  本书中有丰富的案例,将语法知识和编程思路融入大量的典型案例,带领读者学会 PySide6/PyQt6,并应用 PySide6/PyQt6 解决实际问题,从而提高能力。

本书主要内容

  本书共 10 章,可分为四部分。

  第一部分(第 1 章),主要讲解 PySide6 和 PyQt6 的历史与发展、PySide6 编程环境的搭建和学习 PySide6 的必备知识;使用 PySide6 创建简单的 GUI 程序,介绍了信号/槽机制;此外,介绍了将 Python 代码转换为可执行文件的方法。

  第二部分(第 2 章),主要讲解应用 Qt Designer 的方法,包括 Qt Designer 窗口介绍、窗口界面与业务逻辑相分离的编程方法、设置信号与槽的关联;此外,介绍了在 Qt Designer 中设置布局管理、菜单栏、工具栏,以及添加图片的方法。

  第三部分(第 3~8 章),主要讲解 PySide6 的各种窗口类、基础类、控件类、布局管理类的用法,并介绍使用 QPainter 类绘图的方法。

  第四部分(第 9 章和第 10 章),深入讲解 PySide6 的事件处理方法:比较高级的信号/槽机制和比较底层的事件处理机制,并介绍多线程的应用方法。

阅读建议

本书是一本基础入门加实战的书籍,既有基础知识,又有丰富的典型案例。这些典型案例贴近工作、学习、生活,应用性强。

建议读者先阅读第一部分,搭建好开发环境,掌握必备的基础知识后,应用 PySide6 编写最简单的 GUI 程序,在理解了信号/槽机制以后,编写能够处理简单事件的 GUI 程序。

阅读第二部分需要实际的操作,不仅能使用 Qt Designer 实践书中的案例,而且可根据开发需求独自设计 UI 界面,并掌握窗口界面和业务逻辑相分离的编程方法。

第三部分属于比较有规律的部分,介绍了 PySide6 的各种类的构造函数、方法(包括静态方法、内置槽函数)、信号,以及应用实例。

第四部分属于需要理解的部分,需要理解比较高级的信号/槽机制和比较底层的事件处理机制,在实际开发中应用这两种机制,并能理解和应用多线程处理问题。

资源下载提示

素材(源码)等资源:扫描目录上方的二维码下载。

视频等资源:扫描封底的文泉云盘防盗码,再扫描书中相应章节的二维码,可以在线学习。

致谢

感谢我的家人、朋友,尤其感谢我的父母,由于你们的辛勤付出,我才可以全身心地投入写作工作。

感谢清华大学出版社赵佳霓编辑,在书稿的出版过程中给我提出了非常多的建议,没有你们的策划和帮助,我难以顺利完成本书。

感谢我的老师、同学,尤其感谢我的导师,在我的求学过程中,你们曾经给我很大的帮助。感谢为本书付出辛勤工作的每个人!

由于作者水平有限,书中难免存在不妥之处,请读者见谅,并提出宝贵意见。

作 者

2024 年 1 月

目 录
CONTENTS

教学课件（PPT）

本书源码

第一部分

第二部分

第三部分

第四部分

第一部分

第 1 章

认识 PySide6/PyQt6

Python 是一种跨平台、开源、免费、解释型的高级编程语言。很多已经入门 Python 的开发者都会面临一个普遍的问题，如何使用 Python 创建实用、稳定的 GUI 程序？如何选择一款高效、跨平台的 GUI 框架？选择的 GUI 框架能否满足实际的开发需求？

对于上面普遍性的问题和想法，可以综合起来一并回答。Python 是一门语法简洁、功能强大的编程语言，应用广泛。GUI 用户图形界面开发是 Python 的一个非常重要的应用方向。PySide6 和 PyQt6 都是跨平台、高效的 GUI 框架，是使用 Python 开发 GUI 程序时最常用、最高效的一种技术。使用 PySide6 或 PyQt6 开发的程序，可以运行在 Windows、Linux、macOS 等桌面系统上，也可以运行在 Android、iOS、嵌入式设备上。

关键的问题是：既然 PySide6 和 PyQt6 功能强大，是否需要非常多的时间才能学会这个 GUI 框架？毕竟时间很珍贵！

其实，任何一个 GUI 框架都是帮助开发者提高开发效率的工具，PySide6 和 PyQt6 也不例外。学习 PySide6 或 PyQt6 的目的不是为了学习而学习，而是为了编写实用、稳定的 GUI 程序。如果我们用最短的时间掌握 PySide6 或 PyQt6 的必要知识，然后持续地应用这些知识创建不同的 GUI 程序，则学习效率会非常高，而且会体会到 PySide6 或 PyQt6 的强大之处。

如果你是个资深编程者，就无须多言，开始我们的学习吧！本章首先从宏观角度介绍 PySide6 和 PyQt6 的历史、发展及其技术优势、特性和语言风格。工欲善其事，必先利其器。学习 PySide6 或 PyQt6 框架，还需要读者着手一些开发准备工作，本章手把手带领读者搭建一个 Python 编程开发环境，并安装 PySide6 和 PyQt6。

1.1 PySide6/PyQt6 的历史与发展

这个世界上存在着几百种计算机编程语言，实际上流行起来的也就十几种。1989 年的圣诞节，Guido van Rossum 龟叔感觉很无聊，就发明了 Python 编程语言。时隔 30 多年，这名荷兰人也未必预料到，Python 会成为稳居前三位的编程语言。

6min

1.1.1 Python 与 PySide6/PyQt6 简介

Python 编程语言的设计哲学是优雅、明确、简单。用通俗的语言解释这种设计哲学就是用较少的代码，更快、更有效率地解决问题。Python 始终坚持这一理念，这让很多程序开发人员获益匪浅，以至于网络上流传着"人生苦短、我用 Python"的说法。

为什么 Python 可以用较少的代码，更快、更有效率地解决问题？这因为 Python 是一种扩充性强大的语言。Python 语言有丰富和强大的"武器库"，能够把其他语言制作的模块联结在一起，整合后内化成 Python 语言。例如，开发框架 Qt。

Qt 是一个跨平台应用开发框架，1991 年由两个挪威人 Eirik Chambe-Eng 和 Haavard Nord 开发(后来成立了 Trolltech 公司，中文名是奇趣科技公司)。本质上 Qt 是用 C++语言写的一套类库。使用 Qt 可以为桌面计算机、服务器、移动设备、嵌入式设备开发各种应用，特别是图形用户界面程序。经过 30 多年的发展，Qt 的使用越来越广泛，功能越来越强大。

注意：GUI 的英文是 Graphical User Interface，即图形用户界面。GUI 是软件的视觉体验和互动操作部分，属于人机交互的课题。我们常用的 Office、WPS 都是 GUI 程序，而且 WPS 是用 Qt 开发的。

由于 Python 具有良好的可扩展性，能够不断地通过 C/C++模块进行功能性扩展，因此可以使用 Python 调用 Qt 进行程序开发，特别是 GUI 程序开发。Qt 的 Python 绑定版本比较多，比较常用的是 PyQt 和 PySide。

PyQt 是 Riverbank Computing 公司开发的 Qt 绑定的 Python 模块。PyQt 发布得比较早，PyQt5 是 Qt5 对应的版本，PyQt6 是 Qt6 对应的版本。PyQt5 和 PyQt6 都采用商业许可和 GPLv3 开源许可。

PySide 是 Qt 官方开发的 Qt 绑定的 Python 模块。2008 年，奇趣科技被 Nokia(诺基亚)收购，Nokia 主动与 Riverbank Computing 展开了多轮协商，表示希望 PyQt 能添加对 LGPL 协议的支持。由于各种原因，最终谈崩了。Nokia 决定单干，于 2009 年 8 月发布了支持了 LGPL 协议的 PySide，即 PyQt 的对标产品。由于 PySide 的推出比 PyQt 晚很多，而且先前 PySide 项目不是很完善，缺乏文档，所以早期的 PySide 存在感不高。

注意：2008 年，奇趣科技被 Nokia(诺基亚)收购，更名为 Qt Software。2011 年，Nokia 将 Qt 的商业许可卖给芬兰的 IT 服务公司 Digia。2012 年，Nokia 将 Qt 完全卖给 Digia，Digia 在 2012 年年底推出了 Qt5。2014 年，Qt 公司从 Digia 独立出来。2016 年，Qt 公司在芬兰赫尔辛基上市，股票代码为 QTCOM。

2015 年，Qt 官方推出 Qt for Python 项目。该项目旨在为 PySide 提供完整的 Qt 接口支持。2018 年 12 月，该项目发布了 PySide2 模块，对应了 Qt5.12 版本。2020 年 12 月，PySide6 与 Qt6 一起被发布，与旧版本相比 PySide6 有以下特点：

（1）不支持 Python 2.7。

（2）放弃对 Python 3.5 的支持，最低支持到 Python 3.6＋。

PySide6 采用商业许可和 LGPLv3 开源许可，与 PyQt6 采用的 GPLv3 开源许可相比，LGPLv3 开源许可对商业开发更友好一些。

注意：GPL 表示 GNU 通用公共许可协议，是 GNU General Public License 的简写。它是由自由软件基金会（FSF）公布的自由软件许可证。GPLv3 是 2007 年发布的版本。LGPL 表示 GNU 宽通用公共许可证，是 GNU Lesser General Public License 的简称。它是由自由软件基金会（FSF）公布的自由软件许可证。LGPLv3 是 2007 年发布的版本。LGPL 和 GPL 不同：GPL 要求任何使用、修改、衍生之 GPL 类库的软件必须采用 GPL 协议；LGPL 允许商业软件通过引用（link）的方式使用 LGPL 类库而不需要开源商业软件的代码。这使采用 LGPL 协议的开源代码可以被商业软件作为类库引用并发布和销售。

将 PySide6 与 PyQt6 做个对比，这两个模块都是 Qt6 绑定的 Python 模块，如果读者学会了其中的一个模块，则肯定会使用另一个模块。由于 PySide6 是 Qt 官方推出的 Python 模块，因此 PySide6 的更新支持更及时一些。如果开发者计划申请商业许可，则使用 PySide6 只需申请一个商业许可，而使用 PyQt6 需要申请两个商业许可，因此本书主要以 PySide6 为例进行讲解。

1.1.2　PySide6 的发展与优势

2020 年 12 月，PySide6 与 Qt6 一起被发布，这时开发者可以使用 PySide6 创建基于 Qt6 的应用程序，但此时的 Qt6 并不完善，Qt 官方在 2021 年 4 月发布了 Qt6.1，并在 2021 年 9 月底发布了 Qt6.2 LTS(Long Term Support)，这是 Qt6 的第 1 个 LTS 版本，也是比较完善的版本，补齐了 Qt 框架中的所有模块。

Qt6.2 LTS 包含多项创新性改进，开发者可将其作为未来生产力平台，设计精美并可轻松扩展其产品组合。Qt6.2 LTS 还提供了诸如先进的三维图形系统及用于 Vulkan(Linux)、Metal(macOS)、Direct 3D(Windows)技术的硬件加速图形等多项全新功能，以及 Bluetooth、Multimedia、Serial Port 等模块。

Qt 自从发布以来就受到工业界的广泛欢迎，很多企业采用 Qt 创建应用程序，比较知名的应用程序有 WPS、YY 语言、Skype、Eva(Linux 版的 QQ 聊天软件)、VirtualBox、Google Earth、咪咕音乐等。

每当 Qt6 发布更新时，PySide6 也会随时跟进更新。PySide6 严格遵守 Qt6 的发布许可，而且拥有双重协议，开发人员可以选择使用免费的 GPL 协议。如果开发人员将 Qt 用于商业活动，则需申请商业许可。

PySide6 正在受到越来越多的 Python 开发者的应用，这是因为 PySide6 具有以下特性：

（1）基于高性能的 Qt6 的控件集。

（2）具有跨平台开发能力，开发的程序可以应用在 Windows、Linux、macOS、Android、iOS 等平台上。

（3）使用信号/槽机制进行通信，相比于其他框架使用的回调（Callback）机制，信号/槽机制更安全、简洁。

（4）对 Qt 库进行完全封装。

（5）可以使用 Qt Designer 进行图形界面设计，并自动生成可以执行的 Python 代码。

（6）提供了一整套种类繁多的窗口控件。

当然，开发者也可以使用 C++语言开发 Qt6 的应用程序，但使用 Python 语言的编程效率更高。将标准的 Qt6 示例移植到 PySide6 后，虽然代码具有相同的功能，也使用相同的应用程序接口，但 Python 版本的代码只有原来的 $50\% \sim 60\%$，而且更容易阅读。另外，Python 是一种扩充性强大的语言，具有良好的编程生态，Python 在数学运算、绘制图形、办公自动化、数据分析、网络应用、机器学习、人工智能等方面有非常成熟的模块，这些模块使用起来非常方便。结合 PySide6 可以快速地开发出实用、可靠的应用程序。为什么不使用 Python? 余生太短，只用 Python!

当然，有的读者认为 Python 是解释执行的编程语言，使用 PySide6 创建的复杂程序运行速度会比较慢。实际上，PySide6 的底层是 Qt6 的 DLL 文件。DLL 文件即动态链接库文件（Dynamic Link Library），其本质是一个已经编译好的机器指令文件，所以使用 PySide6 调用 Qt6 的编程接口速度是非常快的。针对 Python 解释执行的弱点，可以使用 Python 中的 PyInstaller 模块将 Python 代码打包成可执行文件，例如 Windows 系统下扩展名为 .exe 的文件。如果读者需要制作应用程序的安装包程序，则可以使用 Inno Setup 等免费软件制作标准 Windows 2000 风格的安装界面并创建安装包程序。

1.1.3　应用 PySide6 的必备知识

使用 PySide6 创建应用程序，需要具备必要的 Python 编程知识和技能，主要包括以下必备知识：

（1）熟悉 Python 的变量、运算、流程控制结构（顺序结构、条件结构、循环结构），具备基本的编程思维，能够解决基本的编程问题。

（2）理解面向过程的编程思想，可以使用 Python 自定义函数、调用函数。

（3）理解面向对象的编程思想（封装、继承、多态），可以使用 Python 自定义类、创建对象、导入其他文件中的类。

（4）理解 Python 中的模块，可以使用 Python 安装模块、引入模块、应用模块中的函数或类。

（5）熟悉 Python 中列表、元组、字典、字符串等复杂数据类型的应用，可以使用列表、元组、字符串解决基本编程问题。

这些必备知识对应了《编程改变生活：用 Python 提升你的能力（基础篇·微课视频

版)》的 1～6 章的内容。有的 Python 初学者可能认为这些必备知识比较多,列表、元组、字典、字符串等复杂数据类型比较难学,可以先掌握其基本概念,然后当需要应用这些知识时,专门研究这些难理解的知识或技能。Python 初学者可参考北宋文学家苏轼的读书方法"八面受敌法",其本质思想可概括为两个方面:一是把学习的内容分而治之,复杂的知识由简单的知识构成,立体的事物有不同的侧面;二是聚焦注意力,明确学习的目的,专注于自己的领域。

如果读者已经掌握了这些必备知识,则可以直接进入 PySide6 的学习。

1.2 搭建开发环境

工欲善其事,必先利其器。在正式学习 PySide6 之前,需要搭建 Python 开发环境,并安装 PySide6 模块。Python 语言是个跨平台的开发工具,可以在 Windows、Linux、macOS 等系统上运行。如果使用 Linux 系统,则可能已经预装了 Python 开发环境。

1.2.1 安装 Python

▶12min

大部分的个人计算机使用的是 Windows 系统。下面主要演示如何在 Windows 系统上创建 Python 开发环境。

1. 下载 Python 安装包

(1)打开浏览器,登录 Python 的官方网站,输入网址 www.python.org,如图 1-1 所示。

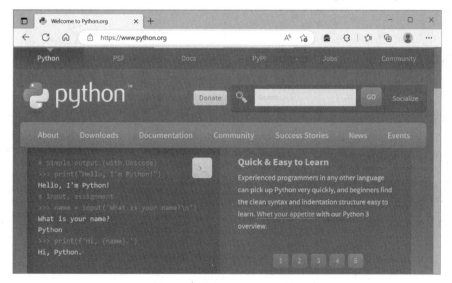

图 1-1 Python 的官方网站

(2)选择 Downloads,网页会显示一个下拉菜单选项。单击 Windows,进入适合 Windows 系统的 Python 安装包下载页面,如图 1-2 所示。

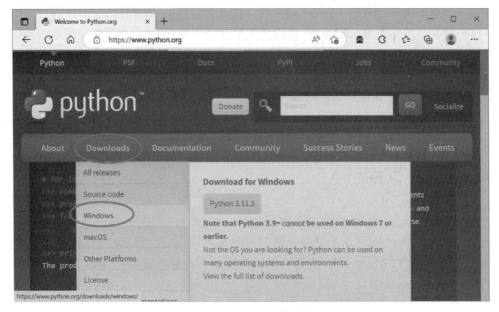

图 1-2　安装包下载页面

（3）如果使用的是 64 位的 Windows 操作系统，则下载 64 位的安装包；如果使用的是 32 位的 Windows 操作系统，则下载 32 位的安装包。如果使用的是 Windows 7 系统或更早的版本，就选择一个可以运行相应的 Windows 系统版本的安装包，如图 1-3 所示。

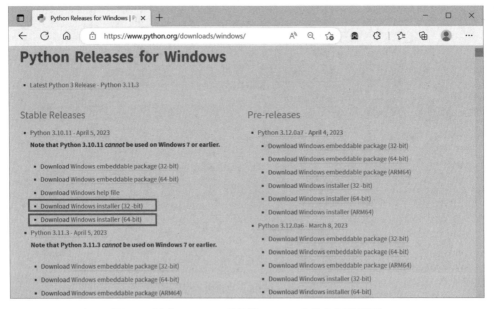

图 1-3　适合 Windows 系统的 Python 安装包下载页面

注意：在图 1-3 中，Stable Releases 指稳定版，Pre-releases 指内测版。初学者和编程开发者选择稳定版本即可。Windows embeddable package 是指 Windows 系统的可嵌入式安装包，可以集成在其他应用中。初学者选择 Windows installer 进行下载即可。如果是编程开发者，则由于最新版本的安装包对某些模块的支持不好，所以建议选择稍微旧一点的版本或者 32 位的安装包进行下载并安装。

（4）选择适合的 Windows 操作系统版本的安装包，单击 Download 后面的安装包进行下载。本书选择的是 64 位的 Windows 系统的 Python 3.10.11 版本（不适合运行在 Windows 7 或更早版本的 Windows 系统上），如图 1-4 所示。

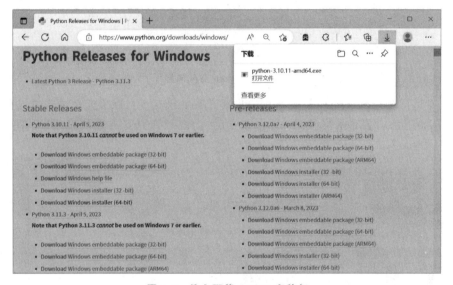

图 1-4 单击下载 Python 安装包

（5）下载完成后，会得到一个名称为 python-3.10.11-amd64.exe 的可执行文件。

2. 在 Windows 64 位系统中安装 Python

在 Windows 64 位系统上，安装 python 3.10.11 的步骤如下。

（1）双击下载的 Python 安装文件 python-3.10.11-amd64.exe，之后计算机会显示安装向导对话框，选中 Add python.exe to PATH 复选框，表示将自动配置环境变量，如图 1-5 所示。

注意：在图 1-5 中，Install Now 是指默认安装，Python 安装路径不能修改，默认安装路径在系统盘，不建议单击此选项。环境变量是 Windows 系统中一个非常重要的设置。由于它在 Windows 系统中非常隐蔽，所以一般用户很少接触到与它相关的知识，但这并不影响环境变量的实用性和便利性。最简单的一个应用就是，它可以直接在 Windows 命令行窗口输入环境变量中已经设置好的变量名称，快速打开指定的文件夹或者应用程序。

图 1-5 Python 安装向导

（2）单击 Customize installation，选择自定义安装模式。自定义安装模式可以自己设置安装路径，不建议安装在系统盘下。单击按钮后，会继续弹出安装选项对话框，保持默认设置，如图 1-6 所示。

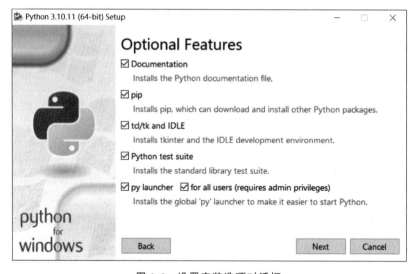

图 1-6 设置安装选项对话框

注意：在图 1-6 中，勾选 Documentation，表示安装 Python 帮助文档；勾选 pip，表示安装用来下载 Python 包的工具 pip；勾选 tcl/tk and IDLE，表示安装 tkinter 模块和 IDLE 开发环境；勾选 Python test suite，表示安装标准库测试套件；勾选 py launcher 和 for all users(requires admin privileges)，表示安装所有用户都可以启动的 Python 发射器。

（3）单击 Next 按钮，将进入高级选项对话框。在该对话框中，将安装路径设置为 D:\program files\python（读者可根据自己的需求，自行设置安装路径），其他的项采用默认设置，如图 1-7 所示。

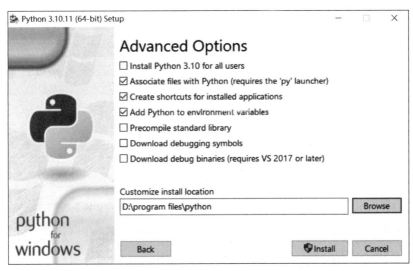

图 1-7　高级选项对话框

（4）单击 Install 按钮，开始安装 Python 安装文件。安装完成后，如图 1-8 所示。

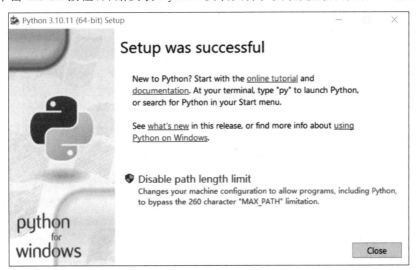

图 1-8　安装成功对话框

3. 使用 IDLE 创建 Python 程序

通过上面的步骤，已经成功地安装了 Python 开发环境。Python 的开发环境，不仅安装了 Python 的解释器，而且还安装了一个自带的编辑器 IDLE。读者可以使用 IDLE 进行简单编程。

（1）单击 Windows 10 系统的开始菜单，在显示的菜单中选择 IDLE（Python 3.10 64-bit）菜单项，即可打开 IDLE 窗口，如图 1-9 所示。

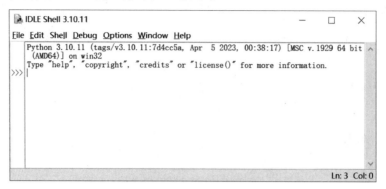

图 1-9　IDLE 窗口

（2）在当前 Python 提示符"＞＞＞"的右侧输入以下代码，然后按 Enter 键。

```
print("优雅 明确 简单")
```

运行结果如图 1-10 所示。

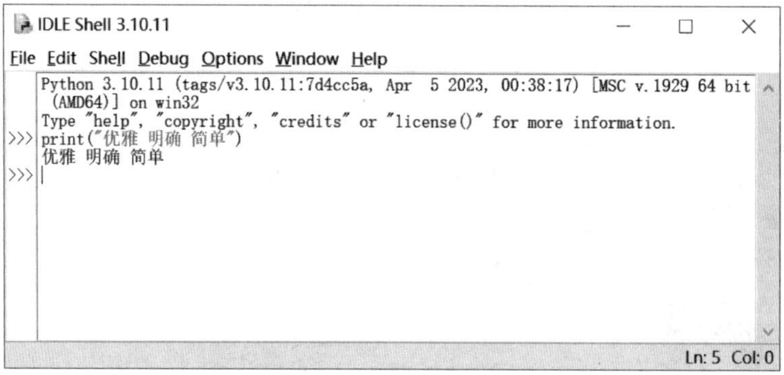

图 1-10　IDLE 窗口运行结果（1）

（3）在当前 Python 提示符"＞＞＞"的右侧输入以下代码，然后按 Enter 键。

```
1000 + 234
```

运行结果如图 1-11 所示。

从上面的例子，读者可以体会到 Python 的编译运行过程，即一行一行地将代码编译成机器码并执行，中间并不保存机器码。读者可以利用 IDLE 编辑器进行一些数学计算。

注意：如果在中文状态下输入代码中的小括号或者双引号，则会导致语法错误，初学者切记。学过其他编程语言的读者会发现，不同于 C 语言等编程语言，Python 代码每行的结尾没有分号。

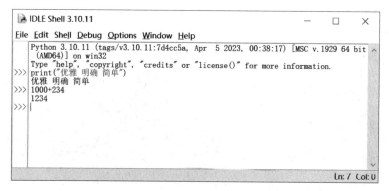

图 1-11　IDLE 窗口运行结果(2)

4. 在 Windows 命令行窗口创建 Python 程序

安装 Python 文件包过程中的第 1 步已经给 Python 设置了环境变量。读者可以在 Windows 命令行窗口创建 Python 程序,步骤如下:

(1) 按快捷键 Win+R,打开 Windows 运行窗口。Win 键是指键盘上有微软公司图标 的那个按键,如图 1-12 所示。

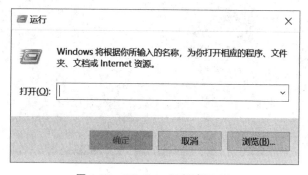

图 1-12　Windows 运行窗口(1)

(2) 在 Windows 运行窗口中输入 cmd,按 Enter 键,进入 Windows 命令行窗口,如图 1-13 和图 1-14 所示。

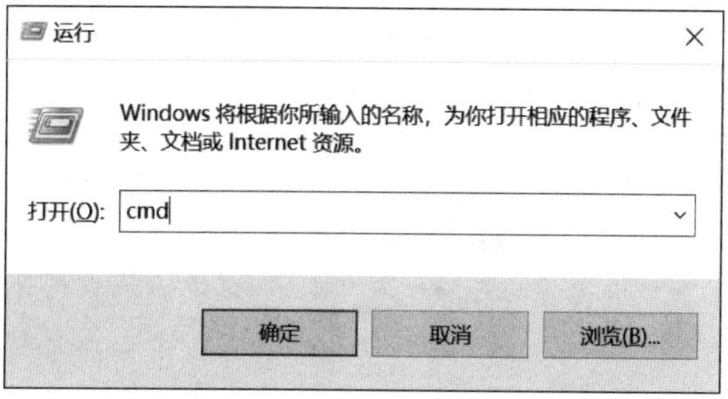

图 1-13　Windows 运行窗口(2)

图 1-14　Windows 命令行窗口

（3）在 Windows 命令行窗口中输入 python，按 Enter 键就可进入 Python 的交互命令行窗口。读者可以在这个窗口中创建并运行 Python 程序代码。运行效果和 IDLE 类似，如图 1-15 所示。

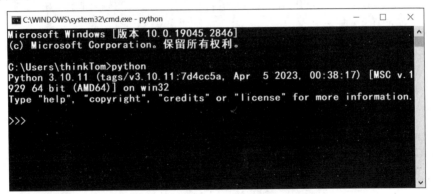

图 1-15　Python 命令交互窗口

注意：如果在 Windows 命令行窗口中输入 python 后显示"'Python'不是内部或外部命令，也不是可运行的程序或批处理文件"，则说明读者在安装 Python 时没有勾选 Add python.exe to PATH 复选框。对于这个问题，有两种解决方法：第 1 种方法，卸载 Python 软件，重新安装，切记一定要勾选 Add python.exe to PATH 复选框。第 2 种方法，给计算机配置环境变量，具体步骤如下：右击"我的计算机"，选择"属性"→"高级系统设置"→"环境变量"→"path"，单击"编辑"按钮，在弹出窗口中单击"新建"按钮，输入安装 Python 的路径 D:\program files\python\；D:\program files\python\Scripts:\。注意不同版本的 Windows 操作系统，添加环境变量的步骤稍有不同，一定要添加自己计算机下的 Python 路径。对比一下，第 1 种方法更简单一些，操作计算机有这点好处，安装软件犯错了，还可以退回到原点重新安装，而且计算机从不顶嘴，世间的事情就很难说了。

（4）在当前 Python 提示符">>>"的右侧输入以下代码，然后按 Enter 键。

```
print("优雅 明确 简单")
```

运行结果如图 1-16 所示。

图 1-16　Python 命令交互窗口运行结果（1）

（5）在当前 Python 提示符">>>"的右侧输入以下代码，然后按 Enter 键。

```
10000 + 2345
```

运行结果如图 1-17 所示。

图 1-17　Python 命令交互窗口运行结果（2）

（6）在当前 Python 提示符">>>"的右侧输入 exit（），然后按 Enter 键就可退出 Python 的命令交互窗口，而后切换到 Windows 的命令交互窗口。exit（）是 Python 的内置函数，用来中断退出 Python 的程序。

运行结果如图 1-18 所示。

有些读者可能习惯了使用图形操作系统，对于这样的命令行操作感觉比较陌生。对于这个问题，可以分为两个层次进行思考。第 1 个层次，以计算机用户为主体，以计算机为客

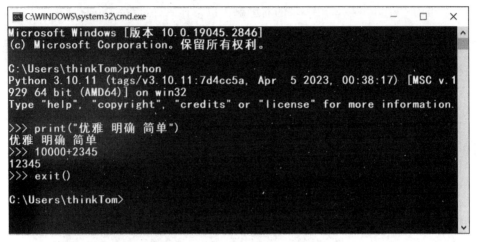

图 1-18　退出 Python 命令交互窗口

体。使用图形操作或命令行操作各有优势。如果你熟悉命令行操作,则会意识到在处理某些事件上,命令行操作更有优势。第 2 个层次,以计算机为主体,以计算机用户为客体。使用图形操作系统需要耗费计算机大量的软、硬件资源,使用命令行操作,只需要耗费计算机很少的软、硬件资源,从而可提高运行效率。这也是为什么大量网站的服务器不使用图形操作系统的原因。

1.2.2　文本编辑器和集成开发环境

1.2.1 节讲解了使用 IDLE 和 Python 命令交互窗口创建 Python 程序的方法。这两种方法有缺点,只能写一行代码,然后执行一行代码。为了提高开发效率,需要将代码写在一起,然后整体执行。对于 Python,读者只需使用文本编辑器就可以实现这一目标。使用 PySide6 创建应用程序,需要一款专业的文本编辑器,例如 Sublime Text 编辑器,Sublime Text 编辑器在 Windows、macOS、Linux 操作系统下都可以使用。

1. 使用 Sublime Text 编辑器创建 Python 程序

Sublime Text 具有漂亮的用户界面和强大的功能,Sublime Text 支持多种编程语言的语法高亮、拥有优秀的代码自动完成功能,还拥有代码片段功能,可以将常用的代码片段保存起来,在需要时随时调用。这款强大的文本编辑器,虽然官方名义上是收费的,但支持用户无限期试用,所以读者完全可以放心,大胆地使用 Sublime Text 编辑器。下面详细介绍如何下载并安装 Sublime Text 编辑器。

(1) 打开浏览器,登录 Sublime Text 的官方网址 https://www.sublimetext.com,单击 DOWNLOAD FOR WINDOWS 按钮进行下载即可,如图 1-19 所示。

(2) 下载 Sublime Text 安装文件,如图 1-20 所示。

(3) 双击安装文件 sublime_text_build_4143_x64_setup.exe 将显示安装向导对话框。在该对话框中,将安装路径设置为 D:\program files\Sublime Text(读者可自行设置路

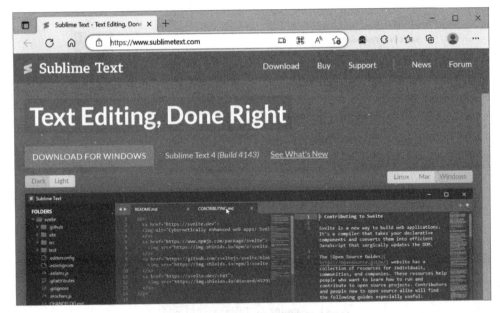

图 1-19　Sublime Text 编辑器官方网址

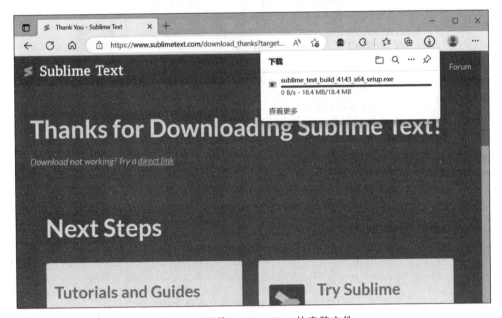

图 1-20　下载 Sublime Text 的安装文件

径），然后单击 Next 按钮，如图 1-21 所示。

（4）勾选 Add to explorer context menu 复选框。这样 Sublime Text 便能够被添加到快捷键列表中，当右击某文件时，能够直接使用 Sublime Text 打开，然后单击 Next 按钮，如图 1-22 所示。

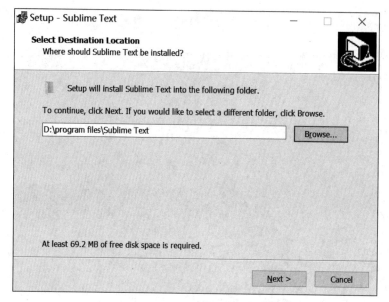

图 1-21　Sublime Text 安装向导对话框

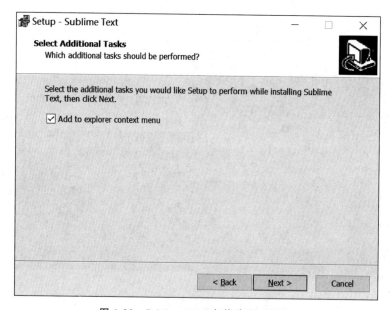

图 1-22　Sublime Text 安装选项对话框

(5) 单击 Install 按钮,如图 1-23 所示。

(6) 单击 Finish 按钮,表示安装完成,如图 1-24 所示。

(7) Sublime Text 编辑器安装完成后,在安装路径 D:\program files\Sublime Text 下(读者需打开自己计算机的安装路径)找到 sublime_text.exe 文件。右击该文件,在显示的菜单栏中选择"发送到"→"桌面快捷方式"。这样,读者便可以方便、快捷地使用 Sublime

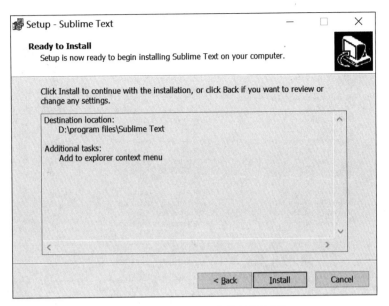

图 1-23　Sublime Text 安装对话框（1）

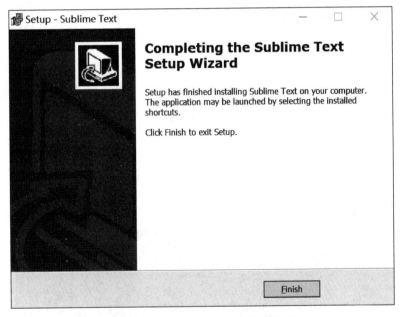

图 1-24　Sublime Text 安装对话框（2）

Text 编辑器了，如图 1-25 和图 1-26 所示。

安装好 Sublime Text 编辑器后，读者就可以使用该编辑器创建 Python 程序了，步骤如下：

（1）双击 Sublime Text 的桌面图标，打开 Sublime Text 编辑器，如图 1-27 所示。

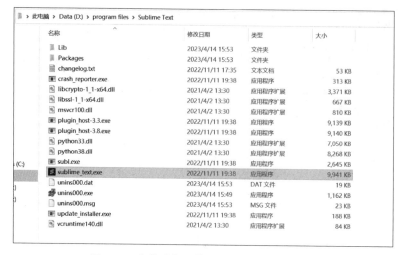

图 1-25　安装路径下的 sublime_text. exe 文件

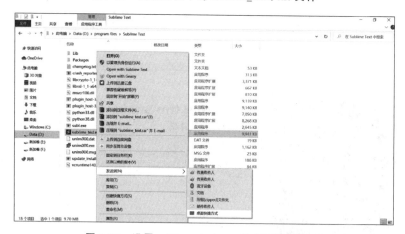

图 1-26　设置 sublime_text. exe 的桌面快捷方式

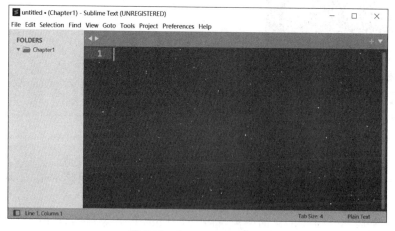

图 1-27　Sublime Text 窗口

（2）在 Sublime Text 的编辑器窗口中，顶层菜单栏中有 File 选项。选择 File→New File 选项，创建一个新文件，如图 1-28 和图 1-29 所示。

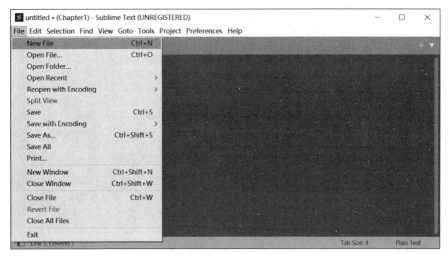

图 1-28　Sublime Text 创建新文件

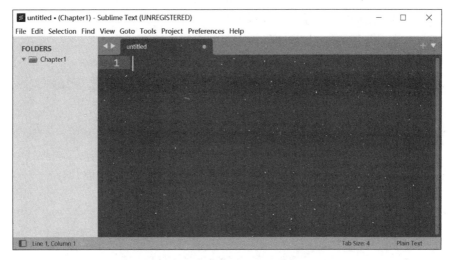

图 1-29　Sublime Text 新文件窗口

（3）在新建的文件中输入 Python 代码：

```
# === 第 1 章 代码 demo1.py === #
print('江雪')
print('作者:柳宗元')
print('千山鸟飞绝,')
print('万径人踪灭。')
print('孤舟蓑笠翁,')
print('独钓寒江雪。')
```

Sublime Text 编辑器中输入的代码如图 1-30 所示。

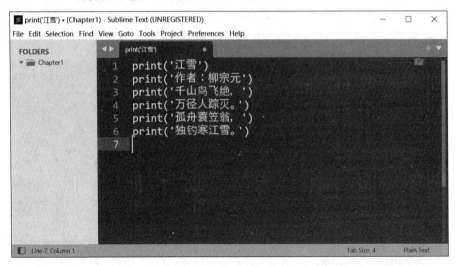

图 1-30　Sublime Text 窗口

（4）按快捷键 Ctrl＋S，保存写好的 Python 代码。在弹出的对话框中，将文件命名为 demo1.py，将文件保存在 D 盘下的 Chapter1 文件夹下，如图 1-31 所示。

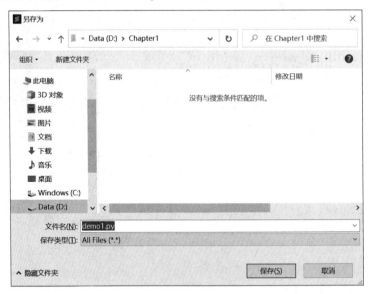

图 1-31　保存文件对话框

注意：使用 Sublime Text 编辑器时，也可以先保存文件，设置好代码文件的格式，然后输入代码。按照这样的顺序操作有很大的好处，Sublime Text 编辑器可以根据 Python 语言的特点，自动设置代码缩进、代码高亮显示、自动识别输入错误等信息。

（5）打开 D 盘的 Chapter1 文件夹，可以看到保存的 demo1.py 文件，如图 1-32 所示。

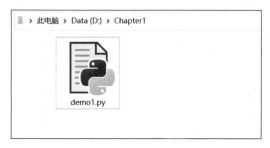

图 1-32 保存在 D 盘 Chapter1 文件夹下的 Python 文件

读者可以打开 Windows 命令行窗口，将该窗口的工作目录切换到 D 盘的 Chapter1 文件夹下，输入 python demo1.py，按 Enter 键就可以看到该代码的运行结果，如图 1-33 所示。

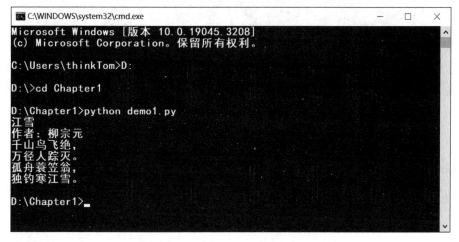

图 1-33 代码 demo1.py 的运行结果

2. 其他文本编辑器

除了 Sublime Text 编辑器，还有一些比较好用的文本编辑器，例如 Notepad++、Visual Studio Code。Notepad++ 是 Windows 操作系统下的一套文本编辑器。Notepad++ 除了可以用来制作一般的纯文字说明文件，也十分适合编写计算机程序代码。Notepad++ 不仅有语法高亮度显示功能，也有语法折叠功能，并且支持宏及扩充基本功能的外挂模组。读者可自行搜索并下载该软件。

Visual Studio Code(VS Code) 是 Microsoft 公司在 2015 年推出的一款跨平台的源代码编辑器，可以在 Windows、macOS、Linux 操作系统下使用。VS Code 集成了一款现代编辑器所应该具备的所有特性，支持多种语言和文件格式的编写。读者可在 VS Code 的官网上下载并安装包，然后进行安装，如图 1-34 所示。

相信读者已经对使用 Windows 命令行方式运行 Python 程序有了一个初步的了解。本书主要采用文本编辑器和 Windows 命令行窗口结合的方式，创建、解释运行 Python 程序。

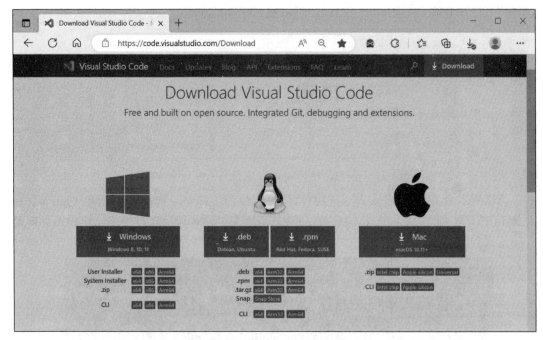

图 1-34　VS Code 的安装包

这是因为无论使用何种编程语言创建的代码文件,本质上都是文本文件,只要在合适的编译环境下都可以编译成程序,而且使用 Windows 命令行运行 Python 代码的方法对于应用PySide6 模块编写程序具有不可替代的优势,更简洁、更直观、更方便!

3. 集成开发环境

PyCharm 是由 JetBrains 公司开发的一款 Python 集成开发环境(Integrated Development Environment,IDE),可以在 Windows、macOS、Linux 操作系统下使用。PyCharm 具有语法高亮显示、项目管理、代码跳转、智能提示、自动完成、单元测试、版本控制等功能。

PyCharm 有免费的 Community(社区)版本和收费的 Professional(专业)版本。如果使用PyCharm,则 Community 版本就足够用了。可以从 PyCharm 的官方网站下载 Community 版本,然后进行安装,如图 1-35 所示。

1.2.3　安装 PySide6

由于 PySide6 模块是 Python 的第三方模块,所以需要安装此模块。安装 PySide6 模块需要在 Windows 命令行窗口中输入的命令如下:

```
pip install pyside6
```

或者输入的命令如下:

```
pip install pyside6 - i https://pypi.tuna.tsinghua.edu.cn/simple
```

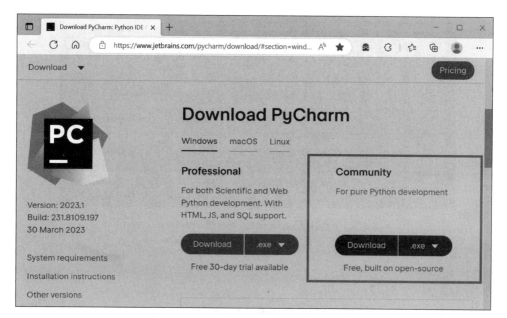

图 1-35　PyCharm 官网上的 Community 版本

然后按 Enter 键，即可安装 PySide6 模块，如图 1-36 和图 1-37 所示。

图 1-36　安装 PySide6 模块（1）

注意：pip install pyside6 -i https：//pypi. tuna. tsinghua. edu. cn/simple 表示使用了清华大学的软件镜像。读者也可以使用阿里云的软件镜像，需要在 Windows 命令行窗口中输入 pip install pyside6 -i http://mirrors. aliyun. com/pypi /simple，然后按 Enter 键。如果读者要体会以慢一点的速度来安装 PySide6 模块，则需要在 Windows 命令行窗口中输入 pip install pyside6，然后按 Enter 键。

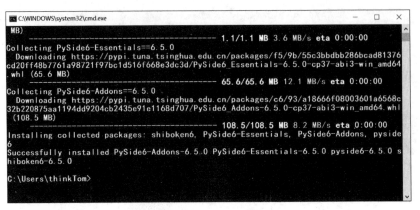

图 1-37　安装 PySide6 模块(2)

安装完成后,如果要卸载 PySide6 模块,则需要在 Windows 命令行窗口中输入以下语句:

```
pip uninstall pyside6
```

然后按 Enter 键,这样就可以卸载 PySide6 模块了。

如果要安装 PyQt6 模块,则需要在 Windows 命令行窗口中输入以下语句:

```
pip install pyqt6
```

或者输入以下语句:

```
pip install pyqt6 - i https://pypi.tuna.tsinghua.edu.cn/simple
```

然后按 Enter 键,即可安装 PyQt6 模块。

由于本书主要采用 PySide6 为例来讲解,所以笔者的计算机上主要安装了 PySide6 模块。安装完成后,可以在 Python 的安装路径下查看已经安装好的 PySide6 文件,包括各种可执行文件,如图 1-38 所示。

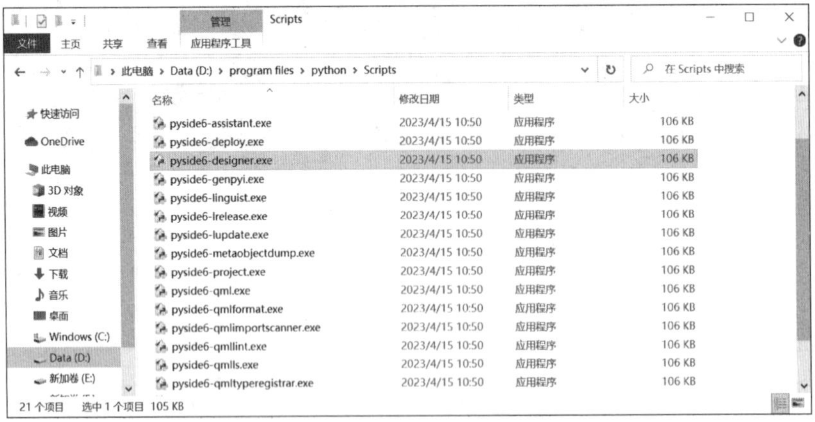

图 1-38　PySide6 模块的可执行文件

在图 1-38 中有一个可执行文件 pyside6-designer.exe，双击该文件就可以打开 Qt Designer。Qt Designer 即 Qt 设计师，是一个强大、灵活的 GUI 设计工具，如图 1-39 所示。

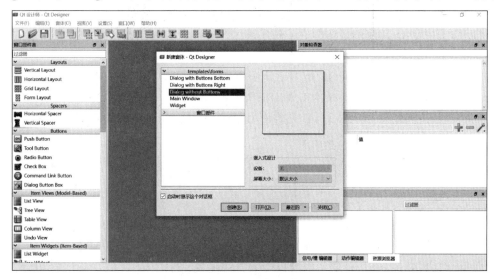

图 1-39　Qt 设计师

由于在后续的章节中会经常用到 Qt Designer，所以要将 Qt Designer 添加到桌面上。找到可执行文件 pyside6-designer.exe 后右击该文件，在显示的菜单栏中选择"发送到"→"桌面快捷方式"。这样，读者就可以方便、快捷地使用 Qt Designer 了，如图 1-40 所示。

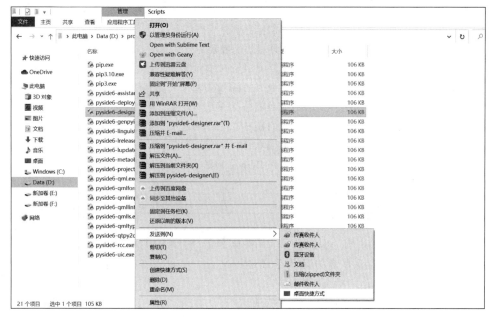

图 1-40　设置 pyside6-designer.exe 的桌面快捷方式

19min

1.2.4 使用 PySide6 创建第 1 个 GUI 程序

窗口是 GUI 程序的基础,只有创建了窗口,才能在窗口中添加各种控件、菜单、工具条。PySide6 的子模块 QtWidgets 集中了可视化编程的各种窗口和控件。这些窗口和控件都是直接或间接从 QtWidget 类继承而来的。

PySide6 的窗口类主要有 3 种,分别是 QWidget、QMainWindow、QDialog,其中 QMainWindow 类和 QDialog 类是从 QWidget 类继承而来的。

使用 PySide 类创建 GUI 程序,首先要使用 PySide6.QtWidgets 模块下的 QApplication 类创建应用程序对象,其语法格式如下:

```
from PySide6.QtWidgets import QApplication
import sys
app = QApplication(sys.argv)     ♯创建应用程序对象
```

其中,sys 是 Python 的内置模块 sys。sys 模块主要负责与 Python 解释器进行交互,并提供了一系列用于控制 Python 运行环境的函数和变量。sys.argv 用于返回传递给 Python 脚本的命令行参数列表。sys 模块常用的属性和方法见表 1-1。

表 1-1　sys 模块常用的属性和方法

属性和方法	说　　明
sys.argv	返回传递给 Python 脚本的命令行参数列表
sys.version	返回 Python 解释器的版本信息
sys.winver	返回 Python 解释器的主版本号
sys.platform	返回操作系统平台名称
sys.path	返回模块的搜索路径列表
sys.maxsize	返回 Python 支持的最大整数值
sys.maxunicode	返回 Python 支持的最大 Unicode 值
sys.copyright	返回 Python 的版权信息
sys.modules	返回系统导入的模块,数据类型为字典
sys.Byteorder	返回本地字节规则的指示器
sys.executalbe	返回 Python 解释器的所在路径
sys.exit()	退出当前程序
sys.getdefaultencoding()	返回当前默认字符串编码的名称

注意:不要将 Python 的 sys 模块与 os 模块相混淆,sys 模块主要负责与 Python 的解释器进行交互,os 模块主要负责与操作系统进行交互。虽然表 1-1 比较长,但本书主要使用 sys.argv 和 sys.exit()。

【实例 1-1】 使用 PySide6 创建一个最简单的 GUI 程序,代码如下:

```
# === 第 1 章 代码 demo2.py === #
import sys
from PySide6.QtWidgets import QApplication,QWidget

app = QApplication(sys.argv)    # 创建应用程序对象
window = QWidget()              # 创建窗口对象
window.show()                  # 显示窗口
m = app.exec()                 # 执行 app 对象的 exec()方法,进入事件循环,若关闭窗口,则返回整数值
sys.exit(m)                    # 通知 Python 解释器,结束程序的运行
```

运行结果如图 1-41 和图 1-42 所示。

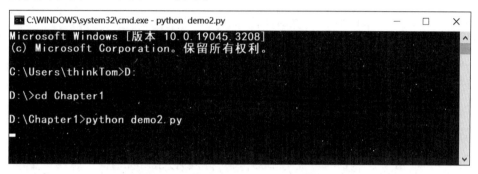

图 1-41　代码 demo2.py 的运行结果(1)

图 1-42　代码 demo2.py 的运行结果(2)

使用 QApplication 对象的 exec()方法,进入窗口的事件循环,保持窗口一直处于显示状态。如果用于单击窗口右上角的关闭按钮,则返回整数值 0,表示窗口正常退出。如果因为程序崩溃而非正常中止窗口的运行,则返回非 0 整数值,表示窗口非正常退出。

【实例 1-2】　使用 PySide6 创建一个 GUI 程序,将程序窗口的标题设置为第 2 个 GUI程序,将窗口的长设置为 700,将窗口的宽设置为 270,窗口左上角距离计算机屏幕左上角的距离为(200,200)。创建一个按钮,如果单击该按钮,则关闭窗口。需打印 QApplication 对象 exec()方法返回的数值,代码如下:

```
# === 第 1 章 代码 demo3.py === #
import sys
from PySide6.QtWidgets import QApplication,QWidget,QPushButton

class Window(QWidget):
    def __init__(self):
        super().__init__()
        # 设置窗口的位置,以及长和宽
        self.setGeometry(200,200,700,260)
        # 设置窗口的标题
        self.setWindowTitle('第 2 个 GUI 程序')
        # 创建一个按钮
        button1 = QPushButton('关闭窗口',self)
        # 使用信号/槽机制,将按钮的单击信号和窗口关闭槽函数连接
        button1.clicked.connect(self.close)

if __name__ == '__main__':
    app = QApplication(sys.argv)        # 创建应用程序对象
    win = Window()                      # 创建窗口对象
    win.show()                          # 显示窗口
    m = app.exec()                      # 执行 app 对象的 exec()方法,进入事件循环
    print(m)                            # 打印关闭窗口后 exec()返回的整数值
    sys.exit(m)                         # 通知 Python 解释器,结束程序运行
```

运行结果如图 1-43 和图 1-44 所示。

图 1-43   代码 demo3.py 的运行结果(1)

图 1-44   代码 demo3.py 的运行结果(2)

很多 PySide6 初学者会对信号/槽机制好奇,代码 demo3.py 文件中对按钮功能的定义是通过信号/槽机制实现的,代码如下:

```
# 使用信号/槽机制,将按钮的单击信号和窗口关闭槽函数连接
button1.clicked.connect(self.close)
```

信号(signal)是指 PySide6 的控件(窗口、按钮、标签、文本框、列表框等)在某个动作下或状态改变时发出的一个指令或信号。例如代码 demo3.py 文件中按钮 button1 被单击(clicked)时将发出一个指令。

槽(slot)是指系统对控件发出的信号进行响应,或者产生动作,通常使用函数来定义系统的响应或动作。例如代码 demo3.py 文件中关闭窗口的函数(self.close())。可以使用函数 connect()将信号绑定到槽函数,需注意 connect()的参数为槽函数的名字,没有小括号。

代码 demo3.py 文件中使用的是 PySide6 的内置信号和内置槽函数,也可以自定义槽函数。

【实例 1-3】 使用 PySide6 创建一个 GUI 程序,程序的窗口上包含一个按钮(QPushButton 控件)、一个标签(QLabel 控件)。当单击按钮时,标签上的文本发生变化,代码如下:

```
# === 第 1 章 代码 demo4.py === #
import sys
from PySide6.QtWidgets import QApplication,QWidget,QPushButton,QLabel

class Window(QWidget):
    def __init__(self):
        super().__init__()
        # 设置窗口的位置,以及长和宽
        self.setGeometry(200,200,700,260)
        # 设置窗口的标题
        self.setWindowTitle('第 3 个 GUI 程序')
        # 创建一个 Label 控件
        self.label_1 = QLabel(self)
        # 设置 Label 控件的位置,以及长和宽
        self.label_1.setGeometry(90,50,300,20)
        # 设置 Label 控件显示的文本
        self.label_1.setText('猜一猜这句诗是谁写的?')
        # 创建一个按钮
        button1 = QPushButton('单击我',self)

        # 使用信号/槽机制,将按钮的单击信号和槽函数 change_label()连接
        button1.clicked.connect(self.change_label)

    # 自定义槽函数,改变 Label 控件显示的文本
    def change_label(self):
        str1 = '桃李春风一杯酒,江湖夜雨十年灯.'
        self.label_1.setText(str1)
```

```
if __name__ == '__main__':
    app = QApplication(sys.argv)    # 创建应用程序对象
    win = Window()                  # 创建窗口对象
    win.show()                      # 显示窗口
    m = app.exec()                  # 执行 app 对象的 exec()方法,进入事件循环
    sys.exit(m)                     # 通知 Python 解释器,结束程序运行
```

运行结果如图 1-45 和图 1-46 所示。

图 1-45 代码 demo4.py 的运行结果(1)

图 1-46 代码 demo4.py 的运行结果(2)

1.2.5 PySide6 中的类和子模块

PySide6 中有非常多的类,这些类被分布到多个子模块中,每个子模块侧重不同的功能。PySide6 中经常用的类见表 1-2。

表 1-2 PySide6 模块中常用的类

类	说 明
QObject	所有 PySide6 对象的基类
QPaintDevice	所有可绘制对象的基类
QApplication	用于管理图形用户界面应用程序的控制流和主要设置,包括主事件循环,对来自窗口系统和其他资源的所有事件进行处理和调度;也对应用程序的初始化和结束进行处理,并且提供对话管理;还对绝大多数系统范围和应用程序范围的设置进行处理

续表

类	说　　明
QMainWindow	创建包含一个菜单栏、停靠窗口、状态栏的主应用程序窗口
QWidget	所有窗口界面对象的基类，QDialog 类和 QFrame 类继承自 QWidget 类
QFrame	有框架的窗口控件的基类，它可以被用来创建没有任何内容的简单框架
QDialog	对话窗口类

PySide6 中主要的子模块及其作用见表 1-3。

表 1-3　PySide6 模块中的子模块及其作用

子　模　块	作　　用
QtCore	包含核心的非 GUI 功能，该模块被用于处理程序中涉及的时间、文件、目录、数据类型、流、网址、MIME 类型、线程、进程等对象
QtDesigner	包含使用 PySide6 扩展的 Qt Designer 的类
QtGui	包含多种图形功能的类，包括但不限于窗口类、事件处理、二维图形、基本的图像和界面、字体文本类
QtWidgets	包含一整套 UI 元素控件，用于建立符合系统风格的用户界面
QtNetWork	包含与网络编程相关的类，这些类使 TCP/IP、UDP、客户端/服务器端的编程更加容易、方便
QtMultiMedia	包含一整套类库，该类库被用于处理多媒体事件，通过 API 访问摄像头、语音设备、收发消息等事件
QtWebSockets	包含一组类程序，用于实现 WebSocket 协议
QtCharts	提供了绘制二维图表的类库，包括折线图、散点图、蜡烛图等二维图表
QtDataVisualization	提供了绘制三维图表的类库，包括三维散点图、三维曲面图、三维柱形图
QtSvg	提供了一组类，为显示 SVG 向量图形文件的内容提供了方法
QtSql	提供了数据库对象的接口及应用方法
QtXml	包含用于处理 XML 的类库，为 SAX 和 DOM API 的实现提供了方法
QtTest	包含可以通过单元测试调用 PySide6 程序的方法

1.3　将 Python 代码打包成可执行文件

7min

　　Python 语言的运行方式是解释执行，即将 Python 代码逐行转换为机器码并运行的过程。在运行过程中，机器码不会被保存，因此，相对于 C 语言和 Java 语言，Python 的执行速度是比较慢的。针对 Python 解释执行的弱点，可以使用 Python 中对应的模块将 Python 代码打包成可执行文件，例如 PyInstaller、py2exe、cx_Freeze、nuitka。本书主要采用 PyInstaller 模块为例进行介绍。

　　将 Python 代码打包成可执行文件(后缀名为 .exe 的文件)，不仅可以提高程序的运行速度，也可以分享给其他用户使用，而且用户并不需要安装 Python 或任何 Python 模块。

注意：exe 为英文单词 execute 的缩写，意思为执行、实施。后缀名为 . exe 的文件是 Windows 系统下的二进制可执行文件。后缀名为 . exe 的文件并不能直接在 macOS、Linux 系统下运行，需要安装 Windows 虚拟机或编译环境。由于绝大多数用户使用 Windows 系统的计算机，因此本书主要介绍将 Python 代码打包成扩展名为 . exe 的可执行文件。

1.3.1　PyInstaller 简介

在 Python 中，可以使用 PyInstaller 模块将 Python 代码打包成可执行文件。由于 PyInstaller 模块是 Python 的第三方模块，因此首先要安装 PyInstaller 模块。安装 PyInstaller 模块需要在 Windows 命令行窗口中输入以下语句：

```
pip install pyinstaller
```

或者输入以下语句：

```
pip install pyinstaller - i https://pypi.tuna.tsinghua.edu.cn/simple
```

然后按 Enter 键，即可安装 PyInstaller 模块，如图 1-47 所示。

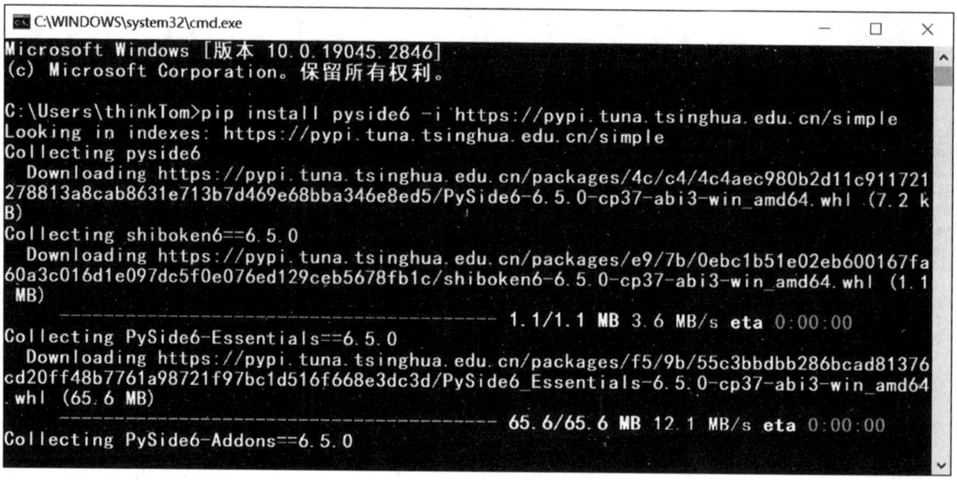

图 1-47　安装 PyInstaller 模块

安装完成后，如果要查看 PyInstaller 模块的版本，则需要在 Windows 命令行窗口中输入以下语句：

```
pyinstaller -- version
```

然后按 Enter 键，这样就可以获取 PyInstaller 模块的版本。

如果要查看 PyInstaller 模块的用法和参数，则需要在 Windows 命令行窗口中输入以下语句：

```
pyinstaller - h
```

然后按 Enter 键,这样就可以获取 PyInstaller 的用法和参数,如图 1-48 所示。

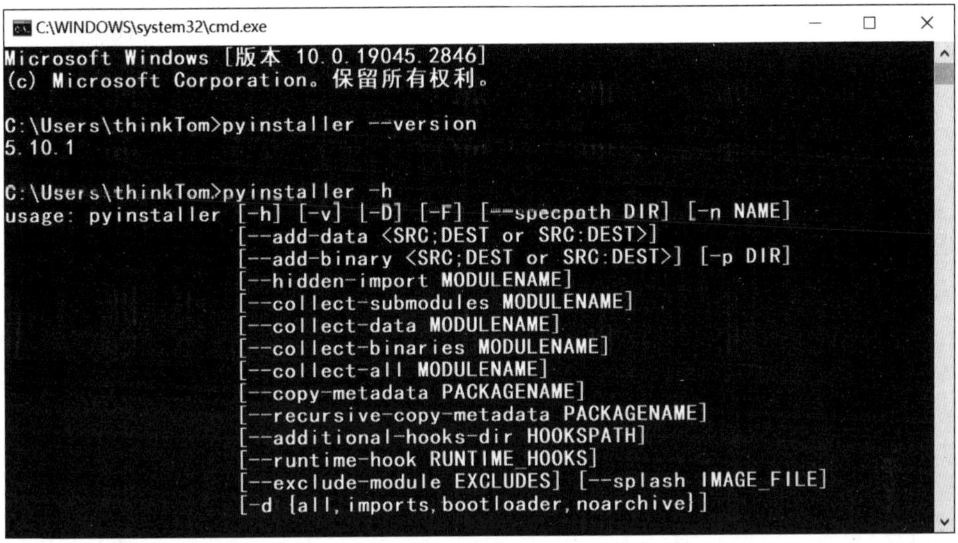

图 1-48 查看 PyInstaller 模块的版本和参数

PyInstaller 模块常用命令的参数见表 1-4。

表 1-4 PyInstaller 模块常用命令的参数

参 数	作 用
-h、--help	查看该模块的帮助信息
-F、--onefile	产生一个可执行文件
-D、--onedir	产生一个目录(包括多个文件)作为可执行程序
-K、--tk	在产生可执行文件时包含 TCL/TK
-a、--ascii	不包含对 Unicode 字符集的支持,在支持 Unicode 的 Python 版本上默认包含所有的编码
--add-data	要添加到可执行文件的其他非二进制文件或文件夹中,可以多次使用
--add-binary	要添加到可执行文件的附加二进制文件中,可以多次使用
-d、--debug	产生 Debug 版本的可执行文件
-v、--version	查看该模块的版本信息
-w、--windowed、--noconsole	指定程序运行时不显示命令行窗口(仅对 Windows 系统有效)
-c、--nowindowed、--console	使用命令行窗口运行程序(只对 Windows 系统有效)
-o DIR、--out＝DIR	指定 spec 文件的生成目录。如果没有指定,则默认使用当前目录生成 spec 文件
-p DIR、--path＝DIR	设置 Python 导入模块的路径(和设置 PYTHONPATH 环境变量的作用类似)。也可以使用路径分隔符(Windows 使用分号,Linux 使用冒号)来分隔多条路径

续表

参　数	作　用
-n NAME、--name＝NAME	指定项目(产生的 spec)的名字。如果省略该选项,则第 1 个脚本的主文件名将作为 spec 的名字
-i＜FILE. ico＞、--icon＝＜FILE. ico＞	将 file. ico 添加为可执行文件的资源,改变程序的图标(只对 Windows 系统有效)
--icon＝＜FILE. exe, N＞	将 file. exe 的第 n 个图标添加为可执行文件的资源(只对 Windows 系统有效)
--version-file FILE	将 FILE 添加为可执行文件的版本资源(只对 Windows 系统有效)

注意：表 1-4 中顿号(、)前后的参数表示并列关系,例如-h、-help,使用-h 或-help 都可以查看 PyInstaller 模块的帮助信息。一般情况下中画线(-)后是一个字母,双中画线(--)后是一个单词。

1.3.2　将 Python 代码打包成可执行文件

虽然 PyInstaller 模块的参数比较多,但应用起来却非常简单。一般使用下面 3 个语句就可以满足开发者的需求。

如果要将 Python 代码 setup. py 打包成扩展名为. exe 的可执行文件,则需要在 Windows 命令行窗口中执行的命令如下：

```
pyinstaller - F setup. py
```

如果要将 Python 代码 setup. py 打包成扩展名为. exe 的可执行文件,并且不显示控制台窗口,则需要在 Windows 命令行窗口中执行的命令如下：

```
pyinstaller - F - w setup. py
```

如果要将 Python 代码 setup. py 打包成扩展名为. exe 的可执行文件,并且指定应用程序的图标,则需要在 Windows 命令行窗口中执行的命令如下：

```
pyinstaller - F - i xxx. ico setup. py
```

在使用这 3 个语句时,切记要将 Windows 命令行窗口的工作目录切换到 setup. py 的目录下,否则会出错。

【实例 1-4】 使用 PyInstaller 模块,将位于 D 盘 Chapter1 文件夹下的 demo4.py 文件打包成后缀名为. exe 的可执行文件。要求不显示控制台窗口并使用图标 title. ico,如图 1-49 所示。

首先打开 Windows 命令行窗口,将 Windows 命令行窗口的工作目录切换到 D 盘 Chapter1 文件夹下,如图 1-50 所示。

然后在 Windows 命令行窗口中输入以下语句：

```
pyinstaller - F - w - i title. ico demo4. py
```

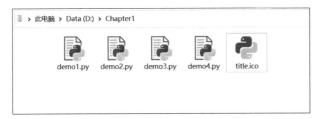

图 1-49 Chapter1 文件夹下的 demo4. py 和 title. ico

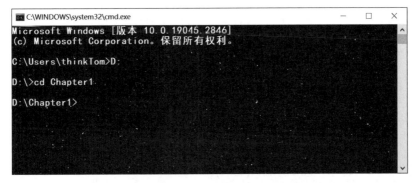

图 1-50 切换 Windows 命令行窗口的工作目录

最后按 Enter 键,这样就开始打包执行。打包执行过程如图 1-51 和图 1-52 所示。

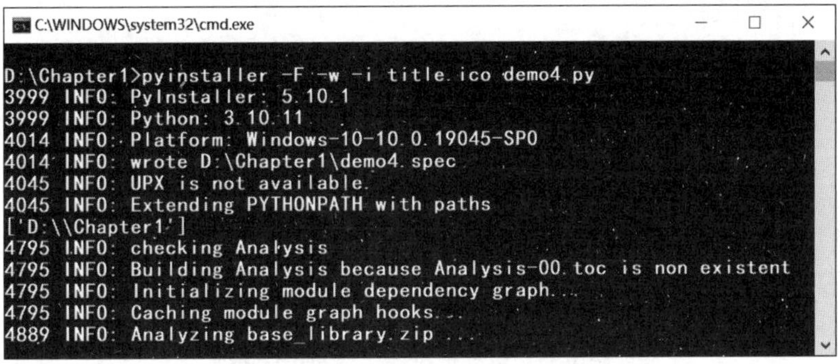

图 1-51 PyInstaller 打包执行过程(1)

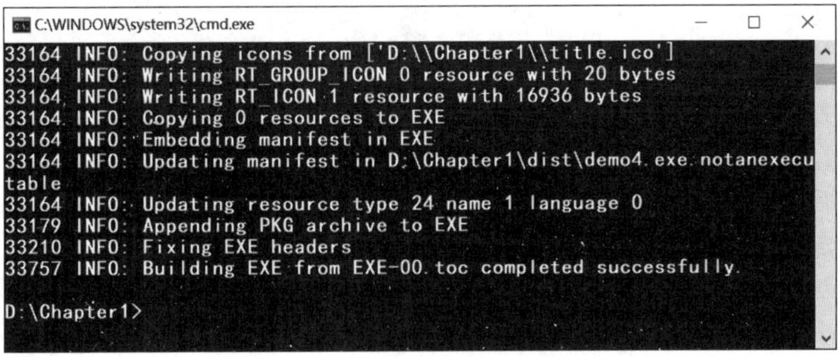

图 1-52 PyInstaller 打包执行过程(2)

打包执行完毕后,可以在 D 盘 Chapter1 文件夹下查看打包产生的目录和文件,如图 1-53 所示。

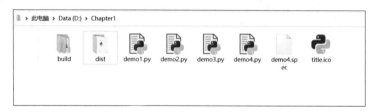

图 1-53　PyInstaller 打包产生的目录和文件

可执行文件 demo4.exe 就在图 1-53 中的 dist 文件夹中,如图 1-54 所示。

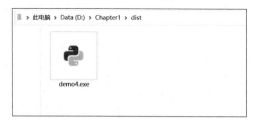

图 1-54　PyInstaller 打包产生的可执行文件 demo4.exe

双击可执行文件 demo4.exe 就可以运行该程序,如图 1-55 所示。

图 1-55　运行可执行文件 demo4.exe

1.4　小结

本章首先介绍了 PySide6/PyQt6 的历史和发展、选择使用 PySide6 创建应用程序的优势,以及使用 PySide6 的必备知识。

其次介绍了如何如何搭建 Python 的开发环境,以及几款文本编辑器和集成开发环境,然后介绍了如何安装 PySide6 模块,并应用 PySide6 创建 GUI 程序的方法。重点要掌握使用 Sublime Text 编辑器创建 PySide6 程序,以及在 Windows 命令行窗口运行 PySide6 程序的方法。

最后介绍了 PyInstaller 模块,以及使用 PyInstaller 模块将 Python 代码打包成可执行文件的方法。

第二部分

应用 Qt Designer 设计界面

学习任何一门学科或者技能有没有一种可以快速入门的方法？这个还真有，而且快速入门非常必要。如何快速入门？首先用最短的时间弄清楚这门学科或技能都有哪些必要知识？然后迅速地掌握它们，开始应用它们解决问题。应用 PySide6 创建 GUI 程序的必要知识就是能够应用 Qt Designer 设计 UI 界面，保存为扩展名为. ui 的文件，然后将扩展名为. ui 的文件转换为扩展名为. py 的文件。

2.1　Qt Designer 简介

Qt Designer，即 Qt 设计师，是一个强大、灵活的可视化 GUI 设计工具。通过 Qt Designer 设计 UI 界面，可以帮助开发者大大地提高开发效率。

可以应用 Qt Designer 设计程序的 UI 界面，该 UI 界面被保存为扩展名为. ui 的文件。该文件应用起来非常方便，可以通过 Windows 命令行窗口将. ui 文件转换为. py 文件，也可以直接在 Python 代码中调用. ui 文件。

Qt Designer 符合 MVC（模型-视图-控制器）设计模式，将程序的显示和业务逻辑相分离。Qt Designer 应用起来非常简单，可以通过拖曳、单击完成复杂的界面设计，并且可以随时预览及查看效果图。

2.1.1　Qt Designer 的窗口介绍

7min

Qt Designer 的启动文件为 pyside6-designer. exe，默认安装在 Python 目录下的 Scripts 文件夹中，如图 1-38 所示。

双击文件 pyside6-designer. exe 就可以打开 Qt Designer 并显示"新建窗体"对话框，如图 2-1 所示。

1. 窗体类型

新建窗口对话框中有 5 种窗体类型，其中，Dialog with Buttons Bottom 表示按钮在底部的对话框窗口，如图 2-2 所示。

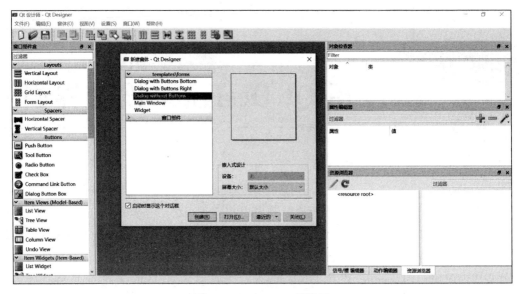

图 2-1　Qt Designer 的窗口

图 2-2　Dialog with Buttons Bottom 窗口及预览效果

Dialog with Buttons Right 表示按钮在右上角的对话框窗口,如图 2-3 所示。

Dialog without Buttons 表示没有按钮的对话框窗口,如图 2-4 所示。

Main Window 表示一个有菜单栏、停靠窗口和状态栏的主窗口,如图 2-5 所示。

Widget 表示通用窗口,如图 2-6 所示。

2. Qt Designer 的主要组成部分

在 Qt Designer 的新建窗体对话框中选择 Main Window,然后单击"创建"按钮就可以创建一个主窗口。Qt Designer 的几个主要组成部分如图 2-7 所示。

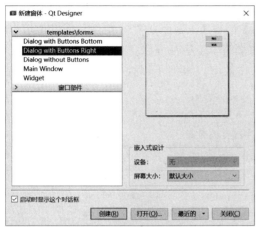

图 2-3　Dialog with Buttons Right 窗口及预览效果

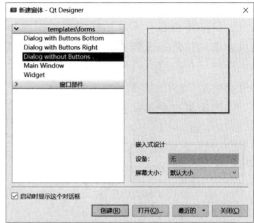

图 2-4　Dialog without Buttons 窗口及预览效果

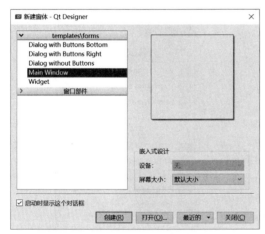

图 2-5　Main Window 窗口及预览效果

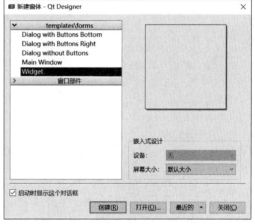

图 2-6　Widget 窗口及预览效果

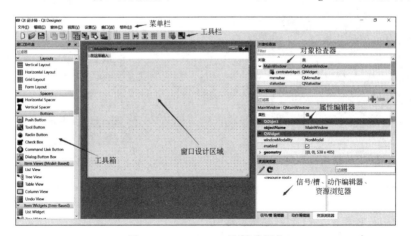

图 2-7　Qt Designer 的组成部分

工具箱也称为窗口部件盒,是 Qt Designer 最常用、最重要的一个窗口,开发者需要对这个窗口非常熟悉。工具箱提供了使用 PySide6 创建 UI 界面所需的控件。开发者可以将工具箱中的控件拖曳到窗口设计区域。应用工具箱,开发者可以方便地进行可视化的 UI 界面设计,简化程序设计的工作量,从而提高工作效率。根据不同控件的功能,工具箱将控件分为 8 类,如图 2-8 所示。

工具箱窗口中不同控件的分类具体见表 2-1。

表 2-1 工具箱中控件的分类

控 件 分 类	说　　明	控 件 分 类	说　　明
Layouts	布局类控件	Item Widgets	基于项的控件
Spacers	间隔类控件,也称为垫片类控件	Containers	容器类控件
Buttons	按钮类控件	Input Widgets	输入类控件
Item Views	基于模型的控件	Display Widgets	显示类控件

单击图 2-8 中的符号(>)就可以展开控件的分类,如图 2-9 所示。

图 2-8　Qt 工具箱中控件的分类

图 2-9　每个分类下包含的控件

注意:这些控件就是开发者手下的"士兵",作为一名"将军",不仅要记住这些"士兵"的名字,而且要应用它们。

　　窗口设计区域是 UI 界面的可视化窗口。开发者可以将控件拖曳到窗口设计区域。任何对窗口的改动都可以在该区域显示出来。窗口设计区域如果是 Main Window，则该窗口默认显示一个菜单、一种状态栏，如图 2-10 所示。

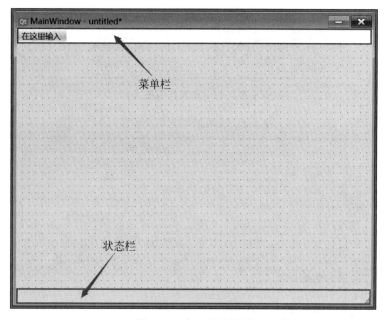

图 2-10　窗口设计区域

注意：在 Qt Designer 的菜单栏中，选择"窗体"→"预览"，或者按快捷键 Ctrl＋R 就可以看到窗口的预览效果。

　　对象查看器主要用来查看设计窗口中放置的对象列表，如图 2-11 所示。

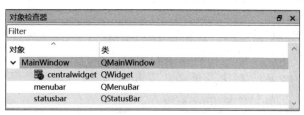

图 2-11　对象查看器

　　属性编辑器是 Qt Designer 中另一个常用且重要的窗口，该窗口为 PySide6 设计的 UI 界面中的窗口、控件、布局等相关属性提供了修改功能。设计窗口中的各个控件的属性都可以在属性编辑器中进行设置。属性编辑器如图 2-12 所示。

　　由于 PySide6 中的窗口、控件具有继承关系，因此 PySide6 中的窗口、控件有很多相同的属性，其中常用的属性见表 2-2。

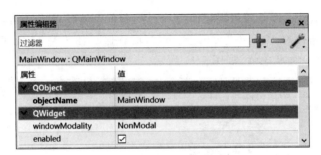

图 2-12　属性编辑器

表 2-2　控件、窗口常用的属性

属　　　性	说　　　明
objectName	控件对象的名称
geometry	控件对象的相对坐标,以及长度、高度
sizePolicy	控件对象的大小策略
minimumSize	控件对象的最小宽度和最小高度
maximumSize	控件对象的最大宽度和最大高度。如果要固定控件对象的大小,则可以将控件对象的 minimumSize 属性和 maximumSize 属性设置为相同的数值
font	控件对象的字体
cursor	光标
windowTitle	窗口对象的标题
windowIcon	窗口对象的图标、控件对象的图标
iconSize	图标大小
toolTip	提示信息
statusTip	任务栏提示信息
text	控件对象的文本
shortcut	快捷键

　　注意：PySide6 中这些控件的属性名字有描述性,而且非常有规律,采用了小驼峰的写法,即属性名字中的第 1 个单词的首字母小写,其他单词的首字母大写。继续向下学习,会发现 PySide6 中控件对象的方法名字也非常有描述性,而且有规律。例如控件对象的 geometry 属性对应的方法为 setGeometry()。

　　信号/槽编辑器主要用来编辑控件的信号和槽函数,也可以用来为控件添加自定义的信号和槽函数。信号/槽编辑器如图 2-13 所示。

　　信号编辑器主要用来对控件的动作进行编辑,包括提示文字、图标、图标主题、快捷键等。动作编辑器如图 2-14 所示。

　　在资源浏览器中,开发者可以为控件添加图片和图标,例如 Label、Button 等控件的背景图片。资源浏览器如图 2-15 所示。

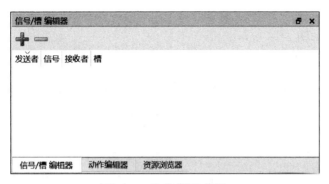

图 2-13 信号/槽编辑器

图 2-14 动作编辑器

图 2-15 资源浏览器

2.1.2 设计 UI 界面

了解 Qt Designer 的基本窗口后就可以应用 Qt Designer 设计 UI 界面,只需拖曳、单击、修改控件的属性。

7min

【实例 2-1】 使用 Qt Designer 设计一个窗口,该窗口上有一个按钮控件、一个标签控件,并将按钮控件上的文本字体大小设置为 16,将标签控件上的文本字体大小设置为 18。需设置窗体的宽度、高度和标题。操作步骤如下:

(1) 打开 Qt Designer,在新建窗体对话框中选择 Widget,然后单击"创建"按钮就可以创建 Widget 窗体,如图 2-16 所示。

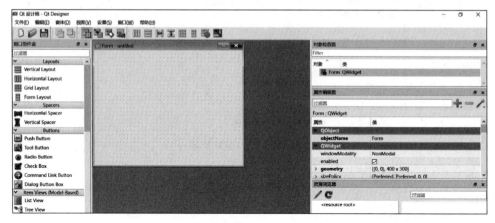

图 2-16 创建的 Widget 窗体

(2) 通过属性编辑框可查看 Widget 窗体的 objectName 属性为 Form,以及 geometry、windowTitle 等属性。将窗口的宽度设置为 570,将高度设置为 300,将窗口对象的标题设置为"Widget 窗体",如图 2-17 所示。

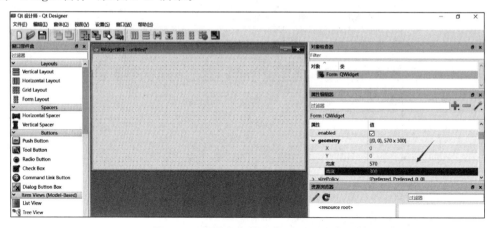

图 2-17 设置窗体的宽度、高度、标题

(3) 将工具箱的 Push Button 控件拖曳到 Widget 窗体中,然后双击 Push Button 控件,并将 Push Button 控件上的文本修改为"猜一猜",如图 2-18 所示。

(4) 选择按钮控件,然后在属性编辑框中找到 font 属性,单击 font 属性右边的"…"符号会弹出一个"选择字体"对话框。在"选择字体"对话框中,将字体的大小设置为 16,并单击"创建"按钮,如图 2-19 所示。

(5) 如果按钮控件太小而不能完整地显示文本,则可以通过拖动按钮控件的边框调整控件的大小,让控件上的文本完整地显示出来,然后将按钮控件拖曳到窗体中合适的位置上,如图 2-20 所示。

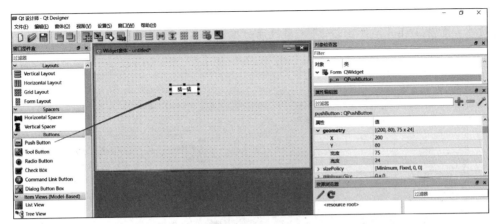

图 2-18　创建按钮控件并修改控件上的文本

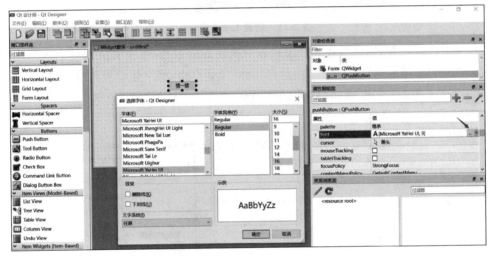

图 2-19　设置按钮控件的字体

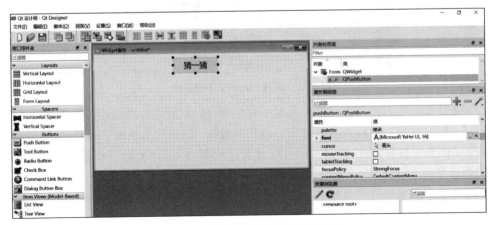

图 2-20　调整按钮控件的大小和位置

（6）将工具箱中的 Label 控件拖曳到 Widget 窗体中，双击 Label 控件，并修改 Label 控件的文本。如果 Label 控件比较小，则可以通过拖动 Label 控件的边框来调整 Label 控件的大小，如图 2-21 所示。

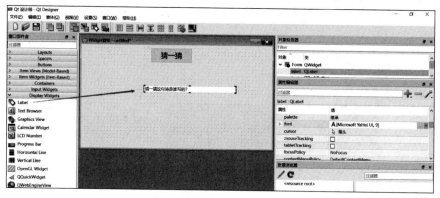

图 2-21　创建 Label 控件

（7）选中 Label 控件，然后在属性编辑器中找到 font 属性，单击 font 属性右边的"…"符号会弹出一个"选择字体"对话框。在"选择字体"对话框中，将字体设置为楷体，将字体的大小设置为 18，并单击"确定"按钮，如图 2-22 所示。

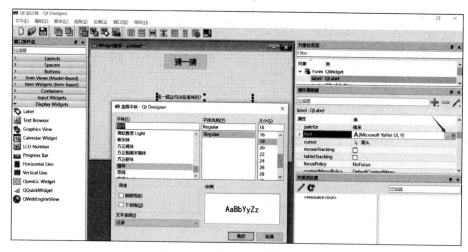

图 2-22　设置 Label 控件的字体

（8）通过拖动可调整 Label 控件的大小和位置，然后按快捷键 Ctrl＋R(或选择菜单栏的"窗体"，选择"预览")就可查看设计窗口的预览效果，如图 2-23 所示。

（9）关闭预览窗口，按快捷键 Ctrl＋S(或者选择菜单栏的"文件"→"保存")，将设计的窗口文件命名为 demo1.ui，并保存在 D 盘的 Chapter2 文件夹下，如图 2-24 所示。

如果用文本编辑器打开文件 demo1.ui，则会发现文件中的内容是按照 XML 格式处理的，如图 2-25 所示。

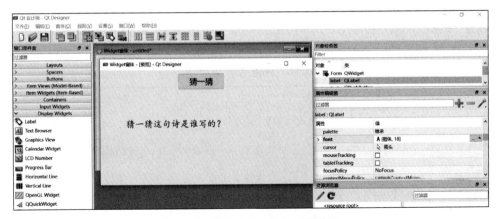

图 2-23 查看设计窗口的预览效果

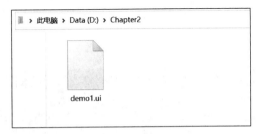

图 2-24 保存的窗口设计文件 demo1. ui

```
1  <?xml version="1.0" encoding="UTF-8"?>
2  <ui version="4.0">
3   <class>Form</class>
4   <widget class="QWidget" name="Form">
5    <property name="geometry">
6     <rect>
7      <x>0</x>
8      <y>0</y>
9      <width>570</width>
10     <height>300</height>
11    </rect>
12   </property>
13   <property name="windowTitle">
14    <string>Widget窗体</string>
15   </property>
16   <widget class="QPushButton" name="pushButton">
17    <property name="geometry">
18     <rect>
19      <x>210</x>
20      <y>10</y>
21      <width>121</width>
22      <height>41</height>
23     </rect>
24    </property>
25    <property name="font">
26     <font>
27      <pointsize>18</pointsize>
28     </font>
29    </property>
```

图 2-25 文件 demo1. ui 中的内容

注意：XML(eXtensible Markup Language)是一种类似于 HTML，但是没有使用预定义标记的语言，因此可以根据自己的设计需求定义专属的标记。XML 被用来传输和存储数据，不用于表现和展示数据，而 HTML 则用来表现数据。

2.1.3 将.ui 文件转换为.py 文件

4min

使用 Qt Designer 设计的用户界面默认保存为.ui 文件，其内容结构为 XML 格式，但这种文件并不是开发者想要的，开发者想要的是.py 文件。

在 PySide6 中，可以在 Windows 命令行窗口将.ui 文件转换为.py 文件。如果需要将 demo1.ui 转换为 demo1.py，则需要在 Windows 命令行窗口中输入以下语句：

```
pyside6-uic.exe demo1.ui -o demo1.py
```

然后按 Enter 键就可以完成转换。运行过程如图 2-26 所示。

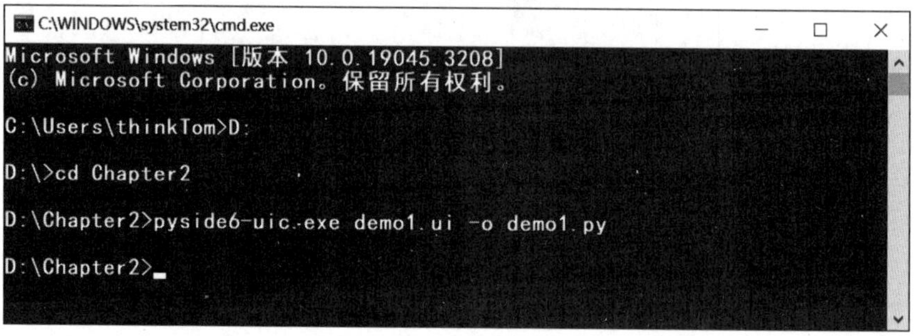

C:\WINDOWS\system32\cmd.exe
Microsoft Windows [版本 10.0.19045.3208]
(c) Microsoft Corporation。保留所有权利。
C:\Users\thinkTom>D:
D:\>cd Chapter2
D:\Chapter2>pyside6-uic.exe demo1.ui -o demo1.py
D:\Chapter2>

图 2-26 将 demo1.ui 转换为 demo1.py 的运行过程

注意：如果在 Windows 命令行窗口中输入 pyside6-uic.exe 后没有得到正确的结果，而是显示"pyside6-uic.exe 不是内部命令或外部命令，也不是可运行的程序或批处理文件"，则表明安装 Python 时没有配置环境变量。如何配置环境变量，可参考第 1 章中的相关内容。

转换完成后，可以在 D 盘的 Chapter2 文件夹下查看转换后得到的.py 文件，如图 2-27 所示。

此电脑 > Data (D:) > Chapter2
demo1.py
demo1.ui

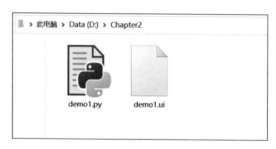

图 2-27 转换完毕后的 demo1.py 文件

使用文本编辑器打开 demo1.py,可查看 Python 代码。代码中定义了一个类 Ui_ Form,使用该类中的 setupUI()可以创建界面,如图 2-28 所示。

```
10
11  from PySide6.QtCore import (QCoreApplication, QDate, QDateTime, QLocale,
12      QMetaObject, QObject, QPoint, QRect,
13      QSize, QTime, QUrl, Qt)
14  from PySide6.QtGui import (QBrush, QColor, QConicalGradient, QCursor,
15      QFont, QFontDatabase, QGradient, QIcon,
16      QImage, QKeySequence, QLinearGradient, QPainter,
17      QPalette, QPixmap, QRadialGradient, QTransform)
18  from PySide6.QtWidgets import (QApplication, QLabel, QPushButton, QSizePolicy,
19      QWidget)
20
21  class Ui_Form(object):
22      def setupUi(self, Form):
23          if not Form.objectName():
24              Form.setObjectName(u"Form")
25          Form.resize(570, 300)
26          self.pushButton = QPushButton(Form)
27          self.pushButton.setObjectName(u"pushButton")
28          self.pushButton.setGeometry(QRect(210, 10, 121, 41))
29          font = QFont()
30          font.setPointSize(16)
31          self.pushButton.setFont(font)
32          self.label = QLabel(Form)
33          self.label.setObjectName(u"label")
34          self.label.setGeometry(QRect(70, 120, 411, 41))
35          font1 = QFont()
36          font1.setFamilies([u"\u6977\u4f53"])
37          font1.setPointSize(18)
38          self.label.setFont(font1)
39
40          self.retranslateUi(Form)
41
42          QMetaObject.connectSlotsByName(Form)
43      # setupUi
44
45      def retranslateUi(self, Form):
46          Form.setWindowTitle(QCoreApplication.translate("Form", u"Widget\u7a97\u4f53", None))
```

引入模块中的类

创建按钮控件

创建标签控件

图 2-28　demo1.py 文件中的 Python 代码

注意:如果将第 2 章 demo1.py 与第 1 章 demo4.py 文件中的 Python 代码做对比,则会发现第 2 章 demo1.py 文件中引入了比较多的类,这是因为我们在【实例 2-1】中设置了按钮控件及标签控件的字体、位置、宽度、高度。

在 Windows 命令行窗口将.ui 文件转换成.py 文件的方法是最基础的方法。如果读者选择使用集成开发环境,则集成开发环境中转换文件的方法是对这种方法的 GUI 封装。

2.2　窗口界面与业务逻辑分离的编程方法

如果想要构造出易于设计、构造、测试、扩展的系统,则正交性是一个重要的概念。"正交性"是从几何学借用来的术语。如果两条直线相交后构成直角,则它们是正交的。对于向量而言,这两条线相互独立。

在计算机科学中,正交性象征着独立性或解耦性。对于两个或多个事物,如果其中一个发生改变而不影响其他任何一个,则这些事物是正交的。在良好的设计系统中,业务逻辑代码应与窗口界面保持正交,开发者改变窗口界面而不影响业务逻辑代码,同样开发者改变业务逻辑代码而不影响窗口界面。应用窗口界面和业务逻辑分离的编程方法,有三个主要的优势:提高编程效率、降低风险、易于修改。

▶ 16min

2.2.1 引入转换成的.py 文件

在 PySide6 中，可以使用 Qt Designer 设计窗口界面并转换成.py 文件，然后在 Python 代码中引入保存窗口界面的.py 文件，运行后显示窗口。

【实例 2-2】 编写 Python 代码引入 demo1.py，运行后显示窗口界面，代码如下：

```python
# === 第 2 章 代码 demo2.py === #
import sys
from PySide6.QtWidgets import QApplication,QWidget
from demo1 import Ui_Form

class Window(Ui_Form,QWidget):            # 多重继承
    def __init__(self):
        super().__init__()
        self.setupUi(self)


if __name__ == '__main__':
    app = QApplication(sys.argv)          # 创建应用程序对象
    win = Window()                        # 创建窗口对象
    win.show()                            # 显示窗口
    m = app.exec()                        # 执行 app 对象的 exec()方法，进入事件循环
    sys.exit(m)                           # 通知 Python 解释器,结束程序运行
```

运行结果如图 2-29 和图 2-30 所示。

图 2-29　运行 demo2.py

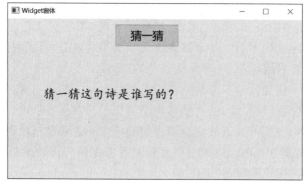

图 2-30　运行 demo2.py 显示的窗口界面

2.2.2 编写业务逻辑代码

在 Python 代码中,不仅可以引入使用 Qt Designer 转换成的.py 文件,也可以编写业务逻辑代码,并运行程序。

【**实例 2-3**】 编写 Python 代码引入 demo1.py,运行后显示窗口界面。如果单击"猜一猜"按钮,则标签控件中显示一句诗,代码如下:

```python
# === 第 2 章 代码 demo3.py === #
import sys
from PySide6.QtWidgets import QApplication,QWidget
from demo1 import Ui_Form

class Window(Ui_Form,QWidget):        # 多重继承
    def __init__(self):
        super().__init__()
        self.setupUi(self)

        # 使用信号/槽机制,将按钮的单击信号和槽函数 change_label()连接
        self.pushButton.clicked.connect(self.change_label)

    # 自定义槽函数,改变 Label 控件显示的文本
    def change_label(self):
        str1 = '问渠那得清如许?为有源头活水来。'
        self.label.setText(str1)


if __name__ == '__main__':
    app = QApplication(sys.argv)
    win = Window()
    win.show()
    sys.exit(app.exec())
```

运行结果如图 2-31 所示。

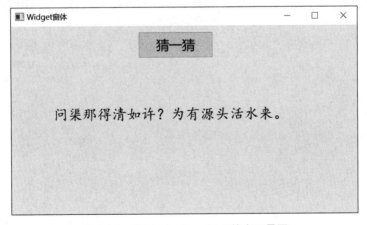

图 2-31 运行 demo3.py 显示的窗口界面

代码 demo2.py 和 demo3.py 都使用了多重继承的方法创建窗口类。在 PySide6 中,也可以使用单重继承,不过首先需要修改 demo1.py 文件中的代码,将 Ui_Form 类的父类修改为 QWidget 类,如图 2-32 所示。

```python
from PySide6.QtCore import (QCoreApplication, QDate, QDateTime, QLocale,
    QMetaObject, QObject, QPoint, QRect,
    QSize, QTime, QUrl, Qt)
from PySide6.QtGui import (QBrush, QColor, QConicalGradient, QCursor,
    QFont, QFontDatabase, QGradient, QIcon,
    QImage, QKeySequence, QLinearGradient, QPainter,
    QPalette, QPixmap, QRadialGradient, QTransform)
from PySide6.QtWidgets import (QApplication, QLabel, QPushButton, QSizePolicy,
    QWidget)

class Ui_Form(QWidget):
    def setupUi(self, Form):
        if not Form.objectName():
            Form.setObjectName(u"Form")
        Form.resize(570, 300)
        self.pushButton = QPushButton(Form)
        self.pushButton.setObjectName(u"pushButton")
        self.pushButton.setGeometry(QRect(210, 10, 121, 41))
        font = QFont()
        font.setPointSize(16)
        self.pushButton.setFont(font)
        self.label = QLabel(Form)
        self.label.setObjectName(u"label")
        self.label.setGeometry(QRect(70, 120, 411, 41))
```

图 2-32 修改 demo1.py 文件中的代码

然后就可以使用单重继承的方法创建窗口类。

【实例 2-4】 编写 Python 代码引入 demo1.py,运行后显示窗口界面。需使用单重继承的方法创建窗口类。如果单击"猜一猜"按钮,则标签控件中显示一句诗,代码如下:

```python
# === 第 2 章 代码 demo4.py === #
import sys
from PySide6.QtWidgets import QApplication,QWidget
from demo_1 import Ui_Form

class Window(Ui_Form):      # 单重继承
    def __init__(self):
        super().__init__()
        self.setupUi(self)

        # 使用信号/槽机制,将按钮的单击信号和槽函数 change_label()连接
        self.pushButton.clicked.connect(self.change_label)

    # 自定义槽函数,改变 Label 控件显示的文本
    def change_label(self):
        str1 = '两岸猿声啼不住,轻舟已过万重山。'
        self.label.setText(str1)


if __name__ == '__main__':
    app = QApplication(sys.argv)
    win = Window()
```

```
win.show()
sys.exit(app.exec())
```

运行结果如图 2-33 所示。

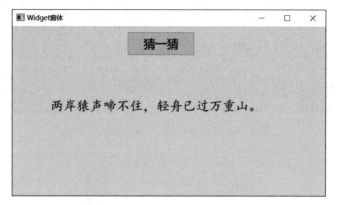

图 2-33　代码 demo4.py 的运行结果

注意：如果读者要使用单重继承的方法，则一定要修改窗口界面的代码，因为 Qt Designer 转换成的 Python 代码中的窗口类默认继承自 object 类，object 类比较简单，没有需要的属性和方法。

2.2.3　将.py 文件打包成可执行文件

前面的章节已经介绍了使用 Qt Designer 设计窗口界面和手动编写业务逻辑代码的方法。如果读者需要将自己编写的程序分享给别人，则可以使用 PyInstaller 模块将.py 文件打包成可执行文件。

【实例 2-5】　使用 PyInstaller 模块将代码文件 demo4.py 打包成可执行文件。操作步骤如下：

首先打开 Windows 命令行窗口，将 Windows 命令行窗口的当前目录切换到 D 盘的 Chapter2 文件夹下，然后在 Windows 命令行窗口中输入的命令如下：

```
pyinstaller -F -w demo4.py
```

按 Enter 键，运行过程如图 2-34 所示。

打包执行完毕后，可在 Windows 命令行窗口当前目录下的 dist 文件夹中查看可执行文件 demo4.exe，如图 2-35 所示。

如果双击 demo4.exe 文件，则可以运行 GUI 程序，如图 2-36 所示。

如果读者需要制作应用程序的安装程序，则可以使用 Inno Setup 等免费软件制作标准 Windows 2000 风格的安装界面并创建安装程序。

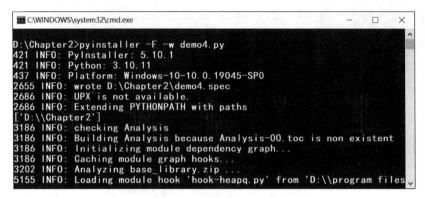

图 2-34　将 demo4.py 打包成可执行文件

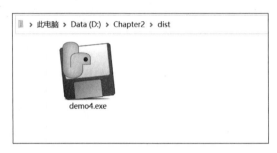

图 2-35　可执行文件 demo4.exe

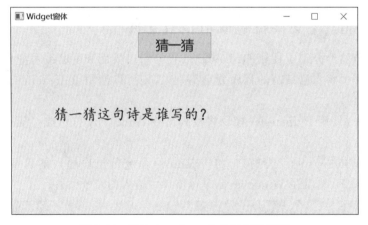

图 2-36　运行 demo4.exe 文件显示的窗口

2.3　设置信号与槽的关联

在 PySide6 中,信号(signal)是指 PySide6 的控件(窗口、按钮、标签、文本框、列表框等)在某个动作下或状态改变时发出的一个指令或信号。例如按钮被单击(clicked)将发出一个指令。槽(slot)是指系统对控件发出的信号进行响应,或者产生动作,通常使用函数来定义系统的响应或动作。

2.3.1　手动设置信号与槽的关联

在 Qt Designer 中可以手动设置信号与槽的关联。

【实例 2-6】 使用 Qt Designer 设计一个窗口，该窗口上有一个按钮控件、一个标签控件。如果单击按钮，则清空标签控件中的文本。需要将保存的 .ui 文件转换为 .py 文件。操作步骤如下：

（1）仿照实例 2-1 的操作步骤创建一个窗口，该窗口的标题为"Widget 窗体"，该窗口上有一个按钮、一个标签控件，如图 2-37 所示。

图 2-37　创建的窗口界面

（2）单击工具栏中的"编辑信号/槽"按钮（或选择菜单栏"编辑"→"编辑信号/槽"），窗口就进入了信号与槽编辑模式，然后直接在信号发射者（"清空文本"按钮）上按住鼠标左键并拖动到信号接收者上（标签控件），这样就建立了关联，如图 2-38 所示。

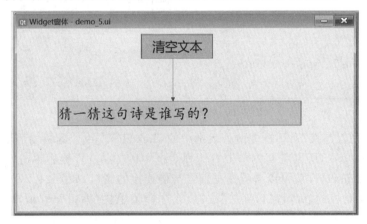

图 2-38　创建信号发射者与接收者的关联

信号发射者与信号接收者建立关联后就会弹出"配置连接"对话框，如图 2-39 所示。

（3）勾选"配置连接"对话框中的"显示从 QWidget 继承的信号和槽"选项，可以看到按钮控件可以发射多种类型的信号，如图 2-40 所示。

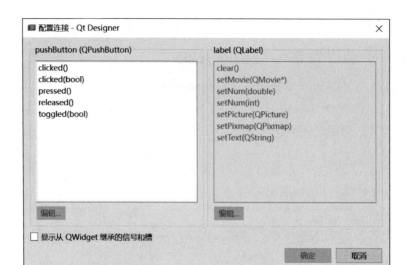

图 2-39 "配置连接"对话框(1)

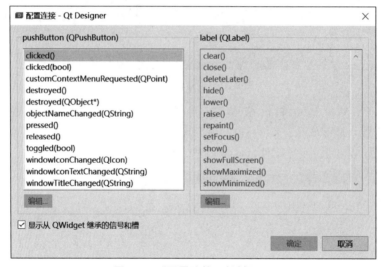

图 2-40 "配置连接"对话框(2)

(4) 单击"配置连接"对话框左侧列表框中的 clicked()。由于题目的要求是单击按钮后清空标签控件的文本,所以需要先单击右侧列表框中的 clear(),然后单击"配置连接"对话框中的"确定"按钮,这样就可以查看建立信号与槽连接的窗口,如图 2-41 和图 2-42 所示。

(5) 单击工具栏的"编辑窗口部件"按钮(或选择菜单栏"编辑"→"编辑窗口部件"),窗口就重新进入了编辑窗口部件模式。如果查看 Qt Designer 中的信号/槽编辑器,则可以查看信号、发送者、接收者、槽,如图 2-43 所示。

(6) 按快捷键 Ctrl+S(或选择菜单栏的"文件"→"另存为"),将文件保存在 D 盘的 Chapter2 文件夹下,并命名为 demo5.ui。

(7) 在 Windows 命令行窗口将 demo5.ui 转换为 demo5.py,运行过程如图 2-44 所示。

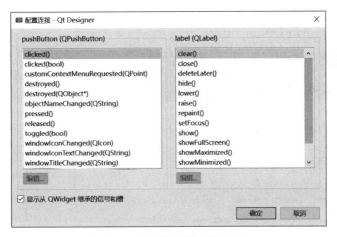

图 2-41 "配置连接"对话框(3)

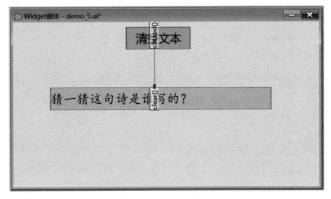

图 2-42 建立信号与槽连接的窗口

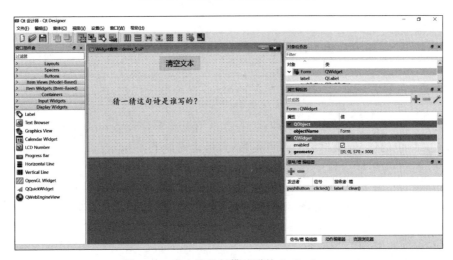

图 2-43 建立信号与槽关联的 Qt Designer

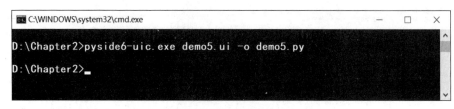

图 2-44　将 demo5. ui 转换成 demo5. py

（8）可以使用文本编辑器打开 demo5. py，如图 2-45 所示。

```python
from PySide6.QtCore import (QCoreApplication, QDate, QDateTime, QLocale,
    QMetaObject, QObject, QPoint, QRect,
    QSize, QTime, QUrl, Qt)
from PySide6.QtGui import (QBrush, QColor, QConicalGradient, QCursor,
    QFont, QFontDatabase, QGradient, QIcon,
    QImage, QKeySequence, QLinearGradient, QPainter,
    QPalette, QPixmap, QRadialGradient, QTransform)
from PySide6.QtWidgets import (QApplication, QLabel, QPushButton, QSizePolicy,
    QWidget)

class Ui_Form(object):
    def setupUi(self, Form):
        if not Form.objectName():
            Form.setObjectName(u"Form")
        Form.resize(570, 300)
        self.pushButton = QPushButton(Form)
        self.pushButton.setObjectName(u"pushButton")
        self.pushButton.setGeometry(QRect(210, 10, 121, 41))
        font = QFont()
        font.setPointSize(16)
        self.pushButton.setFont(font)
        self.label = QLabel(Form)
        self.label.setObjectName(u"label")
        self.label.setGeometry(QRect(70, 120, 411, 41))
        font1 = QFont()
        font1.setFamilies([u"\u6977\u4f53"])
        font1.setPointSize(18)
        self.label.setFont(font1)

        self.retranslateUi(Form)

        QMetaObject.connectSlotsByName(Form)
    # setupUi

    def retranslateUi(self, Form):
```

图 2-45　demo5. py 文件中的 Python 代码

注意：在【实例 2-6】中，主要使用的是 PySide6 中的内置信号、内置槽函数。

【实例 2-7】　使用 PySide6 模块创建 Python 程序，需引入 demo5. py 文件，然后验证 demo5. py 文件中的信号/槽机制是否可正常运行，代码如下：

```python
# === 第 2 章 代码 demo6.py === #
import sys
from PySide6.QtWidgets import QApplication,QWidget
from demo5 import Ui_Form

class Window(Ui_Form,QWidget):
    def __init__(self):
```

```
            super().__init__()
            self.setupUi(self)


if __name__ == '__main__':
    app = QApplication(sys.argv)
    win = Window()
    win.show()
    sys.exit(app.exec())
```

运行结果如图 2 46 所示。

图 2-46 demo6.py 的运行结果

如果单击图 2-46 中的"清空文本"按钮,则会清空 Label 控件中的文本。其实,在 Python 代码中也可以引入.ui 文件。

2.3.2 在 Python 代码中引入.ui 文件

在 PySide6 中,可以使用 QtUiTools 子模块中的 QUiLoader()函数在 Python 代码中加载.ui 文件,语法格式如下:

```
from PySide6.QtUiTools import QuiLoader
from PySide6.QtCore import QFile


ui_file = QFile("mainwindow.ui")
ui_file.open(QFile.ReadOnly)
loader = QUiLoader()
window = loader.load(ui_file)
window.show()
```

【实例 2-8】 使用 PySide6 模块创建 Python 程序,需引入 demo5.ui 文件,然后验证 demo5.ui 文件中的信号/槽机制是否可正常运行,代码如下:

```
# === 第 2 章 代码 demo7.py === #
import sys
from PySide6.QtWidgets import QApplication,QWidget
```

```
from PySide6.QtUiTools import QUiLoader
from PySide6.QtCore import QFile,QIODevice

if __name__ == "__main__":
    app = QApplication(sys.argv)

    ui_file_name = "D:\\Chapter2\\demo5.ui"
    ui_file = QFile(ui_file_name)
    if not ui_file.open(QIODevice.ReadOnly):
        print(f"Cannot open {ui_file_name}: {ui_file.errorString()}")
        sys.exit(-1)
    loader = QUiLoader()
    window = loader.load(ui_file)
    ui_file.close()
    if not window:
        print(loader.errorString())
        sys.exit(-1)
    window.show()

    sys.exit(app.exec())
```

运行结果如图 2-47 所示。

图 2-47   demo7.py 的运行结果(1)

单击图 2-46 中的"清空文本"按钮,标签文本内容会被清空,如图 2-48 所示。

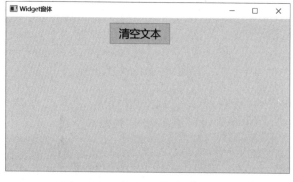

图 2-48   demo7.py 的运行结果(2)

2.4　布局管理入门

在 Qt Designer 中，可以通过拖曳的方式向主窗口中添加控件。如果添加的控件比较多，则需要使用布局管理。在 Qt Designer 中，可以使用多种布局管理方式。

2.4.1　绝对布局

4min

在 Qt Designer 中，最简单的布局方法就是设置控件的 geometry 属性。geometry 属性主要用来设置控件在窗口中的绝对坐标与控件的宽度、高度，如图 2-49 所示。

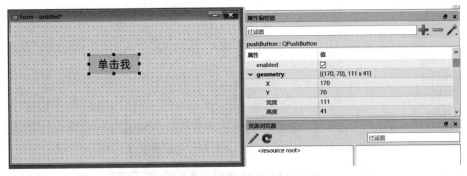

图 2-49　按钮控件的 geometry 属性

从图 2-49 可知，按钮控件的左上角距离主窗口左侧边缘 170 像素，距离主窗口上侧边缘 70 像素；按钮控件的宽度为 111 像素，高度为 41 像素。

2.4.2　使用布局管理器布局

11min

在 Qt Designer 中，有 4 种窗口的布局方式，分别为 Vertical Layout（垂直布局）、Horizontal Layout（水平布局）、Grid Layout（栅格布局或网格布局）、Form Layout（表单布局）。这 4 种布局方式位于 Qt Designer 的工具箱的 Layouts 栏中，如图 2-50 所示。

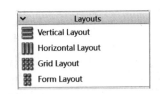

图 2-50　Layouts 栏中的布局方式

这 4 种布局方式的作用见表 2-3。

表 2-3　布局方式的作用

布局方式	作　　用
Vertical Layout	控件按照从上到下的顺序进行纵向排列
Horizontal Layout	控件按照从左到右的顺序进行横向排列
Grid Layout	将控件放置在栅格布局中，栅格布局会根据控件的所在位置划分为若干行（row）或列（column）。这样每个控件将被放置在栅格布局中的单元格中
Form Layout	控件以两列的形式分布在表单布局中，其中左列包含标签，右列包含输入控件

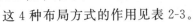

1. 垂直布局

在 Qt Designer 中,应用垂直布局有两种方法。第 1 种方法:可以先创建 Vertical Layout 控件,然后将其他控件添加到 Vertical Layout 控件,如图 2-51 和图 2-52 所示。

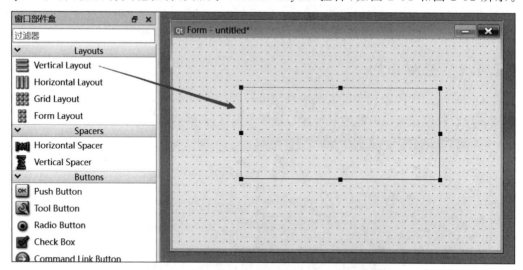

图 2-51 将 Vertical Layout 控件拖曳到主窗口上

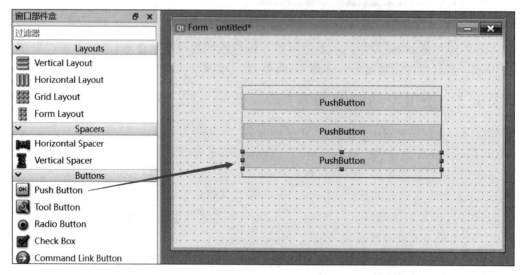

图 2-52 将多个 Push Button 控件拖曳到 Vertical Layout 控件中

第 2 种方法:可以先创建多个控件,然后选中这些控件并右击,在弹出的菜单栏中选择"布局"→"垂直布局",如图 2-53 和图 2-54 所示。

在 Qt Designer 中,可以在主窗口的空白区域右击,选择"布局"→"垂直布局",这样就可以设置主窗口的垂直布局。设置完毕后如图 2-55 所示。

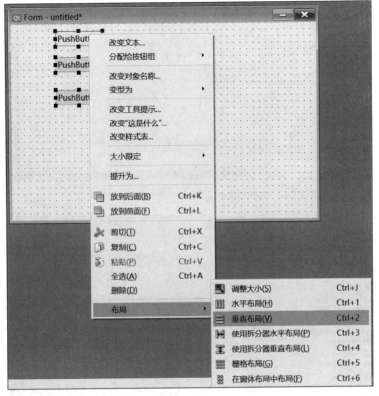

图 2-53　选中多个控件后右击,设置垂直布局

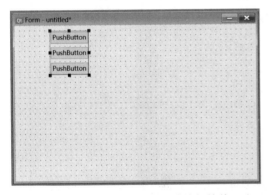

图 2-54　设置垂直布局后的按钮控件

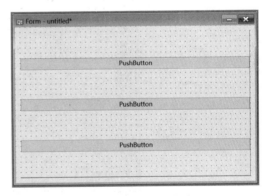

图 2-55　主窗口的垂直布局

2．水平布局

在 Qt Designer 中,应用水平布局有两种方法。第 1 种方法:可以先创建 Horizontal Layout 控件,然后将其他控件添加到 Vertical Layout 控件,如图 2-56 和图 2-57 所示。

第 2 种方法:可以先创建多个控件,然后选中这些控件并右击,在弹出的菜单栏选择"布局"→"水平布局",如图 2-58 和图 2-59 所示。

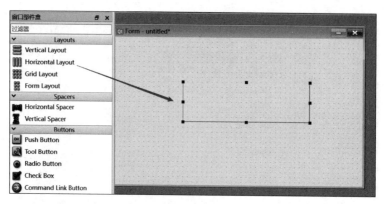

图 2-56　将 Horizontal Layout 控件拖曳到主窗口上

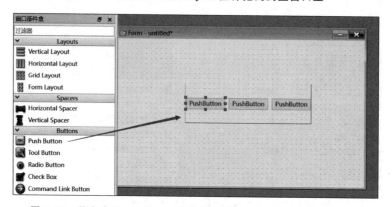

图 2-57　将多个 Push Button 控件拖曳到 Horizontal Layout 控件中

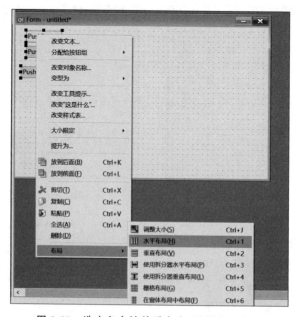

图 2-58　选中多个控件后右击，设置水平布局

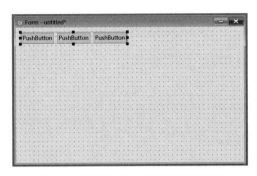

图 2-59 设置水平布局后的按钮控件

在 Qt Designer 中,可以在主窗口的空白区域右击,选择"布局"→"水平布局",这样就可以设置主窗口的水平布局。设置完毕后如图 2-60 所示。

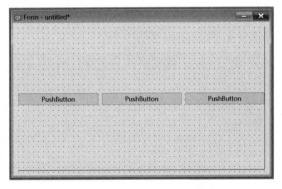

图 2-60 主窗口的水平布局

3. 栅格布局

在 Qt Designer 中,应用栅格布局有两种方法。第 1 种方法:可以先创建 Grid Layout 控件,然后将其他控件添加到 Grid Layout 控件,如图 2-61 和图 2-62 所示。

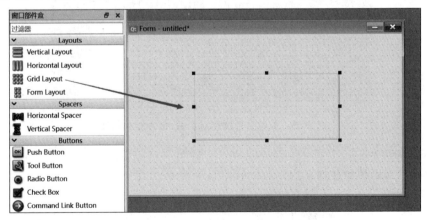

图 2-61 将 Grid Layout 控件拖曳到主窗口上

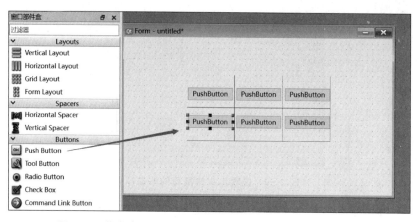

图 2-62   将多个 Push Button 控件拖曳到 Grid Layout 控件中

第 2 种方法：可以先创建多个控件，然后选中这些控件并右击，在弹出的菜单中选择"布局"→"栅格布局"，如图 2-63 和图 2-64 所示。

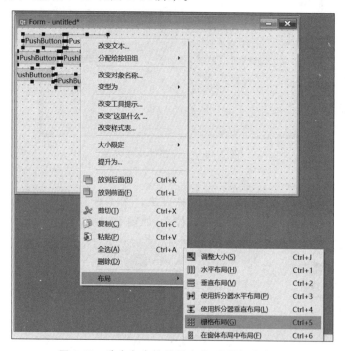

图 2-63   选中多个控件后右击，设置栅格布局

在 Qt Designer 中，可以在主窗口的空白区域右击，选择"布局"→"栅格布局"，这样就可以设置主窗口的栅格布局。设置完毕后如图 2-65 所示。

4. 表单布局

在 Qt Designer 中，应用表单布局有两种方法。第 1 种方法：可以先创建 Form Layout 控件，然后将其他控件添加到 Form Layout 控件，如图 2-66 和图 2-67 所示。

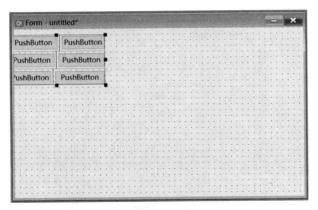

图 2-64 设置栅格布局后的按钮控件

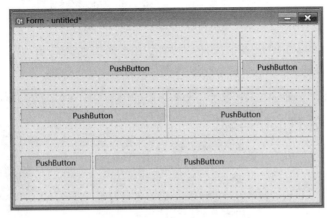

图 2-65 主窗口的栅格布局

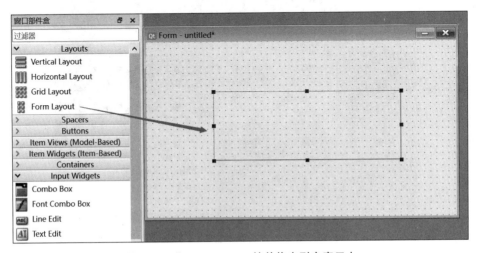

图 2-66 将 Form Layout 控件拖曳到主窗口上

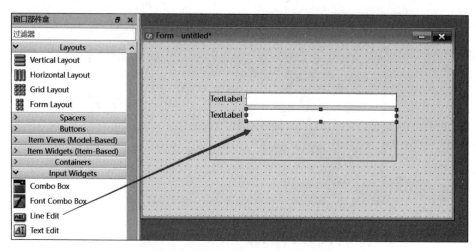

图 2-67 将不同类别的控件拖曳到 Form Layout 控件中

第 2 种方法：可以先创建多个控件，然后选中这些控件并右击，在弹出的菜单中选择"布局"→"在窗体布局中布局"，如图 2-68 和图 2-69 所示。

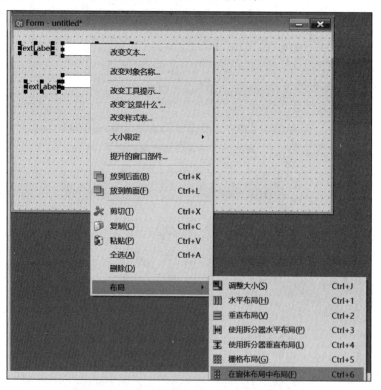

图 2-68 选中多个控件后右击,设置表单布局

在 Qt Designer 中,可以在主窗口的空白区域右击,选择"布局"→"在窗体布局中布局",这样就可以设置主窗口的表单布局。设置完毕后如图 2-70 所示。

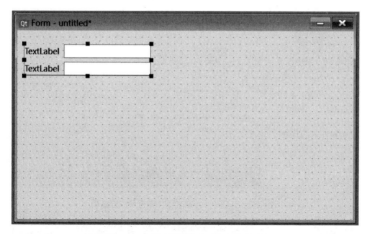

图 2-69 设置表单布局后的控件

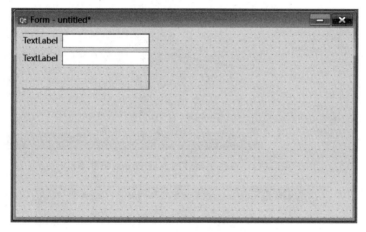

图 2-70 主窗口的表单布局

2.4.3 使用容器控件进行布局

容器控件是指能够容纳子控件的控件。使用容器控件可以将容器内的控件归为一类，用来与其他控件进行区分。当然，也可使用容器控件对其子控件进行布局，只不过这种方法没有布局管理器常用。

使用容器控件的方法：首先从工具箱 Containers 栏中将 Frame 控件拖曳到主窗口，如图 2-71 所示。

然后将多个控件拖曳到 Frame 控件中，包括 Label 控件、Push Button 控件、Line Edit 控件，如图 2-72 所示。

最后选中 Frame 控件并右击，在弹出的菜单中选择"布局"→"水平布局"，如图 2-73 和图 2-74 所示。

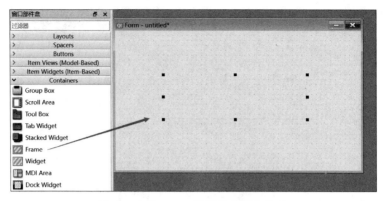

图 2-71   将 Frame 控件拖曳到主窗口

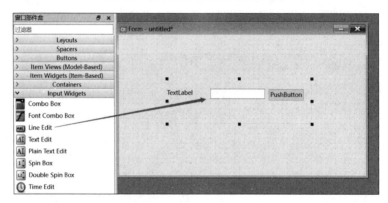

图 2-72   将多个控件拖曳到 Frame 控件中

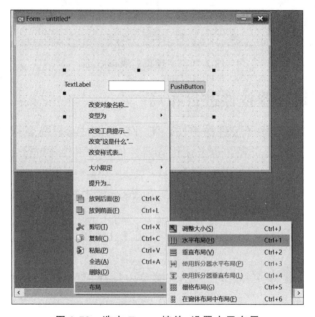

图 2-73   选中 Frame 控件,设置水平布局

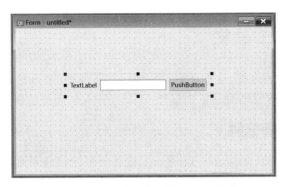

图 2-74 设置水平布局的 Frame 控件

2.4.4 使用间隔控件进行布局

间隔控件也称为垫片控件、弹簧控件,位于工具箱的 Spacers 栏中,包括 Horizontal Spacer(水平间隔控件)、Vertical Spacer(垂直间隔控件)。在布局中间隔控件用于在不同的控件之间添加间隔,以辅助解决一些布局无法完美解决的布局排列问题。

使用间隔控件的方式是直接将 Horizontal Spacer 或 Vertical Spacer 拖曳到不同控件的间隔之间,如图 2-75 所示。

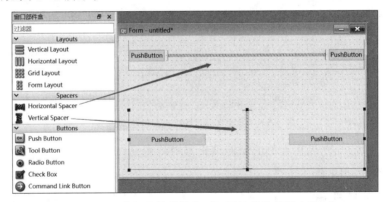

图 2-75 将间隔控件拖曳到不同控件的间隔之间

在 PySide6 中,Spacer 控件对应于 QSpacerItem 类。Spacer 控件比较简单,除了自己的名字之外,只有 3 个属性,如图 2-76 所示。

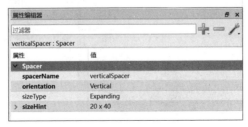

图 2-76 Spacer 控件的属性

2.5 菜单栏与工具栏

在 Qt Designer 中,可以向主设计窗口区域添加菜单栏、工具栏。如果要在主窗口区域添加菜单栏,则要在新建窗体对话框中选择 Main Window 类型的窗体。

2.5.1 添加菜单栏

9min

【实例 2-9】 使用 Qt Designer 设计一个带有菜单的窗口,该窗口有"文件"菜单、"关于"菜单。"文件"菜单下包含新建、打开、保存、退出菜单选项,"关于"菜单下包含关于菜单选项。需给每个菜单选项设置快捷键。操作步骤如下:

(1) 打开 Qt Designer 软件,在"新建窗体"对话框中选择 Main Window,然后单击"创建"按钮即可创建带有菜单栏、状态栏的窗口,如图 2-77 所示。

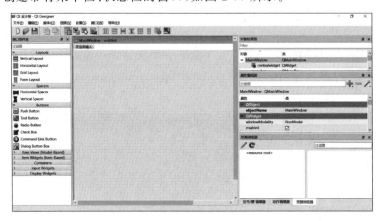

图 2-77 创建 Main Window 类型的窗体

(2) 选中主窗口,然后在右侧的属性编辑器中将主窗口的宽度设置为 560 像素,将高度设置为 370 像素,如图 2-78 所示。

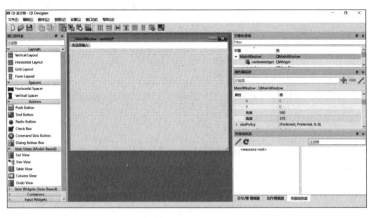

图 2-78 设置主窗口的宽度、高度

（3）双击菜单栏中的"在这里输入"，然后在其中输入"文件"，此时会显示下拉菜单，以及与"文件"并列的另一个菜单选项，如图 2-79 所示。

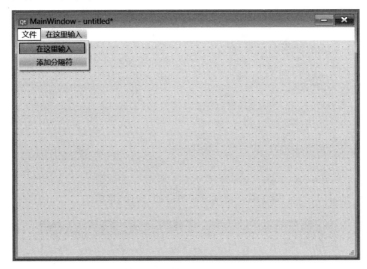

图 2-79　添加文件菜单

（4）在"文件"菜单下，依次添加 New、Open、Save 选项，如图 2-80 所示。

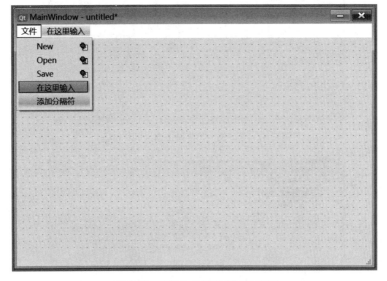

图 2-80　给"文件"菜单添加选项

（5）双击"添加分隔符"，可以在 Save 菜单选项下添加一个分隔符，如图 2-81 所示。

（6）双击"在这里输入"，然后在其中输入 Quit，如图 2-82 所示。

（7）在工具栏中，双击"在这里输入"，然后在其中输入"关于"，如图 2-83 所示。

（8）在"关于"菜单下，双击"在这里输入"，然后在其中输入 About，如图 2-84 所示。

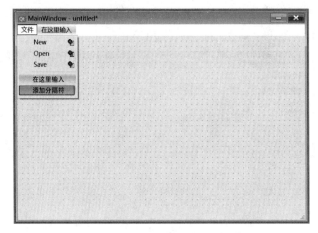

图 2-81 添加分隔符后的"文件"菜单

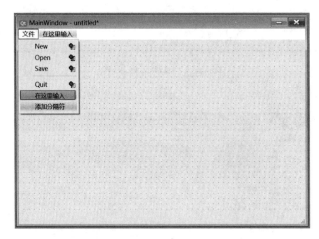

图 2-82 给"文件"菜单添加 Quit 选项

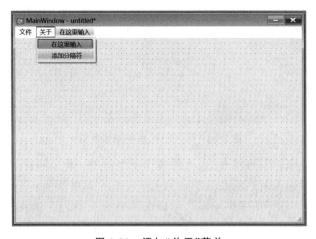

图 2-83 添加"关于"菜单

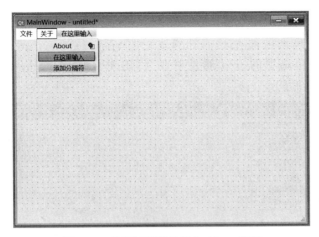

图 2-84　给"关于"菜单添加 About 选项

（9）选择"文件"菜单下的 New 菜单选项，然后在属性编辑器上将 text 属性修改为"新建"，然后选择 shortcut 属性，按快捷键 Ctrl＋N 就可以将 shortcut 属性设置为 Ctrl＋N，这表示为"新建"菜单选项添加了快捷键 Ctrl＋N，如图 2-85 和图 2-86 所示。

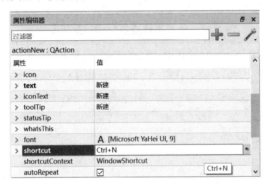

图 2-85　修改 New 菜单选项的 text、shortcut 属性

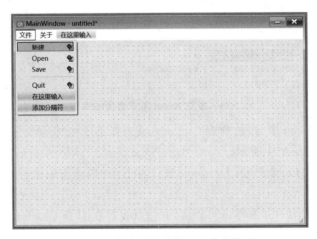

图 2-86　修改属性后的 New 菜单选项

（10）将 Open 菜单选项的 text 属性修改为"打开"，将 shortcut 属性修改为快捷键 Ctrl＋O；将 Save 菜单选项的 text 属性修改为"保存"，将 shortcut 属性修改为快捷键 Ctrl＋S；将 Quit 菜单选项的 text 属性修改为"退出"，将 shortcut 属性修改为快捷键 Ctrl＋Q，如图 2-87 所示。

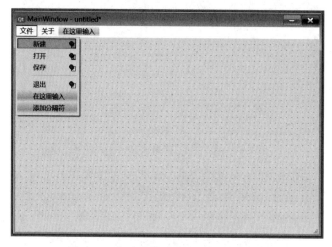

图 2-87　修改属性后的"文件"菜单选项

（11）选中"关于"菜单下的 About 选项，然后在属性编辑器上将 text 属性修改为"关于"，将 shortcut 属性修改为快捷键 Ctrl＋A，如图 2-88 和图 2-89 所示。

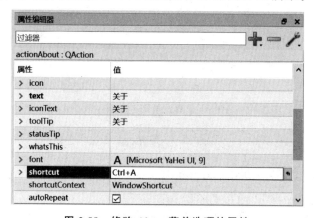

图 2-88　修改 About 菜单选项的属性

（12）在 Qt Designer 中，按快捷键 Ctrl＋R（或选择菜单栏"窗体"→"预览"）即可查看预览窗口，如图 2-90 和图 2-91 所示。

（13）关闭预览窗口，单击 Qt Designer 窗口右下角的"动作编辑器"即可查看添加的动作，如图 2-92 所示。

（14）按快捷键 Ctrl＋S，保存窗口界面，并将其保存在 D 盘 Chapter2 文件夹下，命名为 demo8.ui。

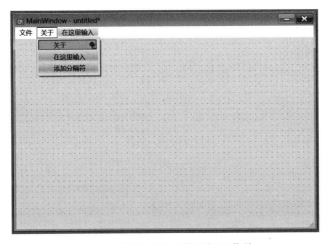

图 2-89 修改属性后的"关于"菜单

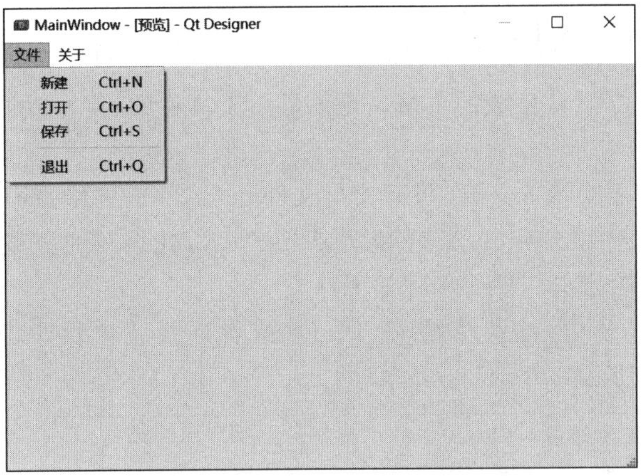

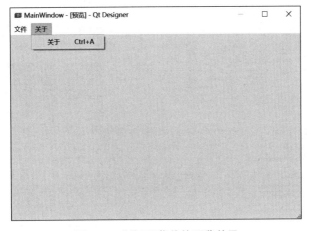

图 2-90 "文件"菜单的预览效果

图 2-91 "关于"菜单的预览效果

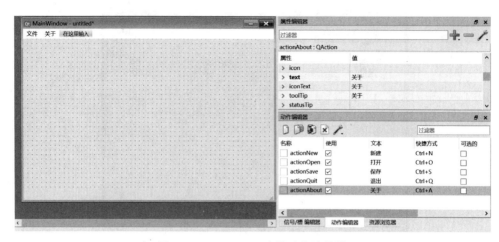

图 2-92　Qt Designer 中的动作编辑器

2.5.2　添加工具栏

12min

在 Qt Designer 中,默认生成的主窗口是不显示工具栏的,但可以通过鼠标右键来添加工具栏。

【实例 2-10】　使用 Qt Designer 打开窗口文件 demo8.ui,并给主窗口添加工具栏,然后另存为 demo9.ui。最后将 demo9.ui 转换为 demo9.py,并编写业务逻辑代码,若单击"退出"菜单选项,则会关闭窗口。操作步骤如下:

(1) 在 Qt Designer 中,按快捷键 Ctrl＋O(或者选择菜单栏"文件"→"打开")打开 demo8.ui,如图 2-93 所示。

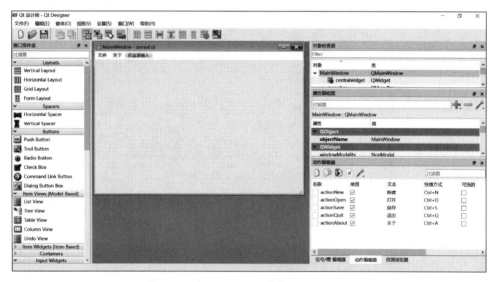

图 2-93　在 Qt Designer 中打开 demo8.ui

（2）选择主窗口区域后右击，在弹出的菜单中选择"添加工具栏"，如图 2-94 和图 2-95 所示。

图 2-94　选择主窗口后右击

图 2-95　添加工具栏的主窗口

（3）将动作编辑器的 actionNew 拖曳到工具栏，这样就在工具栏添加了一个"新建"工具，如图 2-96 所示。

（4）依次将动作编辑器中的 actionOpen、actionSave、actionQuit、actionAbout 拖曳到工具栏中，完成后如图 2-97 所示。

（5）选择 Qt Designer 菜单栏的"文件"→"另存为"，将窗口文件保存在 D 盘的 Chapter2 文件夹下并命名为 demo9.ui。

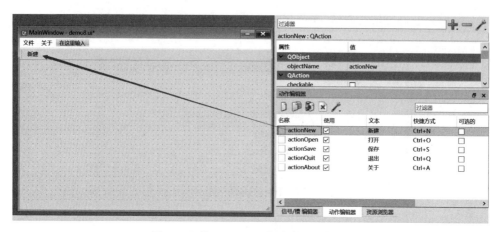

图 2-96 将 actionNew 拖曳到工具栏中

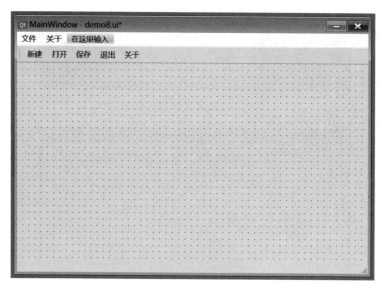

图 2-97 添加工具后的主窗口

（6）打开 Windows 命令行窗口，将 demo9.ui 转换成 demo9.py，如图 2-98 所示。

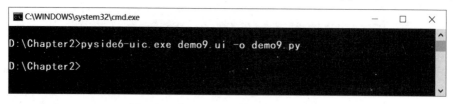

图 2-98 将 demo9.ui 转换成 demo9.py

（7）在 D 盘的 Chapter2 文件夹下打开 demo9.py，可查看其 Python 代码，如图 2-99 所示。

```
from PySide6.QtCore import (QCoreApplication, QDate, QDateTime, QLocale,
    QMetaObject, QObject, QPoint, QRect,
    QSize, QTime, QUrl, Qt)
from PySide6.QtGui import (QAction, QBrush, QColor, QConicalGradient,
    QCursor, QFont, QFontDatabase, QGradient,
    QIcon, QImage, QKeySequence, QLinearGradient,
    QPainter, QPalette, QPixmap, QRadialGradient,
    QTransform)
from PySide6.QtWidgets import (QApplication, QMainWindow, QMenu, QMenuBar,
    QSizePolicy, QStatusBar, QToolBar, QWidget)

class Ui_MainWindow(object):
    def setupUi(self, MainWindow):
        if not MainWindow.objectName():
            MainWindow.setObjectName(u"MainWindow")
        MainWindow.resize(560, 370)
        self.actionNew = QAction(MainWindow)
        self.actionNew.setObjectName(u"actionNew")
        self.actionOpen = QAction(MainWindow)
        self.actionOpen.setObjectName(u"actionOpen")
        self.actionSave = QAction(MainWindow)
        self.actionSave.setObjectName(u"actionSave")
        self.actionQuit = QAction(MainWindow)
        self.actionQuit.setObjectName(u"actionQuit")
        self.actionAbout = QAction(MainWindow)
        self.actionAbout.setObjectName(u"actionAbout")
        self.centralwidget = QWidget(MainWindow)
        self.centralwidget.setObjectName(u"centralwidget")
        MainWindow.setCentralWidget(self.centralwidget)
        self.menubar = QMenuBar(MainWindow)
        self.menubar.setObjectName(u"menubar")
        self.menubar.setGeometry(QRect(0, 0, 560, 22))
        self.menu = QMenu(self.menubar)
        self.menu.setObjectName(u"menu")
        self.menu_2 = QMenu(self.menubar)
        self.menu_2.setObjectName(u"menu_2")
```

图 2-99　demo9.py 文件中的部分 Python 代码

（8）编写的业务逻辑，代码如下：

```
# === 第2章 代码 demo10.py === #
import sys
from PySide6.QtWidgets import QApplication,QMainWindow
from demo9 import Ui_MainWindow

class Window(Ui_MainWindow,QMainWindow):
    def __init__(self):
        super().__init__()
        self.setupUi(self)

        # 使用信号/槽机制,将"退出"的单击信号和窗口关闭槽函数连接
        self.actionQuit.triggered.connect(self.close)


if __name__ == '__main__':
    app = QApplication(sys.argv)
    win = Window()
    win.show()
    sys.exit(app.exec())
```

代码 demo10.py 的运行结果如图 2-100 所示。

图 2-100　代码 demo10.py 的运行结果

2.6　添加图片

在 Qt Designer 中,向控件或窗口中添加图片有两种方法。第 1 种方式是直接向控件或窗口中添加图片文件;第 2 种方法是通过创建资源文件的方法向控件或窗口中添加图片文件。

2.6.1　直接引入图片文件

8min

【实例 2-11】　使用 Qt Designer 设计一个窗口,将窗口的图标设置为 Python 的图标,创建一个标签控件,给标签控件添加一张图片。保存为 .ui 文件并转换为 .py 文件,然后编写业务逻辑代码。操作步骤如下:

(1) 打开 Qt Designer 软件,在"新建窗体"对话框中选择 Dialog without Buttons,然后单击"创建"按钮即可创建主窗口,再将主窗口的宽度调整为 555 像素、将高度调整为 300 像素,如图 2-101 所示。

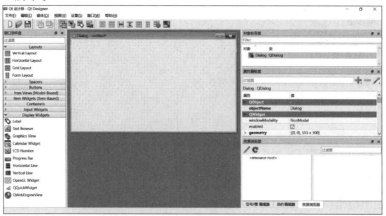

图 2-101　创建的 Dialog without Buttons 窗体

（2）选中主窗口，在属性编辑器中找到 windowIcon 属性，单击 windowIcon 属性右侧的下三角符号，在弹出的菜单中单击"选择文件"，此时会弹出一个文件对话框，如图 2-102 和图 2-103 所示。

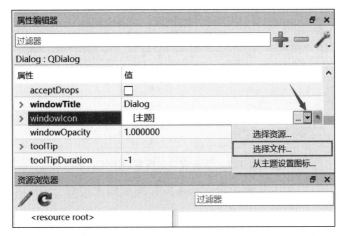

图 2-102　主窗口的 windowIcon 属性

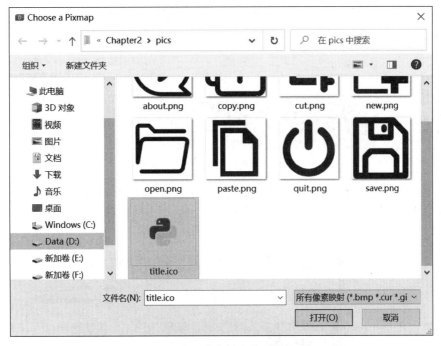

图 2-103　弹出的文件对话框

（3）在弹出的文件对话框中选择 title.ico，然后单击"打开"按钮即可为主窗口添加图标。按快捷键 Ctrl＋R（或选择菜单栏"窗体"→"预览"）可查看预览窗口，如图 2-104 所示。

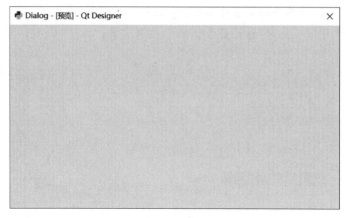

图 2-104　更换窗口图标后的预览效果

（4）关闭预览窗口，从工具箱中将 Label 控件拖曳到主窗口上，然后设置 Label 控件的宽度和高度，如图 2-105 所示。

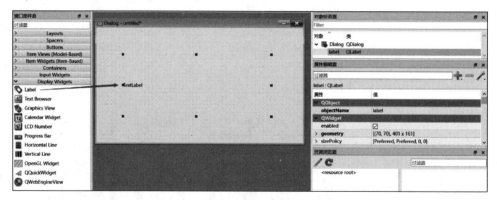

图 2-105　在主窗口上创建 Label 控件

（5）选中 Label 控件，在属性编辑器找到 pixmap 属性，单击 pixmap 属性右侧的下三角符号，在弹出的菜单中选择"选择文件"，此时会弹出一个文件对话框，如图 2-106 和图 2-107 所示。

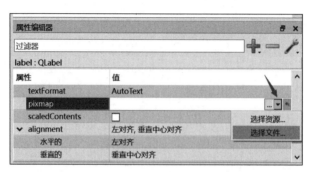

图 2-106　Label 控件的 pixmap 属性

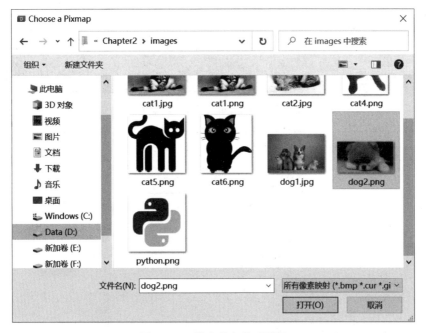

图 2-107 弹出的文件对话框

（6）在弹出的文件对话框中选择 dog2.png，然后单击"打开"按钮就可以给 Label 控件添加图片，如图 2-108 所示。

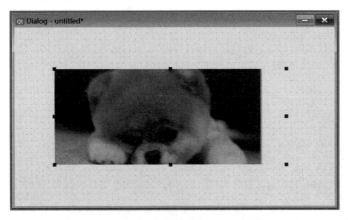

图 2-108 添加图片后的 Label 控件

（7）按快捷键 Ctrl＋S，将设计的主窗口文件保存在 D 盘的 Chapter2 文件夹下，并命名为 demo11.ui。

（8）在 Windows 命令行窗口将 demo11.ui 转换为 demo11.py，如图 2-109 所示。

（9）使用文本编辑器打开 demo11.py，可查看 Python 代码，如图 2-110 所示。

（10）编写业务逻辑代码，代码如下：

```
C:\WINDOWS\system32\cmd.exe                          —    □    ×

D:\Chapter2>pyside6-uic.exe demo11.ui -o demo11.py

D:\Chapter2>_
```

图 2-109   将 demo11.ui 转换为 demo11.py 的过程

```python
from PySide6.QtCore import (QCoreApplication, QDate, QDateTime, QLocale,
    QMetaObject, QObject, QPoint, QRect,
    QSize, QTime, QUrl, Qt)
from PySide6.QtGui import (QBrush, QColor, QConicalGradient, QCursor,
    QFont, QFontDatabase, QGradient, QIcon,
    QImage, QKeySequence, QLinearGradient, QPainter,
    QPalette, QPixmap, QRadialGradient, QTransform)
from PySide6.QtWidgets import (QApplication, QDialog, QLabel, QSizePolicy,
    QWidget)

class Ui_Dialog(object):
    def setupUi(self, Dialog):
        if not Dialog.objectName():
            Dialog.setObjectName(u"Dialog")
        Dialog.resize(555, 300)
        icon = QIcon()
        icon.addFile(u"pics/title.ico", QSize(), QIcon.Normal, QIcon.Off)
        Dialog.setWindowIcon(icon)
        self.label = QLabel(Dialog)
        self.label.setObjectName(u"label")
        self.label.setGeometry(QRect(70, 70, 401, 161))
        self.label.setPixmap(QPixmap(u"images/dog2.png"))

        self.retranslateUi(Dialog)

        QMetaObject.connectSlotsByName(Dialog)
    # setupUi

    def retranslateUi(self, Dialog):
        Dialog.setWindowTitle(QCoreApplication.translate("Dialog", u"Dialog", None))
        self.label.setText("")
    # retranslateUi
```

图 2-110   demo11.py 文件中的 Python 代码

```python
# === 第 2 章 代码 demo11_main.py === #
import sys
from PySide6.QtWidgets import QApplication, QDialog
from demo11 import Ui_Dialog

class Window(Ui_Dialog, QDialog):
    def __init__(self):
        super().__init__()
        self.setupUi(self)


if __name__ == '__main__':
    app = QApplication(sys.argv)
    win = Window()
    win.show()
    sys.exit(app.exec())
```

运行结果如图 2-111 所示。

图 2-111　代码 demo11_main. py 的运行结果

注意：代码 demo11_main. py 是业务逻辑代码，demo11. py 是窗口界面代码，这两个代码文件共同构成一个程序。在本书的后续章节中，将采用这种代码文件的命名方式。有兴趣的读者可以将 Dialog 类型的窗体与 Main Window、Widget 类型的窗体对比，对比后会发现 Dialog 类型的窗体没有最大化窗口、最小化窗口图标，只有一个关闭窗口图标。

2.6.2　创建和使用资源文件

【实例 2-12】　使用 Qt Designer 设计一个窗口，在窗口上添加 3 个 Tool Button 控件，并给 Tool Button 控件添加图标，需使用创建资源文件的方法。保存为. ui 文件并转换为. py 文件，然后编写业务逻辑代码。操作步骤如下：

（1）打开 Qt Designer 软件，在"新建窗体"对话框中选择 Widget，然后单击"创建"按钮即可创建主窗口，再将主窗口的宽度调整为 555 像素、将高度调整为 290 像素，如图 2-112 所示。

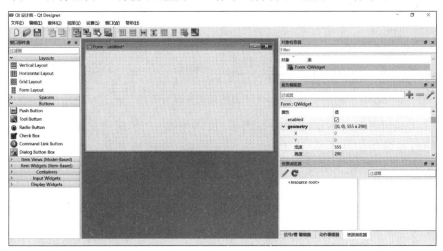

图 2-112　创建的 Widget 窗体

（2）将工具箱中的 Tool Button 拖曳到主窗口上，并将 Tool Button 控件的宽度设置为80 像素，将高度设置为 60 像素。连续操作 3 次，如图 2-113 所示。

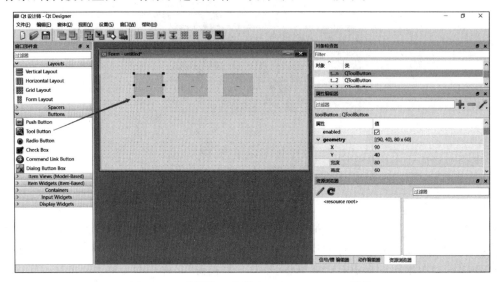

图 2-113　在主窗口上创建 3 个 Tool Button 控件

（3）单击资源浏览器右上角的铅笔图标会弹出"编辑资源"对话框，如图 2-114 所示。

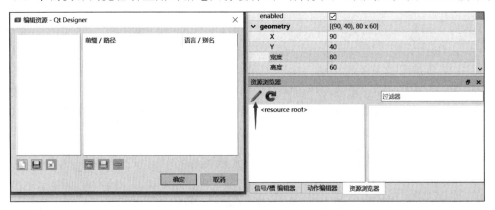

图 2-114　弹出的编辑资源对话框

（4）单击编辑资源对话框左下角的图标，可以弹出一个"新建资源文件"对话框，创建demo12.qrc，并保存在 D 盘的 Chapter2 文件夹下，如图 2-115 所示。

（5）单击"编辑资源"对话框中的添加前缀按钮，为 demo12.qrc 添加前缀 pics，如图 2-116所示。

（6）单击"编辑资源"对话框中的添加文件按钮会弹出一个"添加文件"对话框。在文件对话框中，选择多张图片，并单击"确定"按钮，这样就为 demo12.qrc 文件添加了图片文件，如图 2-117 和图 2-118 所示。

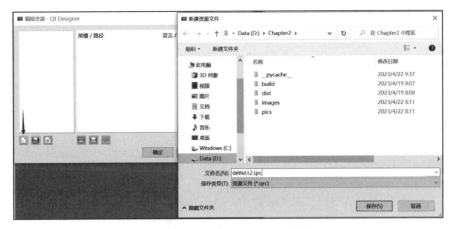

图 2-115　创建 demo12.qrc 文件

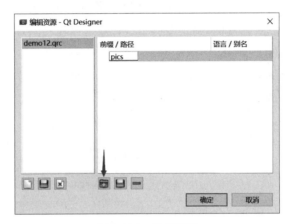

图 2-116　添加前缀

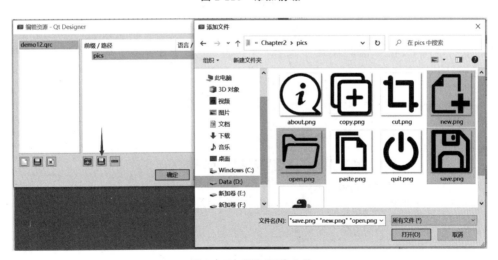

图 2-117　添加图片文件

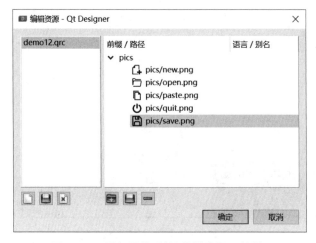

图 2-118　添加图片后的"编辑资源"对话框

（7）单击"编辑资源"对话框的"确定"按钮，这样就可以在 Qt Designer 的资源浏览器中查看添加的图片，如图 2-119 所示。

图 2-119　添加图片后的资源浏览器

（8）选中主窗口的 Tool Button 控件，在属性编辑器中找到 icon 属性。单击 icon 属性右侧的下三角符号，在弹出的菜单中选择"选择资源"会弹出一个"选择资源"对话框，如图 2-120 和图 2-121 所示。

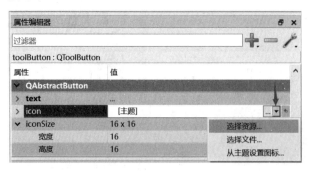

图 2-120　Tool Button 控件的 icon 属性

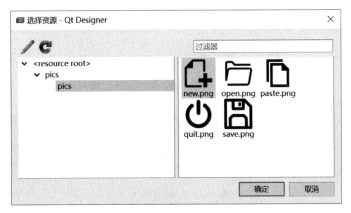

图 2-121 "选择资源"对话框

（9）在"选择资源"对话框中，选中 new. png 后单击"确定"按钮。由于 Tool Button 控件上的图标比较小，所以选中显示图标的 Tool Button 控件后需要在属性编辑器中将 iconSize 属性的宽度修改为 80 像素，将高度修改为 60 像素，如图 2-122 所示。

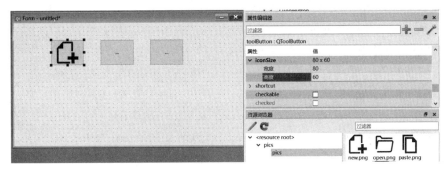

图 2-122 设置 iconSize 属性的宽度、高度

（10）按照步骤（8）和步骤（9）的操作，为主窗口的另外两个 Tool Button 控件添加图标，如图 2-123 所示。

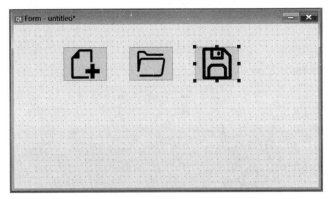

图 2-123 添加图标的 Tool Button 控件

（11）按快捷键 Ctrl＋S，将设计的窗口文件保存在 D 盘的 Chapter2 文件夹下，并命名为 demo12. ui。

（12）在 Windows 命令行窗口将 demo12. ui 转换为 demo12. py，操作过程如图 2-124 所示。

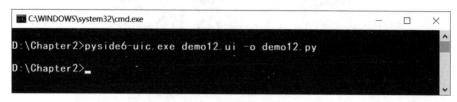

图 2-124　将 demo12. ui 转换为 demo12. py

（13）使用文本编辑器打开 demo12. py 文件，可查看其中的 Python 代码，如图 2-125 所示。

```
from PySide6.QtCore import (QCoreApplication, QDate, QDateTime, QLocale,
    QMetaObject, QObject, QPoint, QRect,
    QSize, QTime, QUrl, Qt)
from PySide6.QtGui import (QBrush, QColor, QConicalGradient, QCursor,
    QFont, QFontDatabase, QGradient, QIcon,
    QImage, QKeySequence, QLinearGradient, QPainter,
    QPalette, QPixmap, QRadialGradient, QTransform)
from PySide6.QtWidgets import (QApplication, QSizePolicy, QToolButton, QWidget)
import demo12_rc

class Ui_Form(object):
    def setupUi(self, Form):
        if not Form.objectName():
            Form.setObjectName(u"Form")
        Form.resize(555, 290)
        self.toolButton = QToolButton(Form)
        self.toolButton.setObjectName(u"toolButton")
        self.toolButton.setGeometry(QRect(90, 40, 80, 60))
        icon = QIcon()
        icon.addFile(u":/pics/pics/new.png", QSize(), QIcon.Normal, QIcon.Off)
        self.toolButton.setIcon(icon)
        self.toolButton.setIconSize(QSize(80, 60))
        self.toolButton_2 = QToolButton(Form)
        self.toolButton_2.setObjectName(u"toolButton_2")
        self.toolButton_2.setGeometry(QRect(210, 40, 80, 60))
        icon1 = QIcon()
        icon1.addFile(u":/pics/pics/open.png", QSize(), QIcon.Normal, QIcon.Off)
        self.toolButton_2.setIcon(icon1)
        self.toolButton_2.setIconSize(QSize(80, 60))
        self.toolButton_3 = QToolButton(Form)
        self.toolButton_3.setObjectName(u"toolButton_3")
        self.toolButton_3.setGeometry(QRect(330, 40, 80, 60))
```

图 2-125　代码 demo12. py

（14）由于代码 demo12. py 需要引入 demo12_rc 文件，所以需要在 Windows 命令行窗口将 demo12. qrc 转换为 demo12_rc. py 文件。操作过程如图 2-126 所示。

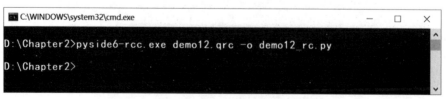

图 2-126　将 demo12. qrc 转换为 demo12_rc. py

（15）编写业务逻辑代码，代码如下：

```
# === 第2章 代码 demo12_main.py === #
import sys
from PySide6.QtWidgets import QApplication,QWidget
from demo12 import Ui_Form

class Window(Ui_Form,QWidget):
    def __init__(self):
        super().__init__()
        self.setupUi(self)


if __name__ == '__main__':
    app = QApplication(sys.argv)
    win = Window()
    win.show()
    sys.exit(app.exec())
```

运行结果如图2-127所示。

图 2-127　代码 demo12_main.py 的运行结果

注意：代码 demo12_main.py 是业务逻辑代码，demo12.py 是窗口界面代码，demo12_rc.py 是资源文件代码。这3个代码文件共同构成一个程序。有兴趣的读者可用文本编辑器打开 demo12_rc.py 文件，以可查看其代码。

2.6.3　将.qrc文件转换为.py文件

在 PySide6 中，如果要将.qrc 文件转换为.py 文件，则可以在 Windows 命令行窗口输入的命令如下：

```
pyside6 - rcc.exe xxx.qrc - o xxx_rc.py
```

实例2-12中的转换过程如图2-126所示。之所以要添加_rc，是因为在 PySide6 中导入资源文件时默认为加_rc的，如图2-125所示。

2.7 典型应用

在 PySide6 中，可以使用 Qt Designer 设计窗口界面，然后手动编写业务逻辑代码。使用业务逻辑和窗口界面分离的编程方法可提高编程效率，但需要记住窗口界面中每个控件对象的名字（objectName）。

2.7.1 典型应用 1

【实例 2-13】 使用 Qt Designer 设计一个用户登录界面，包含 3 个 Label 控件（其中一个位于窗口下方，用于显示提示信息）、2 个 Line Edit 控件、1 个 Push Button 控件。将窗口界面保存为.ui 文件并转换为.py 文件，然后编写业务逻辑代码。要求无论是否登录成功，窗口下方的 Label 控件都显示对应的提示信息。操作步骤如下：

（1）打开 Qt Designer 软件，创建 Widget 类型的窗体。通过拖动工具箱上的控件创建登录界面，并设置相关控件的属性。两个 Line Edit 控件的 objectName 分别为 lineEdit_name、lineEdit_pwd，窗口底部的 Label 控件的 objectName 为 label_result，其他控件的 objectName 为默认值。创建的窗口界面如图 2-128 所示。

Form - demo13.ui*
姓名:
密码:
登录
提示信息:

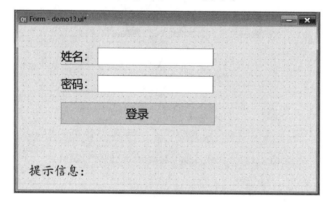

图 2-128 设计的登录窗口界面

（2）按快捷键 Ctrl+S，将窗口界面保存在 D 盘的 Chapter2 文件夹下，并命名为 demo13.ui。在 Windows 命令行窗口将 demo13.ui 转换为 demo13.py。操作过程如图 2-129 所示。

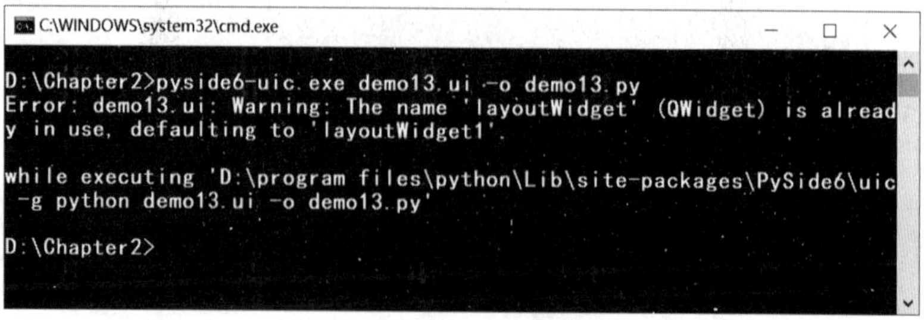

C:\WINDOWS\system32\cmd.exe
D:\Chapter2>pyside6-uic.exe demo13.ui -o demo13.py
Error: demo13.ui: Warning: The name 'layoutWidget' (QWidget) is alread
y in use, defaulting to 'layoutWidget1'.
while executing 'D:\program files\python\Lib\site-packages\PySide6\uic
-g python demo13.ui -o demo13.py'
D:\Chapter2>

图 2-129 将 demo13.ui 转换为 demo13.py 的过程

注意：由于在 demo13. ui 中使用了两次水平布局，因此在转换成的 Python 代码中，第
1 次布局对象为 layoutWidget，第 2 次布局对象为 layoutWidget1。虽然 Windows 命令行窗
口提示有错误，但不影响使用。

（3）编写业务逻辑代码，代码如下：

```python
# === 第 2 章　代码 demo13_main.py === #
import sys
from PySide6.QtWidgets import QApplication,QWidget
from demo13 import Ui_Form

class Window(Ui_Form,QWidget):
    def __init__(self):
        super().__init__()
        self.setupUi(self)
        # 使用信号/槽机制,将按钮的单击信号和槽函数 log_on()连接
        self.pushButton.clicked.connect(self.log_on)

    # 自定义槽函数,根据输入信息,设置 label_result 的显示信息
    def log_on(self):
        name = self.lineEdit_name.text()     # 获取 lineEdit_name 中的文本
        pwd = self.lineEdit_pwd.text()       # 获取 lineEdit_pwd 中的文本
        if        name == '' or pwd == '':
                self.label_result.setText('输入内容不能为空,请继续输入。')
        elif name == "孙悟空" and pwd == "wukong":
                self.label_result.setText('姓名、密码正确,登录成功!')
        else:
                self.label_result.setText('姓名、密码有错误,请重新输入。')


if __name__ == '__main__':
    app = QApplication(sys.argv)
    win = Window()
    win.show()
    sys.exit(app.exec())
```

（4）运行并测试创建的 GUI 程序，如图 2-130 和图 2-131 所示。

图 2-130　运行 Python 代码 demo13_main. py

注意：在 Qt Designer 中，可以通过将 Line Edit 控件的 echoMode 属性设置为 Password 的
方法，设置 Line Edit 控件的密码掩码。除此之外，还有其他的方法，将在后面的章节进行
介绍。

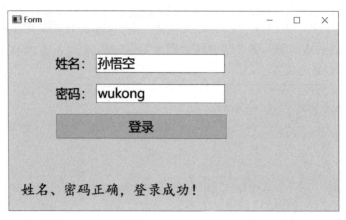

图 2-131　Python 代码 demo13_main. py 的运行结果

2.7.2　典型应用 2

【**实例 2-14**】　使用 Qt Designer 设计一个有菜单栏、工具栏的窗口界面。将窗口界面保存为 . ui 文件,并转换成 . py 文件,然后编写业务逻辑代码,如果单击菜单中的菜单选项,则窗口的状态栏会显示提示信息。操作步骤如下:

(1) 打开 Qt Designer 软件,创建 MainWindow 类型的窗体。将窗体的宽度设置为560 像素,将高度设置为 300 像素,然后逐次为主窗口添加菜单,如图 2-132~图 2-134所示。

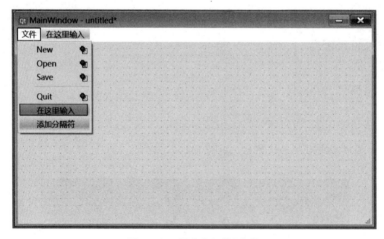

图 2-132　添加"文件"菜单

(2) 逐次修改各个菜单选项的显示文本,并添加快捷键。预览效果如图 2-135~图 2-137所示。

(3) 在 Qt Designer 中,应用资源浏览器创建资源文件 demo14. qrc,并添加图片文件,如图 2-138 所示。

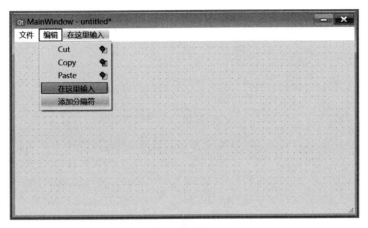

图 2-133 添加"编辑"菜单

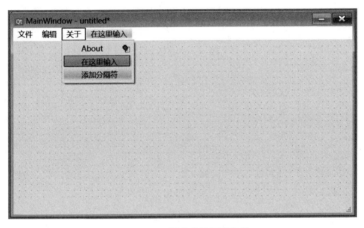

图 2-134 添加"关于"菜单

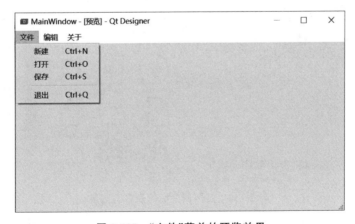

图 2-135 "文件"菜单的预览效果

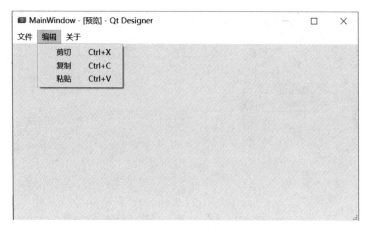

图 2-136　"编辑"菜单的预览效果

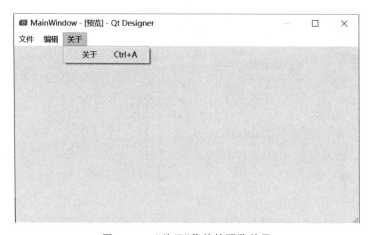

图 2-137　"关于"菜单的预览效果

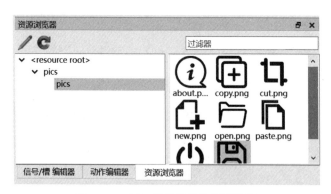

图 2-138　添加图片后的资源浏览器

（4）逐次设置各个菜单选项的 icon 属性，为每个菜单选项添加图标。添加图标后的预览效果如图 2-139～图 2-141 所示。

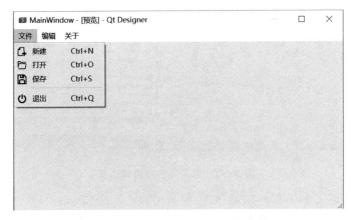

图 2-139 添加图标后的"文件"菜单

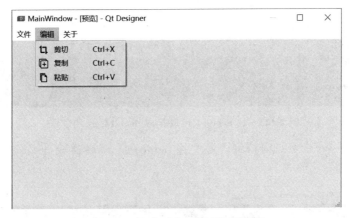

图 2-140 添加图标后的"编辑"菜单

图 2-141 添加图标后的"关于"菜单

（5）在 Qt Designer 中，给主窗口添加工具栏，然后将动作编辑器中的动作逐次拖动到工具栏中，如图 2-142 所示。

图 2-142 向工具栏中添加工具

（6）按快捷键 Ctrl＋S 将窗口文件保存在 D 盘的 Chapter2 文件夹下,并命名为 demo14. ui。在 Windows 命令行窗口将 demo14. ui 转换成 demo14. py。操作过程如图 2-143 所示。

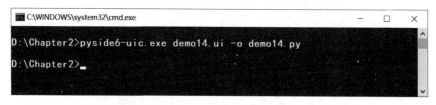

图 2-143 将 demo14. ui 转换成 demo14. py 的过程

（7）在 Windows 命令行窗口将资源文件 demo14. qrc 转换成 demo14_rc. py。操作过程如图 2-144 所示。

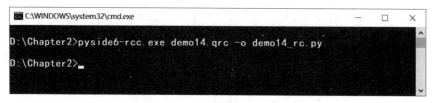

图 2-144 将 demo14. qrc 转换成 demo14_rc. py 的过程

（8）编写业务逻辑代码,代码如下:

```python
# === 第 2 章 代码 demo14_main. py === #
import sys
from PySide6.QtWidgets import QApplication,QMainWindow
from demo14 import Ui_MainWindow

class Window(Ui_MainWindow,QMainWindow):
    def __init__(self):
        super().__init__()
        self.setupUi(self)
        #使用信号/槽机制,将菜单选项或工具栏的单击信号和自定义槽函数连接
        self.actionNew.triggered.connect(self.new)
        self.actionOpen.triggered.connect(self.open)
```

```
            self.actionSave.triggered.connect(self.save)
            self.actionCut.triggered.connect(self.cut)
            self.actionCopy.triggered.connect(self.copy)
            self.actionPaste.triggered.connect(self.paste)
            self.actionAbout.triggered.connect(self.about)
            #使用信号/槽机制，将菜单选项或工具栏的单击信号和系统槽函数连接
            self.actionQuit.triggered.connect(self.close)


        #自定义槽函数，在状态栏上显示信息
        def new(self):
            self.statusBar().showMessage('你单击了"新建"。')

        #自定义槽函数，在状态栏上显示信息
        def open(self):
            self.statusBar().showMessage('你单击了"打开"。')

        #自定义槽函数，在状态栏上显示信息
        def save(self):
            self.statusBar().showMessage('你单击了"保存"。')

        #自定义槽函数，在状态栏上显示信息
        def cut(self):
            self.statusBar().showMessage('你单击了"剪切"。')

        #自定义槽函数，在状态栏上显示信息
        def copy(self):
            self.statusBar().showMessage('你单击了"复制"。')

        #自定义槽函数，在状态栏上显示信息
        def paste(self):
            self.statusBar().showMessage('你单击了"粘贴"。')

        #自定义槽函数，在状态栏上显示信息
        def about(self):
            self.statusBar().showMessage('你单击了"关于"。')


if __name__ == '__main__':
    app = QApplication(sys.argv)
    win = Window()
    win.show()
    sys.exit(app.exec())
```

（9）运行并测试创建的 GUI 程序，如图 2-145 和图 2-146 所示。

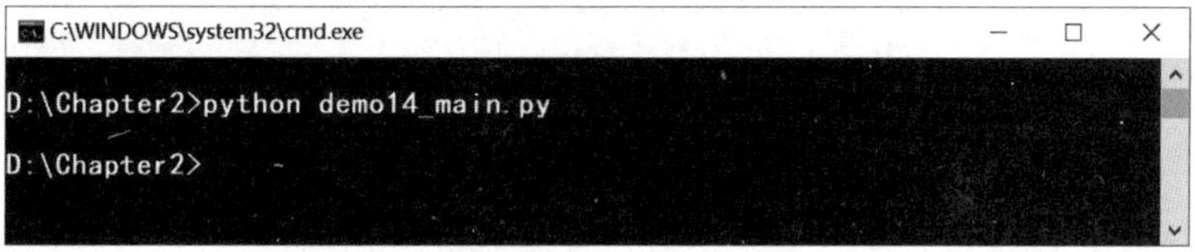

图 2-145　运行 Python 代码 demo14_main.py

图 2-146 Python 代码 demo14_main. py 的运行结果

2.8 小结

本章首先介绍了 Qt Designer 的窗口组成,然后介绍了使用 Qt Designer 设计 UI 界面,并保存为. ui 文件,以及将. ui 文件转换成. py 文件的方法。

本章介绍了窗口界面和业务逻辑分离的编程方法、在 Qt Designer 中设置信号与槽关联的方法,以及在 Python 代码中引入. ui 文件的方法。

本章介绍了在 Qt Designer 中进行布局管理的方法,如何给主窗口添加菜单栏、工具栏的方法,以及添加图片的方法。最后介绍了两个典型应用。需掌握使用 Qt Designer 设计窗口界面,手动编写业务逻辑代码相结合的编程方法。

第三部分

第 3 章　窗口类与标签控件

如果读者已经掌握了使用 Qt Designer 设计 UI 界面的方法,则会有一个疑问:在 PySide6 中能否以手动编写代码的方式创建窗口界面? 答案是可以的,而且非常有必要。因为 PySide6 提供了丰富的类,以此可创建窗口控件,这些类不仅功能强大,而且这些类的方法名和属性名都非常有描述性,简单易学。

本章主要介绍使用 PySide6 中的类创建窗口控件的方法,主要采用手动编写代码的方法,辅助以使用 Qt Designer 设计 UI 界面的方法。

3.1　窗口类

当使用 Qt Designer 创建窗口界面时,可以创建 3 种类型的窗体,分别为 Widget、Main Window、Dialog。这 3 种窗体类型分别对应了 PySide6 中的 QWidget 类、QMainWindow 类、QDialog 类。

在 PySide6 中,可以应用 QWidget 类、QMainWindow 类、QDialog 类创建独立窗口或窗口容器。

3.1.1　QWidget 类

在 PySide6 中,QWidget 类是所有窗口控件的基类。QWidget 类的父类为 QObject 类和 QPaintDevice 类,其继承关系如图 3-1 所示。

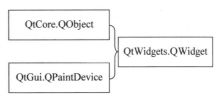

图 3-1　QWidget 类的继承关系

▶ 14min

可以使用 QWidget 类创建实例对象的方法来创建独立窗口或容器控件,语法格式如下:

```
window = QWidget(parent:QWidget = None, f:Qt.WindowFlags = Qt.Widget)
```

其中,window 表示用于存储 QWidget 对象的变量;parent 表示父窗口,如果没有父窗口,则创建独立窗口,如果有父窗口,则创建容器控件;f 用于确定窗口的类型和外观,参数值为 Qt.WindowFlags 或 Qt.WindowType 的枚举值。窗口类型 Qt.WindowFlags 的枚举值及说明见表 3-1。

表 3-1　窗口类型 **Qt. WindowFlags** 的枚举值及说明

枚　举　值	说　　明
Qt. Widget	默认窗口类型,如果 QWidget 对象有父窗口,则创建一个没有标题栏的容器控件;如果 QWidget 对象没有父窗口,则创建一个独立窗口
Qt. Window	无论 QWidget 对象是否有父窗口都创建一个有窗口框架和标题栏的窗口
Qt. Dialog	创建的 QWidget 对象将成为一个对话框窗口(Dialog)。对话框窗口的标题栏通常没有最大化按钮、最小化按钮。如果从其他窗口中弹出对话框,则可以通过该对象的 setWindowModality() 方法将其设置为模式窗口。在关闭模式窗口之前,不允许对其他窗口进行操作
Qt. Drawer	在 macOS 系统中,QWidget 对象是一个抽屉(drawer)
Qt. Sheet	在 macOS 系统中,QWidget 对象是一个表单(Sheet)
Qt. Popup	QWidget 对象是一个弹出式顶层窗口,该窗口是个模式窗口,常用来设计弹出式菜单
Qt. Tool	QWidget 对象是一个工具窗,工具窗有比正常窗口小的标题栏,可以在上面放置按钮。如果 QWidget 对象有父窗口,则 QWidget 对象始终在父窗口的顶层
Qt. ToolTip	QWidget 对象是一个提示窗,提示窗没有标题栏和边框
Qt. SplashScreen	QWidget 对象是一个欢迎窗,这是 QSplashScreen 的默认值
Qt. Desktop	QWidget 对象是个桌面,这是 QDesktopWidget 的默认值
Qt. SubWindow	QWidget 对象是子窗口,例如 QMidSubWindow 窗口
Qt. ForeignWindow	QWidget 对象是其他程序创建的句柄窗口
Qt. CoverWindow	QWidget 对象是一个封面窗口,当程序最小化时显示该窗口
Qt. MSWindowsFixedSizeDialogHint	对于不可调整尺寸的对话框 QDialog 添加窄的边框
Qt. MSWindowsOwnDC	为 Windows 系统的窗口添加上下文菜单
Qt. BypassWindowManagerHint	窗口不受窗口管理协议的约束,与具体的操作系统有关
Qt. X11BypassWindowManagerHint	无边框窗口,不受任务管理器的管理,如果没有用 activeWindow() 方法激活,则接受键盘输入
Qt. FramelessWindowHint	无边框和标题栏窗口,无法移动和改变窗口的尺寸
Qt. NoDropShadowWindowHint	不支持拖放操作的窗口
Qt. CusmizeWindowHint	自定义窗口标题栏,不显示窗口的默认提示值
Qt. WindowTitleHint	有标题栏的窗口
Qt. WindowSystemMenuHint	有系统菜单的窗口
Qt. WindowMinimizeButtonHint	有最小化按钮的窗口
Qt. WindowMaximizeButtonHint	有最大化按钮的窗口
Qt. WindowMinMaxButtonsHint	有最小化和最大化按钮的窗口
Qt. WindowCloseButtonHint	有关闭按钮的窗口
Qt. WindowContextHelpButtonHint	有帮助按钮的窗口
Qt. MacWindowToolBarButtonHint	在 macOS 系统中,添加工具栏按钮

续表

枚 举 值	说　　明
Qt.WindowFullscreenButtonHint	有全屏按钮的窗口
Qt.WindowShadeButtonHint	在最小化按钮处添加背景按钮
Qt.WindowStaysOnTopHint	始终在最前面的窗口
Qt.WindowStaysOnBottomHint	始终在最后面的窗口
Qt.WindowTransparentForInput	只用于输出,不能用于输入的窗口
Qt.WindowDoesNotAcceptFocus	不接收输入焦点的窗口
Qt.MaximizeUsingFullscreenGeometryHint	窗口最大化时,最大化地占据屏幕

注意：如果同时选择多个 Qt.WindowFlags 的取值,则可以使用"|"将多个参数值连接在一起。窗口的类型、外观与操作系统有关,窗口的显示效果取决于操作系统是否支持窗口的类型或外观。

【实例 3-1】　使用 QWidget 类创建一个通用窗口,要求宽度为 560 像素,高度为 280 像素,代码如下：

```
# === 第 3 章 代码 demo1.py === #
import sys
from PySide6.QtWidgets import QApplication,QWidget

app = QApplication(sys.argv)
window = QWidget()                    # 创建 QWidget 对象
window.resize(560,280)                # 设置窗口的宽度、高度
window.show()                         # 显示窗口
sys.exit(app.exec())
```

运行结果如图 3-2 和图 3-3 所示。

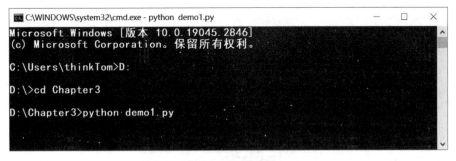

图 3-2　运行 Python 代码 demo1.py

在 PySide6 中,QWidget 类封装了很多方法,包括内置槽函数、静态方法。内置槽函数是指直接可以作为 connect() 方法参数的函数,例如 button.clicked.connect(self.close) 中的 close() 函数就是内置槽函数。在表格中,内置槽函数前面有标识[slot],静态方法有标识[static]。QWidget 类中常用的方法见表 3-2。

图 3-3　代码 demo1.py 的运行结果

表 3-2　QWidget 类中常用的方法

方法及参数类型	说　明	返回值的类型
[static]find(int)	根据控件的识别 ID 号或句柄 ID 号获取控件	QWidget
[static]keyboardGrabber()	返回键盘获取的控件	QWidget
[static]mouseGrabber()	返回鼠标获取的控件	QWidget
[static]setTabOrder(QWidget,QWidget)	设置窗口上控件的 Tab 键顺序	None
[slot]show()	显示窗口,等同于 setVisible(True)	None
[slot]setHidden(bool)	设置隐藏状态	None
[slot]hide()	隐藏窗口	None
[slot]raise_()	提升控件,放到控件栈的顶部	None
[slot]lower()	降低控件,放到控件栈的底部	None
[slot]close()	关闭窗口,如果成功,则返回值为 True	Bool
[slot]showFullScreen()	全屏显示	None
[slot]showMaximized()	最大化显示	None
[slot]showMinimized()	最小化显示	None
[slot]showNomal()	最大化或最小化显示后回到正常显示	None
[slot]update()	刷新窗口	None
[slot]updateMicroFocus(Qt.InputMethod Query＝Qt.ImQueryAll)	更新小部件的微焦点,并通知输入方法查询指定的状态已更改	None
[slot]repaint()	调用 paintEvent 事件重新绘制窗口	None
[slot]setDisabled(bool)	设置失效状态	None
[slot]setEnabled(bool)	设置是否激活状态	None
[slot]setWindowModified(bool)	设置文档是否被修改过,可根据此在退出程序时提示是否保存	None
[slot]setFocus()	设置获得焦点	None
[slot]setStyleSheet(str)	设置窗口或控件的样式表	None
setVisible(bool)	设置窗口是否可见	None

续表

方法及参数类型	说　明	返回值的类型
setWindowIcon(QIcon)	设置窗口的图标	None
windowIcon()	获取窗口的图标	QIcon
setWindowTitle(str)	设置窗口的标题文字	None
windowTitle()	获取窗口标题的文字	str
isWindowModified()	判断窗口内容是否被修改过	bool
setWindowModality(Qt. WindowModality)	设置窗口的模式特征	None
isModal()	判断窗口是否有模式特征	bool
setWindowOpacity(float)	设置窗口的不透明度,参数值为 0~1 的浮点数	None
windowOpacity()	获取窗口的不透明度	float
setWindowState(Qt. WindowState)	设置窗口的状态	None
windowState()	获取窗口的状态	Qt. WindowState
windowType()	获取窗口类型	Qt. WindowType
activateWindow()	设置成活动窗口,活动窗口可以获得键盘输入	None
isActiveWindow()	判断窗口是否为活动窗口	bool
setMaximumWidth(maxw:int)	设置窗口或控件的最大宽度	None
setMaximumHeight(maxh:int)	设置窗口或控件的最大高度	None
setMaximumSize(maxw:int,maxh:int)	设置窗口或控件的最大宽度和高度	None
setMaximumSize(QSize)	同上,参数为 QSize 对象	None
setMinimumWidth(minw:int)	设置窗口或控件的最小宽度	None
setMinimumHeight(minh:int)	设置窗口或控件的最小高度	None
setMinimumSize(minw:int,minh:int)	设置窗口或控件的最小宽度和高度	None
setMinimumSize(QSize)	同上,参数为 QSize 对象	None
setFixedHeight(h:int)	设置窗口或控件的固定高度	None
setFixedWidth(w:int)	设置窗口或控件的固定宽度	None
setFixedSize(w:int,h:int)	设置窗口或控件的固定宽度和高度	None
setFixedSize(QSize)	同上,参数为 QSize 对象	None
isMaximized()	是否处于最大化状态	bool
isMinimized()	是否处于最小化状态	bool
isFullScreen()	判断窗口是否为全屏状态	bool
setAutoFillBackGround(bool)	设置是否自动填充背景	None
autoFillBackGround()	判断是否自动填充背景	bool
setObjectName(name:str)	设置窗口或控件的名称	None
setFont(QFont)	设置字体	None
font()	获取字体	QFont
setPalette(QPalette)	设置调色板	None
palette()	获取调色板	QPalette
setUpdateEnabled(bool)	设置是否可以对窗口进行刷新	None

续表

方法及参数类型	说　　明	返回值的类型
update(Union [QRegion,QPolygon,QRect])	刷新窗口的指定区域	None
update(x:int,y:int,w:int,h:int)	刷新窗口的指定区域	None
setCursor(QCursor)	设置光标	None
cursor()	获取光标	QCursor
unsetCursor()	重置光标,使用父窗口的光标	None
setContextMenuPolicy(policy:Qt.Context MenuPolicy)	设置右键上下文菜单的弹出策略	None
addAction(action:QAction)	添加动作,以形成右键快捷菜单	None
addActions(actions:Sequence[QAction])	添加多个动作	None
insertAction(before:QAction,QAction)	插入动作	None
insertActions (before: QAction, actions: Sequence[QAction])	插入多个动作	None
actions()	获取窗口或控件的动作列表	List[QAction]
repaint(x:int,y:int,w:int,h:int)	重新绘制指定区域	None
repaint(Union [QRegion,QPolygon,QRect])	同上	None
scroll(dx:int,dy:int)	窗口中的控件向左、向下移动指定的像素,参数可为负数	None
scroll(dx:int,dy:int,QRect)	窗口中的指定区域向左、向下移动指定的像素	None
resize(w:int,h:int)	重新设置窗口工作区的宽度和高度	None
resize(QSize)	同上,参数为 QSize 对象	None
size()	获取窗口工作区的尺寸	QSize
move(x:int,y:int)	将窗口的左上角移动到指定位置	None
move(QPoint)	同上,参数为 QPoint 对象	None
x()、y()	获取窗口左上角的 x 坐标、y 坐标	int
pos()	获取窗口左上角的位置	QPoint
frameGeometry()	获取包含标题栏的外框架区域	QRect
frameSize()	获取包含标题栏的外框架尺寸	QSize
setGeometry(x:int,y:int,w:int,h:int)	设置窗口工作区的矩形区域	None
setGeometry(QRect)	同上,参数为 QRect 对象	None
geometry()	获取不包含框架和标题栏的工作区域	QRect
width()、height()	获取工作区域的宽度和高度	int
rect()	获取工作区域	QRect
childrenRect()	获取子控件占据的区域	QRect
baseSize()	如果设置了 sizeIncrement 属性,则获取控件的合适尺寸	QSize
setBaseSize(basew:int,baseh:int)	设置控件的合适尺寸	None

续表

方法及参数类型	说　　明	返回值的类型
setBaseSize(QSize)	同上,参数为 QSize 对象	None
sizeHint()	获取系统推荐的尺寸	QSize
isVisible()	判断窗口是否可见	bool
isEnabled()	判断激活状态	bool
isWindow()	判断是否为独立窗口	bool
window()	返回控件所在的独立窗口	QWidget
setToolTip(str)	设置提示信息	None
setToolTipDuration(int)	设置提示信息持续的时间,单位为毫秒	None
childAt(x:int,y:int)	获取指定位置处的控件	QWidget
childAt(QPoint)	同上,参数为 QPoint 对象	QWidget
setLayout(QLayout)	设置窗口或控件内的布局	None
layout()	获取窗口或控件内的布局	QLayout
setLayoutDirection(Qt. LayoutDirection)	设置布局的排列方向	None
setParent(parent:QWidget)	设置控件的父窗口	None
setParent(QWidget,f:Qt. WindowFlags)	设置控件的父窗口	None
parentWidget()	获取父窗口	QWidget
setIncrement(w:int,h:int)	设置窗口变化时的增量值	None
setIncrement(QSize)	同上,参数值为 QSize 对象	None
sizeIncrement()	获取窗口变化时的增量值	QSize
setMask(QBitmao)	设置遮掩,白色部分不显示,黑色部分显示	None
setStyle(QStyle)	设置窗口的风格	None
setContentsMargins(left: int, top: int, right: int,bottom:int)	设置左、上、右、下的页边距	None
setContontesMargins(QMargins)	同上,参数为 QMargins 对象	None
setAttribute (Qt. WidgetAttribute, on = true)	设置窗口或控件的属性	None
setAcceptDrops(bool)	设置是否接受鼠标的拖放	None
setWhatsThis(str)	设置按 Shift+F1 键时的提示信息	None
setMouseTracking(enable:bool)	设置是否跟踪鼠标的跟踪事件	None
hasMouseTracking()	判断是否有鼠标跟踪事件	bool
underMouse()	判断控件是否处于光标之下	bool
setWindowFilePath(str)	在窗口上记录一个路径,例如打开文件的路径	None
mapFrom(QWidget. QPoint)	将父容器中的点映射成控件坐标系下的点	QPoint
mapFrom(QWidget. QPointF)	同上	QPointF
mapFromGlobal(QPoint)	将屏幕坐标系中的点映射成控件的点	QPoint
mapFromGlobal(QPointF)	同上	QPointF

续表

方法及参数类型	说　　明	返回值的类型
mapFromParent(QPoint)	将父容器坐标系下中的点映射成控件的点	QPoint
mapFromParent(QPointF)	同上	QPointF
mapTo(QWidget,QPoint)	将控件的点映射到父容器坐标系下的点	QPoint
mapTo(QWidget,QPointF)	同上	QPointF
mapToGlobal(QPoint)	将控件的点映射到屏幕坐标系下的点	QPoint
mapToGlobal(QPointF)	同上	QPointF
mapToParent(QPoint)	将控件的点映射到父容器坐标系下的点	QPoint
mapToParent(QPointF)	同上	QPointF
grab(rectangle,QRect＝QRect(0,0,−1,−1))	截取控件指定范围的图像,默认值为整个控件	QPixmap
grabKeyboard()	获取所有的键盘输入事件,其他控件不再接受键盘输入事件	QKeyEvent
releaseKeyboard()	不再接受键盘输入事件	None
grabMouse()	获取所有的鼠标输入事件,其他控件不再接受鼠标输入事件	QMouseEvent
grabMouse(Union[QCursor,QPixmap])	获取所有的鼠标输入事件并改变光标形状	QMouseEvent
releaseMouse()	不再获取鼠标输入事件	None

在表 3-2 中,Qt. InputMethodQuery、Qt. WidgetAttribute、Qt. ContextMenuPolicy 都是 PySide6 预定义的常量,它们都有具体的含义,并且都能在 PySide6 的官方文档查看各自的枚举值和说明。例如 Qt. ContextMenuPolicy 表示弹出上下文菜单的策略和处理方式,Qt. ContextMenuPolicy 的枚举值见表 3-3。

表 3-3　Qt. ContextMenuPolicy 的枚举值

枚　举　值	说　　明
Qt. NoContextMenu	控件没有自己独有的上下文菜单,使用控件父窗口或父容器的上下文菜单
Qt. DefaultContextMenu	将鼠标的右击事件交给控件的 contextMenuEvent()函数处理
Qt. ActionContextMenu	右键的上下文菜单表示控件或窗口的 actions()方法获取的动作
Qt. CustomsContextMenu	用户自定义上下文菜单,右击鼠标时发射 customContextMenuRequested(QPoint)信号,其中 QPoint 表示鼠标右击时光标所在的位置
Qt. PreventContextMenu	将鼠标右击事件交给控件的 mousePressEvent()和 mouseReleaseEvent()函数进行处理

QWidget 类的方法名和 Qt Designer 中的窗口的属性名都采用了小驼峰的写法,即第 1 个单词的首字母小写,其他单词的首字母大写。QWidget 类的方法名很有描述性,如果方法名的首字母为 is,则表示判断;如果方法名的首字母为 set,则表示设置,即便如此,表 3-2 中的方法也太多了,所以有必要对 QWidget 类的方法进行分类。QWidget 类中方法的分类见表 3-4。

表 3-4　QWidget 类中方法的分类

分　　类	方　法　名
窗口的功能	show()、hide()、raise()、lower()、close()
顶层窗口	windowModified()、windowTitle()、windowIcon()、isActiveWindow()、activateWindow()、minimized()、showMinimized()、maximized()、showMaximized()、fullScreen()、showFullScreen()、showNormal()
窗口的内容	update()、repaint()、scroll()
窗口的位置与尺寸	pos()、x()、y()、rect()、size()、width()、height()、move()、resize()、sizePolicy()、sizeHint()、minimumSizeHint()、updateGeometry()、layout()、frameGeometry()、geometry()、childrenRect()、childrenRegion()、adjustSize()、mapFromGlobal()、mapToGlobal()、mapFromParent()、mapToParent()、maximumSize()、minimumSize()、sizeIncrement()、baseSize()、setFixedSize()
窗口的状态	visible()、isVisibleTo()、enabled()、isEnabledTo()、modal()、isWindow()、mouseTracking()、updatesEnabled()、visibleRegion()
外观和感觉	style()、setStyle()、styleSheet()、setStyleSheet()、cursor()、font()、palette()、backgroundRole()、setBackgroundRole()、fontInfo()、fontMetrics()
键盘焦点功能	focus()、focusPolicy()、setFocus()、clearFocus()、setTabOrder()、setFocusProxy()、focusNextChild()、focusPreviousChild()
鼠标和键盘抓取	grabMouse()、releaseMouse()、grabKeyboard()、releaseKeyboard()、mouseGrabber()、keyboardGrabber()
事件句柄	event()、mousePressEvent()、mouseReleaseEvent()、mouseDoubleClickEvent()、mouseMoveEvent()、keyPressEvent()、keyReleaseEvent()、focusInEvent()、focusOutEvent()、wheelEvent()、enterEvent()、leaveEvent()、paintEvent()、moveEvent()、resizeEvent()、closeEvent()、dragEnterEvent()、dragMoveEvent()、dragLeaveEvent()、dropEvent()、childEvent()、showEvent()、hideEvent()、customEvent()、changeEvent()
系统功能	parentWidget()、window()、setParent()、winId()、find()、metric()
右键菜单	contextMenuPolicy()、contextMenuEvent()、customContextMenuRequested()、actions()
互动式帮助	setToolTip()、setWhatsThis()

　　在 PySide6 中,可以使用 QWidget 类创建实例对象,然后调用 QWidget 类的方法;可以创建 QWidget 类的子类,在子类中调用 QWidget 类的方法。

　　【实例 3-2】　使用 QWidget 类创建一个窗口,设置该窗口的标题和图标。要求该窗口的左上角相对于屏幕左上角的坐标为(200,200),窗口的宽度为 560 像素,高度为 280 像素,背景色为蓝色,代码如下:

```
# === 第 3 章 代码 demo2.py === #
import sys
from PySide6.QtWidgets import QApplication,QWidget
from PySide6.QtGui import QIcon

class Window(QWidget):
    def __init__(self):
        super().__init__()
```

```
        self.setGeometry(200,200,560,280)
        self.setWindowTitle('QWidget 类')
        self.setWindowIcon(QIcon('./pics/python.png'))
        self.setStyleSheet('background-color:blue')


if __name__ == '__main__':
    app = QApplication(sys.argv)
    win = Window()
    win.show()
    sys.exit(app.exec())
```

运行结果如图 3-4 所示。

图 3-4　代码 demo2.py 的运行结果

在 PySide6 中,使用 QWidget 类创建的实例对象是一个 QWidget 窗口。QWidget 窗口在某个动作下或状态发生变化时会发出一个信号。QWidget 窗口的信号见表 3-5。

表 3-5　QWidget 窗口的信号

QWidget 的信号及参数类型	说　　明
objectNameChanged(str)	当控件的名称发生改变时发送信号
windowIconChanged(QIcon)	当窗口图标发生改变时发送信号
windowTitleChanged(str)	当窗口标题发生改变时发送信号
customContextMenuRequested(QPoint)	通过 setContextMenuPolicy(Qt.CustomContextMenu)方法设置上下文菜单来创建自定义菜单,此时右击鼠标时发送信号,参数为鼠标右击时的光标位置
destroyed()、destroyed(QObject)	QObject 对象析构时,先发送信号,然后析构它的所有控件

【实例 3-3】 使用 QWidget 类创建一个窗口,该窗口包含一个按钮控件。如果单击按钮,则会更改窗口的标题。如果窗口的标题被更改,则打印输出文字,代码如下:

```
# === 第 3 章 代码 demo3.py === #
import sys
from PySide6.QtWidgets import QApplication,QWidget,QPushButton
from PySide6.QtGui import QIcon


class Window(QWidget):
```

```
        def __init__(self):
            super().__init__()
            self.setGeometry(200,200,500,200)
            self.setWindowTitle('QWidget类创建的窗口')
            self.setWindowIcon(QIcon('./pics/python.png'))
            #创建一个按钮控件
            button1 = QPushButton('单击我',self)
            #使用信号/槽机制,将按钮的单击信号和自定义槽函数连接
            button1.clicked.connect(self.change_title)
            #使用信号/槽机制,将窗口的信号和自定义槽函数连接
            self.windowTitleChanged.connect(self.echo_text)

        #自定义槽函数,修改窗口的标题文字
        def change_title(self):
            self.setWindowTitle('The Widget Window')

        #自定义槽函数,打印文字
        def echo_text(self):
            print('你更改了窗口标题。')


if __name__ == '__main__':
    app = QApplication(sys.argv)
    win = Window()
    win.show()
    sys.exit(app.exec())
```

运行结果如图3-5所示。

图3-5 代码demo3.py的运行结果

3.1.2 QMainWindow类

在PySide6中,QMainWindow类是QWidget类的子类,可以使用QMainWindow类创建Main Window类型的窗体,其语法格式如下:

```
win1 = QMainWindow(parent:QWidget = None)
win2 = QMainWindow(parent:QWidget = None,flags:Qt.WindowFlags = Default(Qt.WindowFlags)]))
```

其中,win1、win2 表示用于存储 QMainWindow 对象的变量;parent 表示父窗口;flags 用于确定窗口的类型和外观,参数值为 Qt. WindowFlags 或 Qt. WindowType 的枚举值。窗口类型 Qt. WindowFlags 的常用值及说明见表 3-1。

【实例 3-4】 使用 QMainWindow 类创建一个窗口,窗口类型为 Qt. Window。要求宽度为 560 像素,高度为 220 像素,代码如下:

```python
# === 第 3 章 代码 demo4.py === #
import sys
from PySide6.QtWidgets import QApplication,QMainWindow
from PySide6.QtCore import Qt

app = QApplication(sys.argv)
window = QMainWindow(flags = Qt.Window)     # 创建 QMainWindow 对象
window.resize(560,220)                       # 设置窗口的宽度、高度
window.show()                                # 显示窗口
sys.exit(app.exec())
```

运行结果如图 3-6 所示。

图 3-6 代码 demo4.py 的运行结果

从图 3-6 可以得知,使用 QMainWindow 类创建的窗体并没有菜单栏、状态栏、停靠控件。如果要为窗体添加这些控件,与 Qt Designer 中的方法类似,则需要开发者自己添加。使用编程的方式为 QMainWindow 窗体添加菜单栏、状态栏、停靠控件方法将在后面的章节中介绍。QMainWindow 类创建的窗体布局如图 3-7 所示。

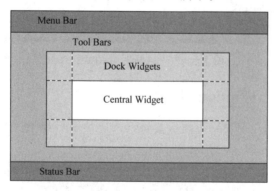

图 3-7 QMainWindow 类创建的窗体布局

QMainWindow 类中封装了很多方法。QMainWindow 类中常用的方法见表 3-6。

表 3-6 QMainWindow 类中常用的方法

方法及参数类型	说　明	返回值的类型
［slot］setDockNestingEnabled(bool)	设置停靠区是否可容纳多个控件	None
［slot］setAnimated(bool)	设置动画状态,动画状态下腾出停靠区比较连贯,否则捕捉停靠区	None
［slot］setUnifiedTitleAndToolBarOnMac(Bool)	设置窗口是否使用 macOS 上的统一标题和工具栏外观	None
setCentralWidget(QWidget)	设置中心控件	None
centralWidget()	获取中心控件	QWidget
takeCentralWidget(QWidget)	将中心控件从布局中移除	QWidget
setMenuBar(menubar:QMenuBar)	设置菜单栏	None
menuBar()	新建菜单栏,并返回菜单栏	QMenuBar
setMenuWidget(menubar:QWidget)	设置菜单栏中的控件	None
menuWidget()	获取菜单栏中的控件	QWidget
createPopupMenu()	创建弹出菜单,并返回该菜单对象	QMenu
setStatusBar(QStatusBar)	设置状态栏	None
statusBar()	获取状态栏,如果状态栏不存在,则创建新状态栏	QStatusBar
addToolBar(Qt.ToolBarArea,QToolBar)	在指定位置添加工具栏	None
addToolBar(QToolBar)	在顶部添加工具栏	None
addToolBar(title:str)	添加工具栏并返回新创建的工具栏对象	QToolBar
insertToolBar(QToolBar,QToolBar)	在第 1 个工具条前插入工具条	None
addToolBarBreak（area:Qt.ToolBarArea ＝Qt.TopToolBarArea)	添加工具条放置区域,两个工具栏可以并排或并列显示	None
insertToolBarBreak(before:QToolBar)	在某个工具条前插入放置区域	None
removeToolBarBreak(before:QToolBar)	移除工具栏前的放置区域	None
toolBarArea(QToolBar)	获取工具栏的停靠区	Qt.ToolBarArea
toolBarBreak(QToolBar)	判断工具栏是否分割	bool
removeToolBar(QToolBar)	从布局中移除工具栏	None
setToolButtonStyle(Qt.ToolButtonStyle)	设置按钮样式	None
toolButtonStyle()	获取按钮样式	Qt.ToolButtonStyle
addDockWidget(Qt.DockWidgetArea,QDarkWidget)	在指定停靠区域添加停靠控件	None
addDockWidget(Qt.DockWidgetArea,QDockWidget,Qt.Orientation)	在指定停靠区域添加停靠控件,同时设置方向	None
removeDockWidget(QDockWidget)	从布局中移除停靠控件	None
dockWidgetArea()	获取停靠控件的停靠位置	Qt.DockWidgetArea
isDockNestingEnabled()	判断停靠区是否只可放一个控件	bool
restoreDockWidget()	停靠控件复位,若成功,则返回值为 True	bool

续表

方法及参数类型	说　　明	返回值的类型
saveState(version:int＝0)	保存界面状态	QByteArray
restoreState(QByteArray,version＝0)	界面状态复位,若成功,则返回值为 True	bool
isAnimated()	判断是否为动画状态	bool
setCorner(Qt. Corner,Qt. DockWidgetArea)	设置某个角落处于指定停靠区的一部分	None
corner()	获取角落所属的停靠区域	Qt. DockWidgetArea
setDockOptions(QMainWindow. DockOption)	设置停靠参数	None
setDocumentModel(bool)	设置 Tab 标签是否为文档模式	None
documentModel()	获取 Tab 标签是否为文档模式	bool
setIconSize(QSize)	设置工具栏上的按钮图标大小	None
iconSize()	获取图标大小	QSize
setTabPosition(Qt. DockWidgetArea,QTab Widget. TabPosition)	当多个停靠控件重叠时,设置 Tab 标签的位置,默认在底部	None
setTabShape(QTabWidget. TabShape)	当多个停靠控件重叠时,设置 Tab 标签的形状	None
splitDockWidget(after:QDockWidget,dockwidget: QDockWidget,orientation:Qt. Orientation)	将被挡住的停靠控件分成两部分	None
tabifiedDockWidgets(QDockWidget)	获取停靠区域中停靠控件的列表	List〔QDockWidget〕
tabifiedDockWidget (first:QDockWidget, second:QDockWidget)	将第 2 个停靠控件放在第 1 个停靠控件的上部,通常创建停靠区	None

由于 QMainWindow 类是 QWidget 类的子类,所以创建的 QMainWindow 对象或其子类也可以调用 QWidget 类的方法。

【实例 3-5】 使用 QMainWindow 类创建一个窗口,设置窗口图标、窗口标题。要求宽度为 560 像素,高度为 280 像素,并要求将背景设置为一张图片,代码如下:

```
# === 第3章 代码 demo5.py === #
import sys
from PySide6.QtWidgets import QApplication,QMainWindow
from PySide6.QtGui import QIcon

class Window(QMainWindow):
    def __init__(self):
        super().__init__()
        self.setGeometry(200,200,560,280)
        self.setWindowTitle('QMainWindow 类')
        self.setWindowIcon(QIcon('./pics/python.png'))
        self.setStyleSheet('background - image:url(images/hill.png)')


if __name__ == '__main__':
    app = QApplication(sys.argv)
    win = Window()
```

```
        win.show()
        sys.exit(app.exec())
```

运行结果如图 3-8 所示。

图 3-8 代码 demo5.py 的运行结果

在 PySide6 中，使用 QMainWindow 类可以创建 QMainWindow 窗口。QMainWindow 窗口的信号见表 3-7。

表 3-7 QMainWindow 窗口的信号

QMainWindow 的信号及参数类型	说 明
iconSizeChanged(QSize)	当工具栏按钮的尺寸发生变化时发送信号
tabifiedDockWidgetActivated(QDockWidget)	当重叠的按钮激活时发送信号
toolButtonStyleChanged(Qt. ToolButtonStyle)	当工具栏按钮的样式发生变化时发送信号

由于 QMainWindow 类是 QWidget 类的子类，所以创建的 QMainWindow 对象或其子类也可以接受 QWidget 类的信号。

【实例 3-6】 使用 QMainWindow 类创建一个窗口，该窗口包含一个按钮控件。如果单击按钮，则会更改窗口的图标。如果窗口的图标被更改，则打印输出文字，代码如下：

```
# === 第 3 章 代码 demo6.py === #
import sys
from PySide6.QtWidgets import QApplication,QMainWindow,QPushButton
from PySide6.QtGui import QIcon

class Window(QMainWindow):
    def __init__(self):
        super().__init__()
        self.setGeometry(200,200,560,220)
        self.setWindowTitle('QMainWindow 类')
        # 创建一个按钮控件
        button1 = QPushButton('单击我',self)
        # 使用信号/槽机制,将按钮的单击信号和自定义槽函数连接
        button1.clicked.connect(self.change_title)
```

```
        #使用信号/槽机制,将窗口的信号和自定义槽函数连接
        self.windowIconChanged.connect(self.echo_text)

    #自定义槽函数,修改窗口的图标
    def change_title(self):
        self.setWindowIcon(QIcon('./pics/python.png'))

    #自定义槽函数,打印文字
    def echo_text(self):
        print('你更改了窗口图标。')


if __name__ == '__main__':
    app = QApplication(sys.argv)
    win = Window()
    win.show()
    sys.exit(app.exec())
```

运行结果如图 3-9 所示。

图 3-9　代码 demo6. py 的运行结果

3.1.3　QDialog 类

在 PySide6 中,QDialog 类是 QWidget 类的子类,可以应用 QDialog 类创建对话框窗口(一个用来完成简单任务的顶层窗口),其语法格式如下:

```
win1 = QDialog(parent:Widget = None,f:Qt.WindowFlags = Default(Qt.WindowFlags))
```

其中,win1 表示用于存储 QDialog 对象的变量;parent 表示父窗口;f 用于确定窗口的类型和外观,参数值为 Qt. WindowFlags 或 Qt. WindowType 的枚举值。窗口类型 Qt. WindowFlags 的常用值及说明见表 3-1。

【实例 3-7】　使用 QDialog 类创建一个窗口。要求宽度为 560 像素,高度为 220 像素,

代码如下：

```
# === 第 3 章 代码 demo7.py === #
import sys
from PySide6.QtWidgets import QApplication,QDialog

app = QApplication(sys.argv)
window = QDialog()                 # 创建 QDialog 对象
window.resize(560,220)             # 设置窗口的宽度、高度
window.show()                      # 显示窗口
sys.exit(app.exec())
```

运行结果如图 3-10 所示。

图 3-10 代码 demo7.py 的运行结果

在 PySide6 中，QDialog 类封装了多种方法。QDialog 类中常用的方法见表 3-8。

表 3-8 QDialog 类中常用的方法

方法及参数类型	说 明	返回值的类型
[slot]open()	以模式方法显示对话框	None
[slot]exec()	以模式方法显示对话框，并返回对话框的值	int
[slot]accept()	隐藏对话框，并将返回值设置成 QDialog.Accepted，同时发送 accepted() 和 finish(int) 信号	None
[slot]done(int)	隐藏对话框，将返回值设置成 int，并发送 finished(int) 信号	None
[slot]reject()	隐藏对话框，将返回值设置成 QDialog.Rejcted，并发送 accepted() 和 finished(int) 信号	None
setModal(bool)	将对话框设置为模式对话框	None
isModal()	判断对话框是否为模式对话框	bool
setResult(result:int)	设置对话框的返回值	None
result()	获取对话框的返回值	int
setSizeGripEnabled(bool)	设置对话框的右下角是否有三角形	None
isSizeGripEnabled()	判断对话框的右下角是否有三角形	bool
setVisible(bool)	设置对话框是否隐藏	None

由于 QDialog 类是 QWidget 类的子类,所以创建的 QDialog 对象或其子类也可以调用 QWidget 类的方法。

【实例 3-8】 使用 QDialog 类创建一个窗口,设置窗口图标、窗口标题。要求宽度为 560 像素,高度为 280 像素,并要求将背景设置为一张图片,代码如下:

```
# === 第 3 章 代码 demo8.py === #
import sys
from PySide6.QtWidgets import QApplication,QDialog
from PySide6.QtGui import QIcon

class Window(QDialog):
    def __init__(self):
        super().__init__()
        self.setGeometry(200,200,560,280)
        self.setWindowTitle('QDialog 类')
        self.setWindowIcon(QIcon('./pics/python.png'))
        self.setStyleSheet('border - image:url(images/hill.png)')


if __name__ == '__main__':
    app = QApplication(sys.argv)
    win = Window()
    win.open()
    sys.exit(app.exec())
```

运行结果如图 3-11 所示。

图 3-11 代码 demo8.py 的运行结果

注意:如果将图 3-11 和图 3-8 对比,则会发现以 background-image 方式设置背景图片会平铺显示,而以 border-image 方式设置背景图片会显示完整的图片,更加重要的是使用 QDialog 类创建的窗口没有最大化和最小化按钮图标。

在 PySide6 中,使用 QDialog 类可以创建 QDialog 窗口。QDialog 窗口的信号见表 3-9。

表 3-9 QDialog 窗口的信号

信号及参数类型	说 明
accepted()	当执行 accept() 和 done(int) 方法时发送信号
finished(result:int)	当执行 accept()、reject()、done(int) 方法时发送信号
rejected()	当执行 reject()、done(int) 方法时发送信号

由于 QDialog 类是 QDialog 类的子类,所以创建的 QDialog 对象或其子类也可以接收 QWidget 类的信号。

【实例 3-9】 使用 QDialog 类创建一个窗口,该窗口包含一个按钮控件。如果单击按钮,则会更改窗口的图标。如果窗口的图标被更改,则打印输出文字,代码如下:

```python
# === 第3章 代码 demo9.py === #
import sys
from PySide6.QtWidgets import QApplication,QDialog,QPushButton
from PySide6.QtGui import QIcon

class Window(QDialog):
    def __init__(self):
        super().__init__()
        self.setGeometry(200,200,560,220)
        self.setWindowTitle('QDialog类')
        # 创建一个按钮控件
        button1 = QPushButton('单击我',self)
        # 使用信号/槽机制,将按钮的单击信号和自定义槽函数连接
        button1.clicked.connect(self.change_icon)
        # 使用信号/槽机制,将窗口的信号和自定义槽函数连接
        self.windowIconChanged.connect(self.echo_text)

    # 自定义槽函数,修改窗口的图标
    def change_icon(self):
        self.setWindowIcon(QIcon('./pics/python.png'))

    # 自定义槽函数,打印文字
    def echo_text(self):
        print('你更改了窗口图标。')


if __name__ == '__main__':
    app = QApplication(sys.argv)
    win = Window()
    win.show()
    sys.exit(app.exec())
```

运行结果如图 3-12 所示。

3.1.4 更改样式表

在 PySide6 中,可以通过 QDialog 类的方法 setStyleSheet() 更改样式表。同样,在 Qt Designer 中也可以使用这种方法。这主要使用了 QSS 设置 Qt 样式表,QSS 的全称为 Qt

▶ 10min

图 3-12　代码 demo9. py 的运行结果

Style Sheets,这是用来自定义控件外观的机制。

QSS 参考了大量 CSS(Cascading Style Sheets)的内容,但 QSS 的功能要弱于 CSS。QSS 使窗口的样式与代码层分开,便于代码的维护和编写。

1. QSS 的基本语法规则

QSS 的语法规则与 CSS 的语法规则基本相同。QSS 样式表由两部分组成:一部分是选择器(Selector),用于指定哪些控件会受到影响;另一部分是声明(Declaration),用于指定控件的哪些属性被设置。声明部分由一系列的“属性:值”组成,不同的“属性:值”之间使用分号隔开。示例代码如下:

```
QLabel{
    background:red;
    color:yellow;
    font: 18px '楷体'
}
QPushButton{ color:black }
```

其中,QLabel、QPushButton 表示选择器;花括号的内部表示声明部分。

2. QSS 样式表的选择器

在 QSS 样式表中,可以选择多种选择器来选择控件。各种选择器及其使用方法见表 3-10。

表 3-10　各种选择器及其使用方法

类　　型	举　　例	说　　明
全局选择器	*	选择所有的控件
类型选择器	QWidget	选择 QWidget 类及其子类创建的控件
属性选择器	QLabel[color:red]	选择属性 color 的值为 red 的 QLabel 控件
类选择器	QLabel	选择 QLabel 但不选择子类创建的控件
ID 选择器	#btnExit	选择名称为 btnExit 的所有控件,可以使用控件的 setObjectName("btnExit")方法设置名称
后代选择器	QWidget QLabel	选择 QWidget 后代中所有的 QPushButton
子对象选择器	QWidget>QLabel	选择直接从属于 QWidget 的 QLabel 控件

3. QSS 样式表的属性值

在 QSS 样式表中，可以设置控件的多种属性。控件的常用属性及其值类型见表 3-11。

表 3-11 常用属性及其值类型

属性及其值类型	说 明
height：Length	设置控件的高度
width：Length	设置控件的宽度
max-height：Length	设置控件的最大高度
min-height：Length	设置控件的最小高度
max-width：Length	设置控件的最大宽度
min-width：Length	设置控件的最小宽度
spacing：Length	设置控件的间距
color：QBrush	设置控件文本的颜色
opacity：float	设置控件的透明度
background-color：QBrush	设置控件的背景色
background-image：Url	设置控件的背景图像
background-repeat：Repeat	设置如何平铺背景图像
background-origin：Origin	设置背景图像的区域
background-position：Alignmet	设置背景图像的原点，默认值为 topleft
background：Background	设置背景的简便写法，相当于 background-color、background-image、background-repeat、background-position
background-attachment：Attachment	设置背景图像在视口中是固定的还是滚动的
selection-color：QBrush	设置所选文本或项的前景色
selection-background-color：QBrush	设置所选文本或项的背景色
border：Border	设置边框的简写方法，相当于 border-color、border-style、border-width
border-top：Border	设置控件顶部边框的简写方法，相当于 border-top-color、border-top-style、border-top-width
border-bottom：Border	设置控件底部边框的简写方法，相当于 border-bottom-color、border-bottom-style、border-bottom-width
border-right：Border	设置控件右边框的简写方法，相当于 border-right-color、border-right-style、border-right-width
border-left：Border	设置控件左边框的简写方法，相当于 border-left-color、border-left-style、border-left-width
border-color：Box Colors	设置控件边界线的颜色，相当于 border-top-color、border-bottom-color、border-left-color、border-right-color
border-top-color：Brush	设置控件顶部边界线的颜色
border-bottom-color：Brush	设置控件底部边界线的颜色
border-left-color：Brush	设置控件左侧边界线的颜色
border-right-color：Brush	设置控件右侧边界线的颜色
border-radius：Radius	设置控件边框角度的半径，相当于 border-top-left-radius、border-top-right-radius、border-bottom-left-radius、border-bottom-right-radius，默认为 0

续表

属性及其值类型	说　　明
border-top-left-radius：Radius	设置边框右上角的半径
border-top-right-radius：Radius	设置边框右上角的半径
border-bottom-left-radius：Radius	设置边框左下角的半径
border-bottom-right-radius：Radius	设置边框右下角的半径
border-style：Border Style	设置控件边界线的样式(虚线、实线、点画线等)，默认为 None
border-top-style：Border Style	设置控件顶部边界线的样式
border-right-style：Border Style	设置控件右侧边界线的样式
border-bottom-style：Border Style	设置控件底部边界线的样式
border-left-style：Border Style	设置控件左侧边界线的样式
border-width：Border Lengths	设置控件边界线的宽度，相当于 border-top-width、border-bottom-width、border-left-width、border-right-width
border-top-width：Length	设置控件顶部边界线的宽度
border-bottom-width：Length	设置控件底部边界线的宽度
border-left-width：Length	设置控件左侧边界线的宽度
border-right-width：Length	设置控件右侧边界线的宽度
margin：Margin	设置控件的边距，相当于 margin-top、margin-right、margin-bottom、margin-left，默认为 0
margin-top：Length	设置控件的上边距
margin-right：Length	设置控件的右边距
margin-bottom：Length	设置控件的底边距
margin-left：Length	设置控件的左边距

注意：QSS 也可以像 CSS 一样设置控件的状态，例如活跃(active)、激活(enabled)、失效(disabled)。控件与状态之间也使用冒号隔开，例如 QPushButton：active。

【实例 3-10】 使用 Qt Designer 创建一个窗口，该窗口上有一个按钮。修改样式表，将该窗口的背景色设置为黄色，将按钮的背景色设置为红色。操作步骤如下：

(1) 使用 Qt Designer 设计一个窗口，该窗口包含一个按钮控件，如图 3-13 所示。

图 3-13　Qt Designer 设计的窗口

（2）将鼠标移到主窗口上右击,在弹出的菜单中选择"改变样式表"会弹出一个"编辑样式表"对话框。在对话框中输入以下语句:

```
♯ Form{
background - color:yellow
}
♯ pushButton{
background - color:green
}
```

运行结果如图 3-14 和图 3-15 所示。

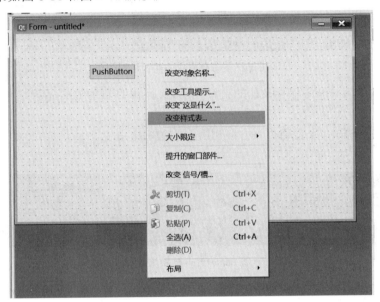

图 3-14　右击主窗口

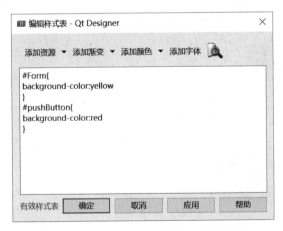

图 3-15　Qt Designer 的"编辑样式表"窗口

（3）如果单击"编辑样式表"窗口的"确定"按钮，则会看到修改样式表后的窗口，如图 3-16 所示。

图 3-16　修改样式表后的窗口

（4）按快捷键 Ctrl＋S 保存设计的窗口界面，保存在 D 盘的 Chapter3 文件夹下并命名为 demo10.ui。

（5）在 Windows 命令行窗口将 demo10.ui 转换成 demo10.py，如图 3-17 所示。

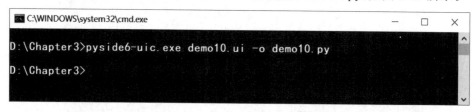

图 3-17　将 demo10.ui 转换成 demo10.py

（6）编写业务逻辑代码，代码如下：

```python
# === 第 3 章 代码 demo10_main.py === #
import sys
from PySide6.QtWidgets import QApplication,QWidget
from demo10 import Ui_Form

class Window(Ui_Form,QWidget):
    def __init__(self):
        super().__init__()
        self.setupUi(self)


if __name__ == '__main__':
    app = QApplication(sys.argv)
    win = Window()
    win.show()
    sys.exit(app.exec())
```

运行结果如图 3-18 所示。

图 3-18 代码 demo10_main.py 的运行结果

3.2 基础类

如果读者仔细读表 3-2,则会发现很多方法返回的数据类型是 PySide6 中的类。这些类通常用于表示坐标点、宽和高、矩形框、页边距和图标、光标。这些类在创建 GUI 程序的过程中经常会被用到。

3.2.1 坐标点类(QPoint 和 QPointF)

在 PySide6 中,如果要确定屏幕上某个点的位置或坐标,则需要使用 QPoint 类或 QPointF 类。计算机屏幕坐标系的原点位于屏幕的左上角,x 轴沿从左到右的方向,y 轴沿从上到下的方向,如图 3-19 所示。

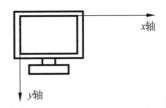

图 3-19 计算机屏幕的坐标系

9min

在 PySide6 中,QPoint 类用整数值来表示 x 坐标值、y 坐标值,QPointF 类用浮点数表示 x 坐标值、y 坐标值。这两个类都位于 PySide6 的 QtCore 子模块中。这两个类的构造函数如下:

```
QPoint()
QPoint(xpos:int,ypos:int)
QPointF()
QPointF(xpos:float,ypos:float)
QPointF(QPoint)
```

其中,xpos 表示 x 坐标值;ypos 表示 y 坐标值。

QPoint 类和 QPointF 类中封装了一些方法,其中常用方法具体见表 3-12。

表 3-12　QPoint 类和 QPointF 类常用的方法

方法及参数类型	说　明
[static]dotProduct(QPoint1,QPoint2)	返回两个坐标的点乘，即 $x1 \times x2 + y1 \times y2$
setX(int)、setX(float)	设置 x 坐标值
setY(int)、setY(float)	设置 y 坐标值
x()、y()	获取 x 坐标值、获取 y 坐标值
toTuple()	输出坐标元组 (x,y)
isNull()	如果坐标值 $x = y = 0$，则返回值为 True
manhattanLength()	返回坐标值 x 和 y 的绝对值之和
transposed()	将坐标值 x、y 对调
toPoint()	只适用于 QPointF 类，用四舍五入法将 QPointF 对象转换为 QPoint 对象

【实例 3-11】　创建一个窗口，该窗口包含一个按钮。如果单击该按钮，则打印该窗口左上角的位置坐标，代码如下：

```python
# === 第 3 章 代码 demo11.py === #
import sys
from PySide6.QtWidgets import QApplication,QWidget,QPushButton

class Window(QWidget):
    def __init__(self):
        super().__init__()
        self.setGeometry(200,200,500,200)
        self.setWindowTitle('QPoint 类')
        #创建一个按钮控件
        button1 = QPushButton('单击我',self)
        #使用信号/槽机制,将按钮的单击信号和自定义槽函数连接
        button1.clicked.connect(self.echo_pos)

    #自定义槽函数,打印文字
    def echo_pos(self):
        pos1 = self.pos()
        print('x 坐标为',pos1.x())
        print('y 坐标为',pos1.y())


if __name__ == '__main__':
    app = QApplication(sys.argv)
    win = Window()
    win.show()
    sys.exit(app.exec())
```

运行结果如图 3-20 所示。

图 3-20 代码 demo11.py 的运行结果

3.2.2 尺寸类(QSize 和 QSizeF)

在 PySide6 中,使用 QSize 类或 QSizeF 类来定义一个控件或窗口的宽度和高度。QSize 类和 QSizeF 类都位于 PySide6 的 QtCore 子模块中。QSize 类和 QSizeF 类的构造函数如下:

```
QSize()
QSize(w:int,h:int)
QSizeF()
QSizeF(w:float,h:float)
QSizeF(QSize)
```

其中,w 表示宽度;h 表示高度;int 表示整型数字;float 表示浮点型数字。

QSize 类和 QSizeF 类中封装了一些方法,QSize 类与 QSizeF 类的方法基本相同。QSizeF 类常用的方法具体见表 3-13。

表 3-13 QSizeF 类常用的方法

方法及参数类型	说 明	返回值的类型
setWidth(float)、setHeight(float)	设置宽度、设置高度	None
width()、height()	获取宽度、获取高度	float
shrunkBy(Union[QMargins,QMarginsF])	在原 QSizeF 的基础上根据页边距收缩得到新的 QSizeF	QSizeF
grownBy(Union[QMargins,QMarginsF])	在原 QSizeF 的基础上根据页边距扩充得到新的 QSizeF	QSizeF
boundedTo(Union[QSize,QSizeF])	新 QSizeF 中的宽度是自身和参数宽度中比较小的宽度,高度亦如此	QSizeF
expandedTo(Union[QSize,QSizeF])	新 QSizeF 中的宽度是自身和参数宽度中比较大的宽度,高度亦如此	QSizeF
toTuple()	返回元组(width,height)	Tuple

续表

方法及参数类型	说　　明	返回值的类型
isEmpty()	如果宽度或高度有一个小于或等于0,则返回值为 True,否则返回值为 False	bool
isNull()	如果宽度或高度都等于0,则返回值为 True,否则返回值为 False	bool
isValid()	如果宽度和高度都大于或等于0,则返回值为 True,否则返回 False	bool
transpose()	宽度和高度对换	None
transposed()	返回的 QSizeF 的高度是原 QSizeF 的宽度,宽度是原 QSizeF 的高度	QSizeF
scale (width：float, height：float, Qt. AspectRadioMode)	根据宽度、高度的比值参数 Qt. AspectRadioMode 重新设置原 QSizeF 的宽度、高度	None
scale(QSizeF, Qt. AspectRadioMode)	同上	None
scaled (width：float, height：float, Qt. AspectRadioMode)	根据宽度、高度的比值参数 Qt. AspectRadioMode 返回新的 QSizeF	QSizeF
scaled(QSizeF, Qt. AspectRadioMode)	同上	QSizeF
toSize()	将 QSizeF 转换成 QSize	QSize

【实例 3-12】　创建一个窗口,该窗口包含一个按钮。如果单击该按钮,则打印包含外框架的窗口的宽度、高度,代码如下:

```python
# === 第3章 代码 demo12.py === #
import sys
from PySide6.QtWidgets import QApplication,QWidget,QPushButton

class Window(QWidget):
    def __init__(self):
        super().__init__()
        self.setGeometry(200,200,500,200)
        self.setWindowTitle('QSize 类')
        #创建一个按钮控件
        button1 = QPushButton('单击我',self)
        #使用信号/槽机制,将按钮的单击信号和自定义槽函数连接
        button1.clicked.connect(self.echo_size)

    #自定义槽函数,打印文字
    def echo_size(self):
        size1 = self.frameSize()
        print('宽度为',size1.width())
        print('高度为',size1.height())


if __name__ == '__main__':
    app = QApplication(sys.argv)
```

```
win = Window()
win.show()
sys.exit(app.exec())
```

运行结果如图 3-21 所示。

图 3-21 代码 demo12.py 的运行结果

3.2.3 矩形类(QRect 和 QRectF)

在 PySide6 中,使用矩形类定义一个矩形区域。矩形区域的左上角是一个位置坐标,可以使用 QPoint 类表示。矩形区域的宽度、高度可以使用 QSize 类表示。矩形类分为 QRect 类、QRectF 类,这两个类都位于 PySide6 下的 QtCore 子模块中。

在 PySide6 中,QRect 类使用整型数字,QRectF 类使用浮点型数字。QRect 类、QRectF 类的构造函数如下:

```
QRect()
QRect(left:int,top:int,width:int,height:int)
QRect(topleft:QPoint,bottomright:QSize)
QRect(topleft:QPoint,size:QSize)
QRectF()
QRectF(left:float,top:float,width:float,height:float)
QRectF(rect:QRect)
QRectF(topleft:Union[QPointF,QPoint],bottomright: Union[QPointF,QPoint])
QRectF(topleft:Union[QPointF,QPoint],size: Union[QSizeF,QSize])
```

其中,left、top 表示矩形区域左上角位置的坐标;width、height 表示矩形区域的宽度、高度。

QRect 类和 QRectF 类中封装了一些方法,QRect 类与 QRectF 类的方法基本相同。QRect 类常用的方法具体见表 3-14。

表 3-14 QRect 类常用的方法

方法及参数类型	说　明	返回值的类型
setLeft(x)	设置左边的 x 坐标值,其他位置不变	None
setRight(x)	设置右边的 x 坐标值,其他位置不变	None

续表

方法及参数类型	说　明	返回值的类型
setTop(y)	设置上边的 y 坐标值,其他位置不变	None
setBottom(y)	设置底部的 y 坐标值,其他位置不变	None
setBottomLeft(QPoint)	设置左下角位置,其他位置不变	None
setBottomRight(QPoint)	设置右下角位置,其他位置不变	None
setCoords(x1,y1,x2,y2)	设置左上角坐标 $(x1,y1)$ 和右下角坐标 $(x2,y2)$,实际的右下角坐标都要加 1	None
getCoords()	返回左上角坐标和右下角坐标构成的元组 (int,int,int,int),实际的右下角坐标都要减 1	Tuple
setWidth(w)、setHeight(h)	设置宽度、设置高度,其他位置不变	None
setSize(QSize)	设置宽度和高度	None
size()	获取宽度和高度	QSize
width()、height()	返回宽度值、返回高度值	int
setRect(x,y,w,h)	设置矩形的左上角位置,以及宽度、高度	None
setTopLeft(QPoint)	设置左上角位置,其他位置不变	None
setTopRight(QPoint)	设置右上角位置,其他位置不变	None
setX(x)、setY(y)	设置左上角的 x 值、y 值,其他位置不变	None
x()、y()	返回左上角的 x 值、y 值,其他位置不变	int
bottomLeft()	返回左下角的 QPoint,y 值需减 1	QPoint
bottomRight()	返回右下角的 QPoint,y 值需减 1	QPoint
center()	返回中心点的位置	QPoint
getRect()	返回左上角坐标,以及宽和高构成的元组 (x,y,w,h)	Tuple
isEmpty()	如果宽度或高度有一个小于或等于 0,则返回值为 True,否则返回值为 False	bool
isNull()	如果宽度和高度都为 0,则返回值为 True,否则返回值为 False	bool
isValid()	如果宽度和高度都大于 0,则返回值为 True,否则返回值为 False	bool
adjust(x1,y1,x2,y2)	调整位置,左上角的坐标为 $(x+x1,y+y1)$,右下角的坐标为 $(x+x2,y+y2)$	None
adjusted(x1,y1,x2,y2)	调整新位置,并返回新 QRect 对象	QRect
moveBottomLeft(QPoint)	当左下角移动到 QPoint 位置,宽度和高度不变	None
moveBottomRight(QPoint)	当右下角移动到 QPoint 位置,宽度和高度不变	None
moveCenter(QPoint)	当中心移动到 QPoint 位置,宽度和高度不变	None
moveLeft(x)	当左边移动到 x 值,宽度和高度不变	None
moveRight(x)	当右边移动到 $x+1$ 值,宽度和高度不变	None
moveTop(y)	当上边移动到 y 值,宽度和高度不变	None
moveBottom(y)	当底部移动到 $y+1$ 值,宽度和高度不变	None
moveTopLeft(QPoint)	当左上角移动到 QPoint,宽度和高度不变	None
moveTopRight(QPoint)	当右上角移动到 QPoint,宽度和高度不变	None

续表

方法及参数类型	说　　　明	返回值的类型
left()、right()	返回左边的 x 值、右边的 $x-1$ 值	int
top()、bottom()	返回左上角的 y 值、底部的 $y-1$ 值	int
topLeft()、topRight()	返回左上角的 QPoint、右上角的 QPoint	QPoint
intersected(QRect)	返回两个矩形的公共交叉矩形 QRect	QRect
intersects(QRect)	判断两个矩形是否有公共交叉矩形 QRect	QRect
united(QRect)	返回由两个矩形的边组成的新矩形	QRect
translate(dx,dy)	矩形整体平移 dx、dy	None
translate(QPoint)	矩形整体平移 QPoint. x()、QPoint. y()	None
translated(dx,dy)	返回平移 dx、dy 后的新 QRect	QRect
translated(QPoint)	返回平移 QPoint. x()、QPoint. y()后的新 QRect	QRect
transposed()	返回宽度和高度对换后的新 QRect	QRect

【实例 3-13】 创建一个窗口,该窗口包含一个按钮。如果单击该按钮,则打印窗口左上角的坐标,以及该窗口的宽度、高度,代码如下:

```python
# === 第3章 代码 demo13.py === #
import sys
from PySide6.QtWidgets import QApplication,QWidget,QPushButton

class Window(QWidget):
    def __init__(self):
        super().__init__()
        self.setGeometry(200,200,500,200)
        self.setWindowTitle('QRect 类')
        #创建一个按钮控件
        button1 = QPushButton('单击我',self)
        #使用信号/槽机制,将按钮的单击信号和自定义槽函数连接
        button1.clicked.connect(self.echo_rect)

    #自定义槽函数,打印文字
    def echo_rect(self):
        rect1 = self.geometry()
        print('左上角的坐标为',rect1.x(),rect1.y())
        print('宽度为',rect1.width())
        print('高度为',rect1.height())


if __name__ == '__main__':
    app = QApplication(sys.argv)
    win = Window()
    win.show()
    sys.exit(app.exec())
```

运行结果如图 3-22 所示。

图 3-22　代码 demo13.py 的运行结果

3.2.4　页边距类(QMargins 和 QMarginsF)

页边距通常应用在窗口、布局、打印页面中,被用来设置布局或窗口内的工作区边框的左边、右边、顶部、底部的距离,如图 3-23 所示。

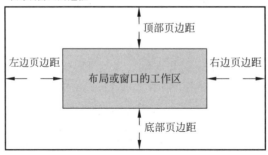

图 3-23　布局或窗口的页边距

在 PySide6 中,使用 QMargins 类和 QMarginsF 类表示页边距。QMargins 类定义的页边距使用整型数字,QMarginsF 类定义的页边距使用浮点型数字。QMargins 类和QMarginsF 类的构造方法如下:

```
QMargins()
QMargins(QMargins: QMargins)
QMargins(left:int,top:int,right:int,bottom:int)
QMarginsF()
QMarginsF(QMarginsF:Union[QMarginsF, QMargins])
QMarginsF(left:float,top:float,right:int,bottom:float)
```

其中,left 表示左边距;top 表示顶边距;right 表示右边距;bottom 表示底边距。

QMargins 类和 QMarginsF 类封装的方法基本相同,QMarginsF 类常用的方法见表 3-15。

表 3-15　QMarginsF 类常用的方法

方法及参数类型	说　明	返回值的类型
setLeft(float)、setRight(float)	设置左边距、设置右边距	None
setTop(float)、setBottom(float)	设置顶边距、设置底边距	None
left()、right()	获取左边距、获取右边距	float
top()、bottom()	获取顶边距、获取底边距	float
isNull()	如果所有的页边距都接近 0，则返回值为 True，否则返回值为 False	bool
toMargins()	转换成 QMargins 对象	QMargins

【实例 3-14】　创建一个页边距对象，然后打印该对象的左边距、右边距、顶边距、底边距，代码如下：

```
# === 第 3 章 代码 demo14.py === #
from PySide6.QtCore import QMargins

mar1 = QMargins(10,20,20,10)
print('左边距为',mar1.left())
print('右边距为',mar1.right())
print('顶边距为',mar1.top())
print('底边距为',mar1.bottom())
```

运行结果如图 3-24 所示。

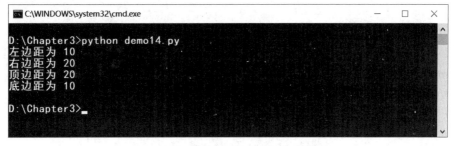

图 3-24　代码 demo14.py 的运行结果

3.2.5　图标类（QIcon）

▶ 9min

在 PySide6 中，使用 QIcon 类表示图标。为了增加窗口界面的美观性，通常为窗口添加图标。QIcon 类位于 PySide6 的 QtGui 子模块中，QIcon 类的构造方法如下：

```
QIcon()
QIcon(QPixmap)
QIcon(filename:str)
```

其中，QPixmap 表示 QPixmap 对象，是一种表示图像的对象；filename 表示文件路径和文件名。

QIcon 图标通常有 4 种状态（Mode），分别为 Normal、Active、Disabled、Selected。QIcon 类中常用的方法见表 3-16。

表 3-16　QIcon 类常用的方法

方法及参数类型	说　　明	返回值类型
addFile(filename：str)	添加文件	None
addFile（fileName，size＝QSize，mode＝QIcon.Normal，state＝QIcon.State.Off)	添加文件	None
addPixmap(path)	添加图像	None
addPixmap（pixmap，mode＝QIcon.Normal，state＝QIcon.State.Off)	添加图像	None
isNull()	判断图标是否为无像素图像	None

【实例 3-15】　创建一个窗口，该窗口包含一个按钮。如果单击该按钮，则给窗口添加图标，代码如下：

```python
# === 第 3 章 代码 demo15.py === #
import sys
from PySide6.QtWidgets import QApplication,QWidget,QPushButton
from PySide6.QtGui import QIcon

class Window(QWidget):
    def __init__(self):
        super().__init__()
        self.setGeometry(200,200,500,200)
        self.setWindowTitle('QIcon类')
        # 创建一个按钮控件
        button1 = QPushButton('单击我',self)
        # 使用信号/槽机制,将按钮的单击信号和自定义槽函数连接
        button1.clicked.connect(self.add_icon)

    # 自定义槽函数,设置图标
    def add_icon(self):
        icon1 = QIcon('D:\\Chapter3\\pics\\python.png')
        self.setWindowIcon(icon1)


if __name__ == '__main__':
    app = QApplication(sys.argv)
    win = Window()
    win.show()
    sys.exit(app.exec())
```

运行结果如图 3-25 所示。

3.2.6　字体类（QFont）

在 PySide6 中，使用 QFont 类表示窗口或控件上的字体。字体的属性包括字体名称、大小、粗体、倾斜、上画线、下画线、删除线等。如果选择的字体在系统中没有对应的字体文

8min

图 3-25　代码 demo15.py 的运行结果

件,则 PySide6 会自动选择最接近的字体。如果要显示的字符不存在,则该字符会被显示为一个空心方框。

QFont 类位于 PySide6 的 QtGui 子模块中,QFont 类的构造方法如下:

```
QFont()
QFont(families:Sequence[str],pointSize:int = -1,weight:int = -1,italic:bool = False)
QFont(family:str, pointSize:int = -1,weight:int = -1,italic:bool = False)
QFont(font:Union[QFont,str,Sequence[str]])
```

其中,family、families 表示字体类型;pointSize 表示字体大小,若取值为负数或 0,则字体大小与系统有关,通常为 12;weight 表示字体的粗细程度;italic 表示是否斜体;Union 表示从多种类型中选择一个。

QFont 类封装了比较多的方法,QFont 类常用的方法见表 3-17。

表 3-17　QFont 类常用的方法

方法及参数类型	说　　明	返回值类型
setBold()	设置粗体	None
bold()	如果字体的 weight()值大于 QFont.Medium 值,则返回值为 True,否则返回值为 False	bool
setCapitalization(QFont.Capitalization)	设置字体大小写	None
capitalization()	获取字体大小写状态	QFont.Capitalization
setFamilies(Sequence[str])	设置字体类型	None
families()	获取字体类型名称	List[str]
setFamily(str)	设置字体类型	None
family()	获取字体类型名称	str
setFixedPitch(bool)	是否设置固定宽度	None
fixedPitch()	获取是否设置了固定宽度	bool
setItalic(bool)	设置斜体	None
italic()	获取是否设置了斜体	bool
setKerning(bool)	设置字距,a 的宽度+b 的宽度不一定等于 ab 的宽度	None

续表

方法及参数类型	说　　明	返回值类型
kerning()	获取是否设置了字距属性	bool
setLetterSpacing(QFont. SpacingType,float)	设置字符间隙	None
letterSpacing()	获取字符间隙	float
setOverline(bool)	设置上画线	None
overline()	获取是否设置了上画线	bool
setPixelSize(int)	设置像素尺寸	None
pixelSize()	获取像素尺寸	int
setPointSize(int)	设置点尺寸	None
pointSize()	获取点尺寸	int
setPointSizeF(float)	设置点尺寸,参数为浮点型数字	None
pointSizeF()	获取点尺寸	float
setStretch(int)	设置拉伸百分比	None
stretch()	获取拉伸百分比	int
setStrikeOut(bool)	设置删除线	None
strikeOut()	获取是否设置了删除线	bool
setStyle(QFont. Style)	设置字体风格	None
style()	获取字体风格	QFont. Style
setUnderline(bool)	设置下画线	None
underline()	获取是否设置了下画线	bool
setWeight(QFont. Weight)	设置字体的粗细程度	None
weight()	获取字体的粗细程度	QFont. Weight
setWordSpacing(float)	设置字间距离	None
wordSpacing()	获取字间距	float
toString()	将字体属性以字符串形式输出	str
fromString()	从字符串中读取属性,若成功,则返回值为 True	bool

【实例 3-16】　创建一个窗口,该窗口包含一个按钮。如果单击该按钮,则更改窗口字体,代码如下:

```
# === 第 3 章 代码 demo16.py === #
import sys
from PySide6.QtWidgets import QApplication,QWidget,QPushButton
from PySide6.QtGui import QFont

class Window(QWidget):
    def __init__(self):
        super().__init__()
        self.setGeometry(200,200,560,220)
        self.setWindowTitle('QFont 类')
        # 创建一个按钮控件
```

```
        button1 = QPushButton('单击我',self)
        #使用信号/槽机制,将按钮的单击信号和自定义槽函数连接
        button1.clicked.connect(self.change_font)


    #自定义槽函数,更改窗口字体
    def change_font(self):
        font1 = QFont('楷体',16)
        font1.setBold(True)
        self.setFont(font1)



if __name__ == '__main__':
    app = QApplication(sys.argv)
    win = Window()
    win.show()
    sys.exit(app.exec())
```

运行结果如图 3-26 所示。

图 3-26 代码 demo16.py 的运行结果

3.2.7 颜色类(QColor)

在 PySide6 中,使用 QColor 类表示颜色。颜色有 4 种定义方法,分别为 RGB(Red:红色,Green:绿色,Blue:蓝色)、HSV(Hue:色相,Saturation:饱和度,Value:值)、CMYK(Cyan:青色,Magenta:品红,Yellow:黄色,Black:黑色)、HSL(Hue:色相,Saturation:饱和度,Lightness:亮度)。

RGB 和 HSV 可以用于计算机屏幕的颜色显示。RGB 这 3 种颜色的取值范围均为 0～255,值越大表示颜色的分量越大。HSV 中的 H 取值范围为 0～359,S 和 V 的取值范围为 0～255。除此之外,使用 alpha 通道值表示颜色的透明度,取值范围为 0～255,值越大表示越不透明。CMYK 通常应用于印刷领域。

QFont 类位于 PySide6 的 QtGui 子模块中,QFont 类的构造方法如下:

```
QColor()
QColor(name:str)
QColor(spec:QColor.Spec, a1, a2, a3, a4, a5:int = 0)
```

```
QColor(rgba64)
QColor(QtCore.Qt.GlobalColor)
QColor(color)
QColor(r, g, b, a:int = 255)
QColor(rgb)
```

其中,name 表示颜色名称;spec 表示颜色的格式,参数值为 QColor. Spec 的枚举值,包括 QColor. Rgb、QColor. Hsv、QColor. Cmyk、QColor. Hsl;QtCore. Qt. GlobalColor 表示 PySide6 定义的颜色常量,具体见表 3-18。

表 3-18　Qt. GlobalColor 中的颜色常量

颜 色 常 量	说　　明	颜 色 常 量	说　　明
Qt. white	白色	Qt. black	黑色
Qt. red	红色	Qt. darkRed	暗红
Qt. blue	蓝色	Qt. cyan	青色
Qt. magenta	品红	Qt. gray	灰色
Qt. yellow	黄色	Qt. darkYellow	暗黄

在 PySide6 中,QColor 类一般不直接定义控件的颜色,而是和调色板或画刷一起使用。 QColor 类封装了比较多的方法,QColor 类常用的方法见表 3-19。

表 3-19　QColor 类常用的方法

方法及参数类型	说　　明	返回值的类型
setRed(red:int)	设置 RGB 中的 R 值	None
setRedF(red:float)	同上,参数为浮点型数字	None
red()	获取 RGB 中的 R 值	int
redF()	同上	float
setGreen(green:int)	设置 RGB 中的 G 值	None
setGreenF(green:float)	同上,参数为浮点型数字	None
green()	获取 RGB 中的 G 值	int
greenF()	同上	float
setBlue(blue:int)	设置 RGB 中的 B 值	None
setBlueF(blue:float)	同上,参数为浮点型数字	None
blue()	获取 RGB 中的 B 值	int
blueF()	同上	float
setAlpha(alpha:int)	设置透明度 alpha 的值	None
setAlphaF(alpha:float)	同上,参数为浮点型数字	None
alpha()	获取透明度 alpha 的值	int
alphaF()	同上	float
setRgb(r:int,g:int,b:int,a:int=255)	设置 R、G、B、A 值	None
setRgbF(r: float, g: float, b: float, a:float=1.0)	同上,参数为浮点型数字	None

续表

方法及参数类型	说　　明	返回值的类型
getRgb()	获取 R、G、B、A 值	Tuple(int,int,int,int)
getRgbF()	同上	Tuple(float,float,float,float)
setHsl(h:int,s:int,l:int,a:int=255)	设置 HSL 值	None
setHslF(h:float,s:float,l:float,a:float=1.0)	同上,参数为浮点型数字	None
getHsl()	获取 H、S、L、A 值	Tuple(int,int,int,int)
getHslF()	同上	Tuple(float,float,float,float)
setHsv(h:int,s:int,v:int,a:int=255)	设置 HSV 值	None
setHsvF(h:float,s:float,v:float,a:float=1.0)	同上,参数为浮点型数字	None
getHsv()	获取 H、S、V、A 值	Tuple(int,int,int,int)
getHsvF()	同上	Tuple(float,float,float,float)
setCmyk(c:int,m:int,y:int,k:int)	设置 CMYK 值	None
setCmykF(c:float,m:float,y:float,k:float)	同上,参数为浮点型数字	None
getCmyk()	获取 C、M、Y、K、A 值	Tuple(int,int,int,int,int)
getCmykF()	同上	Tuple(float,float,float,float,float)
setRgb(rgb:int)	设置 RGB 值	None
setRgba(rgba:int)	设置 RGBA 值	None
rgb()	获取 RGB 值	int
rgba()	获取 RGBA 值	int
setNameColor(str)	设置颜色名称,例如"♯AARRGGBB "	None
name(format:QColor.NameFormat=QColor.HexRgb)	获取颜色名称,例如"♯AARRGGBB "	str
convertTo(colorSpec:QColor.spec)	获取指定格式的颜色副本	QColor
spec()	获取颜色输出的格式	QColor.spec
isValid()	获取颜色是否有效	bool
toCmyk()	转换成 CMYK 表示的颜色	QColor
toHsl()	转换成 HSL 表示的颜色	QColor
toHsv()	转换成 HSV 表示的颜色	QColor
toGgb()	转换成 RGB 表示的颜色	QColor

续表

方法及参数类型	说　　明	返回值的类型
[static]fromCmyk(c:int,m:int,y: int,k:int,a:int=255)	从 C、M、Y、K 值中创建颜色	QColor
[static] fromCmykF (c: float, m: float,y:float,k:floata:float=1.0)	同上,参数为浮点型数字	QColor
[static]fromHsl(h:int,s:int,l:int, a:int=255)	从 H、S、L、A 值中创建颜色	QColor
[static]fromHslF(h:float,s:float, l:float,a:float=1.0)	同上,参数为浮点型数字	QColor
[static] fromHsv (h: int, s: int, v: int,a:int=255)	从 H、S、V、A 值中创建颜色	QColor
[static]fromHsvF(h:float,s:float, v:float,a:float=1.0)	同上,参数为浮点型数字	QColor
[static] fromRgb (r: int, g: int, b: int,a:int=255)	从 R、G、B、A 值中创建颜色	QColor
[static]fromRgbF(r:float,g:float, b:float,a:float=1.0)	同上,参数为浮点型数字	QColor
[static]fromRgb(rgb:int)	从 RGB 值中创建颜色	QColor
[static]fromRgba(rgba:int)	从 RGBA 值中创建颜色	QColor
[static]isValidColor(str)	获取文本表示颜色值是否有效	bool

【实例 3-17】　使用 QColor 类的方法获取并打印红色、绿色、蓝色、白色、黑色的 RGBA 值,代码如下:

```
# === 第 3 章 代码 demo17.py === #
from PySide6.QtGui import QColor
from PySide6.QtCore import Qt

color1 = QColor(Qt.red)
rgb1 = color1.getRgb()
print('红色的 RGBA 值为',rgb1)
color2 = QColor(Qt.green)
rgb2 = color2.getRgb()
print('绿色的 RGBA 值为',rgb2)
color3 = QColor(Qt.blue)
rgb3 = color3.getRgb()
print('蓝色的 RGBA 值为',rgb3)
color4 = QColor(Qt.white)
rgb4 = color4.getRgb()
print('白色的 RGBA 值为',rgb4)
color5 = QColor(Qt.black)
rgb5 = color5.getRgb()
print('黑色的 RGBA 值为',rgb5)
```

运行结果如图 3-27 所示。

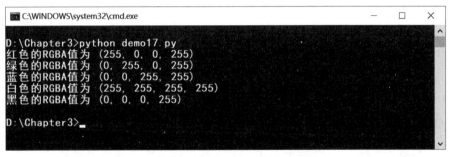

图 3-27 代码 demo17.py 的运行结果

3.3 标签控件(QLabel)

标签控件是窗口界面最常用的控件之一,可以使用标签控件显示文本信息和图像文件、GIF 格式的动画。

3.3.1 创建标签控件

在 Pyside6 中,使用 QLabel 类创建 QLabel 对象并表示 QLabel 控件。QLabel 类位于 PySide6 的 QtWidgets 子模块下,QLabel 类的继承关系如图 3-28 所示。

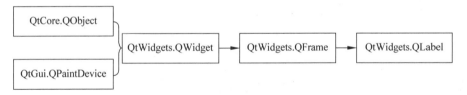

图 3-28 QLabel 类的继承关系

创建 QLabel 对象的方法如下:

```
label_1 = QLabel(parent:QWidget = none, f = Qt.WindowFlags)
label_2 = QLabel(text:str, parent, f = Qt.WindowFlags)
```

其中,label_1、label_2 表示存储 QLabel 对象的变量; parent 表示 QLabel 控件的父窗口或父容器; text 表示要显示的文本; f 表示窗口的类型和外观,参数值为 Qt.WidgetFlags 的枚举值,具体见表 3-1。

【实例 3-18】 创建一个窗口,窗口中包含一个标签控件,标签控件中显示一段文本,代码如下:

```
# === 第 3 章 代码 demo18.py === #
import sys
from PySide6.QtWidgets import QApplication, QWidget, QLabel


class Window(QWidget):
```

```
    def __init__(self):
        super().__init__()
        self.setGeometry(200,200,560,220)
        self.setWindowTitle('QLabel 类')
        str1 = '半亩方塘一鉴开,天光云影共徘徊。问渠那得清如许,为有源头活水来。'
        ♯创建一个标签控件
        label_1 = QLabel(str1,self)


if __name__ == '__main__':
    app = QApplication(sys.argv)
    win = Window()
    win.show()
    sys.exit(app.exec())
```

运行结果如图 3-29 所示。

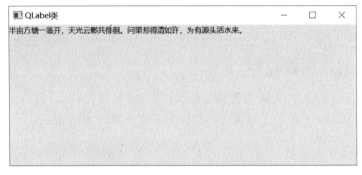

图 3-29　代码 demo18. py 的运行结果

3.3.2　QLabel 类的方法和信号

在 PySide6 中,QLabel 类封装了很多方法,其中常用的方法见表 3-20。

表 3-20　QLabel 类常用的方法

方法及参数类型	说　　明	返回值的类型
[slot]setText(str)	设置显示的文字	None
[slot]setNum(float)	设置要显示的数值	None
[slot]setNum(int)	同上,参数为整型数字	None
[slot]clear()	清空显示的内容	None
[slot]setPixmap(QPixmap)	设置图像	None
[slot]setPicture(QPicture)	设置图像	None
[slot]setMovie(QMovie)	设置动画	None
text()	获取 QLabel 控件中的文字	str
setTextFormat(Qt. TextFormat)	设置文本格式	None
setParent(QWidget)	设置标签所在的父容器	None
setSelection(int,int)	根据文字的开始和终止索引选中对应的文字	None

续表

方法及参数类型	说　　明	返回值的类型
selectedText()	获取被选中的文字	str
hasSelectedText()	判断是否有选中的文字	bool
selectionStart()	获取被选中文字开始位置的索引，−1 表示没有选中的文字	int
setIndent(int)	设置缩进量	None
indent()	获取缩进量	int
pixmap()	获取图像	QPixmap
setToolTip(str)	当光标放置到标签上时设置显示的提示信息	None
setWordWrap(bool)	设置是否可以换行	None
wordWrap()	获取是否可以换行	bool
setAlignment(Qt. Alignment)	设置文字在水平和竖直方向上的对齐方式,其中 Qt. AlignLeft 表示水平方向靠左对齐 Qt. AlignRight 表示水平方向靠右对齐 Qt. AlignCenter 表示水平方向居中对齐 Qt. AlignJustify 表示水平方向调整间距两端对齐 Qt. AlignTop 表示垂直方向靠上对齐 Qt. AlignBottom 表示垂直方向靠下对齐 Qt. AlignVCenter 表示垂直方向居中对齐	None
setOpenExternalLinks(bool)	设置是否打开超链接	None
setFont(QFont)	设置字体	None
font()	获取字体	QFont
setPalette(QPalette)	设置调色板	None
palette()	获取调色板	QPalette
setGeometry(QRect)	设置标签在父窗口中的范围	None
geometry()	获取标签的范围	QRect
setBuddy(QWidget)	设置具有伙伴关系的控件	None
buddy()	获取具有伙伴关系的控件	QWidget
minimunSizeHint()	获取最小尺寸	QSize
setScaledContents(bool)	设置显示的图片是否充满整个标签控件的空间	None
setMargin(int)	设置内部文字边框和外边框的距离,默认为 0	None
setEnabled(bool)	设置是否激活标签控件	None
setAutoFillBackground(bool)	设置是否自动填充背景色	None

【实例 3-19】 创建一个窗口,窗口中包含一个标签控件,在标签控件中显示一段文本。需设置标签控件的字体、区域范围并可以换行,代码如下:

```
# === 第 3 章 代码 demo19.py === #
import sys
from PySide6.QtWidgets import QApplication,QWidget,QLabel
from PySide6.QtGui import QFont
from PySide6.QtCore import QRect
```

```
class Window(QWidget):
    def __init__(self):
        super().__init__()
        self.setGeometry(200,200,560,220)
        self.setWindowTitle('QLabel 类')
        str1 = '半亩方塘一鉴开,天光云影共徘徊。问渠那得清如许,为有源头活水来。'
        # 创建一个标签控件
        label_1 = QLabel(str1,self)
        # 设置标签的区域
        rect1 = QRect(20,20,520,100)
        label_1.setGeometry(rect1)
        # 设置标签的字体
        font1 = QFont('楷体',16)
        font1.setBold(True)
        label_1.setFont(font1)
        # 设置可以换行
        label_1.setWordWrap(True)


if __name__ == '__main__':
    app = QApplication(sys.argv)
    win = Window()
    win.show()
    sys.exit(app.exec())
```

运行结果如图 3-30 所示。

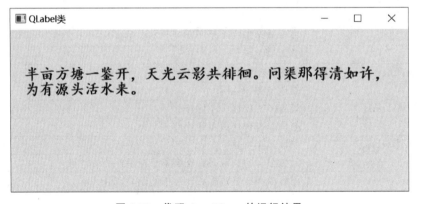

图 3-30　代码 demo19. py 的运行结果

在 PySide6 中,QLabel 类的信号见表 3-21。

表 3-21　QLabel 类的信号

信号及参数	说　　　明
linkActivated(link:str)	当单击文字中嵌入的超链接时发送信号,传递参数 link 为链接地址。如果要打开超链接,则要用 setOpenExternalLinks(True)设置可以打开超链接
linkHovered (link:str)	当光标放置在文字的超链接上时发送信号,传递参数 link 为链接地址

【实例 3-20】 创建一个窗口,窗口中包含两个标签控件。设置这两个控件带有超链接的文本。当单击第 1 个控件的超链接时,发送信号并打印信息;当光标滑过第 2 个控件的超链接时,发送信号并打印信息,代码如下:

```python
# === 第 3 章 代码 demo20.py === #
import sys
from PySide6.QtWidgets import QApplication,QWidget,QLabel
from PySide6.QtCore import QRect,Qt

class Window(QWidget):
    def __init__(self):
        super().__init__()
        self.setGeometry(200,200,500,200)
        self.setWindowTitle('QLabel 类')
        # 创建标签控件
        self.label1 = QLabel(self)
        self.label2 = QLabel(self)
        # 设置标签 1
        rect1 = QRect(20,15,460,20)
        self.label1.setGeometry(rect1)
        str1 = "< a href = 'www.python.org'>欢迎访问 Python 官网</a>"
        self.label1.setText(str1)
        self.label1.setAlignment(Qt.AlignCenter)
        # 如果要打开超链接,则要设置为 True
        self.label1.setOpenExternalLinks(False)
        # 设置标签 2
        rect2 = QRect(20,40,460,20)
        self.label2.setGeometry(rect2)
        str2 = "< a href = 'www.doc.qt.io/qtforpython - 6/index.html'>欢迎访问 Qt for Python</a>"
        self.label2.setText(str2)
        self.label2.setOpenExternalLinks(True)
        # 使用信号/槽机制
        self.label1.linkActivated.connect(self.click_link)
        self.label2.linkHovered.connect(self.hover_link)

    # 自定义槽函数
    def click_link(self,link):
        print('单击了链接',link)

    # 自定义槽函数
    def hover_link(self,link):
        print('光标划过了链接',link)


if __name__ == '__main__':
    app = QApplication(sys.argv)
    win = Window()
    win.show()
    sys.exit(app.exec())
```

运行结果如图 3-31 所示。

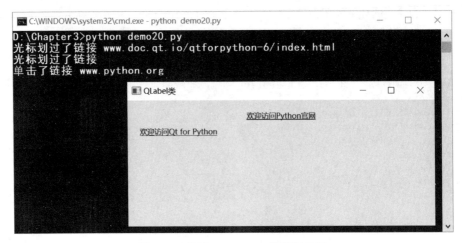

图 3-31　代码 demo20.py 的运行结果

3.4　图像类

在 PySide6 中,可以使用标签控件显示图像文件,但这需要使用 PySide6 中的图像类。PySide6 中 的 图 像 类 有 QPixmap、QImage、QPicture、QBitmap。这 4 个类都继承自 QPaintDevice 类,它们的继承关系如图 3-32 所示。

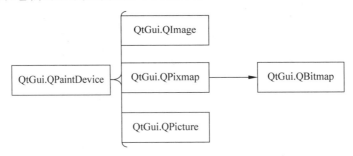

图 3-32　图像类的继承关系

3.4.1　QPixmap 类

在 Pyside6 中,使用 QPixmap 类打开 PNG、JPEG 等格式的图像文件,并将图像显示出来。QPixmap 类的构造函数如下:

```
QPixmap()
QPixmap(w:int,h:int)
QPixmap(QSize)
QPixmap(str)
QPixmap(QImage)
```

其中,w 表示图像的宽度,单位为像素;h 表示图像的高度,单位为像素;QSize 表示图像的宽和高,单位为像素；str 表示图像文件的路径和名称。

QPixmap 类中封装了比较多的方法,其中常用的方法见表 3-22。

表 3-22　QPixmap 类常用的方法

方法及参数类型	说　　明	返回值的类型
[static]fromImage(QImage)	将 QImage 图像转换成 QPixmap 图像	QPixmap
[static]defaultDepth()	获取图像的默认深度	int
[static]fromImageReader(imageReader, flags＝Qt. AutoColor)	从 imageReader 对象中读取图像创建 QPixmap 对象	QPixmap
copy(rect：QRect＝Default(QRect))	深度复制图像的局部区域	QPixmap
copy(x：int,y：int,width：int,height：int)	同上,参数类型为整型数字	QPixmap
load(fileName,format：Union[Bytes,NoneType]＝None,Qt. ImageConversionFlags＝Qt. AutoColor)	从文件中加载图像,若成功,则返回值为 True	bool
save（QIODevice, format：Union[Bytes,NoneType]＝None,quality,int＝－1）	将图像保存到设备中,若成功,则返回值为 True	bool
save（fileName：str, format：Union[Bytes,NoneType]＝None,quality,int＝－1）	将图像保存到文件中,若成功,则返回值为 True	bool
scaled（QSize, Qt. AspectRadioMode＝Qt. IgnoreAspectRadio）	缩放图像	QPixmap
scale(w：int,h：int, Qt. AspectRadioMode＝Qt. IgnoreAspectRadio)	同上	QPixmap
scaledToHeight(h：int)	缩放到指定的高度	QPixmap
scaledToWidth(w：width)	缩放到指定的宽度	QPixmap
setMask(Union[QBitmap,str])	设置遮掩图,黑色区域显示,白色区域不显示	None
mask()	获取遮掩图	QBitmap
swap(Union[QPixmap,QImage])	与其他图像进行交互	None
toImage()	转换成 QImage 图像	QImage
convertFromImage(QImage)	将 QImage 图像转换成 QPixmap 图像,若成功,则返回值为 True	bool
transformed(QTransform)	对图像进行旋转、缩放、平移、错切等变换	QPixmap
rect()	获取图像的矩形区域	QRect
size()	获取图像的宽和高	QSize
width()、height()	获取图像的宽度、获取图像的高度	int
fill(fillColor：Union[QColor,Qt. Global]＝Qt. white)	使用某种颜色填充图像	None
hasAlpha()	判断是否有 alpha 通道值	bool
depth()	获取图像的深度,例如 16 位图深度为 16	int
isQBitmap()	判断是否为 QBitmap 图	bool

在表 3-22 中,Qt. AutoColor 的枚举值为 Qt. AutoColor(系统自动决定)、Qt. ColorOnly(彩色模式)、Qt. MonoOnly(单色模式)。

在 PySide6 中,QPixmap 可以读写的图像格式见表 3-23。

表 3-23　QPixmap 可以读写的图像格式

图 像 格 式	是否可以读写	图 像 格 式	是否可以读写
BMP	Read/Write	PBM	Read
GIF	Read	PGM	Read
JPG	Read/Write	PPM	Read/Write
JPEG	Read/Write	XBM	Read/Write
PNG	Read/Write	XPM	Read/Write

【实例 3-21】　创建一个窗口,该窗口中有一个标签控件,要求在该标签控件中完整地显示一张图片,并打印原图像的宽度和高度,代码如下:

```python
# === 第 3 章 代码 demo21.py === #
import sys
from PySide6.QtWidgets import QApplication,QWidget,QLabel
from PySide6.QtCore import QRect
from PySide6.QtGui import QPixmap

class Window(QWidget):
    def __init__(self):
        super().__init__()
        self.setGeometry(200,200,560,220)
        self.setWindowTitle('QPixmap 类')
        #创建一个标签控件
        label_1 = QLabel(self)
        #设置标签的区域
        rect1 = QRect(50,0,460,220)
        label_1.setGeometry(rect1)
        #创建 QPixmap 对象,并对图像进行缩放
        pixmap1 = QPixmap('D://chapter3//images//cat1.png')
        pix1 = pixmap1.scaled(520,220)
        #设置图像
        label_1.setPixmap(pix1)
        size1 = pixmap1.size()
        #获取原图像的宽、高
        str1 = f'原图像的宽、高分别为{size1.width()}像素、{size1.height()}像素'
        print(str1)


if __name__ == '__main__':
    app = QApplication(sys.argv)
    win = Window()
    win.show()
    sys.exit(app.exec())
```

运行结果如图 3-33 所示。

图 3-33 代码 demo21.py 的运行结果

3.4.2 QImage 类

在 Pyside6 中,使用 QImage 类专门读取像素文件,其存储独立于硬件。由于 QImage 类是 QPaintDevice 类的子类,所以可以使用 QPainter 在 QImage 上绘制图像,并且是在另一个线程中运行,而不是在 GUI 线程中运行。使用这种方法可以提高 GUI 响应速度。如果图像文件比较小,则可以使用 QPixmap 类加载;如果图像文件比较大,则建议使用 QImage 类加载,这样速度会比较快,而且占用内存比较小。

在 PySide6 中,QImage 类的构造函数如下:

```
QImage()
QImage(fileName:str,format:Union[Bytes,NoneType] = None)
QImage(size:QSize,format:QImage.Format)
QImage(width:int,height:int,format:QImage.Format)
QImage(data:Bytes,width:int,height:int,format:QImage.Format)
QImage(data:Bytes,width:int,height:int,BytesPerLine:int,format:QImage.Format)
```

其中,width 表示图像的宽度;height 表示图像的高度;QSize 表示图像的宽和高,单位为像素;filename 表示图像文件的路径和名称;format 表示 QImage 图像文件的格式,其参数值为 QImage.Format 的枚举值。QImage.Format 的枚举值见表 3-24。

表 3-24 QImage.Format 的枚举值

QImage.Format 的枚举值	QImage.Format 的枚举值	QImage.Format 的枚举值
QImage.Format_Invalid	QImage.Format_RGB444	QImage.Format_ARGB32_Premultiplied
QImage.Format_Mono	QImage.Format_RGBX8888	QImage.Format_ARGB8565_Premultiplied
QImage.Format_MonoLSB	QImage.Format_RGBA8888	QImage.Format_ARGB6666_Premultiplied
QImage.Format_Indexed8	QImage.Format_BGR30	QImage.Format_ARGB8555_Premultiplied
QImage.Format_RGB32	QImage.Format_RGB30	QImage.Format_ARGB4444_Premultiplied

QImage. Format 的枚举值	QImage. Format 的枚举值	QImage. Format 的枚举值
QImage. Format_ARGB32	QImage. Format_Alpha8	QImage. Format_RGBA8888_Premultiplied
QImage. Format_RGB16	QImage. Format_Grayscale8	QImage. Format_A2BGR30_Premultiplied
QImage. Format_RGB666	QImage. Format_Grayscale16	QImage. Format_A2RGB30_Premultiplied
QImage. Format_RGB555	QImage. Format_RGBX64	QImage. Format_RGBA64_Premultiplied
QImage. Format_RGB888	QImage. Format_RGBA16FPx4	QImage. Format_RGBA16FPx4_Premultiplied
QImage. Format_BGR888	QImage. Format_RGBX16FPx4	QImage. Format_RGBA32FPx4
QImage. Format_RGBA64	QImage. Format_RGBX32FPx4	QImage. Format_RGBA32FPx4_Premultiplied

QImage 类中封装了比较多的方法,其中常用的方法见表 3-25。

表 3-25　QImage 类常用的方法

方法及参数类型	说　　明	返回值的类型
format()	获取图像格式	QImage. Format
convertTo(QImage. Format)	转换成指定的格式	None
copy(int,int,int,int)、copy(QRect)	从指定的位置区域复制图像	QImage
fill(color: Union[QColor. Qt. GlobalColor, str])	填充颜色	None
load(str, format = None, flags = Qt. AutoColor)	从文件中加载图像,若成功,则返回值为 True	bool
save(str,format=None,quality=-1)	保存图像,若成功,则返回值为 True	bool
save(QIODevice,format=None,quality=-1)	同上,参数类型不同	bool
scaled(QSize, Qt. AspectRatioMode = Qt. IgnoreAspectRatio)	将图像的长度和宽度缩放到新的宽度和高度,并返回新的 Image 对象	QImage
scaled(w: int, h: int, Qt. AspectRatioMode = Qt. IgnoreAspectRatio)	同上,参数类型不同	QImage
scaledToHeight(int, Qt. TransformationMode)	缩放到指定的高度	QImage
scaledToWidth(int, Qt. TransformationMode)	缩放到指定的宽度	QImage
size()	获取图像的宽度和高度	QSize
width()、height()	获取图像的宽度、获取图像的高度	int
setPixelColor(int,int,QColor)	设置指定位置处的颜色	None
setPixelColor(QPoint,QColor)	同上,参数类型不同	None
pixelColor(int,int)、pixelColor(QPoint)	获取指定位置处的颜色值	QColor
pixelIndex(int,int)、pixelIndex(QPoint)	获取指定位置处的像素索引	int
setText(key:str,value:str)	嵌入字符串	None
text(key:str= '')	根据关键字获取字符串	str
textKeys()	获取关键字	List[str]
rgbSwap()	颜色翻转,颜色由 RGB 转换成 BGR	None
rgbSwapped()	获取颜色翻转后的图像,颜色由 RGB 转换成 BGR	QImage

续表

方法及参数类型	说　　明	返回值的类型
invertPixels(QImage. InvertMode＝QImage. InvertRgb)	获取颜色翻转后的图像,其中 QImage. InvertRgb:翻转 RGB 值,A 值不变; QImage. InvertRgba:翻转 RGBA 值, 颜色由 RGBA 值转换成(255-R,255-G, 255-B,255-A)	None
transformed(QTransform)	对图像进行变换	QImage
mirror(horizontally:bool ＝ False,vertically: bool＝True)	对图像进行镜像操作	None
mirrored(horizontally:bool ＝ False,vertically: bool＝True)	获取镜像翻转后的图像	QImage
setColorTable(colors:Sequence[int])	设置颜色表,仅用于单色或 8 位图像	None
colorTable()	获取颜色表中的颜色	List[int]
color(i:int)	根据索引值获取索引表中的颜色	int
setPixel(QPoint,index_or_rgb:int)	设置指定位置处的颜色值或索引	None
setPixel(x:int,y:int,index_or_rgb:int)	同上,参数类型不同	None
pixel(pt:QPoint)	获取指定位置处的颜色值	int
pixel(x:int,y:int)	同上,参数类型不同	int
pixelIndex(pt:QPoint)	获取指定位置处的颜色索引值	int
pixelIndex(x:int,y:int)	同上,参数类型不同	int

【实例 3-22】　创建一个窗口,该窗口中有两个标签控件,这两个标签分别显示原图像、左右镜面翻转后的图像,代码如下:

```python
# === 第 3 章 代码 demo22.py === #
import sys
from PySide6.QtWidgets import QApplication,QWidget,QLabel
from PySide6.QtCore import QRect
from PySide6.QtGui import QImage,QPixmap

class Window(QWidget):
    def __init__(self):
        super().__init__()
        self.setGeometry(200,200,560,220)
        self.setWindowTitle('QImage 类')
        # 创建标签控件
        label1 = QLabel(self)
        label2 = QLabel(self)
        # 设置标签的区域
        rect1 = QRect(0,0,280,220)
        label1.setGeometry(rect1)
        rect2 = QRect(280,0,280,220)
        label2.setGeometry(rect2)
```

```
                # 创建 QImage 对象,并对图像进行缩放
                image1 = QImage('D://chapter3//images//cat1.png')
                img1 = image1.scaled(280,220)
                # 对图像进行镜面翻转
                img2 = img1.mirrored(horizontally = True, vertically = False)
                # 转换成 QPixmap 对象
                pic1 = QPixmap.fromImage(img1)
                pic2 = QPixmap.fromImage(img2)
                # 显示图像
                label1.setPixmap(pic1)
                label2.setPixmap(pic2)


if __name__ == '__main__':
    app = QApplication(sys.argv)
    win = Window()
    win.show()
    sys.exit(app.exec())
```

运行结果如图 3-34 所示。

图 3-34 代码 demo22.py 的运行结果

3.4.3 QPicture 类

在 Pyside6 中,QPicture 类可以当作一个可记录、重现 QPainter 命令的绘图设备,还可以保存 QPainter 绘制的图像。QPicture 类可以将 QPainter 的命令序列化到一个 IO 设备上,并可以保存为一个独立于平台的文件格式。QPicture 类与平台无关,可以应用到多种设备上,例如 SVG、PDF、PS、打印机、显示屏幕上。

在 PySide6 中,QPicture 类的构造函数如下:

```
QPicture(formatVersion: int = - 1)
```

其中,formatVersion 用于设置或匹配早期的 Qt 版本,—1 表示当前版本。

QPicture 类常用的方法见表 3-26。

表 3-26 QPicture 类常用的方法

方法及参数类型	说　明	返回值的类型
devType()	返回设备号	int
play(QPainter)	重新执行 QPainter 的绘图命令,若成功,则返回值为 True	bool
load(fileName:str)	从文件中加载图像,若成功,则返回值为 True	bool
load(dev:QIODevice)	从设备中加载图像,若成功,则返回值为 True	bool
save(fileName:str)	将图像保存到文件,若成功,则返回值为 True	bool
save(dev:QIODevice)	将图像保存到设备,若成功,则返回值为 True	bool
setBoundingRect(r:Qrect)	设置绘图区域	None
boundingRect()	返回绘图区域	QRect
setData(data:Bytes,size:int)	设置图像上的数据和数量	None
data()	返回指向数据的指针	object
size()	返回数据的数量	int

在 PySide6 中,QPicture 类只能打开扩展名为 .pic 的图像文件。扩展名为 .pic 的图像文件是 Qt 特有的图像格式。可以使用 QPainter 类创建扩展名为 .pic 的图像文件。

【实例 3-23】 创建一个扩展名为 .pic 的图像文件,在该图像文件中绘制一个椭圆,代码如下:

```
# === 第 3 章 代码 demo23.py === #
from PySide6.QtGui import QPicture,QPainter

pic1 = QPicture()                              # 创建 QPicture 对象
paint1 = QPainter()                            # 创建 QPainter 对象
paint1.begin(pic1)                             # 开始绘制图像
paint1.drawEllipse(0,0,500,200)                # 画椭圆
paint1.end()                                   # 结束绘制
pic1.save("D://Chapter3//images//drawing.pic") # 保存图画
```

运行结果如图 3-35 所示。

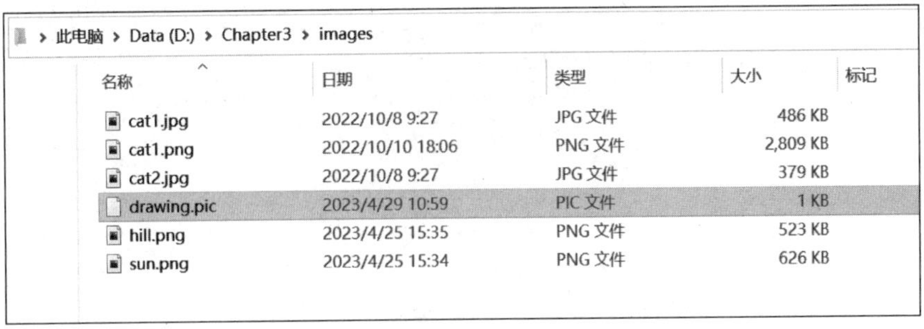

图 3-35 代码 demo23.py 创建的图像文件

注意：将在后面的章节中介绍 PySide6 中 QPainter 类的相关知识和方法。

【**实例 3-24**】 创建一个窗口,该窗口包含一个标签控件。在标签中,显示扩展名为 .pic 的图像文件,代码如下：

```python
# === 第 3 章 代码 demo24.py === #
import sys
from PySide6.QtWidgets import QApplication,QWidget,QLabel
from PySide6.QtCore import QRect
from PySide6.QtGui import QPicture

class Window(QWidget):
    def __init__(self):
        super().__init__()
        self.setGeometry(200,200,560,220)
        self.setWindowTitle('QPicture 类')
        # 创建一个标签控件
        label_1 = QLabel(self)
        # 设置标签的区域
        rect1 = QRect(10,0,540,220)
        label_1.setGeometry(rect1)
        # 创建 QPicture 对象
        pic1 = QPicture()
        pic1.load('D://chapter3//images//drawing.pic')
        label_1.setPicture(pic1)


if __name__ == '__main__':
    app = QApplication(sys.argv)
    win = Window()
    win.show()
    sys.exit(app.exec())
```

运行结果如图 3-36 所示。

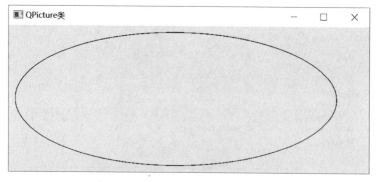

图 3-36 代码 demo24.py 的运行结果

3.4.4　QBitmap 类

在 Pyside6 中，QBitmap 类是 QPixmap 类的一个子类，其色深为 1bit，颜色只有黑白两种。QBitmap 类可以存储黑白图像的位图，也可以用于制作光标（QCursor）或画刷（QBrush）。QBitmap 可以从 QPixmap 或 QImage 转换过来，也可以使用 QPainter 来绘制。

在 PySide6 中，QBitmap 类的构造函数如下：

```
QBitmap()
QBitmap(Union[QPixmap,QImage])
QBitmap(w:int,h:int)
QBitmap(QSize)
QBitmap(fileName:str,format = None)
```

其中，fileName 表示图像文件的路径和文件名。

QBitmap 类是 QPixmap 类的子类，所以继承了 QPixmap 类的方法。另外，QBitmap 类的 clear() 方法可以清空图像内容。

【实例 3-25】　创建一个窗口，该窗口包含一个标签控件。使用 QBitmap 类在标签中显示一张黑白位图，代码如下：

```
# === 第 3 章 代码 demo25.py === #
import sys
from PySide6.QtWidgets import QApplication,QWidget,QLabel
from PySide6.QtCore import QRect
from PySide6.QtGui import QBitmap

class Window(QWidget):
    def __init__(self):
        super().__init__()
        self.setGeometry(200,200,560,220)
        self.setWindowTitle('QBitmap 类')
        # 创建一个标签控件
        label_1 = QLabel(self)
        # 设置标签的区域
        rect1 = QRect(50,0,460,220)
        label_1.setGeometry(rect1)
        # 创建 QPicture 对象
        bit1 = QBitmap('D://chapter3//images//cat1.png')
        bit1 = bit1.scaled(460,220)
        label_1.setPixmap(bit1)

if __name__ == '__main__':
    app = QApplication(sys.argv)
    win = Window()
    win.show()
    sys.exit(app.exec())
```

运行结果如图 3-37 所示。

图 3-37 代码 demo25.py 的运行结果

3.5 其他基础类

在 PySide6 中,通常使用调色板类(QPalette)定义各种控件或窗口的颜色,可以使用光标类(QCursor)定义光标形状,使用 URL 网址类(QUrl)定义网站的 URL 网址。这 3 个类都是 PySide6 的基础类。

3.5.1 调色板类(QPalette)

在 Qt Designer 中,可以选中窗体或某个控件,然后在属性编辑器中单击 palette 属性,打开编辑调色板对话框。编辑调色板对话框,如图 3-38 所示。

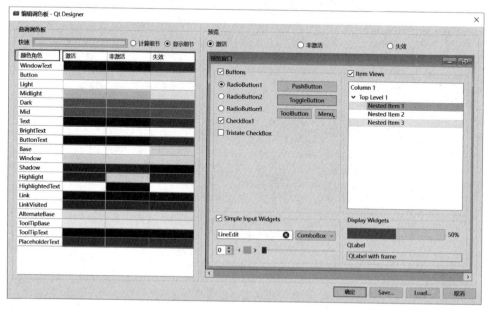

图 3-38 编辑调色板对话框

从图 3-38 可以看出调色板对话框分为颜色角色(ColorRole)和颜色组(ColorGroup)两

部分。颜色组分为激活（Active）、非激活（Inactive）、失效（Disabled）。激活（Active）表示获得焦点的状态；非激活（Inactive）表示失去焦点的状态；失效（Disabled）表示窗口或控件处于失效状态。可在调色板对话框的预览部分查看预览效果。

颜色角色表示给控件或窗口的不同部分分别设置颜色，例如标签控件，可以设置其文本的颜色，也可以设置其背景的颜色。一个窗口由多个控件组成，可以使用 ColorRole 为窗口和窗口的控件定义不同的颜色，如图 3-39 所示。

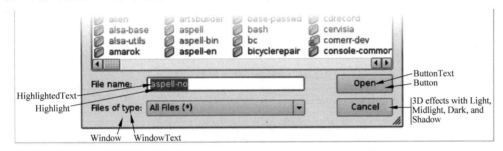

图 3-39　文件对话框不同部分的颜色角色

在 PySide6 中，ColorGroup 由 QPalette. ColorGroup 的枚举常量确定。QPalette. ColorGroup 的枚举常量见表 3-27。

表 3-27　QPalette. ColorGroup 的枚举常量

枚 举 常 量	说　　　明	枚 举 常 量	说　　　明
QPalette. Active	激活状态	QPalette. Normal	激活状态
QPalette. Inactive	非激活状态	QPalette. Disabled	失效状态

在 PySide6 中，ColorRole 由 QPalette. ColorRole 的枚举常量确定。QPalette. ColorRole 的枚举常量见表 3-28。

表 3-28　QPalette. ColorRole 的枚举常量

枚 举 常 量	说　　　明	枚 举 常 量	说　　　明
QPalette. Window	窗口的背景色	QPalette. Light	比按钮的颜色要淡
QPalette. WindowText	窗口的前景色	QPalette. Midlight	颜色介于按钮和 Light
QPalette. Base	文本输入控件的背景色	QPalette. Dark	比按钮的颜色要深
QPalette. AlternateBase	多行输入控件的行交替背景色	QPalette. Mid	颜色介于按钮和 Dark 之间
QPalette. ToolTipBase	提示信息的背景色	QPalette. Shadow	一个比较深的颜色
QPalette. PlaceholderText	输入框中占位文本的颜色	QPalette. Highlight	所选控件的背景色
QPalette. Text	文本输入控件的前景色	QPalette. HighlightedText	所选控件的前景色
QPalette. Button	按钮的背景色	QPalette. Link	超链接的颜色
QPalette. ButtonText	按钮的前景色	QPalette. LinkVisited	超链接访问后的颜色
QPalette. BrightText	文本的对比色	QPalette. ToolTipText	提示信息的前景色

在 Pyside6 中,QPalette 类的构造函数如下:

```
QPalette()
QPalette(button:Union[QColor,Qt.GlobalColor,str])
QPalette(button:Union[QColor,Qt.GlobalColor,str],window:Union[QColor,Qt.GlobalColor,str])
QPalette(palette:Union[QPalette,QColor,Qt.GlobalColor])
QPalette(windowText:Union[QBrush,Qt.GlobalColor,QColor,QPixmap],button,light,dark,mid,
text,bright_text,base,window)
QPalette(windowText:Union[QColor,Qt.GlobalColor,str],window,light,dark,mid,text,base)
```

其中,QBrush 表示画刷对象,将在后面章节进行介绍。

在 PySide6 中,QPalette 类常用的方法见表 3-29。

表 3-29　QPalette 类常用的方法

方法及参数类型	说　　明	返回值的类型
setColor (QPalette. ColorGroup, QPalette. ColorRole, color:Union[QColor, Qt. GlobalColor, str])	设置颜色,需 3 个参数	None
setColor (QPalette. ColorGroup, color: Union[QColor, Qt. GlobalColor, str]	设置颜色,需两个参数	None
setBrush (QPalette. ColorGroup, QPalette. ColorRole, brush:Union[QBrush, Qt. BrushStyle, Qt. GlobalColor, QColor, QGradient, QPixmap])	设置画刷,需 3 个参数	None
setBrush (QPalerre. ColorRole, brush: Union[QBrush, Qt. BrushStyle, Qt. GlobalColor, QColor, QGradient, QPixmap]))	设置画刷,需两个参数	None
color(QPalette. ColorGroup,QPalette. ColorRole)	获取颜色	QColor
color(QPalette. ColorRole)	获取颜色	QColor
brush(QPalette. ColorGroup,QPalette. ColorRole)	获取画刷	QBrush
brush(QPalette. ColorRole)	获取画刷	QBrush
setCurrentColorGroup(QPalette. ColorGroup)	设置当前颜色组	None
currentColorGroup()	获取当前颜色组	QPalette. ColorGroup
base()	获取文本输入控件的背景色	QBrush
brightText()	获取文本的对比色	QBrush
button()	获取按钮的背景色	QBrush
buttonText()	获取按钮的前景色	QBrush
hightlight()	获取所选控件的背景色	QBrush
highlightedText()	获取所选控件的前景色	QBrush
link()	获取超链接的颜色	QBrush
linkVisited()	获取超链接访问后的颜色	QBrush
placeholderText()	获取输入框中占位文本的颜色	QBrush
text()	获取文本输入控件的前景色	QBrush

续表

方法及参数类型	说 明	返回值的类型
toolTipBase()	获取提示信息的背景色	QBrush
toolTipText()	获取提示信息的前景色	QBrush
window()	获取窗口的背景色	QBrush
windowText()	获取窗口的前景色	QBrush
isBrushSet(QPalette. ColorGroup,QPalette. ColorRole)	如果颜色组和颜色角色已经在调色板中设置了,则返回值为 True	bool
isEqual（cr1：QPalette. ColorGroup, cr2：QPalette. ColorRole)	如果颜色组 cr1 和 cr2 相同,则返回值为 True	bool

在 PySide6 中,可以通过窗口或控件的 setPalette()方法设置调色板,使用 palette()方法获取窗口或控件的调色板。

【实例 3-26】 创建 QPalette 对象,并获取该 QPalette 对象的 6 种颜色角色的 QColor 值,代码如下:

```
# === 第3章 代码 demo26.py === #
from PySide6.QtCore import Qt
from PySide6.QtGui import QPalette

palet1 = QPalette(Qt.gray)
color1 = palet1.color(QPalette.Window)
color2 = palet1.color(QPalette.WindowText)
color3 = palet1.color(QPalette.Text)
color4 = palet1.color(QPalette.Button)
color5 = palet1.color(QPalette.ButtonText)
color6 = palet1.color(QPalette.BrightText)
print(color1)
print(color2)
print(color3)
print(color4)
print(color5)
print(color6)
```

运行结果如图 3-40 所示。

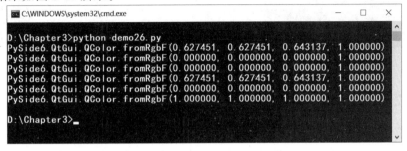

图 3-40 代码 demo26.py 的运行结果

【**实例 3-27**】 创建一个窗口,获取该窗口的调色板,并从调色板中获取并打印 4 种颜色角色,代码如下:

```python
# === 第 3 章 代码 demo27.py === #
import sys
from PySide6.QtWidgets import QApplication,QWidget

class Window(QWidget):
    def __init__(self):
        super().__init__()
        self.setGeometry(200,200,560,220)
        self.setWindowTitle('QPalette 类')
        palet1 = self.palette()
        color1 = palet1.window()
        color2 = palet1.windowText()
        color3 = palet1.text()
        color4 = palet1.button()
        print(color1)
        print(color2)
        print(color3)
        print(color4)


if __name__ == '__main__':
    app = QApplication(sys.argv)
    win = Window()
    win.show()
    sys.exit(app.exec())
```

运行结果如图 3-41 所示。

图 3-41 代码 demo27.py 的运行结果

3.5.2 光标类(QCursor)

在 PySide6 中,可以使用 QCursor 类定义光标的形状,可以使用 QCursor 类为控件设置不同的光标形状。QCursor 类位于 PySide6 的 QtGui 子模块中,其构造函数如下:

8min

```
QCursor()
QCursor(shape:Qt.CursorShape)
QCursor(pixmap:Union[Pixmap,QImage,str],hotX:int = − 1,hotY:int = − 1)
QCursor(bitmap:Union[QBitmap,str],mask:Union[QBitmap,str],hotX:int = − 1,hotY:int = − 1)
```

其中,shape 表示使用标准的光标形状,其参数值为 Qt. CursorShape 的枚举常量;pixmap、bitmap 表示使用图片来自定义光标的形状。如果使用图片来自定义光标形状,则需要将光标的热点 hotX、hotY、hotX、hotY 的值设置为整数。如果其值为负数,则表示以图片的中心为热点,即 hotX＝bitmap(). width()/2、hotY＝bitmap(). height()/2。

构造函数的最后一个参数 mask 表示遮掩图像,可以使用 QBitmap 类的 setMask (QBitmap)设置遮掩图。光标位图 bitmap(B)和遮掩位图 mask(M)的组合见表 3-30。

表 3-30　bitmap(B)与 mask(M)的组合

B	M	结　　果	B	M	结　　果
1	1	黑色	0	0	透明
0	1	白色	0	1	XOR 运算的结果

在 PySide6 中,Qt. CursorShape 的枚举常量见表 3-31。

表 3-31　Qt. CursorShape 的枚举常量

常　　量	光 标 形 状	常　　量	光 标 形 状
Qt. ArrowCursor		Qt. SizeVerCursor	
Qt. UpArrowCursor		Qt. SizeHorCursor	
Qt. CrossCursor		Qt. SizeBDiagCursor	
Qt. IBeamCursor		Qt. SizeFDiagCursor	
Qt. WaitCursor		Qt. SizeAllCursor	
Qt. BusyCursor		Qt. SplitVCursor	
Qt. ForbiddenCursor		Qt. SplitHCursor	

续表

常　　量	光标形状	常　　量	光标形状
Qt.PointingHandCursor		Qt.OpenHandCursor	
Qt.WhatsThisCursor		Qt.ClosedHandCursor	

在 PySide6 中,QCursor 类常用的方法见表 3-32。

表 3-32　QCursor 类常用的方法

方法及参数类型	说　　明	返回值的类型
[static]setPos(x:int,y:int)	在屏幕坐标系下设置光标位置的指定位置	None
[static]setPos(p:QPoint)	同上,参数类型不同	None
[static]pos()	获取光标热点在屏幕坐标系下的位置	QPoint
setShape(Qt.CursorShape)	设置光标形状	None
shape()	获取光标形状	Qt.CursorShape
bitmap()	获取 QBitmap	QBitmap
pixmap()	获取 QPixmap	QPixmap
hotSpot()	获取热点位置	QPoint
mask()	获取遮掩图	QBitmap

【实例 3-28】　创建一个窗口,获取该窗口的光标,打印该光标的类型,然后更改窗口的光标类型,代码如下:

```python
# === 第 3 章 代码 demo28.py === #
import sys
from PySide6.QtWidgets import QApplication,QWidget
from PySide6.QtCore import Qt
from PySide6.QtGui import QCursor

class Window(QWidget):
    def __init__(self):
        super().__init__()
        self.setGeometry(200,200,500,200)
        self.setWindowTitle('QCursor 类')
        cursor1 = self.cursor()
        print(cursor1.shape())
        self.setCursor(Qt.CrossCursor)


if __name__ == '__main__':
    app = QApplication(sys.argv)
    win = Window()
    win.show()
    sys.exit(app.exec())
```

运行结果如图 3-42 所示。

图 3-42　代码 demo28.py 的运行结果

【实例 3-29】　创建一个窗口,然后创建 QBitmap 图像,使用 QBitmap 图像作为光标,代码如下:

```
# === 第 3 章 代码 demo29.py === #
import sys
from PySide6.QtWidgets import QApplication,QWidget
from PySide6.QtCore import Qt
from PySide6.QtGui import QCursor,QBitmap

class Window(QWidget):
    def __init__(self):
        super().__init__()
        self.setGeometry(200,200,500,200)
        self.setWindowTitle('QCursor 类')
        bit1 = QBitmap(32,32)
        bit1_mask = QBitmap(32,32)
        bit1.fill(Qt.black)
        bit1_mask.fill(Qt.white)
        cursor1 = QCursor(bit1,bit1_mask)
        self.setCursor(cursor1)


if __name__ == '__main__':
    app = QApplication(sys.argv)
    win = Window()
    win.show()
    sys.exit(app.exec())
```

运行代码可看到窗口上的光标为正方形的位图。

3.5.3　地址类(QUrl)

在 PySide6 中,可以使用 QUrl 类表示 URL 网址。URL 的构成如图 3-43 所示。

7min

图 3-43　URL 的构成

其中,用户信息、服务器域名、服务器端口号组成了 authority 信息。在 PySide6 中,schema 可以使用的传输协议见表 3-33。

表 3-33　schema 可使用的传输协议

协议	说　　明
file	访问本地计算机上的资源,格式：file://
HTTP	通过 HTTP 协议访问资源,格式：HTTP://
HTTPS	通过 HTTPS 协议访问资源,格式：HTTPS://
FTP	通过 FTP 协议访问资源,格式：FTP://
mailto	通过 SMTP 协议访问电子邮件地址,格式：mailto:
MMS	通过 MMS(媒体流)协议访问资源,格式：MMS://
ed2k	通过支持 ed2k(专用下载链接)协议的 P2P 软件(如电驴)访问资源,格式：ed2k://
Flashget	通过支持 Flashget(专用下载链接)协议的 P2P 软件(如快车)访问资源,格式：Flashget://
thunder	通过支持 thunder(专用下载链接)协议的 P2P 软件(如迅雷)访问资源,格式：thunder://
Gopher	通过 Gopher 协议访问资源

QUrl 类位于 PySide6 的 QtCore 子模块中,其构造函数如下：

```
QUrl()
QUrl(url:str,mode:QUrl.ParsingMode = QUrl.TolerantMode)
```

其中,url 表示 URL 的文本字符串；mode 表示解析模式,其参数值为 QUrl. ParsingMode 中的枚举常量,包括 QUrl. TolerantMode(修正地址中的错误)、QUrl. StrictMode(只使用有效的地址)、QUrl. DecodedMode(解码模式)。

在 PySide6 中,QUrl 类的常用方法见表 3-34。

表 3-34　QUrl 类的常用方法

方法及参数类型	说　　明	返回值的类型
[static]fromLocalFile(str)	将本机地址转换成 QUrl	QUrl
[static] fromStringList (Sequence [str], mode = QUrl. TorlerantMode)	将多个地址转换成 QUrl	List[QUrl]

续表

方法及参数类型	说　　明	返回值的类型
［static］fromUserInput(str)	将不是很规则的文本转换成 QUrl	QUrl
［static］fromEncode（Bytes，mode＝QUrl.TorlerantMode）	将编码的二进制数据转换成 QUrl	QUrl
［static］toStringList（Sequence［QUrl］,options＝QUrl.PrettyDecode）	转换为字符串列表	List［str］
setScheme(scheme：str)	设置传输协议	None
setUserName（userName：str，mode＝QUrl.DecodeMode）	设置用户名	None
setPassword（password：str，mode＝QUrl.DecodedMode）	设置密码	None
setHost(host：str,mode＝QUrl.DecodedMode)	设置主机名	None
setPath(path：str,mode＝QUrl.DecodedMode)	设置路径	None
setPort(port：int)	设置端口	None
setFragment（fragment：str，mode＝QUrl.TorlerantMode）	设置片段	None
setQuery(query：str,mode＝QUrl.TorlerantMode)	设置查询	None
setUserInfo（userInfo：str，mode＝QUrl.TorlerantMode）	设置用户名和密码	None
setAuthority（authority：str，mode＝QUrl.TorlerantMode）	设置用户信息、主机名、端口号	None
setUrl(url：str,mode＝QUrl.TorlerantMode)	设置整个 URL 值	None
toDisplayString(options＝QUrl.PrettyDecoded)	转换为字符串	str
toLocalFile()	转换为本机地址	str
toString(options＝QUrl.PrettyDecoded)	转换为字符串	str
toEncoded(options＝QUrl.FullyEncoded)	转换成编码形式	QByteArray
isLocalFile()	判断是否为本机文件	bool
isValid()	判断 URL 网址是否有效	bool
isEmpty()	判断 URL 网址是否为空	bool
errorString()	获取解析地址时的出错信息	str
clear()	情况内容	None

【实例 3-30】　创建一个 QUrl 对象，打印该对象。将该对象转换成字符串、编码形式，然后打印字符串、编码形式，代码如下：

```
# === 第 3 章 代码 demo30.py === #
from PySide6.QtCore import QUrl

url_1 = QUrl('www.python.org')
str_1 = url_1.toDisplayString()
```

```
Byte_1 = url_1.toEncoded(options = QUrl.FullyEncoded)
print(url_1)
print(str_1)
print(Byte_1)
```

运行结果如图 3-44 所示。

图 3-44　代码 demo30.py 的运行结果

3.6　典型应用

在 PySide6 中,可以使用标签控件显示动画(例如后缀名为.gif 的图像),也可以设置提示信息。

3.6.1　播放动画

【实例 3-31】　创建一个窗口,该窗口包含一个标签控件。在该标签控件中显示后缀名为.gif 的图像,代码如下:

```
# === 第 3 章 代码 demo31.py === #
import sys
from PySide6.QtWidgets import QApplication,QWidget,QLabel
from PySide6.QtCore import QRect
from PySide6.QtGui import QMovie


class Window(QWidget):
    def __init__(self):
        super().__init__()
        self.setGeometry(200,200,900,500)
        self.setWindowTitle('显示动画')
        #创建一个标签控件
        label_1 = QLabel(self)
        #设置标签的区域
        rect1 = QRect(6,0,900,500)
        label_1.setGeometry(rect1)
        #创建 QMovie 对象
        movie1 = QMovie('D://chapter3//images//stars.gif')
        #设置动画
        label_1.setMovie(movie1)
```

```
            # 开始播放动画
            movie1.start()


if __name__ == '__main__':
    app = QApplication(sys.argv)
    win = Window()
    win.show()
    sys.exit(app.exec())
```

运行结果如图 3-45 所示。

图 3-45　代码 demo31.py 的运行结果

3.6.2　提示信息

【实例 3-32】　创建一个窗口,该窗口包含一个标签控件。标签控件中显示一段文本,并为文本设置提示信息,代码如下:

```
# === 第 3 章 代码 demo32.py === #
import sys
from PySide6.QtWidgets import QApplication,QWidget,QLabel
from PySide6.QtGui import QFont
from PySide6.QtCore import QRect

class Window(QWidget):
    def __init__(self):
        super().__init__()
        self.setGeometry(200,200,560,220)
```

```
        self.setWindowTitle('提示信息')
        str1 = '两个黄鹂鸣翠柳,一行白鹭上青天。窗含西岭千秋雪,门泊东吴万里船。'
        #创建一个标签控件
        label_1 = QLabel(str1,self)
        label_1.setToolTip("这是唐朝诗人杜甫写的诗。")
        #设置标签的区域
        rect1 = QRect(20,20,520,100)
        label_1.setGeometry(rect1)
        #设置标签的字体
        font1 = QFont('楷体',16)
        font1.setBold(True)
        label_1.setFont(font1)
        #设置可以换行
        label_1.setWordWrap(True)


if __name__ == '__main__':
    app = QApplication(sys.argv)
    win = Window()
    win.show()
    sys.exit(app.exec())
```

运行结果如图 3-46 所示。

图 3-46 代码 demo32.py 的运行结果

3.7 小结

本章首先介绍了 PySide6 中的窗口类(包括方法、信号),以及应用窗口类创建窗口的方法,然后介绍了 PySide6 中的基础类,包括坐标点类、尺寸类、矩形类、页边距类和图标类、字体类、颜色类。

其次介绍了 PySide6 中的标签控件(QLabel 类),以及 QLabel 类中的方法、信号,然后介绍了 PySide6 中的图像类,包括 QPixmap 类、QImage 类、QPicture 类、QBitmap 类。

最后介绍了 PySide6 中的其他基础类,以及 QLabel 控件的典型应用。

第4章

常用控件（上）

如果读者要构建窗口界面，仅仅有窗口和标签控件是不够的。本章将介绍窗口界面中的常用控件：单行文本框、多行文本框、多行纯文本框、按钮类控件、数字输入控件、下拉列表。

4.1 单行文本框（QLineEdit）

单行文本框也称为单行文本控件，用于接收用户输入的信息或数据。在 PySide6 中，使用 QLineEdit 类创建的对象表示单行文本框。QLineEdit 类直接继承自 QWidget 类，QLineEdit 类的构造函数如下：

```
QLineEdit(parent:QWidget = None)
QLineEdit(text:str[,parent:QWidget = None])
```

其中，parent 表示控件的父窗口或父容器；text 表示要显示的文本。

4.1.1 QLineEdit 类的常用方法

在 PySide6 中，QLineEdit 类的常用方法见表 4-1。

▶ 10min

表 4-1　QLineEdit 类的常用方法

方法及参数类型	说　　明	返回值的类型
[slot]setText(str)	设置文本内容	None
[slot]clear()	删除所有内容	None
[slot]copy()	复制选中的文本	None
[slot]cut()	剪切选中的文本	None
[slot]paste()	粘贴文本	None
[slot]undo()	撤销操作	None
[slot]redo()	恢复撤销操作	None
insert(str)	在光标处插入文本	None
text()	获取真实文本，而不是显示的文本	str
displayText()	获取显示的文本	str
setMask(QBitmap)	设置遮掩图像	None

续表

方法及参数类型	说　　明	返回值的类型
setModified(bool)	设置文本更改状态	None
setPlaceholderText(str)	设置占位符文本	None
placeholderText()	获取占位符文本	str
setClearButtonEnabled(bool)	设置是否有清空按钮	None
isClearButtonEnabled()	获取是否有清空按钮	bool
setMaxLength(int)	设置文本的总长度	None
maxLength()	获取文本的总长度	int
setReadOnly(bool)	设置只读模式,只能显示,不能输入	None
setAlignment(Qt.Alignment)	设置文字在水平和竖直方向上的对齐方式,其中 Qt.AlignLeft 表示水平方向靠左对齐 Qt.AlignRight 表示水平方向靠右对齐 Qt.AlignCenter 表示水平方向居中对齐 Qt.AlignJustify 表示水平方向调整间距两端对齐 Qt.AlignTop 表示垂直方向靠上对齐 Qt.AlignBottom 表示垂直方向靠下对齐 Qt.AlignVCenter 表示垂直方向居中对齐	None
setFrame(bool)	设置是否有显示外框	None
backspace()	删除光标左侧或选中的文字	None
isModified()	获取文本是否被更改	bool
isReadOnly()	获取是否为只读模式	bool
del_()	删除光标右侧或选中的文字	None
isUndoAvailiable()	是否可以撤销操作	bool
isRedoAvailable()	是否可以恢复撤销操作	None
setDragEnabled(bool)	设置文本是否可以拖放	None
setEchoMode（QLineEdit.EchoMode)	设置显示模式,其中 QLineEdit.Normal:正常显示输入的字符,默认值 QLineEdit.NoEcho:输入文字不显示任何字符 QLineEdit.Password:显示密码掩码 QLineEdit.PasswordEchoOnEdit:输入文字时显示字符,不输入时显示掩码	None
setTextMargins(QMargins)	设置文本区域到外框的距离	None
setCompleter(QCompleter)	设置辅助补全的内容	None
setValidator(QValidator)	设置验证器	None

【实例 4-1】　创建一个窗口,该窗口包含两个文本输入框。给两个文本输入框设置占位符文本,并将第 2 个文本输入框设置密码掩码的显示模式,代码如下:

```
# === 第 4 章 代码 demo1.py === #
import sys
from PySide6.QtWidgets import QApplication,QWidget,QLineEdit
```

```python
class Window(QWidget):
    def __init__(self):
        super().__init__()
        self.setGeometry(200,200,560,220)
        self.setWindowTitle('QLineEdit类')
        line_edit1 = QLineEdit(self)
        line_edit2 = QLineEdit(self)
        line_edit1.setGeometry(50,10,120,30)
        line_edit2.setGeometry(50,50,120,30)
        line_edit1.setPlaceholderText('请输入名字')
        line_edit2.setPlaceholderText('请输入密码')
        line_edit2.setEchoMode(QLineEdit.Password)


if __name__ == '__main__':
    app = QApplication(sys.argv)
    win = Window()
    win.show()
    sys.exit(app.exec())
```

运行结果如图 4-1 和图 4-2 所示。

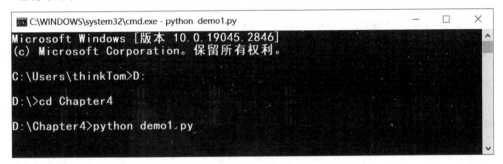

图 4-1　运行 Python 代码 demo1.py

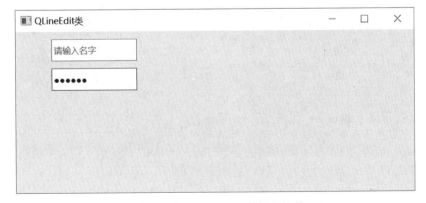

图 4-2　代码 demo1.py 的运行结果

4.1.2 QLineEdit 类的选择文本方法和光标方法

从表 4-1 中可知,可以对单行文本框中的文本进行复制、粘贴、删除等编辑操作。如果要对单行文本框中的文本进行编辑操作,则首先要选择文本。QLineEdit 类的选择文本方法见表 4-2。

表 4-2 QLineEdit 类的选择文本方法

方法及参数类型	说 明	返回值的类型
[slot]selectAll()	选择所有的文本	str
setSelection(int,int)	选择指定范围的文本	None
deselect()	取消选择	None
hasSelectedText()	是否有选择的文本	bool
selectionLength()	获取选择文本的长度	int
selectionStart()	获取选择文本的开始位置	int
selectionEnd()	获取选择文本的结束位置	int
selectedText()	获取选择的文本	str

【实例 4-2】 创建一个窗口,该窗口包含 1 个文本输入框、1 个按钮。在文本框中输入文本。如果单击按钮,则输出文本输入框中的前 8 个字符,代码如下:

```python
# === 第 4 章 代码 demo2.py === #
import sys
from PySide6.QtWidgets import QApplication,QWidget,QLineEdit,QPushButton

class Window(QWidget):
    def __init__(self):
        super().__init__()
        self.setGeometry(200,200,500,200)
        self.setWindowTitle('QLineEdit 类')
        self.line_edit1 = QLineEdit(self)
        self.line_edit1.setGeometry(100,10,200,30)
        self.line_edit1.setPlaceholderText('请输入文字')
        button1 = QPushButton('单击我',self)
        # 使用信号/槽机制,将按钮的单击信号和自定义槽函数连接
        button1.clicked.connect(self.echo_text)

    # 自定义槽函数
    def echo_text(self):
        if self.line_edit1.displayText()!= None:
            self.line_edit1.setSelection(0,8)
            print(self.line_edit1.selectedText())


if __name__ == '__main__':
    app = QApplication(sys.argv)
    win = Window()
```

```
    win.show()
    sys.exit(app.exec())
```

运行结果如图 4-3 所示。

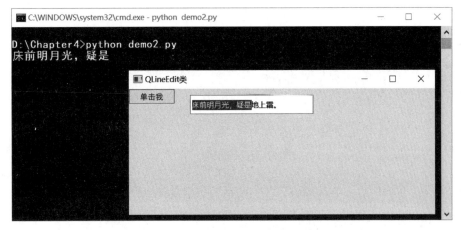

图 4-3　代码 demo2.py 的运行结果

在 PySide6 中,使用编码的方式在单行文本框中选择文字或插入文字时,需要定位光标的位置。QLineEdit 类的光标方法见表 4-3。

表 4-3　QLineEdit 类的光标方法

方法及参数类型	说　　明	返回值的类型
setCursorPosition(int)	将光标移动到指定的位置	None
cursorPosition()	获取光标位置	int
cursorPositionAt(QPoint)	获取指定位置处的光标位置	int
home(mark=True)	将光标移动到行首,若 mark 为 True,则带选中效果	None
end(mark=True)	将光标移动到行尾,若 mark 为 True,则带选中效果	None
cursorBackward(mark=True,steps=1)	向左移动 steps 个字符,若 mark 为 True,则带选中效果	None
cursorForward(mark=True,steps=1)	向右移动 steps 个字符,若 mark 为 True,则带选中效果	None
cursorWordBackward(mark=True)	向左移动一个单词的长度,若 mark 为 True,则带选中效果	None
cursorWordForward(mark=True)	向右移动一个单词的长度,若 mark 为 True,则带选中效果	None

【实例 4-3】　创建一个窗口,该窗口包含 1 个文本输入框、1 个按钮。在文本框中输入文本。如果单击按钮,则输出文本输入框中的前 8 个字符,需使用移动光标的方法,代码如下:

```
# === 第 4 章 代码 demo3.py === #
import sys
from PySide6.QtWidgets import QApplication,QWidget,QLineEdit,QPushButton

class Window(QWidget):
    def __init__(self):
        super().__init__()
        self.setGeometry(200,200,500,200)
        self.setWindowTitle('QLineEdit 类')
        self.line_edit1 = QLineEdit(self)
        self.line_edit1.setGeometry(100,10,200,30)
        self.line_edit1.setPlaceholderText('请输入文字')
        button1 = QPushButton('单击我',self)
        # 使用信号/槽机制,将按钮的单击信号和自定义槽函数连接
        button1.clicked.connect(self.echo_text)

    # 自定义槽函数
    def echo_text(self):
        if self.line_edit1.displayText()!= None:
            self.line_edit1.setCursorPosition(0)
            self.line_edit1.cursorForward(True,8)
            print(self.line_edit1.selectedText())


if __name__ == '__main__':
    app = QApplication(sys.argv)
    win = Window()
    win.show()
    sys.exit(app.exec())
```

运行结果如图 4-4 所示。

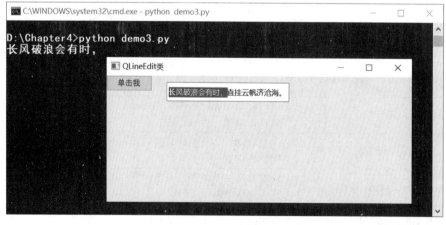

图 4-4　代码 demo3.py 的运行结果

4.1.3 QLineEdit 类的信号

在 PySide6 中,QLineEdit 类的信号见表 4-4。

表 4-4 QLineEdit 类的信号

信号及参数类型	说　明
textEdited(text:str)	当文本被编辑时发送信号,不包括 setText()方法引起的文本改变
textChanged(text:str)	当文本发生变化时发送信号,包括 setText()方法引起的文本改变
returnPressed()	按 Enter 键时发送信号
editingFinished()	按 Enter 键或失去焦点时发送信号
selectionChanged()	当选中的文本发生变化时发送信号
cursorPositionChanged (oldPos: int,nesPos:int)	当光标位置发生变化时发送信号,第 1 个参数表示光标的原位置,第 2 个参数表示光标移动后的位置
inputRejected()	拒绝输入时发送信号

【实例 4-4】 创建一个窗口,该窗口包含 1 个文本输入框。在文本框中输入字符时,自动打印光标的原位置和新位置,代码如下:

```python
# === 第 4 章 代码 demo4.py === #
import sys
from PySide6.QtWidgets import QApplication,QWidget,QLineEdit

class Window(QWidget):
    def __init__(self):
        super().__init__()
        self.setGeometry(200,200,500,200)
        self.setWindowTitle('QLineEdit 类')
        self.line_edit1 = QLineEdit(self)
        self.line_edit1.setGeometry(100,10,200,30)
        self.line_edit1.setPlaceholderText('请输入文字')
        # 使用信号/槽机制,将光标位置变化的信号和自定义槽函数连接
        self.line_edit1.cursorPositionChanged.connect(self.echo_text)

    # 自定义槽函数
    def echo_text(self,oldPos,newPos):
        print('光标原位置:',oldPos)
        print('光标新位置:',newPos)


if __name__ == '__main__':
    app = QApplication(sys.argv)
    win = Window()
    win.show()
    sys.exit(app.exec())
```

运行结果如图 4-5 所示。

【实例 4-5】 创建一个窗口,该窗口包含 1 个文本输入框。当文本输入框中文本发生改变时,打印输入框中的文本,代码如下:

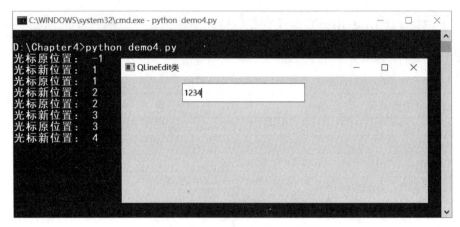

图 4-5 代码 demo4.py 的运行结果

```
# === 第 4 章 代码 demo5.py === #
import sys
from PySide6.QtWidgets import QApplication,QWidget,QLineEdit

class Window(QWidget):
    def __init__(self):
        super().__init__()
        self.setGeometry(200,200,500,200)
        self.setWindowTitle('QLineEdit 类')
        self.line_edit1 = QLineEdit(self)
        self.line_edit1.setGeometry(100,10,200,30)
        self.line_edit1.setPlaceholderText('请输入文字')
        #使用信号/槽机制,将光标位置变化的信号和自定义槽函数连接
        self.line_edit1.textChanged.connect(self.echo_text)

    #自定义槽函数
    def echo_text(self,text):
        print(text)


if __name__ == '__main__':
    app = QApplication(sys.argv)
    win = Window()
    win.show()
    sys.exit(app.exec())
```

运行结果如图 4-6 所示。

4.1.4 设置文本的固定格式

在实际应用中,经常需要输入固定格式的文本,例如 IP 地址、MAC 地址、许可证号、日期。对于这种情况,可以使用 QLineEdit 类的 setInputMask()方法定义这种格式。设置固定格式的掩码,见表 4-5。

12min

图 4-6 代码 demo5.py 的运行结果

表 4-5 设置固定格式的掩码

掩 码	说 明
000.000.000.000_	IP 地址,空白字符是"_"
HH:HH:HH:HH:HH:HH	MAC 地址
0000-00-00	日期,空白字符是空格
>AAAAA- AAAAA- AAAAA- AAAAA- AAAAA;#	许可证号,空白字符是"-",所有字母转换为大写

【实例 4-6】 创建一个窗口,该窗口包含 4 个文本输入框。要求给这 4 个文本输入框设置 IP 地址、MAC 地址、日期、许可证号的固定格式,并输入文本,代码如下:

```python
# === 第 4 章 代码 demo6.py === #
import sys
from PySide6.QtWidgets import QApplication,QWidget,QLineEdit

class Window(QWidget):
    def __init__(self):
        super().__init__()
        self.setGeometry(200,200,560,220)
        self.setWindowTitle('QLineEdit 类')
        # 创建文本输入框
        line_edit1 = QLineEdit(self)
        line_edit2 = QLineEdit(self)
        line_edit3 = QLineEdit(self)
        line_edit4 = QLineEdit(self)
        # 设置布局
        line_edit1.setGeometry(100,10,200,30)
        line_edit2.setGeometry(100,60,200,30)
        line_edit3.setGeometry(100,110,200,30)
        line_edit4.setGeometry(100,160,200,30)
        # 设置固定格式
        line_edit1.setInputMask('000.000.000.000_')
        line_edit2.setInputMask('HH:HH:HH:HH:HH:HH_')
        line_edit3.setInputMask("0000 - 00 - 00")
        line_edit4.setInputMask('> AAAAA - AAAAA - AAAAA - AAAAA - AAAAA # ')
```

```
if __name__ == '__main__':
    app = QApplication(sys.argv)
    win = Window()
    win.show()
    sys.exit(app.exec())
```

运行结果如图 4-7 所示。

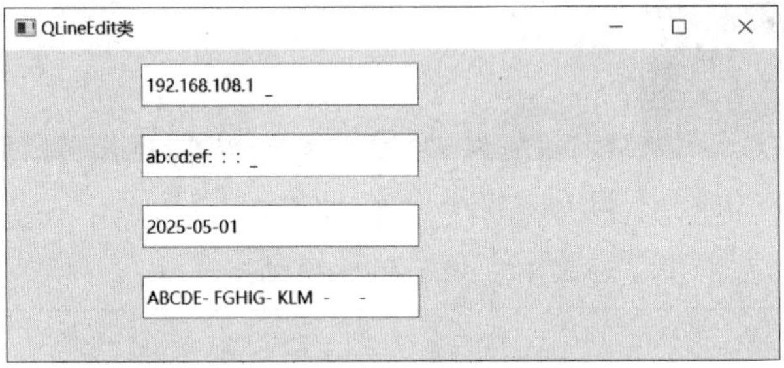

图 4-7　代码 demo6.py 的运行结果

在 PySide6 中,可以用于设置固定格式的字符见表 4-6。

表 4-6　设置固定格式的字符

字　　符	说　　明
A	ASCII 字母字符是必须输入的,取值范围为 A~Z、a~z
a	ASCII 字母字符是允许输入的,但不是必须的
N	ASCII 字母字符是必须输入的,取值范围为 A~Z、a~z、0~9
n	ASCII 字母字符是允许输入的,但不是必须的
X	任何字符都是必须输入的
x	任何字符都是允许输入的,但不是必须的
9	ASCII 数字字符是必须输入的,取值范围为 0~9
0	ASCII 数字字符是允许输入的,但不是必须的
D	ASCII 数字字符是必须输入的,取值范围为 1~9
d	ASCII 数字字符是允许输入的,但不是必须的,取值范围为 1~9
♯	ASCII 数字字符或加号、减号是允许输入的,但不是必须的
H	十六进制格式字符是必须输入的,取值范围为 A~Z、a~z、0~9
h	十六进制格式字符是允许输入的,但不是必须的
B	二进制格式字符是必须输入的,取值范围为 0、1
b	二进制格式字符是允许输入的,但不是必须的
>	所有的字母字符都是大写的
<	所有的字母字符都是小写的
!	关闭大小写转换
\	使用字符"\"转义上面列举的字符
;c	终止输入遮掩,并把空余输入设置为字符 c

4.1.5 QValidator 验证器的用法

9min

在 PySide6 中,使用 QValidator 类创建验证器对象。QValidator 类位于 PySide6 的 QtGui 子模块下,该类有 3 个子类,即 QIntValidator 类、QDoubleValidator 类、QRegularExpressionValidator 类,分别表示整型验证器、浮点型验证器、正则验证器。QIntValidator 类的构造函数如下:

```
QIntValidator(parent:QObject = None)
QIntValidator(bottom:int,top:int,parent:QObject = None)
```

其中,parent 表示父对象;bottom 表示最小值;top 表示最大值。

QDoubleValidator 类的构造函数如下:

```
QDoubleValidator(parent:QObject = None)
QDoubleValidator(bottom:float,top:float,decimals:int,parent:QObject = None)
```

其中,parent 表示父对象;bottom 表示最小值;top 表示最大值;decimals 表示小数点后数字的位数。

QRegularExpressionValidator 类的构造函数如下:

```
QRegularExpressionValidator(parent:QObject = None)
QRegularExpressionValidator(re:str,parent:QObject = None)
```

其中,parent 表示父窗口;re 表示正则表达式。

在 PySide6 中,可以使用 QLineEdit 类的 setValidator()方法设置验证器。

【实例 4-7】 创建一个窗口,该窗口包含 3 个文本输入框。要求给这 3 个文本输入框分别设置整型验证器、浮点型验证器、正则验证器,代码如下:

```
# === 第 4 章 代码 demo7.py === #
import sys
from PySide6.QtWidgets import QApplication,QWidget,QLineEdit
from PySide6.QtGui import (QIntValidator,QDoubleValidator,
QRegularExpressionValidator)
from PySide6.QtCore import QRegularExpression

class Window(QWidget):
    def __init__(self):
        super().__init__()
        self.setGeometry(200,200,560,220)
        self.setWindowTitle('QLineEdit 类')
        # 创建文本输入框
        line_edit1 = QLineEdit(self)
        line_edit2 = QLineEdit(self)
        line_edit3 = QLineEdit(self)
        # 设置布局
        line_edit1.setGeometry(100,10,200,30)
        line_edit2.setGeometry(100,60,200,30)
```

```
        line_edit3.setGeometry(100,110,200,30)
        #创建整型验证器对象
        v_int = QIntValidator(self)
        v_int.setRange(1,999)
        #创建浮点型验证器对象
        v_double = QDoubleValidator(self)
        v_double.setRange(-999.99,999.9)
        v_double.setNotation(QDoubleValidator.StandardNotation)
        v_double.setDecimals(2)
        #创建正则验证器对象
        v_regular = QRegularExpressionValidator(self)
        #创建正则表达式,表示数字和字母
        reg = QRegularExpression("[a-zA-Z0-9]+$")
        v_regular.setRegularExpression(reg)
        #设置验证器
        line_edit1.setValidator(v_int)
        line_edit2.setValidator(v_double)
        line_edit3.setValidator(v_regular)


if __name__ == '__main__':
    app = QApplication(sys.argv)
    win = Window()
    win.show()
    sys.exit(app.exec())
```

运行结果如图 4-8 所示。

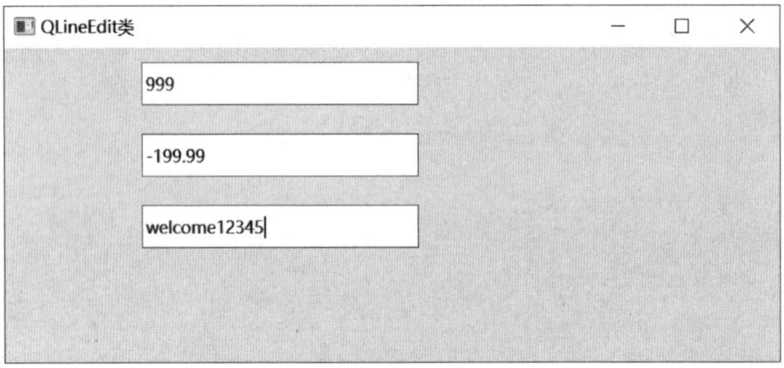

图 4-8　代码 demo7. py 的运行结果

注意：由于篇幅关系，笔者没有介绍 QIntValidator 类、QDoubleValidator 类、QRegularExpressionValidator 类的方法，有兴趣的读者可查看 PySide6 的官方文档。

4.1.6　快捷键

在 PySide6 中，使用 QLineEdit 类可以创建单行文本框。当单行文本框作为编辑器使用时绑定了一些快捷键。单行文本框的快捷键见表 4-7。

表 4-7 单行文本框的快捷键

快捷键	说　　明	快捷键	说　　明
←	将光标向左移动一个字符	Ctrl+C	将选定的文本复制到剪贴板中
Shift+←	将光标向左移动一个字符并选择文本	Ctrl+X	删除所选文本并将其复制到剪贴板中
→	将光标向右移动一个字符	Ctrl+Insert	将选定的文本复制到剪贴板中
Shift+→	将光标向右移动一个字符并选择文本	Shift+Delete	删除所选文本并将其复制到剪贴板中
Homc	将光标移动到行首	Ctrl+K	删除到行尾
End	将光标移动到行尾	Ctrl+V	将剪贴板文本粘贴到编辑器中
Backspace	删除光标左侧的字符	Shift+Insert	将剪贴板文本粘贴到编辑器中
Ctrl+Backspace	删除光标左侧的单词	Ctrl+Z	撤销上次的操作
Delete	删除光标右侧的字符	Ctrl+Y	重做上次的操作
Ctrl+Delete	删除光标右侧的单词	Ctrl+A	选中编辑器中的全部文本

4.2　多行文本框(QTextEdit)

多行文本框也称为多行文本控件。在 PySide6 中,使用 QTextEdit 类创建的对象表示多行文本框。多行文本框可以用于编辑、显示多行文本和图片,支持富文本,并对文本进行格式化。当多行文本框中的内容超出控件的范围时,可以显示水平滚动条、竖直滚动条。多行文本框不仅可以显示文本和图片,也可以显示 HTML 文档。

QTextEdit 类位于 PySide6 的 QtWidgets 子模块下。QTextEdit 类的继承关系如图 4-9 所示。

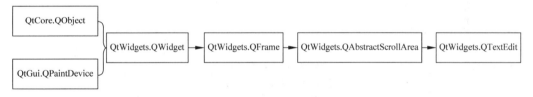

图 4-9　QTextEdit 类的继承关系

QTextEdit 类的构造函数如下:

```
QTextEdit(parent:QWidget = None)
QTextEdit(text:str,parent:QWidget = None)
```

其中,parent 表示父窗口或父容器;text 表示要显示的文本。

4.2.1　QTextEdit 类的常用方法

在 PySide6 中,QTextEdit 类的常用方法见表 4-8。

9min

表 4-8　QTextEdit 类的常用方法

方法及参数类型	说　　明	返回值的类型
[slot]setText(str)	设置要显示的文本文字	None
[slot]append(str)	添加文本	None
[slot]setPlainText(str)	设置纯文本文字	None
[slot]setHtml(str)	设置 HTML 格式的文字	None
[slot]insertHtml(str)	插入 HTML 格式的文字	None
[slot]paste()	粘贴	None
[slot]undo()	撤销上一步操作	None
[slot]redo()	重复上一步操作	None
[slot]zoomOut(range:int=1)	缩小	None
[slot]selectAll()	全选	None
[slot]clear()	清空全部内容	None
[slot]copy()	复制选中的内容	None
[slot]cut()	剪切选中的内容	None
[slot]zoomIn(range:int=1)	放大	None
[slot]setTextColor(QColor)	设置文字颜色	None
[slot]setAlignment(Qt. Alignment)	设置文本的对齐方式,其中 Qt. AlignLeft 表示左对齐；Qt. AlignRight 表示右对齐；Qt. AlignCenter 表示居中对齐；Qt. Justify 表示两端对齐	None
[slot]setCurrentFont(QFont)	设置当前字体	None
[slot]etFontFamily(str)	设置当前字体的名称	None
[slot]setFontItalic(bool)	设置当前字体是否为斜体	None
[slot]setFontPointSize(float)	设置当前字体的大小	None
[slot]setFontUnderline(bool)	设置当前字体是否有下画线	None
[slot]setFontWeight(int)	设置当前字体加粗	None
[slot]setTextBackgroundColor(QColor)	设置背景色	None
insertPlainText(str)	插入纯文本文字	None
toHtml()	获取纯 HTML 格式的文字	str
toPlainText()	获取纯文本文字	str
createStandardContextMenu([QPoint])	创建标准的右键快捷菜单	QMenu
setCurrentCharFormat(QTextCharFormat)	设置当前的文本格式	None
find(str)	查找文本,若找到,则返回值为 True	bool
print_(QPinter)	打印文本	None
setAcceptRichText(bool)	设置是否接受富文本	None
acceptRichText()	判断是否接受富文本	bool
setCursorWidth(int)	设置光标的宽度(像素)	None
setTextCursor(QTextCursor)	设置文本光标	None
textCursor()	获取文本光标	QTextCursor
setHorizontalScrollBarPolicy(Qt. Scroll BarPolicy)	设置水平滚动条的策略	None

续表

方法及参数类型	说 明	返回值的类型
setDocument(QTextDocument)	设置文档	None
setDocumentTitle(str)	设置文档标题	None
currentFont()	获取当前字体	QFont
fontFamily()	获取当前字体的名称	str
fontItalic()	判断当前字体是否为斜体	bool
fontPointSize()	获取当前字体的大小	bool
fontUndeline()	判断当前字体是否有下画线	bool
fontWeight()	获取当前字体的粗细值	int
setOverwriteMode(bool)	设置是否有替换模式	None
overwriteMode()	判断是否有替换模式	bool
setPlaceholderText(str)	设置占位文本	None
placeholderText()	获取占位文本	str
setReadOnly(bool)	设置是否为只读	None
isReadOnly()	判断是否为只读	bool
setTabStopDistance(float)	设置按下 Tab 键时的后退距离(像素)	None
tabStopDistance()	获取按下 Tab 键时的后退距离(像素)	float
textBackgroundColor()	获取背景色	QColor
textColor()	获取文字颜色	QColor
setUndoRedoEnabled(bool)	设置是否可以撤销、恢复操作	None
isUndoRedoEnabled()	判断是否可以进行撤销、恢复操作	bool
setWordWrapMode（QTextOption.WrapMode)	设置长单词换行到下一行的模式	None
setVerticalScrollBarPolicy(Qt.ScrollBarPolicy)	设置竖直滚动条的策略	None
zoomInF(range:float)	放大	None
canPaste()	查询是否可以粘贴	bool

【实例 4-8】 创建一个窗口,该窗口包含 1 个多行文本输入框。要求该文本输入框中的字体为楷体,文本居中显示,代码如下:

```
# === 第 4 章 代码 demo8.py === #
import sys
from PySide6.QtWidgets import QApplication,QWidget,QTextEdit
from PySide6.QtGui import QFont
from PySide6.QtCore import Qt

class Window(QWidget):
    def __init__(self):
        super().__init__()
        self.setGeometry(200,200,560,220)
        self.setWindowTitle('QTextEdit 类')
```

```
        text_edit1 = QTextEdit(self)
        text_edit1.setGeometry(20,0,520,220)
        font1 = QFont('楷体',18)
        text_edit1.setCurrentFont(font1)
        text_edit1.setAlignment(Qt.AlignCenter)


if __name__ == '__main__':
    app = QApplication(sys.argv)
    win = Window()
    win.show()
    sys.exit(app.exec())
```

运行结果如图 4-10 所示。

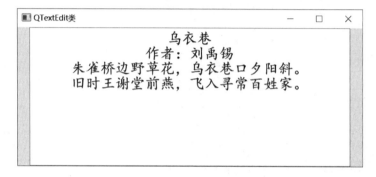

图 4-10 代码 demo8.py 的运行结果

4.2.2 QTextEdit 类的信号

8min

在 PySide6 中,QTextEdit 类的信号见表 4-9。

表 4-9 QTextEdit 类的信号

信 号	说 明
copyAvailable(bool)	可以进行复制时发送信号
textChanged()	当文本内容发生变化时发送信号
selectionChanged()	当选中的内容发生变化时发送信号
redoAvailable(bool)	可以重复操作时发送信号
undoAvailable(bool)	可以撤销操作时发送信号
cursorPositionChanged()	当光标位置发生变化时发送信号
currentCharFormatChanged(QTextCharFormat)	当文字格式发生变化时发送信号

【实例 4-9】 创建一个窗口,该窗口包含 1 个多行文本输入框。如果该输入框中的文本发生变化,则打印提示信息,代码如下:

```
# === 第 4 章 代码 demo9.py === #
import sys
```

```python
from PySide6.QtWidgets import QApplication,QWidget,QTextEdit
from PySide6.QtGui import QFont

class Window(QWidget):
    def __init__(self):
        super().__init__()
        self.setGeometry(200,200,500,200)
        self.setWindowTitle('QTextEdit 类')
        text_edit1 = QTextEdit(self)
        text_edit1.setGeometry(10,0,480,200)
        font1 - QFont('楷体',18)
        text_edit1.setCurrentFont(font1)
        #使用信号/槽机制,将文本内容变化的信号和自定义槽函数连接
        text_edit1.textChanged.connect(self.echo_text)

    #自定义槽函数
    def echo_text(self):
        print('文本发生变化.')


if __name__ == '__main__':
    app = QApplication(sys.argv)
    win = Window()
    win.show()
    sys.exit(app.exec())
```

运行结果如图 4-11 所示。

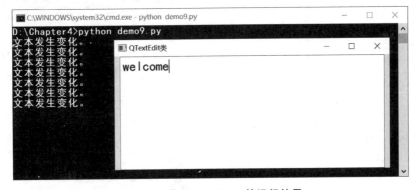

图 4-11 代码 demo9.py 的运行结果

4.2.3 文字格式(QTextCharFormat)

在 QTextEdit 类中,可以使用 setCurrentCharFormat(QTextCharFormat)设置当前文本的文字格式,该方法的参数值为 QTextCharFormat 类创建的对象,表示字体格式。

QTextCharFormat 类位于 PySide6 的 QtGui 子模块下,其构造函数如下:

```
QTextCharFormat()
QTextCharFormat(fmt:QTextFormat)
```

其中,fmt 表示 QTextFormat 类创建的对象。QTextFormat 类是 QTextCharFormat 类的父类。

在 PySide6 中,QTextCharFormat 类的常用方法见表 4-10。

表 4-10　QTextCharFormat 类的常用方法

方法及参数类型	说　明
setFont(QFont,behavior:QTextCharFormat.FontPropertiesAll)	设置字体
setFontCapitalization(QFont.Capitalization)	设置大小写
setFontFamilies(families:Sequence[str])	设置字体名称
setFontFixedPitch(fixedPitch:bool)	是否设置固定宽度
setFontItalic(italic:bool)	是否设置斜体
setFontKerning(enable:bool)	是否设置字距
setFontLetterSpacing(float)	设置字符间隙
setFontLetterSpacingType(QFont.SpacingType)	设置字符间隙样式
setFontOverline(overline:bool)	是否设置上画线
setFontPointSize(size:float)	设置字体大小
setFontStretch(factor:int)	设置拉伸百分比
serFontStrikeOut(strikeOut:bool)	设置删除线
setFontUnderline(underline:bool)	设置下画线
setFontWeight(weight:int)	设置字体粗细程度
setFontWordSpacing(spacing:float)	设置字间距
setSubScriptBaseline(baseline:float=16.67)	设置下标位置(字体高度百分比值)
setSuperScriptBaseline(baseline:float=50)	设置上标位置(字体高度百分比值)
setTextOutline(pen:Union[Qt.PenStyle.QColor])	设置轮廓线的颜色
setBaselineOffset(baseline:float)	设置文字上下偏移的百分比,正值向上移动,负值向下移动
setToolTip(tip:str)	设置文字的提示信息
setUnderlineColor(Union[QColor,Qt.GlobalColor])	设置下画线的颜色
setUnderlineStyle(QTextCharFormat.UnderlineStyle)	设置下画线的样式
setVerticalAlignment(QTextCharFormat.VerticalAlignment)	设置文字竖直方向对齐样式
setAnchor(anchor:bool)	是否设置锚点
setAnchorHref(value:str)	给指定文本设置超链接
setAnchorNames(names:Sequence[str])	设置超链接名,前提是目标必须用 setAnchor() 和 setAnchorHref() 方法设置过

【实例 4-10】　创建一个窗口,该窗口包含 1 个多行文本输入框。需使用 QTextCharFormat 设置字体格式,代码如下:

```
# === 第 4 章 代码 demo10.py === #
import sys
from PySide6.QtWidgets import QApplication,QWidget,QTextEdit
from PySide6.QtGui import QFont,QTextCharFormat
```

```
class Window(QWidget):
    def __init__(self):
        super().__init__()
        self.setGeometry(200,200,560,220)
        self.setWindowTitle('QTextEdit类')
        text_edit1 = QTextEdit(self)
        text_edit1.setGeometry(20,0,520,220)
        # 创建 QTextCharFormat 对象
        char_format = QTextCharFormat()
        char_format.setFont(QFont('黑体',18))
        char_format.setFontUnderline(True)
        text_edit1.setCurrentCharFormat(char_format)


if __name__ == '__main__':
    app = QApplication(sys.argv)
    win = Window()
    win.show()
    sys.exit(app.exec())
```

运行结果如图 4-12 所示。

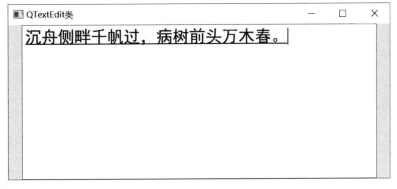

图 4-12 代码 demo10.py 的运行结果

有的读者可能会产生疑问,QTextEdit 类中已经有关于字体设置的方法,为什么还需要 QTextCharFormat? 如果读者将 QTextCharFormat 类中的方法和 QTextEdit 类中关于字体的方法做对比,就会发现 QTextCharFormat 类中的方法更细致、更强大。

4.2.4 文本光标(QTextCursor)

在 PySide6 中,使用 QTextCursor 类创建的对象表示多行文本框中的光标。QTextCursor 对象可以用于捕获光标在文档中的位置,选择文字,在光标位置插入文本和图像、段落、表格。

QTextCursor 类位于 PySide6 的 QtGui 子模块下,其构造函数如下:

```
QTextCursor()
QTextCursor(block:QTextBlock)
```

```
QTextCursor(document:QTextDocument)
QTextCursor(frame:QTextFrame)
```

其中,block 表示 QTextBlock 创建的文字块对象;document 表示 QTextDocument 类创建的文档对象;frame 表示 QTextFrame 类创建的图文框对象。

在 PySide6 中,QTextCursor 类的常用方法见表 4-11。

表 4-11　QTextCursor 类的常用方法

方法及参数类型	说　　明	返回值的类型
setCharFormat(QTextCharFormat)	设置文本的字体格式	None
setPosition(pos:int,mode=QTextCursor.MoveAnchor)	将光标或锚点移动到指定的位置	None
setBlockCharFormat(QTextCharFormat)	设置文本或文字块的格式	None
setBlockFormat(QTextBlockFormat)	设置段落块的格式	None
insertText(str)	插入文本	None
insertText(str,QTextCharFormat)	插入带格式的文本	None
insertBlock()	插入文字块	None
insertBlock(QTextBlockFormat)	插入带格式的文字块	None
insertFragment(fragment:QTextDocumentFragment)	插入文本片段	None
insertFrame(QTextFrameFormat)	插入图文框架	QTextFrame
insertHtml(str)	插入 HTML 格式文本	None
insertImage(QTextImageFormat)	插入带格式的图像文件	None
insertImage(QImagename:str=' ')	插入图像文件	None
insertImage(name:str)	同上	None
insertList(QTextListFormat)	插入列表标识	QTextList
insertList(QTextListFormat.Style)	插入列表标识	QTextList
insertTable(rows:int,cols:int)	插入表格	QTextTable
insertTable(rows:int,cols:int,QTextTableFormat)	插入带格式的表格	QTextTable
atBlockStart()	判断光标是否在文字块的开始位置	bool
atEnd()	判断光标是否在文档的末尾	bool
atStart()	判断光标是否在文档的开始位置	bool
block()	获取光标所在的文字块或段落	QTextBlock
blockCharFormat()	获取文字块的字体格式	QTextCharFormat
blockFormat()	获取文字块或段落的格式	QTextBlockFormat
charFormat()	获取字体格式	QTextCharFormat
clearSelection()	清除选择,将锚点移动到光标位置	None
deleteChar()	删除选中的或当前的文字	None
deletePreviousChar()	删除选中的或光标之前的文字	None

续表

方法及参数类型	说　　明	返回值的类型
document()	获取文档	QTextDocument
position()	获取光标的绝对位置	int
positionInBlock()	获取光标在文字块中的位置	int
removeSelectedText()	删除选中的文字	None
selectedText()	获取选中的文字	str

【实例 4-11】　创建一个窗口,该窗口包含 1 个多行文本输入框。使用 QTextCursor 类的方法向多行文本框中插入图像文件,代码如下:

```python
# === 第 4 章 代码 demo11.py === #
import sys
from PySide6.QtWidgets import QApplication,QWidget,QTextEdit
from PySide6.QtGui import QTextImageFormat,QTextCursor

class Window(QWidget):
    def __init__(self):
        super().__init__()
        self.setGeometry(200,200,560,220)
        self.setWindowTitle('QTextEdit 类')
        text_edit1 = QTextEdit(self)
        text_edit1.setGeometry(20,0,520,220)
        # 创建 QTextImageFormat 对象
        pic1 = QTextImageFormat()
        pic1.setName('D:\\Chapter4\\images\\cat1.png')
        pic1.setHeight(160)
        pic1.setWidth(220)
        # 获取光标对象
        text_cursor = text_edit1.textCursor()
        text_cursor.setPosition(0)
        # 插入图像文件
        text_cursor.insertImage(pic1)


if __name__ == '__main__':
    app = QApplication(sys.argv)
    win = Window()
    win.show()
    sys.exit(app.exec())
```

运行结果如图 4-13 所示。

【实例 4-12】　创建一个窗口,该窗口包含 1 个多行文本输入框。向多行文本框插入 3 行 5 列的表格,并输入文本,代码如下:

```python
# === 第 4 章 代码 demo12.py === #
import sys
from PySide6.QtWidgets import QApplication,QWidget,QTextEdit
from PySide6.QtGui import QTextCursor,QTextTableFormat
```

```python
class Window(QWidget):
    def __init__(self):
        super().__init__()
        self.setGeometry(200,200,560,220)
        self.setWindowTitle('QTextEdit 类')
        text_edit1 = QTextEdit(self)
        text_edit1.setGeometry(20,0,520,220)
        # 获取光标对象
        text_cursor = text_edit1.textCursor()
        text_cursor.setPosition(0)
        # 创建文本表格对象
        table_format = QTextTableFormat()
        table_format.setCellSpacing(6)
        # 插入表格
        text_cursor.insertTable(3,5,table_format)


if __name__ == '__main__':
    app = QApplication(sys.argv)
    win = Window()
    win.show()
    sys.exit(app.exec())
```

图 4-13 代码 demo11.py 的运行结果

运行结果如图 4-14 所示。

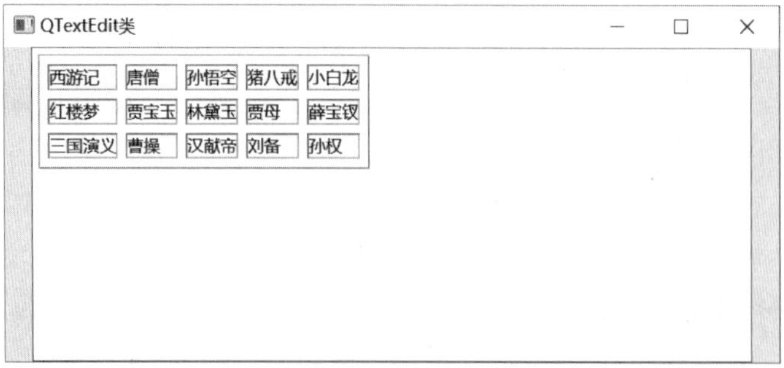

图 4-14 代码 demo12.py 的运行结果

注意：在 PySide6 中，可以通过 QTextTableFormat 类创建的对象设置文本表格的格式。有兴趣的读者可查看其官方文档。如果读者对排版、文字格式有更高的要求，则需要其他类的帮助，例如 QTextBlock、QTextBlockFormat、QTextBlockGroup、QTextBlockUserData、QTextDocument、 QTextDocumentFragment、 QTextDocumentWriter、 QTextFragment、QTextFrame、QTextFrame、QTextFrameFormat、QTextInlineObject、QTextItem、QTextLayout、QTextLength、QTextLine、QTextList、QTextListFormat、QTextObject、QTextObjectInterface、QTextOption、QTextTable、QTextTableCell、QTextTableCellFormat。有兴趣的读者可查看其官方文档。如果读者认为这部分内容过多难以掌握，则可以思考一下如何用 QTextEdit 类创建一个类似 Word 软件的字处理软件。

4.2.5　高亮显示(QSyntaxHighlighter)

在 PySide6 中，使用 QSyntaxHighlighter 类实现高亮显示的效果。要设置高亮显示，首先要创建继承 QSyntaxHighlighter 的类，然后重新实现 highlightBlock()方法。最后使用该类的 setDocument()方法将语法高亮传递给多行文本框的文档，语法格式如下：

```
self._highlighter.setDocument(self._editor.document())
```

其中，self._highlighter 表示高亮显示对象；self._editor 表示多行文本框对象。

【实例 4-13】　创建一个窗口，该窗口包含 1 个多行文本输入框。设置该文本框实现语法高亮显示，并输入 Python 代码进行验证，代码如下：

```python
# === 第 4 章 代码 demo13.py === #
import sys,re
from PySide6.QtWidgets import QApplication,QWidget,QTextEdit
from PySide6.QtGui import (QTextCharFormat,QColor,
    QSyntaxHighlighter,QFont,QFontDatabase)
from PySide6.QtCore import (QFile, Qt, QTextStream)

class Window(QWidget):
    def __init__(self):
        super().__init__()
        self.setGeometry(200,200,560,220)
        self.setWindowTitle('高亮显示')
        self._editor = QTextEdit(self)
        self._editor.setGeometry(20,0,520,220)
        self._highlighter = Highlighter()
        self.setup_editor()

    def setup_editor(self):
        class_format = QTextCharFormat()
        class_format.setFontWeight(QFont.Bold)
        class_format.setForeground(Qt.blue)
        pattern = r'^\s*class\s+\w+\(.*$'
```

```python
        self._highlighter.add_mapping(pattern, class_format)

        function_format = QTextCharFormat()
        function_format.setFontItalic(True)
        function_format.setForeground(Qt.blue)
        pattern = r'^\s*def\s+\w+\s*\(.*\)\s*:\s*$'
        self._highlighter.add_mapping(pattern, function_format)

        comment_format = QTextCharFormat()
        comment_format.setBackground(QColor("#77ff77"))
        self._highlighter.add_mapping(r'^\s*#.*$', comment_format)

        font = QFontDatabase.systemFont(QFontDatabase.FixedFont)
        self._editor.setFont(font)
        self._highlighter.setDocument(self._editor.document())

# 创建继承 QSyntaxHighlighter 的类
class Highlighter(QSyntaxHighlighter):
    def __init__(self, parent = None):
        QSyntaxHighlighter.__init__(self, parent)
        self._mappings = {}

    def add_mapping(self, pattern, format):
        self._mappings[pattern] = format

    def highlightBlock(self, text):
        for pattern, format in self._mappings.items():
            for match in re.finditer(pattern, text):
                start, end = match.span()
                self.setFormat(start, end - start, format)


if __name__ == '__main__':
    app = QApplication(sys.argv)
    win = Window()
    win.show()
    sys.exit(app.exec())
```

运行结果如图 4-15 所示。

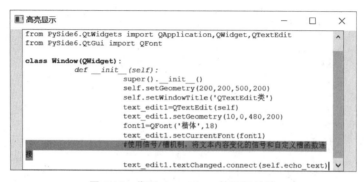

图 4-15　代码 demo13.py 的运行结果

4.2.6 快捷键

在 PySide6 中,QTextEdit 类创建的多行文本框既可以作为阅读器使用,也可以作为编辑器使用。如果将 QTextEdit 对象作为阅读器使用,则需要 setReadOnly(True)设置只读模式。只读模式下的多行文本框绑定的快捷键仅限于导航,并且只能使用鼠标选择文本。只读模式下的多行文本框绑定的常用快捷键见表 4-12。

表 4-12 只读模式下的常用快捷键

快 捷 键	说 明	快 捷 键	说 明
↑	向上移动一行	Home	移动到文本的开头
↓	向下移动一行	End	移动到文本的末尾
←	向左移动一个字符	Alt+Wheel	水平滚动页面,Wheel 是鼠标滚轮
→	向右移动一个字符	Ctrl+Wheel	缩放文本
PageUp	向上移动一页(视口)	Ctrl+A	选择所有文本
PageDown	向下移动一页(视口)		

编辑模式下的多行文本框绑定的常用快捷键见表 4-13。

表 4-13 编辑模式下的常用快捷键

快 捷 键	说 明	快 捷 键	说 明
Backspace	删除光标左侧的字符	Ctrl+Y	重复执行上一步操作
Delete	删除光标右侧的字符	←	将光标向左移动一个字符
Ctrl+C	将选中的文本复制到剪贴板	Ctrl+←	将光标向左移动一个字
Ctrl+Insert	将所选的文本复制到剪贴板	→	将光标向右移动一个字符
Ctrl+K	删除到行尾	Ctrl+→	将光标向右移动一个字
Ctrl+V	将剪贴板文本粘贴到文本编辑器中	↑	将光标向上移动一行
Shift+Insert	将剪贴板文本粘贴到文本编辑器中	↓	将光标向下移动一行
Ctrl+X	删除所选文本并将其复制到剪贴板	PageUp	将光标向上移动一页
Shift+Delete	删除所选文本并将其复制到剪贴板	PageDown	将光标向下移动一页
Ctrl+Z	撤销上一步操作	Home	将光标移动到行首
End	将光标移动到行尾	Ctrl+Home	将光标移动到文本的开头
Ctrl+End	将光标移动到文本的末尾	Alt+Wheel	水平滚动页面,Wheel 是鼠标滚轮

4.3 多行纯文本框(QPlainTextEdit)

多行纯文本框也称为多行纯文本控件。在 PySide6 中,使用 QPlainTextEdit 类创建的对象表示多行纯文本框。多行纯文本框可以用于编辑、显示多行纯文本,但不支持富文本。

QPlainTextEdit 类位于 PySide6 的 QtWidgets 子模块下。QPlainTextEdit 类的继承关系如图 4-16 所示。

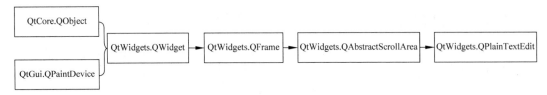

图 4-16　QPlainTextEdit 类的继承关系

QPlainTextEdit 类的构造函数如下：

```
QPlainTextEdit(parent:QWidget = None)
QPlainTextEdit(text:str,parent:QWidget = None)
```

其中，parent 表示父窗口或父容器；text 表示要显示的文本。

4.3.1　QPlainTextEdit 类的常用方法

在 PySide6 中，QPlainTextEdit 类的大部分方法与 QPlainText 类的方法类似。PlainTextEdit 类的常用方法见表 4-14。

表 4-14　QPlainTextCursor 类的常用方法

方法及参数类型	说　　明	返回值的类型
[slot]setPlainText(str)	设置纯文本	None
[slot]insertPlainText(str)	在光标处插入文本	None
[slot]appendPlainText(str)	在末尾添加文本	None
[slot]appendHtml(str)	在末尾处添加 HTML 格式的文本	None
[slot]centerCursor()	将光标移到竖直中间位置	None
[slot]selectAll()	选中所有文本	None
[slot]undo()	撤销上一步操作	None
[slot]redo()	重复执行上一步操作	None
[slot]clear()	清空内容	None
[slot]copy()	复制选中的文本内容	None
[slot]cut()	剪切选中的文本内容	None
[slot]paste()	粘贴文本内容	None
[slot]zoomIn(range:int=1)	缩小	None
[slot]zoomOut(range:int=1)	放大	None
toPlainText()	获取纯文本	str
setCenterOnScroll(bool)	移动竖直滚动条使光标所在的位置可见	None
setBackgroundVisible(bool)	设置文档区之外调色板背景是否可见	None
setTapStopDistance(float)	设置按下 Tab 键后光标移动的距离(像素)	None
setDocument(QTextDocument)	设置文档	None
setDocumentTitle(str)	设置文档标题	None
setCursorWidth(int)	设置光标宽度(像素)	None
setReadOnly(bool)	设置是否是只读模式	None

续表

方法及参数类型	说　　明	返回值的类型
setUndoRedoEnabled(bool)	设置是否可以撤销、重复操作	None
setPlaceholderText(str)	设置占位符文本	None
setOverwriteMode(bool)	设置是否为覆盖模式	None
setTextCursor(QTextCursor)	设置文本光标	None

【实例4-14】　创建一个窗口,该窗口包含1个多行纯文本框,然后在多行纯文本框中输入一段文字,代码如下:

```python
# === 第 4 章 代码 demo14.py === #
import sys
from PySide6.QtWidgets import QApplication,QWidget,QPlainTextEdit

class Window(QWidget):
    def __init__(self):
        super().__init__()
        self.setGeometry(200,200,560,220)
        self.setWindowTitle('QPlainTextEdit 类')
        text_edit1 = QPlainTextEdit(self)
        text_edit1.setGeometry(20,0,520,220)


if __name__ == '__main__':
    app = QApplication(sys.argv)
    win = Window()
    win.show()
    sys.exit(app.exec())
```

运行结果如图 4-17 所示。

图 4-17　代码 demo14.py 运行的结果

4.3.2　QPlainTextEdit 类的信号

在 PySide6 中,QPlainTextEdit 类的信号见表 4-15。

9min

表 4-15　QPlainTextEdit 类的信号

信号及参数类型	说　　明
copyAvailable(available:bool)	当选中文本时发送信号
blockCountChanged(newBlockCount:int)	当文本块或段落数量发生变化时发送信号
cursorPositionChanged()	当光标位置发生变化时发送信号
modificationChanged(changed:bool)	当修改状态发生变化时发送信号
redoAvailable(available:bool)	当可以重复执行时发送信号
selectionChanged()	当选中的文本内容发生变化时发送信号
textChanged()	当文本内容发生变化时发送信号
undoAvailable(available:bool)	当可以撤销操作时发送信号
updateRequest(rect:QRect, dy:int)	当文本框的宽和高发生变化时发送信号

【实例 4-15】　创建一个窗口,该窗口包含 1 个多行纯文本输入框。当多行纯文本框中段落数量发生变化时,打印段落数量。在纯文本框中输入 3 段文本,进行验证,代码如下:

```python
# === 第 4 章 代码 demo15.py === #
import sys
from PySide6.QtWidgets import QApplication,QWidget,QPlainTextEdit

class Window(QWidget):
    def __init__(self):
        super().__init__()
        self.setGeometry(200,200,500,200)
        self.setWindowTitle('QPlainTextEdit类')
        text_edit1 = QPlainTextEdit(self)
        text_edit1.setGeometry(20,0,460,200)
        #使用信号/槽机制,将段落数量变化的信号和自定义槽函数连接
        text_edit1.blockCountChanged.connect(self.echo_text)

    #自定义槽函数
    def echo_text(self,newBlockCount):
        print('段落数量为',newBlockCount)


if __name__ == '__main__':
    app = QApplication(sys.argv)
    win = Window()
    win.show()
    sys.exit(app.exec())
```

运行结果如图 4-18 所示。

4.3.3　快捷键

在 PySide6 中,QPlainTextEdit 类创建的多行纯文本框既可以作为阅读器使用,也可以作为编辑器使用。如果将 QPainTextEdit 对象作为阅读器使用,则需要将 setReadOnly

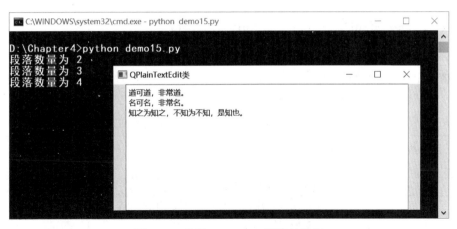

图 4-18　代码 demo15.py 运行的结果

(True)设置为只读模式。多行纯文本框绑定的快捷键与 QTextEdit 类绑定的快捷键相同。只读模式下的多行纯文本框绑定的常用快捷键可查看 4.2.6 节中的表 4-12。编辑模式下的多行纯文本框绑定的常用快捷键可查看 4.2.6 节中的表 4-13。

4.4　按钮类控件

　　按钮是窗口界面中经常被用到的控件之一。在 PySide6 中,与按钮控件相关的类主要有 QAbstractButton 类、QPushButton 类、QRadioButton 类、QCheckBox 类、QToolButton 类,这 4 个类的继承关系如图 4-19 所示。

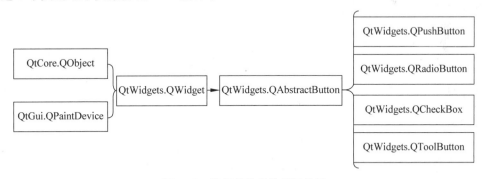

图 4-19　按钮相关类的继承关系

其中,QAbstractButton 类是所有按钮类的基类,不能直接使用。QAbstractButton 类为其他按钮类提供了共同的属性、方法、信号。QPushButton 类用于创建按压按钮控件,QRadioButton 类用于创建单选按钮控件,QCheckbox 类用于创建复选框控件,QToolButton 类用于创建工具按钮控件。本节主要介绍 QPushButton 类、QRadioButton 类、QCheckBox 类,以及 QPushButton 类的子类 QCommandLinkButton 类。QToolButton 类将在第 7 章介绍。

5min

4.4.1　按钮抽象类(**QAbstractButton**)

在 PySide6 中,QAbstractButton 类也称为抽象按钮类,它是所有的按钮类控件的基类。虽然不能直接使用该类创建按钮控件,但该类为其他按钮类控件提供了共同的属性、方法、信号。QAbstractButton 类为其他按钮类提供的方法见表 4-16。

表 4-16　**QAbstractButton** 类为其他按钮类提供的方法

方法及参数类型	说　　明	返回值的类型
[slot]setIconSize(QSize)	设置图标的宽和高	None
[slot]setChecked(bool)	设置按钮是否处于选中或标记状态	None
[slot]animateClick()	用代码执行一次按钮被按下的动作,并发送对应的信号	None
[slot]click()	同上,如果按钮可以勾选,则勾选状态发生变化	None
[slot]toggle()	用代码切换按钮的勾选状态	None
setText(str)	设置按钮上的文字	None
text()	获取按钮上的文字	str
setIcon(Union[QIcon,QPixmap])	设置图标	None
icon()	获取图标	QIcon
iconSize()	获取图标的宽和高	QSize
setCheckable(bool)	设置按钮是否可以被选中或被标记	None
isCheckable()	获取按钮是否可以被选中	bool
isChecked()	获取选中状态	bool
setAutoRepeat(bool)	设置用户长时间按按钮时,是否可以自动发送信号	None
autoRepeat()	获取是否可以重复执行	bool
setAutoRepeatDelay(int)	设置首次重复发送信号的延迟时间	None
autoRepeatDelay()	获取重复执行的延迟时间	int
setAutoRepeatInterval(int)	设置重复发送信号的时间间隔	None
autoRepeatInterval()	获取重复执行的时间间隔	int
setAutoExclusive(bool)	设置是否有互斥状态	None
autoExclusive()	获取是否有互斥状态	int
setShortcut(Qt.Key)	设置快捷键	None
setShortcut(Union[QKeySequence, QKeySequence.StandardKey,str])	设置快捷键	None
shortcut()	获取快捷键	QKeySequence
setDown(bool)	设置是否为按下状态,若参数值为 True,则不会发送 pressed()或 clicked()信号	None
isDown()	获取按钮是否处于被按下状态	bool
hitButton(QPoint)	若 QPoint 点在按钮内部,则返回值为 True	bool

注意：如果按钮文字中有"&"，则"&"后的字母是快捷键，运行窗口界面时按 Alt＋快捷键会发送按钮的信号。如果要在按钮中显示符号"&"，则需要使用"&&"显示"&"。

在 PySide6 中，QAbstractButton 类为其他按钮类提供的信号见表 4-17。

表 4-17　QAbstractButton 类为其他按钮类提供的信号

信　　号	说　　明
pressed()	当光标在按钮上并单击鼠标左键时发送信号
released()	当鼠标被释放时发送信号
click()	当光标在按钮上并且鼠标先按下后释放时，或快捷键被触发，或 click()、animateClick() 被调用时，发送信号
click(bool)	同上
toggled(bool)	按钮处于可切换状态下，当按钮状态发生改变时发送信号

4.4.2　按压按钮(QPushButton)

11min

在 PySide6 中，使用 QPushButton 类创建的对象表示按压按钮控件。按压按钮最常用的动作就是单击，用来触发动作或命令实现用户与窗口的交互操作。QPushButton 类的构造函数如下：

```
QPushButton([parent:QWidget = None])
QPushButton(text:str,parent:QWidget = None)
QPushButton(QIcon,text:str,parent:QWidget = None)
```

其中，parent 表示父窗口或父容器；text 表示要显示的文本；QIcon 表示要显示的图标。

在 PySide6 中，QPushButton 类不仅继承了 QAbstractButton 类的方法，也有自己独有的方法。QPushButton 类独有的方法见表 4-18。

表 4-18　QPushButton 类独有的方法

方法及参数类型	说　　明	返回值的类型
[slot]showMenu()	弹出菜单	None
setMenu(QMenu)	设置菜单	None
menu()	获取菜单	QMenu
setAutoDefault(bool)	设置按钮是否为自动默认按钮	None
autoDefault()	获取按钮是否为自动默认按钮	bool
setDefault(bool)	设置按钮是否为默认按钮，若按 Enter 键，则发送该按钮的信号	None
isDefault()	获取按钮是否为默认按钮	bool
setFlat(bool)	设置按钮是否没有凸起效果	None
isFlat()	获取按钮是否没有凸起效果	bool

【实例 4-16】　创建一个窗口，该窗口包含 1 个按压按钮。需设置按钮显示文本的字体

格式,并设置按钮显示的图标,代码如下:

```
# === 第 4 章 代码 demo16.py === #
import sys
from PySide6.QtWidgets import QApplication,QWidget,QPushButton
from PySide6.QtGui import QFont,QIcon
from PySide6.QtCore import QSize

class Window(QWidget):
    def __init__(self):
        super().__init__()
        self.setGeometry(200,200,560,220)
        self.setWindowTitle('QPushButton 类')
        button1 = QPushButton('单击我',self)
        button1.setGeometry(200,30,120,120)
        button1.setFont(QFont('楷体',14,QFont.ExtraBold))
        button1.setIcon(QIcon('D://Chapter4//images//python.png'))
        button1.setIconSize(QSize(40,40))


if __name__ == '__main__':
    app = QApplication(sys.argv)
    win = Window()
    win.show()
    sys.exit(app.exec())
```

运行结果如图 4-20 所示。

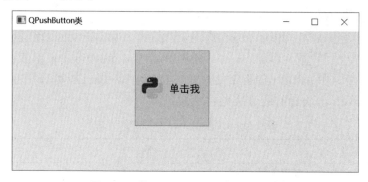

图 4-20 代码 demo16.py 的运行结果

【实例 4-17】 创建一个窗口,该窗口包含 1 个按压按钮。单击该按钮会弹出一个菜单,代码如下:

```
# === 第 4 章 代码 demo17.py === #
import sys
from PySide6.QtWidgets import QApplication,QWidget,QPushButton,QMenu
from PySide6.QtGui import QFont,QIcon
from PySide6.QtCore import QSize


class Window(QWidget):
```

```python
    def __init__(self):
        super().__init__()
        self.setGeometry(200,200,560,220)
        self.setWindowTitle('QPushButton类')
        self.button1 = QPushButton('单击我',self)
        self.button1.setGeometry(200,0,120,80)
        self.button1.setFont(QFont('楷体',14,QFont.ExtraBold))
        self.button1.setIcon(QIcon('D://Chapter4//images//python.png'))
        self.button1.setIconSize(QSize(40,40))
        #使用信号/槽机制,将按钮的单击信号和自定义槽函数连接
        self.button1.clicked.connect(self.create_menu)

    #自定义槽函数
    def create_menu(self):
        menu1 = QMenu()
        menu1.setFont(QFont('黑体',14,QFont.ExtraBold))
        menu1.addAction("Copy")
        menu1.addAction("Cut")
        menu1.addAction("Paste")
        #设置菜单
        self.button1.setMenu(menu1)
        #显示菜单
        self.button1.showMenu()


if __name__ == '__main__':
    app = QApplication(sys.argv)
    win = Window()
    win.show()
    sys.exit(app.exec())
```

运行结果如图 4-21 所示。

图 4-21 代码 demo17.py 的运行结果

4.4.3 单选按钮(QRadioButton)

在 PySide6 中,使用 QRadioButton 类创建的对象表示单选按钮控件。单选按钮可以为用户提供多个选项,通常情况下只能选择一个。在一个窗口或容器中,如果有多个单选按

14min

钮,则这些按钮通常是互斥的,即选择其中一个按钮时,其他按钮会取消选择。

QRadioButton 类继承了 QAbstractButton 类的属性、方法、信号。QRadioButton 类的构造函数如下:

```
QRadioButton([parent:QWidget = None])
QRadioButton(text:str,parent:QWidget = None)
```

其中,parent 表示父窗口或父容器;text 表示要显示的文本。

【实例 4-18】 创建一个窗口,该窗口包含 3 个单选按钮。单选按钮需被添加图标,并选中其中一个单选按钮,代码如下:

```python
# === 第 4 章 代码 demo18.py === #
import sys
from PySide6.QtWidgets import QApplication,QWidget,QRadioButton
from PySide6.QtGui import QFont,QIcon
from PySide6.QtCore import QSize

class Window(QWidget):
    def __init__(self):
        super().__init__()
        self.setGeometry(200,200,560,220)
        self.setWindowTitle('QRadioButton 类')
        radio1 = QRadioButton('Python',self)
        radio1.setGeometry(200,20,140,40)
        radio1.setFont(QFont('黑体',14,QFont.ExtraBold))
        radio1.setIcon(QIcon('D://Chapter4//images//python.png'))
        radio1.setIconSize(QSize(40,40))
        radio1.setChecked(True)

        radio2 = QRadioButton('Java',self)
        radio2.setGeometry(200,70,140,40)
        radio2.setFont(QFont('黑体',14,QFont.ExtraBold))
        radio2.setIcon(QIcon('D://Chapter4//images//java.png'))
        radio2.setIconSize(QSize(40,40))

        radio3 = QRadioButton('PHP',self)
        radio3.setGeometry(200,120,140,40)
        radio3.setFont(QFont('黑体',14,QFont.ExtraBold))
        radio3.setIcon(QIcon('D://Chapter4//images//php.png'))
        radio3.setIconSize(QSize(40,40))


if __name__ == '__main__':
    app = QApplication(sys.argv)
    win = Window()
    win.show()
    sys.exit(app.exec())
```

运行结果如图 4-22 所示。

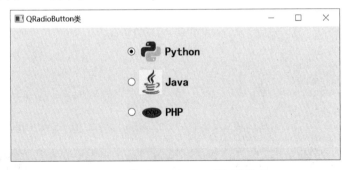

图 4-22 代码 demo18.py 的运行结果

【实例 4-19】 创建一个窗口,该窗口包含 3 个单选按钮。当选中某个单选按钮时,需打印该按钮的文本,代码如下:

```
# === 第 4 章 代码 demo19.py === #
import sys
from PySide6.QtWidgets import QApplication,QWidget,QRadioButton
from PySide6.QtGui import QFont

class Window(QWidget):
    def __init__(self):
        super().__init__()
        self.setGeometry(200,200,500,200)
        self.setWindowTitle('QRadioButton 类')
        radio1 = QRadioButton('Python',self)
        radio1.setGeometry(180,20,120,30)
        radio1.setFont(QFont('黑体',14,QFont.ExtraBold))
        # 使用信号/槽机制
        radio1.toggled.connect(self.radio_selected)

        radio2 = QRadioButton('Java',self)
        radio2.setGeometry(180,70,120,30)
        radio2.setFont(QFont('黑体',14,QFont.ExtraBold))
        # 使用信号/槽机制
        radio2.toggled.connect(self.radio_selected)

        radio3 = QRadioButton('JavaScript',self)
        radio3.setGeometry(180,120,120,30)
        radio3.setFont(QFont('黑体',14,QFont.ExtraBold))
        # 使用信号/槽机制
        radio3.toggled.connect(self.radio_selected)

    # 自定义槽函数
    def radio_selected(self):
        # 使用 sender()监控窗口的控件,返回值为状态发生变化的控件对象
        radio_btn = self.sender()
        if radio_btn.isChecked():
            print(radio_btn.text(),"被选中")
```

```
if __name__ == '__main__':
    app = QApplication(sys.argv)
    win = Window()
    win.show()
    sys.exit(app.exec())
```

运行结果如图 4-23 所示。

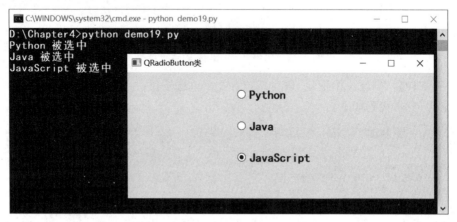

图 4-23 代码 demo19.py 的运行结果

【实例 4-20】 使用 Qt Designer 设计一个窗口,该窗口包含 2 组单选按钮、3 个标签控件。当选中某个单选按钮时,窗口底部的标签会显示提示信息。操作步骤如下:

(1) 使用 Qt Designer 设计窗口界面,飞机舱位的 3 个单选按钮使用水平布局,付款方式的 4 个单选按钮使用水平布局,如图 4-24 和图 4-25 所示。

图 4-24 设计的窗口

(2) 将设计的窗口文件保存在 D 盘的 Chapter4 文件夹下,并命名为 demo20.ui,然后在 Windows 命令行窗口将 demo20.ui 转换为 Python 代码 demo20.py。操作过程如图 4-26 所示。

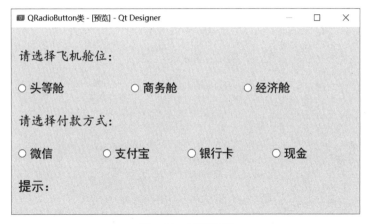

图 4-25　预览窗口

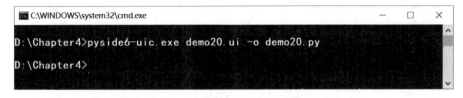

图 4-26　将 demo20.ui 转换为 demo20.py

(3) 编写业务逻辑代码,代码如下:

```python
# === 第 4 章 代码 demo20_main.py === #
import sys
from PySide6.QtWidgets import QApplication,QWidget,QRadioButton
from demo20 import Ui_Form

class Window(Ui_Form,QWidget):
    def __init__(self):
        super().__init__()
        self.setupUi(self)
        #使用信号/槽机制
        self.radioButton_first.toggled.connect(self.radio_selected)
        self.radioButton_busi.toggled.connect(self.radio_selected)
        self.radioButton_eco.toggled.connect(self.radio_selected)
        #使用信号/槽机制
        self.radioButton_wei.toggled.connect(self.radio_selected)
        self.radioButton_zhi.toggled.connect(self.radio_selected)
        self.radioButton_bank.toggled.connect(self.radio_selected)
        self.radioButton_cash.toggled.connect(self.radio_selected)

    #自定义槽函数
    def radio_selected(self):
        str1 = ""
        str2 = ""
        if self.radioButton_first.isChecked() == True:
```

```
                str1 = "头等舱"
            if self.radioButton_busi.isChecked() == True:
                str1 = "商务舱"
            if self.radioButton_eco.isChecked() == True:
                str1 = "经济舱"
            if self.radioButton_wei.isChecked() == True:
                str2 = "微信"
            if self.radioButton_zhi.isChecked() == True:
                str2 = "支付宝"
            if self.radioButton_bank.isChecked() == True:
                str2 = "银行卡"
            if self.radioButton_cash.isChecked() == True:
                str2 = "现金"
            self.label_result.setText("提示:" + "选择了" + str1 + " " + str2)


if __name__ == '__main__':
    app = QApplication(sys.argv)
    win = Window()
    win.show()
    sys.exit(app.exec())
```

运行结果如图 4-27 所示。

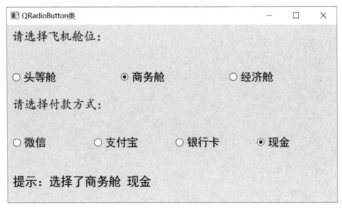

图 4-27　代码 demo20_main. py 的运行结果

注意: 在【实例 4-20】中,主要使用布局的方法对单选按钮进行分组管理。除此之外,也可以使用 QGroupBox 类或 QButtonGroup 类对单选按钮进行分组管理,有兴趣的读者可查看其官方文档。

4.4.4　复选框控件(QCheckBox)

在 PySide6 中,使用 QCheckBox 类创建的对象表示复选框按钮控件。QCheckBox 类的构造函数如下:

```
QCheckBox(parent:QWidget = None)
QCheckBox(text:str,parent:QWidget = None)
```

其中,parent 表示父窗口或父控件;text 表示要显示的文本。

在 PySide6 中,QCheckBox 类是 QAbstractButton 类的子类,QCheckBox 类不仅继承了 QAbstractButton 类的属性、方法、信号,也有自己独有的方法。QCheckBox 类独有的方法见表 4-19。

表 4-19　QCheckBox 类独有的方法

方法及参数类型	说　　明	返回值的类型
setTristate(y:bool=True)	设置是否有不确定状态(第 3 种状态)	None
isTristate()	获取是否有不确定状态	bool
setCheckState(Qt. CheckState)	设置当前选中状态,参数值为 Qt. Unchecked、Qt. Checked、Qt. PartiallyChecked 分别表示未选中、选中、部分选中	None
checkState()	获取当前的选择状态,返回值为 0、1 或 2,分别表示未选中、不确定、选中	int
nextCheckState()	设置当前状态的下一种状态	None

在 PySide6 中,QCheckBox 类除了继承自 QAbstractButton 类的信号,还有独有的一个 stateChanged(int)信号:当状态发生变化时发送信号,而 toggled(bool)信号在从不确定状态转向确定状态时不发送信号,其他信号与 QAbstractButton 类的信号相同。

【实例 4-21】 创建一个窗口,该窗口包含 3 个复选框按钮。设置复选框按钮的文本和图标,代码如下:

```python
# === 第 4 章 代码 demo21.py === #
import sys
from PySide6.QtWidgets import QApplication,QWidget,QCheckBox
from PySide6.QtGui import QFont,QIcon
from PySide6.QtCore import QSize


class Window(QWidget):
    def __init__(self):
        super().__init__()
        self.setGeometry(200,200,560,220)
        self.setWindowTitle('QCheckBox 类')
        check1 = QCheckBox('Python',self)
        check1.setGeometry(200,20,140,40)
        check1.setFont(QFont('黑体',14,QFont.ExtraBold))
        check1.setIcon(QIcon('D://Chapter4//images//python.png'))
        check1.setIconSize(QSize(40,40))
        check1.setChecked(True)

        check2 = QCheckBox('Java',self)
        check2.setGeometry(200,70,140,40)
        check2.setFont(QFont('黑体',14,QFont.ExtraBold))
```

```
        check2.setIcon(QIcon('D://Chapter4//images//java.png'))
        check2.setIconSize(QSize(40,40))

        check3 = QCheckBox('PHP',self)
        check3.setGeometry(200,120,140,40)
        check3.setFont(QFont('黑体',14,QFont.ExtraBold))
        check3.setIcon(QIcon('D://Chapter4//images//php.png'))
        check3.setIconSize(QSize(40,40))


if __name__ == '__main__':
    app = QApplication(sys.argv)
    win = Window()
    win.show()
    sys.exit(app.exec())
```

运行结果如图 4-28 所示。

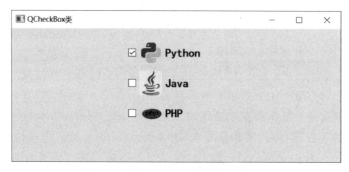

图 4-28 代码 demo21.py 的运行结果

【**实例 4-22**】 创建一个窗口,该窗口包含 3 个复选框按钮。当勾选某个复选框时,打印提示信息,代码如下:

```
# === 第 4 章 代码 demo22.py === #
import sys
from PySide6.QtWidgets import QApplication,QWidget,QCheckBox
from PySide6.QtGui import QFont

class Window(QWidget):
    def __init__(self):
        super().__init__()
        self.setGeometry(200,200,500,200)
        self.setWindowTitle('QCheckBox 类')
        self.check1 = QCheckBox('Python',self)
        self.check1.setGeometry(180,20,120,30)
        self.check1.setFont(QFont('黑体',14,QFont.ExtraBold))
        #使用信号/槽机制
        self.check1.stateChanged.connect(self.item_selected)

        self.check2 = QCheckBox('Java',self)
```

```
        self.check2.setGeometry(180,70,120,30)
        self.check2.setFont(QFont('黑体',14,QFont.ExtraBold))
        #使用信号/槽机制
        self.check2.stateChanged.connect(self.item_selected)

        self.check3 = QCheckBox('JavaScript',self)
        self.check3.setGeometry(180,120,120,30)
        self.check3.setFont(QFont('黑体',14,QFont.ExtraBold))
        #使用信号/槽机制
        self.check3.stateChanged.connect(self.item_selected)

    #自定义槽函数
    def item_selected(self):
        value = ""
        if self.check1.isChecked():
            value = self.check1.text()
        if self.check2.isChecked():
            value = self.check2.text()
        if self.check3.isChecked():
            value = self.check3.text()
        print(value + "被勾选")


if __name__ == '__main__':
    app = QApplication(sys.argv)
    win = Window()
    win.show()
    sys.exit(app.exec())
```

运行结果如图 4-29 所示。

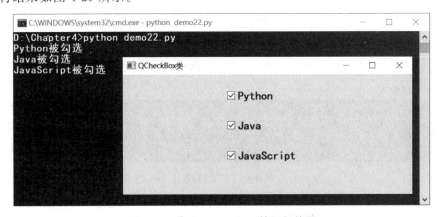

图 4-29 代码 demo22.py 的运行结果

【实例 4-23】 使用 Qt Designer 设计一个窗口，该窗口包含 3 个复选框按钮、3 个标签控件。当勾选某个复选框时，窗口底部的标签显示价格信息。操作步骤如下：

(1) 使用 Qt Designer 设计窗口界面，3 个复选框按钮使用水平布局，整个窗口使用垂直布局，如图 4-30 和图 4-31 所示。

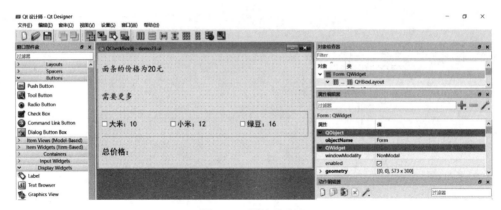

图 4-30　设计的窗口

图 4-31　预览窗口

（2）将设计的窗口文件保存在 D 盘的 Chapter4 文件夹下，并命名为 demo23.ui，然后在 Windows 命令行窗口将 demo23.ui 转换为 Python 代码 demo23.py。操作过程如图 4-32 所示。

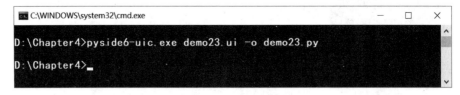

图 4-32　将 demo23.ui 转换为 demo23.py

（3）编写业务逻辑代码，代码如下：

```
# === 第 4 章 代码 demo23_main.py === #
import sys
from PySide6.QtWidgets import QApplication,QWidget,QCheckBox
from demo23 import Ui_Form


class Window(Ui_Form,QWidget):
```

```python
def __init__(self):
    super().__init__()
    self.setupUi(self)
    #使用信号/槽机制
    self.checkBox_rice.stateChanged.connect(self.item_selected)
    self.checkBox_millet.stateChanged.connect(self.item_selected)
    self.checkBox_bean.stateChanged.connect(self.item_selected)

    #自定义槽函数
    def item_selected(self):
        price = 20
        if self.checkBox_rice.isChecked():
            price = price + 10
        if self.checkBox_millet.isChecked():
            price = price + 12
        if self.checkBox_bean.isChecked():
            price = price + 16
        self.label_price.setText(f"总价格:{price}元")


if __name__ == '__main__':
    app = QApplication(sys.argv)
    win = Window()
    win.show()
    sys.exit(app.exec())
```

运行结果如图 4-33 所示。

图 4-33 代码 demo23_main.py 的运行结果

4.4.5 命令连接按钮(QCommandLinkButton)

在 PySide6 中,使用 QCommandLinkButton 类创建的对象表示命令连接按钮。命令连接按钮主要用于向导对话框中,其外观类似于平面按钮,默认状态下有一个向右的箭头。QCommandLinkButton 类的构造函数如下:

```
QCommandLinkButton(parent:QWidget = None)
QCommandLinkButton(text:str,parent:QWidget = None)
QCommandLinkButton(text:str,description:str,parent:QWidget = None)
```

其中,parent 表示父窗口或父容器;text 表示要显示的文本;description 表示功能性描述文本。

QCommandLinkButton 类是 QPushButton 类的子类,因此继承了 QPushButton 类的属性、方法、信号。除此之外,可以使用 QCommandLinkButton 类独有的 setDescription (str)方法设置描述性文本,可以使用该类独有的 description()方法获取描述性文本。

【实例 4-24】 创建一个窗口,该窗口包含一个命令连接按钮,代码如下:

```python
# === 第 4 章 代码 demo24.py === #
import sys
from PySide6.QtWidgets import QApplication,QWidget,QCommandLinkButton
from PySide6.QtGui import QFont

class Window(QWidget):
    def __init__(self):
        super().__init__()
        self.setGeometry(200,200,560,220)
        self.setWindowTitle('QCommandLinkButton 类')
        button1 = QCommandLinkButton('Python 的安装步骤',self)
        button1.setGeometry(100,20,260,80)
        button1.setFont(QFont('黑体',14,QFont.ExtraBold))


if __name__ == '__main__':
    app = QApplication(sys.argv)
    win = Window()
    win.show()
    sys.exit(app.exec())
```

运行结果如图 4-34 所示。

图 4-34 代码 demo24.py 的运行结果

【实例 4-25】 创建一个窗口,该窗口包含一个命令连接按钮。设置该按钮的图标。如果单击该按钮,则显示描述性文本,代码如下:

```
# === 第 4 章 代码 demo25.py === #
import sys
from PySide6.QtWidgets import QApplication,QWidget,QCommandLinkButton
from PySide6.QtGui import QFont,QIcon
from PySide6.QtCore import QSize

class Window(QWidget):
    def __init__(self):
        super().__init__()
        self.setGeometry(200,200,560,220)
        self.setWindowTitle('QCommandLinkButton 类')
        self.btn1 = QCommandLinkButton('Python 的安装步骤',self)
        self.btn1.setGeometry(100,20,360,80)
        self.btn1.setFont(QFont('黑体',14,QFont.ExtraBold))
        self.btn1.setIcon(QIcon('D://Chapter4//images//python.png'))
        self.btn1.setIconSize(QSize(40,40))
        #使用信号/槽机制
        self.btn1.clicked.connect(self.show_description)

    #自定义槽函数
    def show_description(self):
        self.btn1.setDescription('(注意:按照指定的步骤操作)')


if __name__ == '__main__':
    app = QApplication(sys.argv)
    win = Window()
    win.show()
    sys.exit(app.exec())
```

运行结果如图 4-35 所示。

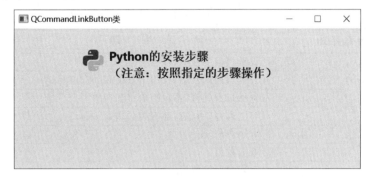

图 4-35　代码 demo25.py 的运行结果

4.5　数字输入控件(QSpinBox/QDoubleSpinBox)

在 PySide6 中,使用 QSpinBox 类创建的对象表示输入值为整数的数字输入控件,使用 QDoubleSpinBox 类创建的对象表示输入值为小数的数字输入控件。这两个类都继承自抽象类 QAbstractSpinBox。这两个类的继承关系如图 4-36 所示。

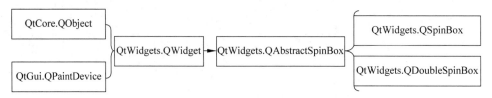

图 4-36   QSpinBox 类和 QDoubleSpinBox 类的继承关系

其中,QAbstractSpinBox 类是由 QLineEdit 类和按钮类组合而成的,它是一个抽象类,不能直接使用。

在 PySide6 中,QSpinBox 类的构造函数如下:

```
QSpinBox(parent:QWidget = None)
```

其中,parent 表示父窗口或父容器。

在 PySide6 中,QDoubleSpinBox 类的构造函数如下:

```
QDoubleSpinBox(parent:QWidget = None)
```

其中,parent 表示父窗口或父容器。

4.5.1   QSpinBox 类和 QDoubleSpinBox 类的常用方法

11min

由于 QSpinBox 类和 QDoubleSpinBox 类都继承自抽象类 QAbstractSpinBox,所以 QSpinBox 类和 QDoubleSpinBox 类具有相同的属性、方法、信号。QSpinBox 类和 QDoubleSpinBox 类常用的方法见表 4-20。

表 4-20   QSpinBox 类和 QDoubleSpinBox 类的常用方法

方法及参数类型	说　明	返回值类型
[slot]setValue(int)	设置当前的数值,仅用于 QSpinBox	None
[slot]setValue(float)	设置当前的数值,仅用于 QDoubleSpinBox	None
[slot]selectAll()	选择显示的值,不包括前缀和后缀	str
[slot]clear()	清空内容,不包括前缀和后缀	None
[slot]stepDown()	减小数值	None
[slot]stepUp()	增大数值	None
value()	获取当前的数值	int/float
setDisplayIntegerBase(int)	设置整数的进位值,例如 2、4、6、8、10	None
displayIntegerBase()	获取整数的进位值,仅用于 QSpinBox	int
setDecimals(int)	设置允许的小数位数,仅用于 QDoubleSpinBox	None
decimals()	获取允许的小数位数,仅用于 QDoubleSpinBox	int
setMaximun(int)	设置允许的输入的最大值,仅用于 QSpinBox	None
setMaximun(float)	设置允许的输入的最大值,仅用于 QDoubleSpinBox	None

续表

方法及参数类型	说　明	返回值类型
setMinimum(int)	设置允许的输入的最小值,仅用于 QSpinBox	None
setMinimum(float)	设置允许的输入的最小值,仅用于 QDoubleSpinBox	None
setRange(int,int)	设置允许的输入的最小值和最大值,仅用于 QSpinBox	None
setRange(float,float)	设置允许的输入的最小值和最大值,仅用于 QDoubleSpinBox	None
minimum()、maximum()	获取运行输入的最小值和最大值	int/float
setSingleStep(int)	设置微调步长,仅用于 QSpinBox	None
setSingleStep(float)	设置微调步长,仅用于 QDoubleSpinBox	None
singleStep()	获取微调步长	int
setPrefix(str)	设置前缀符号,例如 'a'	None
setSuffix(str)	设置后缀符号,例如 'abc'	None
cleanText()	获取不含前缀和后缀的文本	str
text()	获取包含前缀和后缀的文本	str
setAlignment(Qt. Alignment)	设置对齐方式	None
setButtonSymbols (QAstractSpinBox. ButtonSymbols)	设置右侧的按钮样式	None
setCorrectionMode (QAstractSpinBox. CorrectionMode)	设置自动修正模式	None
setFrame(bool)	设置是否有外边框	None
setGroupSeparatorShown(bool)	设置是否每隔 3 位用逗号隔开	None
setKeyboardTracking(bool)	设置是否每次跟踪键盘的输入	None
setReadOnly(bool)	设置是否为只读模式	None
setSpecialValueText(str)	设置特殊文本,当显示的值等于允许的最小值时,显示该文本	None
setWrapping(bool)	设置是否为循环显示,即最大值再增大则变成最小值,最小值再减小则变成最大值	None
setAccelerated(bool)	当按住增大或减小按钮时,是否加速显示值	None

【**实例 4-26**】 创建一个窗口,该窗口包含两个数字输入控件,一个用于输入整数,另一个用于输入小数,代码如下:

```
# === 第 4 章 代码 demo26.py === #
import sys
from PySide6.QtWidgets import (QApplication,QWidget,QSpinBox,QDoubleSpinBox)
from PySide6.QtGui import QFont


class Window(QWidget):
    def __init__(self):
        super().__init__()
```

```
        self.setGeometry(200,200,560,220)
        self.setWindowTitle('QSpinBox 类、QDoubleSpinBox 类')
        spinbox = QSpinBox(self)
        spinbox.setGeometry(100,20,80,30)
        spinbox.setFont(QFont('黑体',14,QFont.ExtraBold))

        doublespin = QDoubleSpinBox(self)
        doublespin.setGeometry(100,80,80,30)
        doublespin.setFont(QFont('黑体',14,QFont.ExtraBold))


if __name__ == '__main__':
    app = QApplication(sys.argv)
    win = Window()
    win.show()
    sys.exit(app.exec())
```

运行结果如图 4-37 所示。

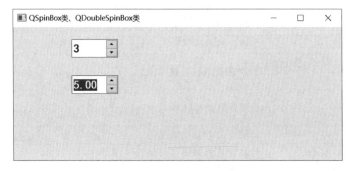

图 4-37 代码 demo26. py 的运行结果

4.5.2 QSpinBox 类和 QDoubleSpinBox 类的信号

由于 QSpinBox 类和 QDoubleSpinBox 类都继承自抽象类 QAbstractSpinBox,所以 QSpinBox 类和 QDoubleSpinBox 类具有相同的属性、方法、信号。QSpinBox 类和 QDoubleSpinBox 类常用的信号见表 4-21。

表 4-21 QSpinBox 类和 QDoubleSpinBox 类的信号

信号及参数类型	说　明
editingFinished()	输入完成后,当按 Enter 键或失去焦点时发送信号
textChanged(str)	当文本发生变化时发送信号
valueChanged(int)	当数值发生变化时发送信号,适用于 QSpinBox
valueChanged(float)	当数值发生变化时发送信号,适用于 QDoubleSpinBox

【实例 4-27】 创建一个窗口,该窗口包含两个数字输入控件,一个用于输入整数,另一个用于输入小数。当数字输入控件的数值发生变化时,打印该数值,代码如下:

```python
# === 第 4 章 代码 demo27.py === #
import sys
from PySide6.QtWidgets import (QApplication,QWidget,QSpinBox,QDoubleSpinBox)
from PySide6.QtGui import QFont

class Window(QWidget):
    def __init__(self):
        super().__init__()
        self.setGeometry(200,200,500,200)
        self.setWindowTitle('QSpinBox 类、QDoubleSpinBox 类')
        spinbox = QSpinBox(self)
        spinbox.setGeometry(100,20,80,30)
        spinbox.setFont(QFont('黑体',14,QFont.ExtraBold))
        # 使用信号/槽机制
        spinbox.valueChanged.connect(self.echo_int)

        doublespin = QDoubleSpinBox(self)
        doublespin.setGeometry(100,80,80,30)
        doublespin.setFont(QFont('黑体',14,QFont.ExtraBold))
        # 使用信号/槽机制
        doublespin.valueChanged.connect(self.echo_float)

    # 自定义槽函数
    def echo_int(self,num):
        print(num)

    # 自定义槽函数
    def echo_float(self,num):
        print(num)


if __name__ == '__main__':
    app = QApplication(sys.argv)
    win = Window()
    win.show()
    sys.exit(app.exec())
```

运行结果如图 4-38 所示。

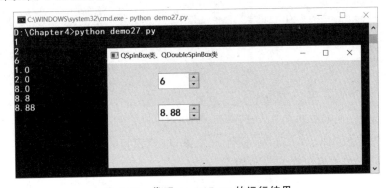

图 4-38　代码 demo27.py 的运行结果

【实例 4-28】 创建一个窗口,该窗口包含 1 个标签、2 个单行文本框、1 个数字输入控件。在第 1 个单行文本框中输入手机价格,在数字输入控件输入手机数目,当光标离开数字输入控件时第 2 个单行文本框显示总价格,代码如下:

```python
# === 第 4 章 代码 demo28.py === #
import sys
from PySide6.QtWidgets import (QApplication,QWidget,QSpinBox,QLabel,QLineEdit)

class Window(QWidget):
    def __init__(self):
        super().__init__()
        self.setGeometry(200,200,560,220)
        self.setWindowTitle('QSpinBox 类')

        self.label = QLabel("手机价格:",self)
        self.label.setGeometry(10,80,70,30)

        self.line_edit1 = QLineEdit(self)
        self.line_edit1.setGeometry(80,80,150,30)

        self.spinbox = QSpinBox(self)
        self.spinbox.setGeometry(240,80,40,30)
        # 使用信号/槽机制
        self.spinbox.editingFinished.connect(self.spin_edit)

        self.line_edit2 = QLineEdit(self)
        self.line_edit2.setGeometry(290,80,150,30)

    # 自定义槽函数
    def spin_edit(self):
        if self.line_edit1.text()!= 0:
            price = int(self.line_edit1.text())
            value = self.spinbox.value()
            total = price * value
            self.line_edit2.setText(str(total))


if __name__ == '__main__':
    app = QApplication(sys.argv)
    win = Window()
    win.show()
    sys.exit(app.exec())
```

运行结果如图 4-39 所示。

【实例 4-29】 使用 Qt Designer 设计一个窗口,该窗口可以根据输入的价格和数量自动计算两种商品的总价格。操作步骤如下:

(1)使用 Qt Designer 设计窗口界面,每种产品的标签、价格、数量、总价格使用水平布

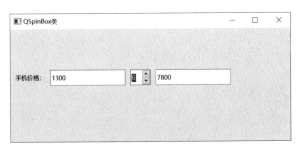

图 4-39　代码 demo28.py 的运行结果

局,整体窗口使用垂直布局,如图 4-40 和图 4-41 所示。

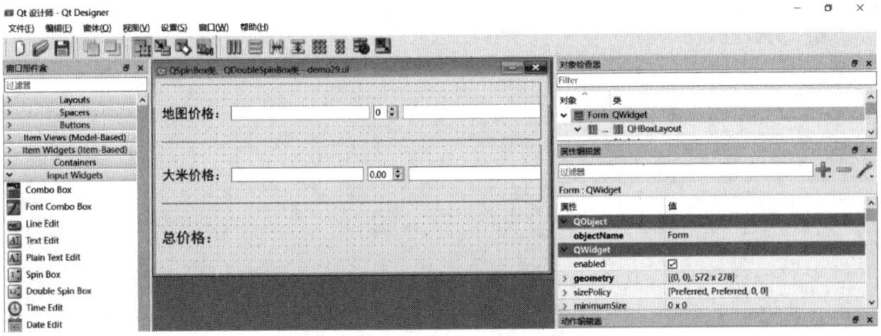

图 4-40　设计的窗口

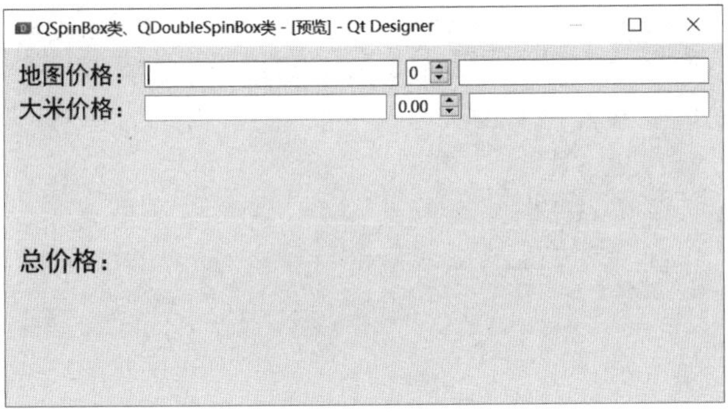

图 4-41　预览窗口

(2) 将设计的窗口文件保存在 D 盘的 Chapter4 文件夹下,并命名为 demo29.ui,然后在 Windows 命令行窗口将 demo29.ui 转换为 Python 代码 demo29.py。操作过程如图 4-42 所示。

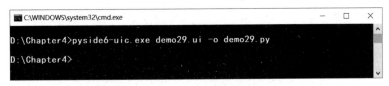

图 4-42　将 demo29.ui 转换为 demo29.py

(3) 编写业务逻辑代码,代码如下:

```python
# === 第 4 章 代码 demo29_main.py === #
import sys
from PySide6.QtWidgets import QApplication,QWidget
from demo29 import Ui_Form

class Window(Ui_Form,QWidget):
    def __init__(self):
        super().__init__()
        self.setupUi(self)
        #使用信号/槽机制
        self.spinBox.editingFinished.connect(self.first_edited)
        self.doubleSpinBox.editingFinished.connect(self.second_edited)

    #自定义槽函数
    def first_edited(self):
        if self.lineEdit_mapPrice.text()!= None:
            price1 = int(self.lineEdit_mapPrice.text())
            result1 = price1 * self.spinBox.value()
            self.lineEdit_mapResult.setText(str(result1))

    #自定义槽函数
    def second_edited(self):
        if self.lineEdit_ricePrice.text()!= None:
            price2 = int(self.lineEdit_ricePrice.text())
            result2 = price2 * self.doubleSpinBox.value()
            self.lineEdit_riceResult.setText(str(result2))
            result1 = int(self.lineEdit_mapResult.text())
            result3 = result1 + result2
            self.label_3.setText(f"总价格:{result3}元")


if __name__ == '__main__':
    app = QApplication(sys.argv)
    win = Window()
    win.show()
    sys.exit(app.exec())
```

运行结果如图 4-43 所示。

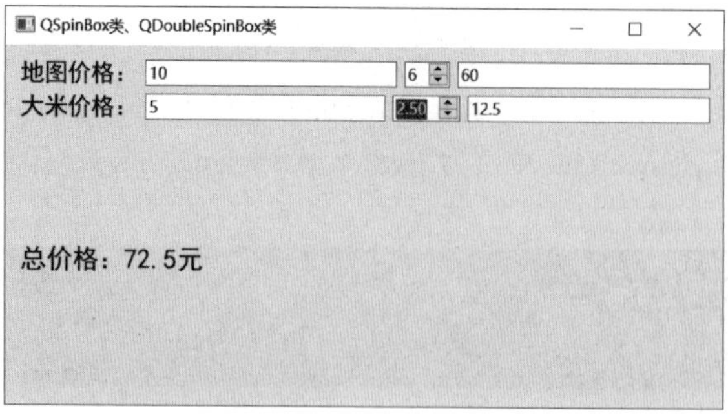

图 4-43　代码 demo29_main.py 的运行结果

4.6　下拉列表(QComboBox)

在 PySide6 中,使用 QComboBox 类创建的对象表示下拉列表控件。下拉列表控件是一个集按钮和下拉选项为一体的控件,可以为用户提供一个下拉式的选项列表,最大限度地减少所占窗口的面积。

在 PySide6 中,QComboBox 类直接继承自 QWidget 类。QComboBox 类的构造函数如下:

```
QComboBox(parent:QWidget = None)
```

其中,parent 表示父窗口或父容器。

4.6.1　QComboBox 类的常用方法

在 PySide6 中,由 QComboBox 类创建的下拉列表由一列多行内容构成,每行成为一个项(item)。QComboBox 类中有添加项、插入项、移除项的方法。QComboBox 类的常用方法见表 4-22。

▶10min

表 4-22　QComboBox 类的常用方法

方法及参数类型	说　明	返回值类型
[slot]setCurrentText(str)	设置当前显示的文本	None
[slot]setCurrentIndex(index:int)	根据索引设置为当前项	None
[slot]setEditText(str)	设置编辑文本	None
[slot]clear()	从控件中清空所有的项	None
[slot]clearEditText()	只清空可编辑的文字,不影响项	None
addItem(str,userData=None)	添加项,并可以设置关联的任意类型的数据	None
addItem(QIcon,str,userData=None)	添加带图标的项	None
addItems(Sequence[str])	使用列表、元组等序列添加多个项	None
InsertItem(index:int,str,userData=None)	在指定索引处插入项	None
InsertItem(index:int,QIcon,str,userData=None)	在指定索引处插入带图标的项	None
insertItems(index:int,Sequence[str])	在索引处插入多个项	None
removeItem(index:int)	根据索引移除项	None
count()	返回项的数量	int
currentIndex()	返回当前项的索引	int
currentText()	返回当前项的文本	str
setEditable(bool)	设置是否可编辑	None
setIconSize(QSize)	设置图标的尺寸	None

方法及参数类型	说　明	返回值类型
setInsertPolicy(QcomboBox. InsertPolicy)	设置插入项的策略,其中 QComboBox. NoInsert:不允许插入项 QComboBox. InsertAtTop:在顶部插入项 QComboBox. InsertAtCurrent:在当前位置插入项 QComboBox. InsertAtBottom:在底部插入项 QComboBox. InsertAfterCurrent:在当前项之后插入 QComboBox. InsertBeforeCurrent:在当前项之前插入 QComboBox. InsertAlphabetically:根据字母顺序插入	None
setItemData(index:int, value:any, role＝Qt. UserRole)	根据索引设置关联数据	None
setItemIcon(index:int, QIcon)	根据索引设置图标	None
setItemText(index:int, str)	根据索引设置文本	None
setMaxCount(int)	设置项的最大数量,超过部分不显示	None
setMaxVisibleItems(int)	设置最多能显示项的数量,若超过,则显示滚动条	None
setMinimumContentsLength(int)	设置子项目显示的最小长度	None
setSizeAdjustPolicy(QComoBox. SizeAdjustPolicy)	设置宽度和高度的调整策略	None
setValidator(QValidator)	设置输入内容的合法性验证	None
currentData(role＝Qt. UserRole)	获取当前项关联的数据	object
iconSize()	返回图标大小	QSize
itemIcon(index:int)	根据索引获取图标 QIcon	QIcon
itemText(index:int)	根据索引获取项的文本	str
showPopup()	显示列表	None
itemData(index:int, role＝Qt. UserRole)	根据索引获取关联项的数据	object
hidePopup()	隐藏列表	None

在表 4-22 中,QComboBox. SizeAdjustPolicy 的枚举常量为 QComboBox. AdjustToContents(根据内容调整)、QComboBox. AdjustToContentsOnFirstShow(根据第 1 次的显示内容调整) QComboBox. AdjustToMinimumContentsLengthWithIcon(根据最小长度调整)。

【实例 4-30】 创建一个窗口,该窗口包含一个下拉列表。下拉列表中有 4 个选项,将其中一个设置为当前选项,代码如下:

```
# === 第 4 章 代码 demo30.py === #
import sys
from PySide6.QtWidgets import QApplication,QWidget,QComboBox
from PySide6.QtGui import QFont
```

```python
class Window(QWidget):
    def __init__(self):
        super().__init__()
        self.setGeometry(200,200,560,220)
        self.setWindowTitle('QComboBox 类')
        combo1 = QComboBox(self)
        combo1.setGeometry(100,30,120,40)
        combo1.setFont(QFont('黑体',14,QFont.ExtraBold))
        combo1.addItem("三国演义")
        combo1.addItem("水浒传")
        combo1.addItem("西游记")
        combo1.addItem("红楼梦")
        combo1.setCurrentIndex(3)


if __name__ == '__main__':
    app = QApplication(sys.argv)
    win = Window()
    win.show()
    sys.exit(app.exec())
```

运行结果如图 4-44 所示。

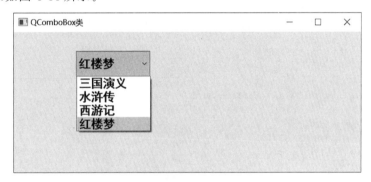

图 4-44 代码 demo30.py 的运行结果

4.6.2 QComboBox 类的信号

在 PySide6 中，QComboBox 类的信号见表 4-23。

表 4-23 QComboBox 类的信号

信号及参数类型	说　明
activated(text:str)	当用户激活某项时发送信号。如果两个项的名称相同，则只发送带
activated(index:int)	整数参数的信号
currentIndexChanged(text:str)	当用户或程序改变当前项的索引时发送信号
currentIndexChanged(index:int)	同上
currentTextChanged(text:str)	当用户或程序改变当前项的文本时发送信号

续表

信号及参数类型	说　　明
editTextChanged(text:str)	在可编辑状态下,改变可编辑文本时发送信号
highlighted(text:str)	当光标经过列表的项时发送信号
highlighted(index:int)	同上

【实例 4-31】　创建一个窗口,该窗口包含一个下拉列表。下拉列表中有 4 个选项,当选择其中一个选项时,打印选择信息,代码如下:

```python
# === 第 4 章 代码 demo31.py === #
import sys
from PySide6.QtWidgets import QApplication,QWidget,QComboBox
from PySide6.QtGui import QFont


class Window(QWidget):
    def __init__(self):
        super().__init__()
        self.setGeometry(200,200,500,200)
        self.setWindowTitle('QComboBox 类')
        combo1 = QComboBox(self)
        combo1.setGeometry(100,30,120,40)
        combo1.setFont(QFont('黑体',14,QFont.ExtraBold))
        combo1.addItem("三国演义")
        combo1.addItem("水浒传")
        combo1.addItem("西游记")
        combo1.addItem("红楼梦")
        combo1.setCurrentIndex(3)
        # 使用信号/槽机制
        combo1.currentTextChanged.connect(self.echo_text)

    # 自定义槽函数
    def echo_text(self,text):
        print(f"选择了{text}")


if __name__ == '__main__':
    app = QApplication(sys.argv)
    win = Window()
    win.show()
    sys.exit(app.exec())
```

运行结果如图 4-45 所示。

【实例 4-32】　创建一个窗口,该窗口包含 1 个下拉列表、1 个标签控件。下拉列表中有 4 个选项,当选择其中一个选项时,标签中显示选择信息,代码如下:

```python
# === 第 4 章 代码 demo32.py === #
import sys
from PySide6.QtWidgets import QApplication,QWidget,QComboBox,QLabel
from PySide6.QtGui import QFont
```

图 4-45 代码 demo31.py 的运行结果

```python
class Window(QWidget):
    def __init__(self):
        super().__init__()
        self.setGeometry(200,200,560,220)
        self.setWindowTitle('QComboBox 类')
        self.combo1 = QComboBox(self)
        self.combo1.setGeometry(100,30,120,40)
        self.combo1.setFont(QFont('黑体',14,QFont.ExtraBold))
        self.combo1.addItem("三国演义")
        self.combo1.addItem("水浒传")
        self.combo1.addItem("西游记")
        self.combo1.addItem("红楼梦")
        self.combo1.setCurrentIndex(3)
        #使用信号/槽机制
        self.combo1.currentTextChanged.connect(self.combo_changed)
        self.label = QLabel(self)
        self.label.setGeometry(100,100,200,40)
        self.label.setFont(QFont('楷体',20,QFont.ExtraBold))

    #自定义槽函数
    def combo_changed(self):
        item = self.combo1.currentText()
        str1 = "选择了" + item
        self.label.setText(str1)


if __name__ == '__main__':
    app = QApplication(sys.argv)
    win = Window()
    win.show()
    sys.exit(app.exec())
```

运行结果如图 4-46 所示。

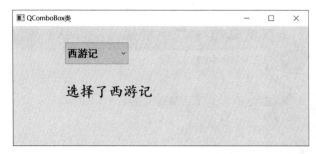

图 4-46　代码 demo32.py 的运行结果

4.6.3　使用 Qt Designer 创建下拉列表

在 PySide6 中,可以使用 Qt Designer 创建下拉列表,操作步骤如下:

(1) 打开 Qt Designer 软件,从工具箱中将 Combo Box 控件拖曳到主窗口上,如图 4-47 所示。

图 4-47　拖曳 Combo Box 控件

(2) 双击主窗口上的 Combo Box 控件会弹出一个编辑组合框对话框。单击对话框右下角的加号,可以为下拉列表添加选项,如图 4-48 和图 4-49 所示。

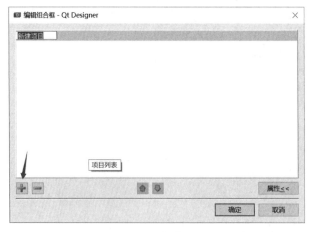

图 4-48　添加选项(1)

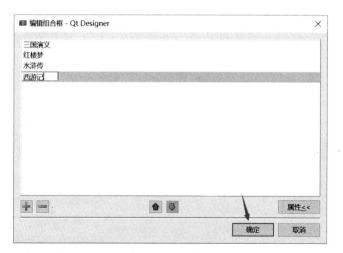

图 4-49 添加选项(2)

（3）在编辑组合框对话框中，添加完选项后，单击"确定"按钮就为下拉列表添加了选项，如图 4-50 所示。

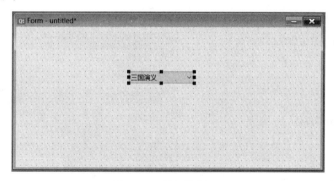

图 4-50 添加选项(3)

（4）按快捷键 Ctrl＋R 就可以查看预览效果，如图 4-51 所示。

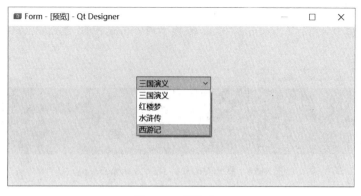

图 4-51 预览窗口

【实例 4-33】 使用 Qt Designer 设计 1 个窗口,该窗口包含 1 个下拉列表、2 个标签控件。下拉列表中有 4 个选项,当选择其中 1 个选项时,标签中显示选择信息。操作步骤如下:

(1) 使用 Qt Designer 设计窗口界面,第 1 个标签和下拉列表使用水平布局,窗口使用垂直布局,如图 4-52 和图 4-53 所示。

图 4-52 设计的窗口

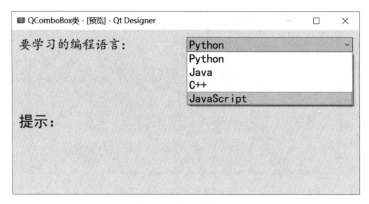

图 4-53 预览窗口

(2) 将设计的窗口文件保存在 D 盘的 Chapter4 文件夹下,并命名为 demo33.ui,然后在 Windows 命令行窗口将 demo33.ui 转换为 Python 代码 demo33.py。操作过程如图 4-54 所示。

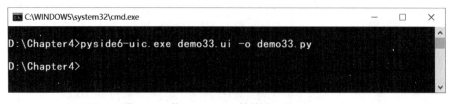

图 4-54 将 demo33.ui 转换为 demo33.py

(3) 编写业务逻辑代码,代码如下:

```
# === 第 4 章 代码 demo33_main.py === #
import sys
from PySide6.QtWidgets import QApplication,QWidget
from demo33 import Ui_Form

class Window(Ui_Form,QWidget):
    def __init__(self):
        super().__init__()
        self.setupUi(self)
        #使用信号/槽机制
        self.comboBox.currentTextChanged.connect(self.combo_changed)

    #自定义槽函数
    def combo_changed(self):
        str1 = self.comboBox.currentText()
        str2 = "提示:选择了" + str1
        self.label_2.setText(str2)


if __name__ == '__main__':
    app = QApplication(sys.argv)
    win = Window()
    win.show()
    sys.exit(app.exec())
```

运行结果如图 4-55 所示。

图 4-55　代码 demo33_main.py 的运行结果

4.6.4　字体下拉列表(QFontComboBox)

在 PySide6 中,可以使用 QFontComboBox 类创建的对象表示字体下拉列表,列表的内容是操作系统支持的字体,字体下拉列表主要用于选择字体。QFontComboBox 类是 ComboBox 类的子类,其继承关系如图 4-56 所示。

QFontComboBox 类的构造函数如下:

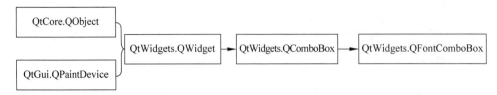

图 4-56 QFontComboBox 类的继承关系图

```
QFontComboBox(parent:QWidget = None)
```

其中,parent 表示父窗口或父容器。

在 PySide6 中,QFontComboBox 类是 QComboBox 类的子类,所以继承了 QComboBox 类的属性、方法、信号。除此之外,QFontComboBox 类有自己独有的方法。QFontComboBox 类独有的方法见表 4-24。

表 4-24 QFontComboBox 类的独有方法

方法及参数类型	说 明	返回值类型
[slot]setCurrentFont(QFont)	设置当前字体	None
currentFont()	获取当前字体	QFont
setFontFilters(QFontComboBox. FontFilter)	设置字体列表的过滤器,其中 QFontComboBox. AllFonts:显示所有字体 QFontComboBox. ScalableFonts:显示可缩放字体 QFontComboBox. NonScalableFonts:显示不可缩放字体 QFontComboBox. MonospacedFonts:显示等宽字体 QFontComboBox. ProportionalFonts:显示等比例字体	None
setWritingSystem(QFont Database)	显示特定书写系统的字体,例如 QFontDatabase. SimplifiedChinese:简体中文 QFontDatabase. TraditionalChinese:繁体中文 QFontDatabase. Korean:显示朝鲜文 QFontDatabase. Japanese:显示日文 QFontDatabase. Greek:显示希腊文 QFontDatabase. Latin:显示拉丁文 QFontDatabase. Vietnamese:显示越南文	None

【实例 4-34】 创建一个窗口,该窗口包含 1 种字体下拉列表,要求只显示简体中文的字体,代码如下:

```python
# === 第 4 章 代码 demo34.py === #
import sys
from PySide6.QtWidgets import QApplication,QWidget,QFontComboBox
from PySide6.QtGui import QFontDatabase

class Window(QWidget):
    def __init__(self):
        super().__init__()
        self.setGeometry(200,200,580,300)
```

```
            self.setWindowTitle('QFontComboBox 类')
            fontcombo1 = QFontComboBox(self)
            fontcombo1.setGeometry(100,10,220,40)
            fontcombo1.setWritingSystem(QFontDatabase.SimplifiedChinese)


if __name__ == '__main__':
    app = QApplication(sys.argv)
    win = Window()
    win.show()
    sys.exit(app.exec())
```

运行结果如图 4-57 所示。

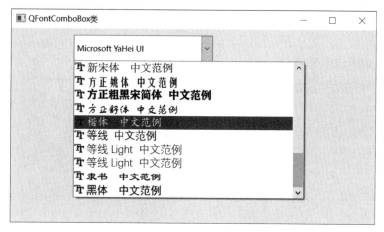

图 4-57　代码 demo34.py 的运行结果

在 PySide6 中，QFontComboBox 类独有的信号为 currentFontChanged(QFont)，表示当前字体发生变化时发送信号。

【**实例 4-35**】　创建一个窗口，该窗口包含 1 种字体下拉列表、1 个标签控件。当选择字体时，标签会显示选择信息，代码如下：

```
# === 第 4 章 代码 demo35.py === #
import sys
from PySide6.QtWidgets import QApplication,QWidget,QFontComboBox,QLabel
from PySide6.QtGui import QFont

class Window(QWidget):
    def __init__(self):
        super().__init__()
        self.setGeometry(200,200,580,300)
        self.setWindowTitle('QFontComboBox 类')
        self.fontcombo1 = QFontComboBox(self)
        self.fontcombo1.setGeometry(100,10,220,40)
        # 使用信号/槽
        self.fontcombo1.currentFontChanged.connect(self.font_selected)
```

```
        self.label = QLabel("提示:",self)
        self.label.setGeometry(0,200,220,30)
        self.label.setFont(QFont('黑体',14))

    def font_selected(self,font):
        name = font.family()
        str1 = "提示:选择了" + name
        self.label.setText(str1)


if __name__ == '__main__':
    app = QApplication(sys.argv)
    win = Window()
    win.show()
    sys.exit(app.exec())
```

运行结果如图 4-58 所示。

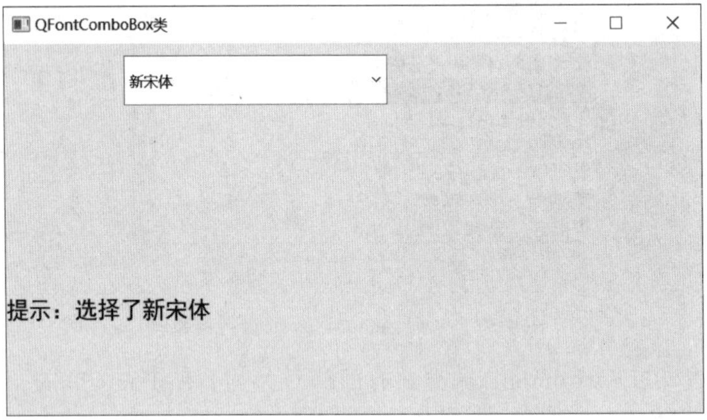

图 4-58　代码 demo35.py 的运行结果

4.7　小结

本章介绍了 PySide6 中的常用控件,包括单行文本框、多行文本框、多行纯文本框、按钮类控件、数字输入控件、下拉列表。

在这些控件中最复杂的控件是多行文本框,如果能掌握最复杂的控件,则掌握其他的控件就相对轻松一些。当然只有经常实践应用,才能比较好地掌握这些控件。

第 5 章

布局管理与容器

在前面的章节中,已经介绍了多种控件。如何在一个窗口中布局多个控件?如何整齐地排列多个控件?更改窗口大小后,如何自动地调整控件的位置,以及宽和高?这些问题都是开发者要考虑的问题。

针对这些问题,PySide6 提供了布局管理类和容器类。布局管理类可以自动定位控件并调整控件的宽和高。容器类不仅可以装载更多的控件,而且能美观地显示控件。

5.1 布局管理

在 PySide6 中,有一组布局管理类。布局管理类可以设置控件在窗口中的布局方式。当控件的可用空间发生变化时,这些布局类会自动定位并调整控件的宽和高,确保它们排列一致,让窗口界面作为一个整体可用。

5.1.1 布局管理的基础知识

▶ 4min

在 PySide6 中,所有的控件类都是 QWidget 类的子类,其他窗口类(QMainWindow、QDialog)也是 QWidget 类的子类。如果要在窗口中使用布局管理类,则需要使用 QWidget.setLayout(Layout:QLayout)方法设置布局管理,Layout 表示布局管理类创建的对象。

当在窗口中设置了布局管理时,布局管理负责以下任务:子控件的定位、合理化窗口的默认尺寸、合理化窗口的最小尺寸、调整窗口的大小、窗口内容更改时自动更新。自动更新的内容包括子控件的字号及文本或其他内容、隐藏或显示小控件、删除小空间。

在 PySide6 中,常用的布局管理类见表 5-1。

表 5-1 常用的布局管理类

布局管理类	说　　明
QLayoutItem	QLayout 操作的抽象项,一般不会单独使用
QLayout	所有布局管理类的基类,一般不会单独使用
QBoxLayout	垂直或水平排列控件,有两个子类:QHBoxLayout、QVBoxLayout
QHBoxLayout	水平排列控件

续表

布局管理类	说　明
QVBoxLayout	垂直排列控件
QGridLayout	在网格中排列控件
QFormLayout	在表单中排列控件,即以 2 列多行的形式排列控件,其中 1 列显示标签
QStackedLayout	堆叠排列控件,即一次只能看见一部分控件,其他控件被隐藏了

在 PySide6 中,这些布局管理类有继承关系,其继承关系如图 5-1 所示。

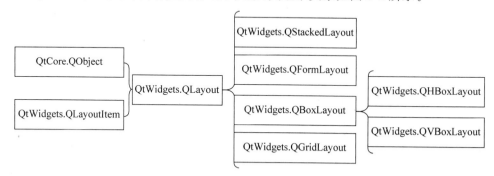

图 5-1　布局管理类的继承关系

5.1.2　水平布局与垂直布局(**QHBoxLayout**、**QVBoxLayout**)

在 PySide6 中,使用 QHBoxLayout 类表示水平布局对象,使用 QVBoxLayout 类表示垂直布局对象。这两个类的构造函数如下:

```
QHBoxLayout(parent:QWidget = None)
QVBoxLayout(parent:QWidget = None)
```

其中,parent 表示父窗口或父容器。

由于 QHBoxLayout 类和 QVBoxLayout 类都是 QBoxLayout 类的子类,所以这两个类具有相同的方法。QHBoxLayout 类和 QVBoxLayout 类的常用方法见表 5-2。

表 5-2　**QHBoxLayout** 类和 **QVBoxLayout** 类的常用方法

方法及参数类型	说　明	返回值类型
addWidget (QWidget, stretch: int = 0, Qt. Alignment)	添加控件,可设置伸缩系数和对齐方式	None
addLayout(QLayout, stretch:int=0)	添加子布局	None
addSpacing(size:int)	添加固定长度的占位空间	None
addStretch(stretch:int=0)	添加可伸缩空间	None
addStrut(int)	设置竖直方向的最小值	None
insertWidget(index:int, QWidget, stretch:int=0, Qt. Alignment)	根据索引插入控件,可设置伸缩系数和对齐方式	None

续表

方法及参数类型	说　　明	返回值类型
insertLayout（index：int，QLayout，stretch：int＝0）	根据索引插入子布局，可设置伸缩系数和对齐方式	None
insertSpacing(index：int，size：int)	根据索引插入固定长度的占位空间	None
insertStretch(index：int，stretch：int)	根据索引插入可伸缩空间	None
count()	获取控件、布局、占位空间的数量	int
maximumSize()	获取最大尺寸	QSize
minimumSize()	获取最小尺寸	QSize
setDirection(QBoxLayout.Direction)	设置布局的方向，其中 QBoxLayout.LeftToRight：从左到右水平布局 QBoxLayout.RightToLeft：从右到左水平布局 QBoxLayout.TopToBottom：从上到下竖直布局 QBoxLayout.BottomToTop：从下到上竖直布局	None
setGeometry(QRect)	设置左上角的位置，以及宽度、高度	None
setSpacing(spacing：int)	设置布局内部控件之间的间隙	None
spacing()	获取内部控件之间的间隙	int
setStretch(index：int，stretch：int)	根据索引设置控件或布局的伸缩系数	None
stretch(index：int)	根据索引获取某个控件的伸缩系数	int
setStretchFactor(QWidget，stretch：int)	设置控件的伸缩系数，若成功，则返回值为 True	bool
setStretchFactor(QLayout，stretch：int)	设置布局的伸缩系数，若成功，则返回值为 True	bool
setContentsMargins(int，int，int，int)	设置布局内的控件与边框的页边距	None
setContentsMargins(margins：QMargins)	同上	None
setSizeConstraint(QLayout.SizeConstraint)	设置控件随窗口宽和高改变的变化方式	None

在 PySide6 中，QLayout.SizeConstraint 的枚举值见表 5-3。

表 5-3　QLayout.SizeConstraint 的枚举值

枚　举　值	说　　明
QLayout.SetDefaultConstraint	控件的最小宽和高根据 setMinimumSize()方法确定
QLayout.SetNoConstraint	控件宽和高的变化量不受限制
QLayout.SetMinimumSize	控件的宽和高为 setMinimumSize()方法设定的宽和高
QLayout.SetMaximumSize	控件的宽和高为 setMaximumSize()方法设定的宽和高
QLayout.SetMinAndMaxSize	控件的宽和高在最大值和最小值之间变化

【实例 5-1】　创建一个窗口，该窗口包含 4 个按压按钮，并设置水平布局，代码如下：

```
# === 第 5 章 代码 demo1.py === #
import sys
from PySide6.QtWidgets import QApplication,QWidget,QPushButton,QHBoxLayout

class Window(QWidget):
    def __init__(self):
        super().__init__()
```

```
        self.setGeometry(200,200,560,220)
        self.setWindowTitle('QHBoxLayout 类')
        #创建 4 个按压按钮
        btn1 = QPushButton('东方')
        btn2 = QPushButton('西方')
        btn3 = QPushButton('南部')
        btn4 = QPushButton('北部')
        #创建水平布局对象
        hbox = QHBoxLayout()
        #添加控件
        hbox.addWidget(btn1)
        hbox.addWidget(btn2)
        hbox.addWidget(btn3)
        hbox.addWidget(btn4)
        #设置主窗口的布局方式
        self.setLayout(hbox)


if __name__ == '__main__':
    app = QApplication(sys.argv)
    win = Window()
    win.show()
    sys.exit(app.exec())
```

运行结果如图 5-2 和图 5-3 所示。

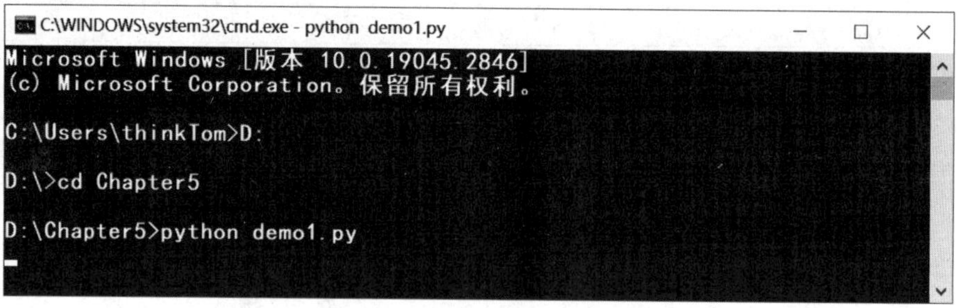

图 5-2　运行代码 demo1.py

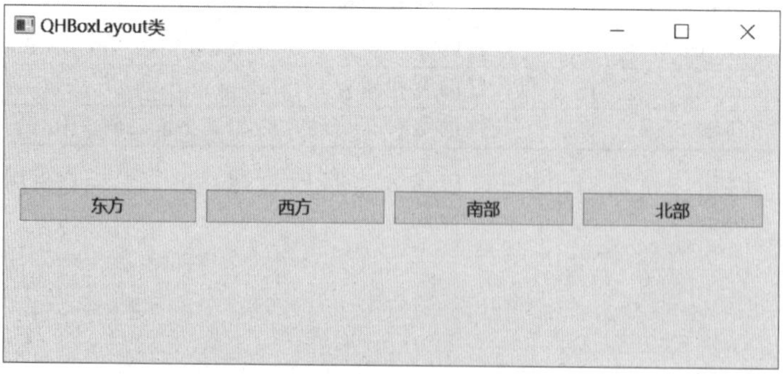

图 5-3　代码 demo1.py 的运行结果

【实例 5-2】 创建一个窗口,该窗口包含 4 个按压按钮,并设置垂直布局,代码如下:

```python
# === 第 5 章 代码 demo2.py === #
import sys
from PySide6.QtWidgets import QApplication,QWidget,QPushButton,QVBoxLayout

class Window(QWidget):
    def __init__(self):
        super().__init__()
        self.setGeometry(200,200,560,220)
        self.setWindowTitle('QVBoxLayout 类')
        # 创建 4 个按压按钮
        btn1 = QPushButton('东方')
        btn2 = QPushButton('西方')
        btn3 = QPushButton('南部')
        btn4 = QPushButton('北部')
        # 创建垂直布局对象
        vbox = QVBoxLayout()
        # 添加控件
        vbox.addWidget(btn1)
        vbox.addWidget(btn2)
        vbox.addWidget(btn3)
        vbox.addWidget(btn4)
        # 设置主窗口的布局方式
        self.setLayout(vbox)


if __name__ == '__main__':
    app = QApplication(sys.argv)
    win = Window()
    win.show()
    sys.exit(app.exec())
```

运行结果如图 5-4 所示。

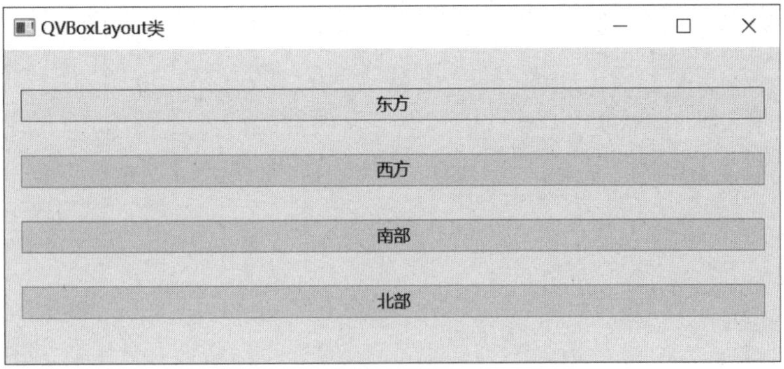

图 5-4 代码 demo2.py 的运行结果

在 PySide6 中,可以根据实际情况嵌套使用水平布局和垂直布局,即在垂直布局下使用水平布局,或在水平布局下使用垂直布局。

【实例5-3】 创建一个窗口,该窗口包含8个按压按钮,前4个按钮使用水平布局,后4个按钮也使用水平布局,但总体使用垂直布局,代码如下:

```python
# === 第 5 章 代码 demo3.py === #
import sys
from PySide6.QtWidgets import (QApplication,QWidget,QPushButton,
    QHBoxLayout,QVBoxLayout)

class Window(QWidget):
    def __init__(self):
        super().__init__()
        self.setGeometry(200,200,560,220)
        self.setWindowTitle('QHBoxLayout、QVBoxLayout 类')
        #创建 8 个按压按钮
        btn1 = QPushButton('东方')
        btn2 = QPushButton('西方')
        btn3 = QPushButton('南部')
        btn4 = QPushButton('北部')
        btn5 = QPushButton('甲型')
        btn6 = QPushButton('乙型')
        btn7 = QPushButton('丙型')
        btn8 = QPushButton('丁型')
        #创建水平布局对象 1
        hbox1 = QHBoxLayout()
        hbox1.addWidget(btn1)
        hbox1.addWidget(btn2)
        hbox1.addWidget(btn3)
        hbox1.addWidget(btn4)
        #创建水平布局对象 2
        hbox2 = QHBoxLayout()
        hbox2.addWidget(btn5)
        hbox2.addWidget(btn6)
        hbox2.addWidget(btn7)
        hbox2.addWidget(btn8)
        #创建竖直布局对象
        vbox = QVBoxLayout()
        #添加子布局对象
        vbox.addLayout(hbox1)
        vbox.addLayout(hbox2)
        #设置主窗口的布局方式
        self.setLayout(vbox)


if __name__ == '__main__':
    app = QApplication(sys.argv)
    win = Window()
    win.show()
    sys.exit(app.exec())
```

运行结果如图5-5所示。

【实例5-4】 创建一个窗口,该窗口包含8个按压按钮,前4个按钮使用垂直布局,后4个按钮也使用垂直布局,但总体使用水平布局,代码如下:

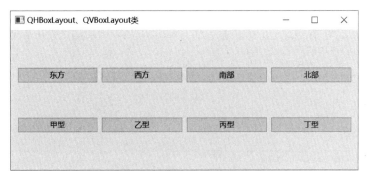

图 5-5 代码 demo3.py 的运行结果

```
# === 第5章 代码 demo4.py === #
import sys
from PySide6.QtWidgets import (QApplication,QWidget,QPushButton,QHBoxLayout,QVBoxLayout)

class Window(QWidget):
    def __init__(self):
        super().__init__()
        self.setGeometry(200,200,560,220)
        self.setWindowTitle('QHBoxLayout、QVBoxLayout 类')
        # 创建 8 个按压按钮
        self.btn1 = QPushButton('东方')
        self.btn2 = QPushButton('西方')
        self.btn3 = QPushButton('南部')
        self.btn4 = QPushButton('北部')
        self.btn5 = QPushButton('甲型')
        self.btn6 = QPushButton('乙型')
        self.btn7 = QPushButton('丙型')
        self.btn8 = QPushButton('丁型')
        # 创建垂直布局对象 1
        vbox1 = QVBoxLayout()
        vbox1.addWidget(self.btn1)
        vbox1.addWidget(self.btn2)
        vbox1.addWidget(self.btn3)
        vbox1.addWidget(self.btn4)
        # 创建垂直布局对象 2
        vbox2 = QVBoxLayout()
        vbox2.addWidget(self.btn5)
        vbox2.addWidget(self.btn6)
        vbox2.addWidget(self.btn7)
        vbox2.addWidget(self.btn8)
        # 创建水平布局对象
        hbox = QHBoxLayout()
        # 添加子布局对象
        hbox.addLayout(vbox1)
        hbox.addLayout(vbox2)
        # 设置主窗口的布局方式
        self.setLayout(hbox)
```

```
if __name__ == '__main__':
    app = QApplication(sys.argv)
    win = Window()
    win.show()
    sys.exit(app.exec())
```

运行结果如图 5-6 所示。

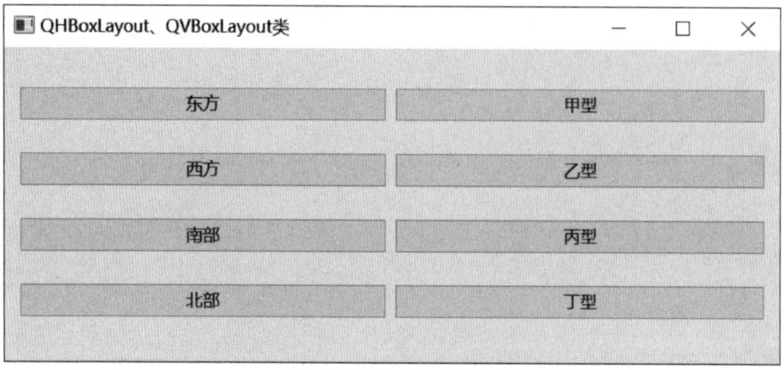

图 5-6　代码 demo4.py 的运行结果

5.1.3　栅格布局(QGridLayout)

栅格布局也称为网格布局,栅格布局可以把窗口划分为多行多列,而产生很多单元格,然后将控件或子布局放置到单元格中。在 PySide6 中,使用 QGridLayout 类创建栅格布局对象,其构造函数如下:

```
QGridLayout(parent:QWidget = None)
```

其中,parent 表示父窗口或父容器。

在 PySide6 中,QGridLayout 类的常用方法见表 5-4。

表 5-4　QGridLayout 类的常用方法

方法及参数类型	说　　明	返回值类型
addWidget(QWidget)	在第 1 列的末尾添加控件	None
addWidget(QWidget, row:int, column:int, Qt.Alignment)	在指定的行列位置添加控件	None
addWidget(QWidget, row:int, column:int, rowSpan:int,columnSpan:int, Qt. Alignment)	在指定的行列位置添加控件,该控件可以跨多行多列	None
addLayout(QLayout, row:int, column:int, Qt.Alignment)	在指定的行列位置添加子布局	None
addLayout(QLayout, row:int, column:int, rowSpan:int,columnSpan:int, Qt. Alignment)	在指定的行列位置添加子布局,该子布局可以跨多行多列	None

续表

方法及参数类型	说 明	返回值类型
setRowStretch(row:int,stretch:int)	设置行的伸缩系数	None
setColumnStretch(column:int,stretch:int)	设置列的伸缩系数	None
setHorizontalSpacing(spacing:int)	设置控件的水平间距	None
setVerticalSpacing(spacing:int)	设置控件的竖直间距	None
setSpacing(spacing:int)	设置控件的水平和竖直间距	None
rowCount()	获取行数	int
columnCount()	获取列数	int
setRowMinimumHeight(row:int,minSize:int)	设置行的最小高度	None
setColumnMinimumWidth(column:int,MiniSize:int)	设置列的最小宽度	None
setGeometry(QRect)	设置栅格布局的位置,以及宽和高	None
setContentsMargins(left:int, top:int, right:int, bottom:int)	设置布局内控件与边框的页边距	None
setContentsMargins(margins:QMargins)	同上	None
setSizeConstraint(QLayout.SizeConstraint)	设置控件随窗口宽和高改变时的变化方式	None
cellRect(row:int,column:int)	设置单元格的矩形区域	QRect

【实例5-5】 创建一个窗口,该窗口包含12个按压按钮,使用栅格布局将这12个按钮分为3行4列,代码如下:

```
# === 第 5 章 代码 demo5.py === #
import sys
from PySide6.QtWidgets import QApplication,QWidget,QPushButton,QGridLayout

class Window(QWidget):
    def __init__(self):
        super().__init__()
        self.setGeometry(200,200,560,220)
        self.setWindowTitle('QGridLayout 类')
        # 创建 12 个按压按钮
        self.btn0 = QPushButton('0')
        self.btn1 = QPushButton('1')
        self.btn2 = QPushButton('2')
        self.btn3 = QPushButton('3')
        self.btn4 = QPushButton('4')
        self.btn5 = QPushButton('5')
        self.btn6 = QPushButton('6')
        self.btn7 = QPushButton('7')
        self.btn8 = QPushButton('8')
        self.btn9 = QPushButton('9')
        self.btn11 = QPushButton('+')
        self.btn12 = QPushButton('=')
        # 创建栅格布局对象
```

```
            grid = QGridLayout()
            ♯添加控件
            grid.addWidget(self.btn0,0,0)
            grid.addWidget(self.btn1,0,1)
            grid.addWidget(self.btn2,0,2)
            grid.addWidget(self.btn3,0,3)
            grid.addWidget(self.btn4,1,0)
            grid.addWidget(self.btn5,1,1)
            grid.addWidget(self.btn6,1,2)
            grid.addWidget(self.btn7,1,3)
            grid.addWidget(self.btn8,2,0)
            grid.addWidget(self.btn9,2,1)
            grid.addWidget(self.btn11,2,2)
            grid.addWidget(self.btn12,2,3)
            ♯设置主窗口的布局方式
            self.setLayout(grid)


if __name__ == '__main__':
    app = QApplication(sys.argv)
    win = Window()
    win.show()
    sys.exit(app.exec())
```

运行结果如图 5-7 所示。

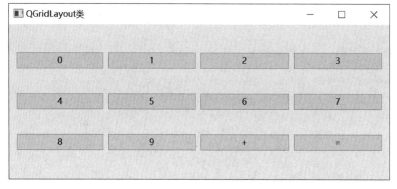

图 5-7　代码 demo5.py 的运行结果

5.1.4　表单布局(QFormLayout)

表单布局一般由两列多行构成,通常左列放置标签控件,右列放置单行文本框控件或数字输入框控件。在 PySide6 中,使用 QFormLayout 类创建表单布局对象,其构造函数如下:

```
QFormLayout(parent:QWidget = None)
```

其中,parent 表示父窗口或父容器。

在 PySide6 中,QFormLayout 类的常用方法见表 5-5。

表 5-5　QFormLayout 类的常用方法

方法及参数类型	说　明	返回值类型
addRow(label:QWidget,field:QWidget)	末尾添加一行,两个控件分别在左右	None
addRow(label:QWidget,field:QLayout)	末尾添加一行,控件在左,子布局在右	None
addRow(labelText:str,field:QWidget)	末尾添加一行,左侧创建名称为 str 的标签控件,右侧为控件	None
addRow(labelText:str,field:QLayout)	末尾添加一行,左侧创建名称为 str 的标签控件,右侧为子布局	None
addRow(widget:QWidget)	末尾添加一行,只有一个控件,占据左右两列	None
addRow(layout:QLayout)	末尾添加一行,只有一个子布局,占据左右两列	None
insertRow(row:int,QWidget,QWidget)	在第 row 行插入一行,两个控件分别在左右	None
insertRow(row:int,QWidget,QLayout)	在第 row 行插入一行,控件在左,子布局在右	None
insertRow(row:int,str,QWidget)	在第 row 行插入一行,左侧创建名称为 str 的标签控件,右侧是控件	None
insertRow(row:int,str,QLayout)	在第 row 行插入一行,左侧创建名称为 str 的标签控件,右侧是子布局	None
insertRow(row:int,QWidget)	在第 row 行插入,只有一个控件,占据左右两列	None
insertRow(row:int,QLayout)	在第 row 行插入,只有一个子布局,占据左右两列	None
removeRow(row:int)	删除第 row 行及其控件	None
removeRow(layout:QLayOut)	删除子布局	None
removeRow(widget:QWidget)	删除控件	None
setHorizontalSpacing(spacing:int)	设置水平方向的间距	None
setVerticalSpacing(spacing:int)	设置竖直方向的间距	None
setRowWrapPolicy(QFormLayout. RowWrapPolicy)	设置左列控件和右列控件的换行策略,其中 QFormLayout.DontWrapRows 表示右列的控件始终在左列控件的右侧;QFormLayout.WrapLongRows 表示若左侧的控件比较长,则会挤压右侧控件,如果左侧控件占据一行,则右侧控件会放在下一行;QFormLayout.WrapAllRows 表示左侧控件始终在右侧控件之上	None
rowCount()	获取表单布局中行的数量	int
setLabelAlignment(Qt. Alignment)	设置表单布局中左列的对齐方式	None
setFormAlignment(Qt. Alignment)	设置表单布局中右列的对齐方式	None
setContentsMargins(int,int,int,int)	设置布局内控件与边框的页边距	None
setContentsMargins(QMargins)	同上	None
setFieldGrowthPolicy(QFormLayout. FieldGrowthPolicy)	设置可伸缩控件的伸缩方式	None
setSizeConstraint(QLayout. SizeConstraint)	设置控件随窗口大小改变时的改变方式	None

在 PySide6 中,伸缩方式 QFormLayout.FieldGrowthPolicy 的枚举值见表 5-6。

表 5-6   **QFormLayout. FieldGrowthPolicy 的枚举值**

枚 举 值	说 明
QFormLayout. FieldStayAtSizeHint	控件的伸缩量不会超过有效的范围(由 setHint()方法设置)
QFormLayout. ExpandingFieldsGrowth	如果控件设置了最小伸缩量或使用 setSizePolicy()设置了属性,则使其扩充到可以使用的范围,否则控件在有效的范围内变化
QFormLayout. AllNonFixedGrow	如果使用 setSizePolicy()方法设置了属性,则使其扩充到可以使用的空间

【实例 5-6】   创建一个窗口,该窗口包含两个标签、两个单行文本框,使用表单布局排列控件,代码如下:

```python
# === 第 5 章 代码 demo6.py === #
import sys
from PySide6.QtWidgets import (QApplication,QWidget,QLabel,QFormLayout,QLineEdit)

class Window(QWidget):
    def __init__(self):
        super().__init__()
        self.setGeometry(200,200,560,220)
        self.setWindowTitle('QFormLayout 类')
        #创建两个标签、两个单行文本框
        name = QLabel("账号(UserName):")
        code = QLabel("密码(Password):")
        self.lineEdit1 = QLineEdit()
        self.lineEdit2 = QLineEdit()
        #创建表单布局对象
        form = QFormLayout()
        #添加行
        form.addRow(name,self.lineEdit1)
        form.addRow(code,self.lineEdit2)
        #设置主窗口的布局方式
        self.setLayout(form)


if __name__ == '__main__':
    app = QApplication(sys.argv)
    win = Window()
    win.show()
    sys.exit(app.exec())
```

运行结果如图 5-8 所示。

【实例 5-7】   创建一个窗口,该窗口为一个登录界面,使用表单布局排列控件,代码如下:

```python
# === 第 5 章 代码 demo7.py === #
import sys
from PySide6.QtWidgets import (QApplication,QWidget,QFormLayout,QLineEdit,QPushButton)
```

图 5-8 代码 demo6.py 的运行结果

```python
class Window(QWidget):
    def __init__(self):
        super().__init__()
        self.setGeometry(200,200,560,220)
        self.setWindowTitle('QFormLayout类')
        #创建两个单行文本框、两个按压按钮
        self.lineEdit1 = QLineEdit()
        self.lineEdit2 = QLineEdit()
        btn1 = QPushButton("确定")
        btn2 = QPushButton("取消")
        #创建表单布局对象
        form = QFormLayout()
        #添加行
        form.addRow("账号(&UserName):",self.lineEdit1)
        form.addRow("密码(&Password):",self.lineEdit2)
        form.addRow(btn1)
        form.addRow(btn2)
        #设置主窗口的布局方式
        self.setLayout(form)


if __name__ == '__main__':
    app = QApplication(sys.argv)
    win = Window()
    win.show()
    sys.exit(app.exec())
```

运行结果如图 5-9 所示。

5.1.5 堆叠布局（QStackedLayout）

在 PySide6 中，使用 QStackedLayout 类创建堆叠布局对象。使用堆叠布局可以创建多个页面，但每次只显示其中一个页面。QStackedLayout 类的构造函数如下：

```python
QStackedLayout(parent:QWidget = None)
QStackedLayout(parent:QLayout = None)
```

8min

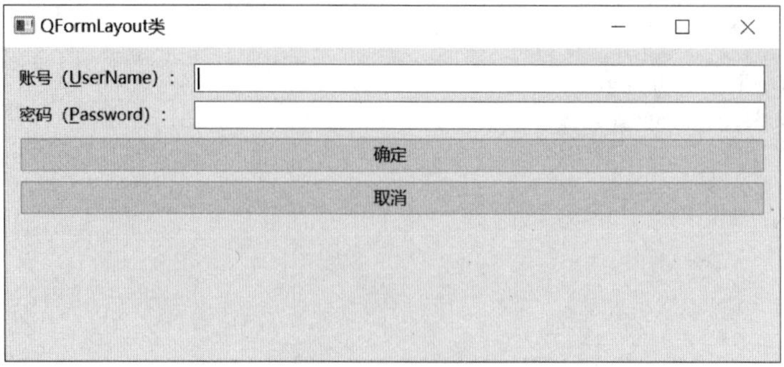

图 5-9　代码 demo7. py 的运行结果

其中,parent 表示父窗口、父容器或父布局。

在 PySide6 中,QStackedLayout 类的常用方法见表 5-7。

表 5-7　QStackedLayout 类的常用方法

方法及参数类型	说　　明	返回值的类型
〔slot〕setCurrentIndex(index:int)	设置当前索引	None
〔slot〕setCurrentWidget(QWidget)	设置当前控件	None
addWidget(QWidget)	添加控件	None
addLayout(QLayout)	添加布局	None
currentIndex()	获取当前索引	int
currentWidget()	获取当前控件	QWidget
insertWidget(index:int,QWidget)	根据索引插入控件	None

在 PySide6 中,QStackedLayout 类的信号见表 5-8。

表 5-8　QStackedLayout 类的信号

信　　号	说　　明
currentChanged(index:int)	当前控件发生变化时发送信号
widgetRemoved(index:int)	当布局内的控件被移除时发送信号

【实例 5-8】　创建一个窗口,使用堆叠布局使该窗口包含 3 个页面,使用下拉列表框切换页面,代码如下:

```
# === 第 5 章 代码 demo8.py === #
import sys
from PySide6.QtWidgets import ( QApplication, QWidget, QVBoxLayout, QLabel, QStackedLayout,
QComboBox,QHBoxLayout)

class Window(QWidget):
    def __init__(self):
        super().__init__()
        self.setGeometry(200,200,560,220)
        self.setWindowTitle('QStackedLayout 类')
        #窗口使用垂直布局
```

```
            vbox = QVBoxLayout()
            self.setLayout(vbox)
            # 创建下拉列表对象
            combo1 = QComboBox(self)
            combo1.addItem("页面 1")
            combo1.addItem("页面 2")
            combo1.addItem("页面 3")
            vbox.addWidget(combo1)
            # 创建堆叠布局对象
            stacked1 = QStackedLayout()
            # 创建页面 1
            page1 = QWidget()
            layout1 = QHBoxLayout()
            label1 = QLabel("这是第 1 个页面。")
            layout1.addWidget(label1)
            page1.setLayout(layout1)
            # 创建页面 2
            page2 = QWidget()
            layout2 = QHBoxLayout()
            label2 = QLabel("这是第 2 个页面。")
            layout2.addWidget(label2)
            page2.setLayout(layout2)
            # 创建页面 3
            page3 = QWidget()
            layout3 = QHBoxLayout()
            label3 = QLabel("这是第 3 个页面。")
            layout3.addWidget(label3)
            page3.setLayout(layout3)
            # 向堆叠布局对象中添加页面
            stacked1.addWidget(page1)
            stacked1.addWidget(page2)
            stacked1.addWidget(page3)
            # 向垂直布局中添加堆叠布局
            vbox.addLayout(stacked1)
            # 使用信号/槽机制
            combo1.activated.connect(stacked1.setCurrentIndex)


if __name__ == '__main__':
    app = QApplication(sys.argv)
    win = Window()
    win.show()
    sys.exit(app.exec())
```

运行结果如图 5-10 所示。

【实例 5-9】 创建一个窗口，使用堆叠布局使该窗口包含 3 个页面，使用按压按钮切换页面，代码如下：

```
# === 第 5 章 代码 demo9.py === #
import sys
from PySide6.QtWidgets import (QApplication, QWidget, QVBoxLayout, QLabel, QStackedLayout,
QPushButton,QHBoxLayout)
```

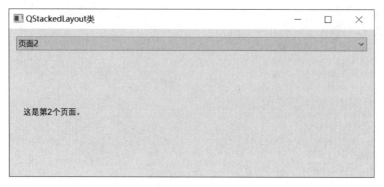

图 5-10　代码 demo8.py 的运行结果

```python
class Window(QWidget):
    def __init__(self):
        super().__init__()
        self.setGeometry(200,200,560,220)
        self.setWindowTitle('QStackedLayout 类')
        #窗口使用垂直布局
        vbox = QVBoxLayout()
        self.setLayout(vbox)
        #创建堆叠布局对象
        self.stacked = QStackedLayout()
        #创建页面 1
        page1 = QWidget()
        layout1 = QHBoxLayout()
        label1 = QLabel("这是第 1 个页面。")
        layout1.addWidget(label1)
        page1.setLayout(layout1)
        #创建页面 2
        page2 = QWidget()
        layout2 = QHBoxLayout()
        label2 = QLabel("这是第 2 个页面。")
        layout2.addWidget(label2)
        page2.setLayout(layout2)
        #创建页面 3
        page3 = QWidget()
        layout3 = QHBoxLayout()
        label3 = QLabel("这是第 3 个页面。")
        layout3.addWidget(label3)
        page3.setLayout(layout3)
        #向堆叠布局对象中添加页面
        self.stacked.addWidget(page1)
        self.stacked.addWidget(page2)
        self.stacked.addWidget(page3)
        vbox.addLayout(self.stacked)
        #创建水平布局对象,并添加 3 个按压按钮
        btn_layout = QHBoxLayout()
        btn1 = QPushButton("页面 1")
```

```
        btn2 = QPushButton("页面 2")
        btn3 = QPushButton("页面 3")
        btn_layout.addWidget(btn1)
        btn_layout.addWidget(btn2)
        btn_layout.addWidget(btn3)
        vbox.addLayout(btn_layout)
        #使用信号/槽机制
        btn1.clicked.connect(lambda:self.stacked.setCurrentIndex(0))
        btn2.clicked.connect(lambda:self.stacked.setCurrentIndex(1))
        btn3.clicked.connect(lambda:self.stacked.setCurrentIndex(2))


if __name__ == '__main__':
    app = QApplication(sys.argv)
    win = Window()
    win.show()
    sys.exit(app.exec())
```

运行结果如图 5-11 所示。

图 5-11 代码 demo9.py 的运行结果

5.2 容器：装载更多的控件

在 PySide6 中,可以使用多种容器类创建多种容器控件。可以将其他控件放置到容器控件内,容器控件被作为其他控件的父容器或载体。容器控件可以对其内部控件进行管理。

PySide6 提供的容器类见表 5-9。

表 5-9 PySide6 中的容器类

容 器 类	说 明	容 器 类	说 明
QGroupBox	分组框控件	QFrame	框架控件
QScrollArea	滚动区控件	QTabWidget	切换卡控件

续表

容 器 类	说 明	容 器 类	说 明
QStackedWidget	堆叠控件	QToolBox	工具箱控件
QWidget	容器窗口控件	QMdiArea	多文档区
QDockWidget	停靠窗口控件	QAxWidget	插件窗口控件

表 5-8 容器类对应了 Qt Designer 中工具箱中的控件，如图 5-12 所示。

本节主要介绍容器类中的 QGroupBox、QFrame、QScrollArea、QTabWidget、QStackedWidget、QToolBox、QAxWidget。其他的容器类将在后面的章节介绍。

图 5-12　Qt Designer 中的容器控件

5.2.1　分组框控件

在 PySide6 中，可以使用 QGroupBox 类创建分组框控件。分组框控件可以容纳一组单选按钮控件或复选框控件，并带有一条边框和标题栏，而且可以为标题栏设置勾选项。

在 PySide6 中，QGroupBox 类是 QWidget 类的子类，其构造函数如下：

```
QGroupBox(parent:QWidget = None)
QGroupBox(title:str,parent:QWidget = None)
```

其中，parent 表示父窗口或父容器；title 表示分组框控件上显示的文本。

在 PySide6 中，QGroupBox 类的常用方法见表 5-10。

表 5-10　QGroupBox 类的常用方法

方法及参数类型	说　明	返回值的类型
[slot]setCheckable(bool)	设置标题栏上是否有勾选项	None
setTitle()	设置标题的名称	None
title()	获取标题的名称	str
setFlat(bool)	设置是否处于扁平状态	None
isFlat(bool)	获取是否处于扁平状态	bool
isCheckable()	获取标题栏是否有勾选项	bool
setAlignment(Qt. Alignment)	设置标题栏的对齐方式	None
alignment()	获取标题栏的对齐方式	Qt. Alignment
setGeometry(x:int,y:int,w:int,h:int)	设置分组框控件在父窗口中的位置、宽度、高度	None
setGeometry(QRect)	同上	None
resize(QSize)	设置分组框控件的宽度、高度	None
resize(w:int,h:int)	同上	None
setLayout(QLayout)	设置分组框中的布局	None

【实例 5-10】　创建一个窗口，窗口中有一个分组框控件，分组框控件中有 5 个单选按

钮,代码如下:

```python
# === 第 5 章 代码 demo10.py === #
import sys
from PySide6.QtWidgets import (QApplication,QWidget,QRadioButton,QGroupBox,QHBoxLayout)
from PySide6.QtGui import QFont

class Window(QWidget):
    def __init__(self):
        super().__init__()
        self.setGeometry(200,200,560,220)
        self.setWindowTitle('QGroupBox 类')
        self.setFont(QFont("黑体",14))
        # 创建 QGroupBox 对象
        group = QGroupBox(self)
        group.setTitle("选择北宋时期的人物")
        # 创建 5 个单选按钮
        radio1 = QRadioButton("李白")
        radio2 = QRadioButton("杜甫")
        radio3 = QRadioButton("陶渊明")
        radio4 = QRadioButton("苏轼")
        radio5 = QRadioButton("司马迁")
        # 创建水平布局对象
        hbox = QHBoxLayout()
        # 添加控件
        hbox.addWidget(radio1)
        hbox.addWidget(radio2)
        hbox.addWidget(radio3)
        hbox.addWidget(radio4)
        hbox.addWidget(radio5)
        # 设置 group 对象的布局方式
        group.setLayout(hbox)


if __name__ == '__main__':
    app = QApplication(sys.argv)
    win = Window()
    win.show()
    sys.exit(app.exec())
```

运行结果如图 5-13 所示。

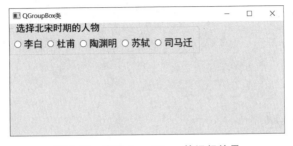

图 5-13 代码 demo10.py 的运行结果

在 PySide6 中,QGroupBox 类的信号见表 5-11。

表 5-11　QGroupBox 类的信号

信　　号	说　　明
clicked()	当被单击时发送信号
clicked(checked:bool)	当被单击时发送信号
toggle(bool)	当勾选状态发生变化时发送信号

【实例 5-11】　创建一个窗口,窗口中有一个设置了勾选项的分组框控件,分组框控件中有两个单选按钮。如果切换勾选项的状态,则打印提示信息,代码如下:

```python
# === 第 5 章 代码 demo11.py === #
import sys
from PySide6.QtWidgets import (QApplication,QWidget,QRadioButton,QGroupBox,QHBoxLayout)
from PySide6.QtGui import QFont

class Window(QWidget):
    def __init__(self):
        super().__init__()
        self.setGeometry(200,200,500,200)
        self.setWindowTitle('QGroupBox 类')
        self.setFont(QFont("黑体",14))
        # 创建 QGroupBox 对象
        self.group = QGroupBox(self)
        self.group.setTitle("性别")
        self.group.setCheckable(True)
        # 创建两个单选按钮
        radio1 = QRadioButton("男")
        radio2 = QRadioButton("女")
        # 创建水平布局对象
        hbox = QHBoxLayout()
        # 添加控件
        hbox.addWidget(radio1)
        hbox.addWidget(radio2)
        # 设置 group 对象的布局方式
        self.group.setLayout(hbox)
        # 使用信号/槽机制
        self.group.toggled.connect(self.echo_text)

    # 自定义槽函数
    def echo_text(self,state):
        if state == True:
            print("已经勾选")
        else:
            print("取消勾选")


if __name__ == '__main__':
    app = QApplication(sys.argv)
```

```
win = Window()
win.show()
sys.exit(app.exec())
```

运行结果如图 5-14 所示。

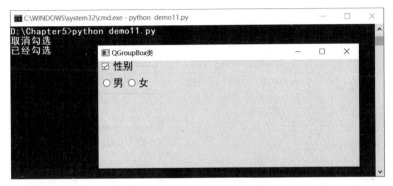

图 5-14 代码 demo11.py 的运行结果

5.2.2 框架控件(QFrame)

在 PySide6 中,可以使用 QFrame 类创建框架控件。框架控件可以容纳各种窗口控件,但框架控件没有自己特有的信号或槽函数,不接受用户的输入信息。框架控件可以提供一个框架,可以设置外边框的样式、线宽。

在 PySide6 中,QFrame 类是 QWidget 类的子类,其构造函数如下:

```
QFrame(parent:QWidget = None,f:Qt.WindowFlags = Default(Qt.WindowFlags))
```

其中,parent 表示父窗口或父容器。

在 PySide6 中,QFrame 类的常用方法见表 5-12。

表 5-12 QFrame 类的常用方法

方法及参数类型	说 明	返回值类型
setFrameShadow (QFrame.Shadow)	设置框架控件的阴影形式,参数值为 QFrame.Plain(平面)、QFrame.Raised(凸起)、QFrame.Sunken(凹陷)	None
frameShadow()	获取窗口的阴影形式	QFrame.Shadow
setFrameShape (QFrame.Shape)	设置框架控件的边框形状,其中 QFrame.NoFrame:无边框,默认值 QFrame.Box:矩形框,边框内部不填充 QFrame.Panel:面板,边框线内部填充 QFrame.WinPanel:Windows 风格的面板,边框线宽为 2 像素 QFrame.HLine:边框线只在中间有一条水平线 QFrame.VLine:边框线只在中间有一条竖直线 QFrame.StyledPanel:根据当前的 GUI 画矩形面板	None

方法及参数类型	说　　明	返回值类型
frameShape()	获取框架控件的边框形状	QFrame.Shape
setFrameStyle(int)	设置边框的样式	None
frameStyle()	获取边框的样式	int
setLineWidth(int)	设置边框线的宽度	None
lineWidth()	获取边框线的宽度	int
setMidLineWidth(int)	设置边框线的中间线的宽度	None
midLineWidth()	获取边框线的中间线的宽度	int
frameWidth()	获取边框内线的宽度	int
setFrameRect(QRect)	设置边框线所在的范围	None
frameRect()	获取框架控件所在的范围	QRect
drawFrame(QPainter)	绘制边框线	None
setLayout(QLayout)	设置框架控件中的布局	None
setGeometry(QRect)	设置框架控件左上角的位置,以及宽度和高度	None
resize(QSize)	设置框架控件的宽度、高度	None
resize(w:int,h:int)	设置框架控件的宽度、高度	None

【实例 5-12】　创建一个窗口,窗口中有一个显示边框的框架控件。框架控件内部是一个登录界面,代码如下:

```
# === 第 5 章 代码 demo12.py === #
import sys
from PySide6.QtWidgets import (QApplication, QWidget, QLabel, QFormLayout, QLineEdit, QFrame,
QPushButton)

class Window(QWidget):
    def __init__(self):
        super().__init__()
        self.setGeometry(200,200,560,220)
        self.setWindowTitle('QFrame 类')
        # 创建 Frame 对象
        frame1 = QFrame(self)
        frame1.setFrameShape(QFrame.Box)
        # 创建两个标签、两个单行文本框
        name = QLabel("账号(UserName):")
        code = QLabel("密码(Password):")
        self.lineEdit1 = QLineEdit()
        self.lineEdit2 = QLineEdit()
        btn1 = QPushButton("确定")
        btn2 = QPushButton("取消")
        # 创建表单布局对象
        form = QFormLayout()
        # 添加行
        form.addRow(name,self.lineEdit1)
        form.addRow(code,self.lineEdit2)
        form.addRow(btn1)
```

```
        form.addRow(btn2)
        ♯设置 Frame 对象的布局方式
        frame1.setLayout(form)


if __name__ == '__main__':
    app = QApplication(sys.argv)
    win = Window()
    win.show()
    sys.exit(app.exec())
```

运行结果如图 5-15 所示。

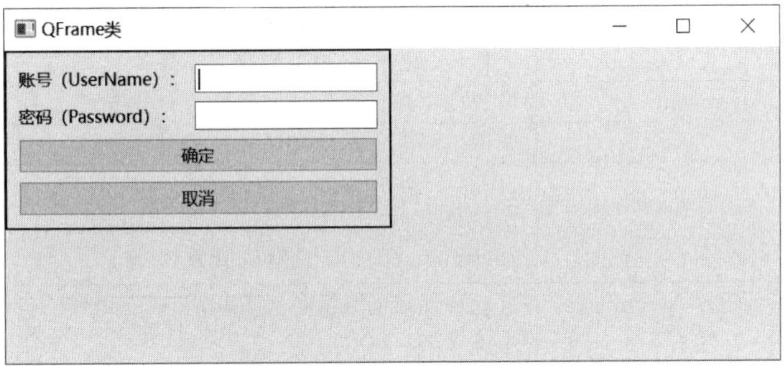

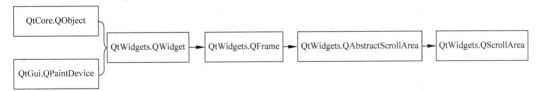

图 5-15 代码 demo12.py 的运行结果

注意：框架控件的边框线由外线、内线、中间线构成。可使用 setLineWidth()方法设置外线的宽度，使用 setMidLineWidth()方法设置中间线的宽度，可使用 frameWidth()获取边框内线的宽度。

5.2.3 滚动区控件(QScrollArea)

在 PySide6 中，可使用 QScrollArea 类创建滚动区控件。滚动区控件可以容纳其他控件，如果内部控件的宽和高超过滚动区控件的宽和高，则滚动区控件会自动提供水平滚动条、竖直滚动条。用户可通过拖动滚动条的方法查看滚动区控件内部的所有内容。QScrollArea 类的继承关系如图 5-16 所示。

图 5-16 QScrollArea 类的继承关系

在 PySide6 中，QScrollArea 类的构造函数如下：

```
QScrollArea(parent:QWidget = None)
```

其中,parent 表示父窗口或父容器。

QScrollArea 类的常用方法见表 5-13。

表 5-13　QScrollArea 类的常用方法

方法及参数类型	说　　明	返回值的类型
setWidget(QWidget)	将某个控件设置为可滚动显示的控件	None
widget()	获取可滚动显示的控件	QWidget
setWidgetResizable(bool)	设置内部控件是否可调节宽和高,尽量不显示滚动条	None
widgetResizable()	获取内部控件是否可调节宽和高	bool
setAlignment(Qt.Alignment)	设置内部控件在滚动区控件的对齐方式	None
alignment()	获取内部控件在滚动区控件的对齐方式	Qt.Alignment
ensureVisible(x:int,y:int,xmargin:int=50,ymargin:int=50)	自动移动滚动条的位置,确保坐标(x,y)的像素是可见的,并且像素到边框的距离分别为 xmargin、ymargin,其默认值为50像素	None
ensureVisible(childWidget:QWidget,xmargin:int=50,ymargin:int=50)	自动移动滚动条的位置,确保控件 childWidget 是可见的	None
setHorizontalScrollBarPolicy(Qt.ScrollBarPolicy)	设置竖直滚动条的显示策略	None
setVerticalScrollBarPolicy(Qt.ScrollBarPolicy)	设置水平滚动条的显示策略	None

在表 5-13 中,Qt.ScrollBarPolicy 的枚举值为 Qt.ScrollBarAdNeeded(根据情况自动调整何时出现滚动条)、Qt.ScrollBarAlwaysOff(从不出现滚动条)、Qt.ScrollBarAlwaysOn(一直出现滚动条)。

【实例 5-13】　创建一个窗口,窗口中有一个滚动区控件。在该控件中显示一张图像,代码如下:

```python
# === 第 5 章 代码 demo13.py === #
import sys
from PySide6.QtWidgets import (QApplication,QWidget,QLabel,QScrollArea)
from PySide6.QtGui import QPixmap

class Window(QWidget):
    def __init__(self):
        super().__init__()
        self.setGeometry(200,200,700,400)
        self.setWindowTitle('QScrollArea 类')
        #创建滚动区控件
        area = QScrollArea(self)
        label = QLabel()
```

```
        pic = QPixmap("D:\\Chapter5\\images\\cat1.png")
        label.setPixmap(pic)
        # 将标签控件设置成可滚动显示的控件
        area.setWidget(label)


if __name__ == '__main__':
    app = QApplication(sys.argv)
    win = Window()
    win.show()
    sys.exit(app.exec())
```

运行结果如图 5-17 所示。

图 5-17 代码 demo13.py 的运行结果

5.2.4 切换卡控件(QTabWidget)

7min

在 PySide6 中,可以使用 QTabWidget 类创建切换卡控件。切换卡控件由多张卡片组成,每张卡片就是一个窗口(QWidget)。可以根据实际需求,将不同的控件分别放置到不同的卡片上,这样便可以提高窗口空间的使用效率。

QTabWidget 类是 QWidget 类的子类,其构造函数如下:

```
QTabWidget(parent:QWidget = None)
```

其中,parent 表示父窗口或父容器。

在 PySide6 中,QTabWidget 类的常用方法见表 5-14。

表 5-14　QTabWidget 类的常用方法

方法及参数类型	说　　明	返回值的类型
[slot]setCurrentIndex(index:int)	设置当前卡片的索引	None
[slot]setCurrentWidget(QWidget)	将窗口控件设置成当前卡片	None
addTab(QWidget,label:str)	在末尾添加一张卡片	None
addTab(QWidget,QIcon,label:str)	在末尾添加一张卡片	None
insertTab(index:int,QWidget,label, str)	在索引 int 处插入卡片	None
insertTab(index:int,QWidget,QIcon, label,str)	在索引 int 处插入卡片	None
widget(index:int)	根据索引获取卡片窗口	QWidget
clear()	清空所有卡片	None
count()	获取卡片数量	int
indexOf(QWidget)	获取某个窗口对应的卡片索引号	int
removeTab(index:int)	根据索引移除卡片	None
setCornerWidget(QWidget,Qt. Corner)	在角位置设置控件,Qt. Corner 的参数值可为 Qt. TopRightCorner、Qt. BottomRightCorner、Qt. TopLeftCorner、Qt. BottomLeftCorner	None
cornerWidget(Qt. Corner)	获取角位置的索引	QWidget
currentIndex()	获取当前卡片的索引	int
currentWidget()	获取当前卡片的窗口控件	QWidget
setDocumentMode(bool)	设置卡片是否为文档模式	None
documentMode()	获取卡片是否为文档模式	bool
setElideMode(Qt. TextElideMode)	设置卡片标题是否为省略模式,其中 Qt. ElideNone：没有省略号 Qt. ElideLeft：省略号在左侧 Qt. ElideMiddle：省略号在中间 Qt. ElideRight：省略号在右侧	None
setIconSize(QSize)	设置卡片图标的宽和高	None
iconSize()	获取卡片图标的宽和高	QSize
setMovable(bool)	设置卡片之间是否可以交换位置	None
isMovable()	获取卡片之间是否可以交换位置	bool
setTabBarAutoHide(bool)	当只有 1 张卡片时,设置卡片标题是否自动隐藏	None
tabBarAutoHide()	获取标题是否为自动隐藏	bool
setTabEnabled(index:int,bool)	设置是否激活索引为 int 的卡片	None
isTabEnabled(index:int)	获取索引为 int 的卡片是否激活	bool
setTabIcon(index:int,QIcon)	根据索引设置卡片的图标	None
tabIcon(index:int)	根据索引获取卡片的图标	QIcon
setTabPosition(QTabWidget. Tab Position)	设置标题栏的位置,参数值可为 QTabWidget. North、QTabWidget. South、QTabWidget. East、QTabWidget. West	None

方法及参数类型	说　　明	返回值的类型
setTabShape(QTabWidget. Tab Shape)	设置标题栏的形状，参数值可为 QTabWidget. Rounded、QTabWidget. Triangular	None
setTabText(index:int,str)	根据索引设置卡片的标题名称	None
tabText(index:int)	根据索引获取卡片的标题名称	str
setTabToolTip(index:int,str)	根据索引设置卡片的提示信息	None
tabToolTip(index:int)	根据索引获取卡片的提示信息	str
setVisible(bool)	设置切换卡是否可见	None
setTabsClosable(bool)	设置卡片标题上是否有关闭标识	None
tabsClosable()	获取卡片是否可以关闭	bool
setUserScrollButtons(bool)	设置是否有滚动按钮	None
userScrollButtons()	获取是否有滚动按钮	bool

【实例 5-14】 创建一个窗口，窗口中有一个切换卡控件。切换卡控件下有 3 张卡片，代码如下：

```python
# === 第 5 章 代码 demo14.py === #
import sys
from PySide6.QtWidgets import (QApplication,QWidget,QTabWidget,QLabel,QHBoxLayout)

class Window(QWidget):
    def __init__(self):
        super().__init__()
        self.setGeometry(200,200,560,220)
        self.setWindowTitle('QTabWidget 类')
        #创建切换卡控件
        tab = QTabWidget(self)
        #创建主窗口并将其设置为水平布局
        hbox = QHBoxLayout()
        hbox.addWidget(tab)
        self.setLayout(hbox)
        #创建页面 1
        page1 = QWidget()
        layout1 = QHBoxLayout()
        label1 = QLabel("这是第 1 个页面。")
        layout1.addWidget(label1)
        page1.setLayout(layout1)
        #创建页面 2
        page2 = QWidget()
        layout2 = QHBoxLayout()
        label2 = QLabel("这是第 2 个页面。")
        layout2.addWidget(label2)
        page2.setLayout(layout2)
        #创建页面 3
        page3 = QWidget()
        layout3 = QHBoxLayout()
```

```
            label3 = QLabel("这是第 3 个页面。")
            layout3.addWidget(label3)
            page3.setLayout(layout3)
            ♯向切换卡控件中添加页面
            tab.addTab(page1,"页面 1")
            tab.addTab(page2,"页面 2")
            tab.addTab(page3,"页面 3")


    if __name__ == '__main__':
        app = QApplication(sys.argv)
        win = Window()
        win.show()
        sys.exit(app.exec())
```

运行结果如图 5-18 所示。

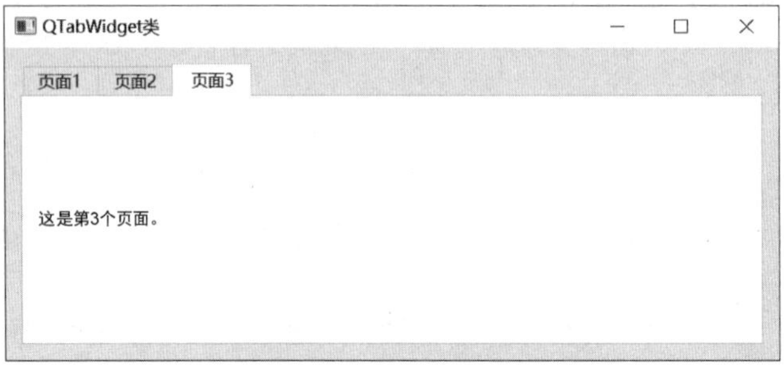

图 5-18 代码 demo14.py 的运行结果

在 PySide6 中,QTabWidget 类的信号见表 5-15。

表 5-15 QTabWidget 类的信号

信　　号	说　　明
currentChanged(index:int)	当前卡片改变时发送信号
tabBarClicked(index:int)	单击卡片的标题时发送信号
tabBarDoubleClicked(index:int)	双击卡片的标题时发送信号
tabCloseRequested(index:int)	单击卡片的关闭标识时发送信号

【实例 5-15】　创建一个窗口,窗口中有一个切换卡控件。切换卡控件下有 3 张卡片。如果单击卡片的关闭标识,则关闭卡片,代码如下:

```
♯ === 第 5 章 代码 demo15.py === ♯
import sys
from PySide6.QtWidgets import (QApplication,QWidget,QTabWidget,QLabel,QHBoxLayout)

class Window(QWidget):
    def __init__(self):
        super().__init__()
        self.setGeometry(200,200,560,220)
```

```
        self.setWindowTitle('QTabWidget 类')
        # 创建切换卡控件
        self.tab = QTabWidget(self)
        self.tab.setTabsClosable(True)
        # 创建并设置主窗口为水平布局
        hbox = QHBoxLayout()
        hbox.addWidget(self.tab)
        self.setLayout(hbox)
        # 创建页面 1
        page1 = QWidget()
        layout1 = QHBoxLayout()
        label1 = QLabel("这是第 1 个页面。")
        layout1.addWidget(label1)
        page1.setLayout(layout1)
        # 创建页面 2
        page2 = QWidget()
        layout2 = QHBoxLayout()
        label2 = QLabel("这是第 2 个页面。")
        layout2.addWidget(label2)
        page2.setLayout(layout2)
        # 创建页面 3
        page3 = QWidget()
        layout3 = QHBoxLayout()
        label3 = QLabel("这是第 3 个页面。")
        layout3.addWidget(label3)
        page3.setLayout(layout3)
        # 向切换卡控件中添加页面
        self.tab.addTab(page1,"页面 1")
        self.tab.addTab(page2,"页面 2")
        self.tab.addTab(page3,"页面 3")
        # 使用信号/槽机制
        self.tab.tabCloseRequested.connect(self.close_tab)

    # 自定义槽函数
    def close_tab(self,index):
        self.tab.removeTab(index)


if __name__ == '__main__':
    app = QApplication(sys.argv)
    win = Window()
    win.show()
    sys.exit(app.exec())
```

运行结果如图 5-19 所示。

5.2.5 堆叠控件(**QStackedWidget**)

在 PySide6 中,可以使用 QStackedWidget 类创建堆叠控件。堆叠控件在功能上与切换卡控件类似,但需要使用自定义的下拉列表或按钮切换页面,并确定当前页面为要显示的页面。QStackedWidget 类的继承关系如图 5-20 所示。

9min

图 5-19　代码 demo15.py 的运行结果

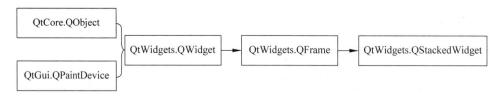

图 5-20　QStackedWidget 类的继承关系

QStackedWidget 类的构造函数如下：

```
QStackedWidget(parent:QWidget = None)
```

其中，parent 表示父窗口或父容器。

在 PySide6 中，QStackedWidget 类的常用方法见表 5-16。

表 5-16　QStackedWidget 类的常用方法

方法及参数类型	说　　明	返回值的类型
[slot]setCurrentWidget(QWidget)	将指定的窗口设置为当前窗口	None
[slot]setCurrentIndex(index:int)	将索引为 index 的窗口设置为当前窗口	None
addWidget(QWidget)	在末尾添加窗口，并返回索引	int
insertWidget(index:int,QWidget)	根据索引插入新窗口	int
widget(index:int)	获取索引为 index 的窗口	QWidget
currentIndex()	获取当前窗口的索引	int
currentWidget()	获取当前的窗口	QWidget
indexOf(QWidget)	获取指定窗口的索引	int
removeWidget(QWidget)	移除指定窗口	None
count()	获取窗口的数量	int

在 PySide6 中，QStackedWidget 类的信号见表 5-17。

表 5-17　QStackedWidget 类的信号

信　　号	说　　明
currentChanged(index:int)	当前窗口改变时发送信号
widgetRemoved(index:int)	当移除窗口时发送信号

【实例 5-16】　创建一个窗口，窗口中有一个堆叠控件，在堆叠控件中使用下拉列表框切换 3 个页面，代码如下：

```python
# === 第 5 章 代码 demo16.py === #
import sys
from PySide6.QtWidgets import (QApplication, QWidget, QVBoxLayout, QLabel, QStackedWidget,
QComboBox,QHBoxLayout)

class Window(QWidget):
    def __init__(self):
        super().__init__()
        self.setGeometry(200,200,560,220)
        self.setWindowTitle('QStackedLayout 类')
        #窗口使用垂直布局
        vbox = QVBoxLayout()
        self.setLayout(vbox)
        #创建下拉列表对象
        combo1 = QComboBox(self)
        combo1.addItem("页面 1")
        combo1.addItem("页面 2")
        combo1.addItem("页面 3")
        vbox.addWidget(combo1)
        #创建堆叠控件
        stacked1 = QStackedWidget()
        #创建页面 1
        page1 = QWidget()
        layout1 = QHBoxLayout()
        label1 = QLabel("这是第 1 个页面。")
        layout1.addWidget(label1)
        page1.setLayout(layout1)
        #创建页面 2
        page2 = QWidget()
        layout2 = QHBoxLayout()
        label2 = QLabel("这是第 2 个页面。")
        layout2.addWidget(label2)
        page2.setLayout(layout2)
        #创建页面 3
        page3 = QWidget()
        layout3 = QHBoxLayout()
        label3 = QLabel("这是第 3 个页面。")
        layout3.addWidget(label3)
        page3.setLayout(layout3)
        #向堆叠控件中添加页面
        stacked1.addWidget(page1)
        stacked1.addWidget(page2)
        stacked1.addWidget(page3)
        #向垂直布局中添加堆叠控件
        vbox.addWidget(stacked1)
        #使用信号/槽机制
        combo1.activated.connect(stacked1.setCurrentIndex)
```

```
if __name__ == '__main__':
    app = QApplication(sys.argv)
    win = Window()
    win.show()
    sys.exit(app.exec())
```

运行结果如图 5-21 所示。

图 5-21　代码 demo16.py 的运行结果

【实例 5-17】　创建一个窗口,窗口中有一个堆叠控件,在堆叠控件中有 3 个页面。使用按钮切换页面,代码如下:

```
# === 第 5 章 代码 demo17.py === #
import sys
from PySide6.QtWidgets import (QApplication, QWidget, QVBoxLayout, QLabel, QStackedWidget,
QPushButton,QHBoxLayout)

class Window(QWidget):
    def __init__(self):
        super().__init__()
        self.setGeometry(200,200,560,220)
        self.setWindowTitle('QStackedWidget 类')
        # 窗口使用垂直布局
        vbox = QVBoxLayout()
        self.setLayout(vbox)
        # 创建堆叠控件
        self.stacked = QStackedWidget()
        # 创建页面 1
        page1 = QWidget()
        layout1 = QHBoxLayout()
        label1 = QLabel("这是第 1 个页面。")
        layout1.addWidget(label1)
        page1.setLayout(layout1)
        # 创建页面 2
        page2 = QWidget()
        layout2 = QHBoxLayout()
        label2 = QLabel("这是第 2 个页面。")
        layout2.addWidget(label2)
```

```
        page2.setLayout(layout2)
        #创建页面 3
        page3 = QWidget()
        layout3 = QHBoxLayout()
        label3 = QLabel("这是第 3 个页面。")
        layout3.addWidget(label3)
        page3.setLayout(layout3)
        #向堆叠控件中添加页面
        self.stacked.addWidget(page1)
        self.stacked.addWidget(page2)
        self.stacked.addWidget(page3)
        vbox.addWidget(self.stacked)
        #创建水平布局对象,并添加 3 个按压按钮
        btn_layout = QHBoxLayout()
        btn1 = QPushButton("页面 1")
        btn2 = QPushButton("页面 2")
        btn3 = QPushButton("页面 3")
        btn_layout.addWidget(btn1)
        btn_layout.addWidget(btn2)
        btn_layout.addWidget(btn3)
        vbox.addLayout(btn_layout)
        #使用信号/槽机制
        btn1.clicked.connect(lambda:self.stacked.setCurrentIndex(0))
        btn2.clicked.connect(lambda:self.stacked.setCurrentIndex(1))
        btn3.clicked.connect(lambda:self.stacked.setCurrentIndex(2))


if __name__ == '__main__':
    app = QApplication(sys.argv)
    win = Window()
    win.show()
    sys.exit(app.exec())
```

运行结果如图 5-22 所示。

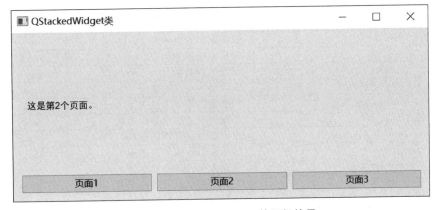

图 5-22 代码 demo17.py 的运行结果

5.2.6　工具箱控件(QToolBox)

在 PySide6 中,可以使用 QToolBox 类创建工具箱控件。工具箱控件在功能上与切换卡控件类似,可以显示多种页面,但工具箱控件的页面是从上到下依次排列的。工具箱控件的页面标题呈按钮状,如果单击每页的标题,则会在该标题下显示每页窗口。QToolBox 类的继承关系如图 5-23 所示。

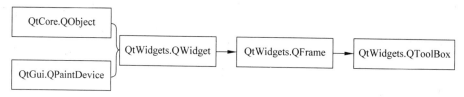

图 5-23　QToolBox 类的继承关系

QToolBox 类的构造函数如下:

```
QToolBox(parent:QWidget = None,f:Qt.WindowFlags = Default(Qt.WindowFlags))
```

其中,parent 表示父窗口或父容器。

在 PySide6 中,QToolBox 类的常用方法见表 5-18。

表 5-18　QToolBox 类的常用方法

方法及参数类型	说　明	返回值的类型
[slot]setCurrentIndex(index:int)	根据索引设置当前项	None
[slot]setCurrentWidget(QWidget)	设置当前窗口	None
addItem(QWidget,text:str)	在末尾添加项,text 表示标题	int
addItem(QWidget,QIcon,text:str)	在末尾添加项,QIcon 表示图标	int
insertItem(index:int,QWidget,text:str)	根据索引插入项	int
insertItem(index:int,QWidget,QIcon,str)	根据索引插入项	int
currentIndex()	获取当前项的索引	int
currentWidget()	获取当前项的窗口	QWidget
widget(index:int)	获取索引为 index 的窗口	int
removeItem(index:int)	根据索引移除项	None
count()	获取项的数量	int
indexOf(QWidget)	获取指定窗口的索引	int
setItemEnabled(index:int,bool)	根据索引设置项是否激活	None
isItemEnabled(index:int)	根据索引获取项是否激活	bool
setItemIcon(index:int,QIcon)	根据索引设置项的图标	None
itemIcon(index:int)	根据索引获取项的图标	bool
setItemText(index:int,str)	根据索引设置项的标题名称	None
itemText(index:int)	根据索引获取项的标题名称	str
setItemToolTip(index:int,str)	根据索引设置项的提示信息	None
itemToolTip(index:int)	根据索引获取项的提示信息	str

在 PySide6 中,QToolBox 类只有一个信号 currentChanged(index:int),表示当前项发

生变化时发送信号。

【**实例 5-18**】 创建一个窗口,窗口中有一个工具箱控件,在工具箱控件中有 3 个页面,
代码如下:

```python
# === 第 5 章 代码 demo18.py === #
import sys
from PySide6.QtWidgets import ( QApplication, QWidget, QVBoxLayout, QLabel, QToolBox,
QHBoxLayout)

class Window(QWidget):
    def __init__(self):
        super().__init__()
        self.setGeometry(200,200,560,220)
        self.setWindowTitle('QToolBox 类')
        # 窗口使用垂直布局
        vbox = QVBoxLayout()
        self.setLayout(vbox)
        # 创建工具箱控件
        tool = QToolBox()
        vbox.addWidget(tool)
        # 创建页面 1
        page1 = QWidget()
        layout1 = QHBoxLayout()
        label1 = QLabel("这是第 1 个页面。")
        layout1.addWidget(label1)
        page1.setLayout(layout1)
        # 创建页面 2
        page2 = QWidget()
        layout2 = QHBoxLayout()
        label2 = QLabel("这是第 2 个页面。")
        layout2.addWidget(label2)
        page2.setLayout(layout2)
        # 创建页面 3
        page3 = QWidget()
        layout3 = QHBoxLayout()
        label3 = QLabel("这是第 3 个页面。")
        layout3.addWidget(label3)
        page3.setLayout(layout3)
        # 向工具箱控件中添加页面
        tool.addItem(page1,"页面 1")
        tool.addItem(page2,"页面 2")
        tool.addItem(page3,"页面 3")
        # 向垂直布局中添加工具箱控件
        vbox.addWidget(tool)


if __name__ == '__main__':
    app = QApplication(sys.argv)
    win = Window()
    win.show()
    sys.exit(app.exec())
```

运行结果如图 5-24 所示。

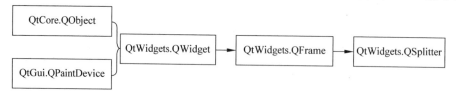

图 5-24　代码 demo18.py 的运行结果

5.2.7　单页面容器控件(QAxWidget)

在 PySide6 中,可以使用 QAxWidget 类创建单页面容器控件。可以使用单页面容器控件访问 ActiveX 控件。QAxWidget 类有一个父类 QAxBase,QAxBase 类提供了 API 初始化和访问 COM 对象的相关功能。QAxWidget 从 QAxBase 继承了大部分与 ActiveX 相关的功能。

ActiveX 控件是一种比较老的技术,只有 IE 浏览器对其提供支持。2022 年 6 月 15 日,微软宣布放弃支持 IE 浏览器,转而支持使用 Chromium 内核的 Edge 浏览器,因此,QAxWidget 类应用得比较少。如果开发浏览器,则推荐支持 Chromium 内核的 QWebEngineView 类。

13min

5.3　分割器控件(QSplitter)

在 PySide 中,可以使用 QSplitter 类创建分割器控件。分割器控件可以将窗口分割为多个不同的部分,不同的部分之间有一条分割线,可以通过拖曳改变分割线的位置。分割器分为水平分割器和竖直分割器。可以在分割器中加入控件,也可以在分割器中加入分割器,形成多级分割,但不能在分割器中加入布局。QSplitter 类的继承关系如图 5-25 所示。

```
QtCore.QObject ─┐
                ├─ QtWidgets.QWidget → QtWidgets.QFrame → QtWidgets.QSplitter
QtGui.QPaintDevice ─┘
```

图 5-25　QSplitter 类的继承关系

QSplitter 类的构造函数如下:

```
QSplitter(parent:QWidget = None)
QSplitter(Qt.Orientation, parent:QWidget = None)
```

其中，parent 表示父窗口或父容器；Qt. Orientation 表示分割方向，其参数值为 Qt. Vertical 或 Qt. Horizontal。

5.3.1　QSplitter 类的方法和信号

在 PySide6 中，QSplitter 类的常用方法见表 5-19。

表 5-19　QSplitter 类的常用方法

方法及参数类型	说　　明	返回值类型
addWidget(QWidget)	在末尾添加控件	None
addWidget(index:int,QWidget)	根据索引插入控件	None
widget(index:int)	根据索引获取控件	QWidget
replaceWidget(index:int,QWidget)	根据索引替换控件	None
count()	获取控件的数量	int
indexOf(QWidget)	获取控件的索引	int
setOrientation(Qt. Orientation)	设置分割方向	None
orientation()	获取分割方向	Qt. Orientation
setOpaqueResize(bool)	当拖动分割条时，设置是否为动态的	None
setStretchFactor(index:int,stretch)	当窗口缩放时，设置分割区的缩放系数	None
setHandleWidth(int)	设置分割条的宽度	None
setChildrenCollapsible(bool)	设置内部控件是否可以折叠，默认值为 True	None
setCollapsible(index:int,bool)	根据索引设置控件是否可以折叠	None
setSize(list:Sequence[int])	使用序列(列表、元组)设置内部控件的宽度(水平分割)、高度(竖直分割)	None
size()	获取分割器中控件的宽度(水平分割)列表或高度列表(竖直分割)	List
setRubberBand(position:int)	将橡皮筋设置到指定位置，如果分割线不是动态的，则会看到橡皮筋	None
moveSplitter(pos:int,index:int)	将索引为 index 的分割线移动到 pos 处	None
getRange(index:int)	根据索引获取分割线的调节范围	Tuple
saveState()	保存分割器的状态	QByteArray
restoreState(QByteArray)	恢复保存的状态	bool

在 PySide6 中，QSplitter 类只有一个信号 splitterMoved(pos:int,index:int)，表示当分割线移动时发送信号，信号的参数是分割线的位置和索引。

5.3.2　QSplitter 类的应用实例

【实例 5-19】　创建一个窗口，使用分割器控件将窗口分割为左右两部分。窗口的左右两部分各显示一张图像，代码如下：

```
# === 第5章 代码 demo19.py === #
import sys
from PySide6.QtWidgets import (QApplication,QWidget,QLabel,QSplitter,QHBoxLayout)
```

```
from PySide6.QtGui import QPixmap
from PySide6.QtCore import Qt

class Window(QWidget):
    def __init__(self):
        super().__init__()
        self.setGeometry(200,200,560,220)
        self.setWindowTitle('QSplitter类')
        # 创建两个标签控件
        label_1 = QLabel()
        label_2 = QLabel()
        pic1 = QPixmap("D:\\Chapter5\\images\\cat1.png")
        pic2 = QPixmap("D:\\Chapter5\\images\\dog1.jpg")
        pic1 = pic1.scaled(260,220)
        pic2 = pic2.scaled(260,220)
        label_1.setPixmap(pic1)
        label_2.setPixmap(pic2)
        # 创建分割器,将窗口分割为左右两部分
        hsplitter = QSplitter(Qt.Horizontal)
        hsplitter.addWidget(label_1)
        hsplitter.addWidget(label_2)
        # 创建水平布局对象
        hbox = QHBoxLayout()
        hbox.addWidget(hsplitter)
        self.setLayout(hbox)


if __name__ == '__main__':
    app = QApplication(sys.argv)
    win = Window()
    win.show()
    sys.exit(app.exec())
```

运行结果如图 5-26 所示。

图 5-26 代码 demo19.py 的运行结果

【实例 5-20】 创建一个窗口,使用分割器控件将窗口分割为上下两部分。窗口的上下两部分各显示一张图像,代码如下:

```
# === 第 5 章 代码 demo20.py === #
import sys
from PySide6.QtWidgets import (QApplication,QWidget,QLabel,QSplitter,QVBoxLayout)
```

```python
from PySide6.QtGui import QPixmap
from PySide6.QtCore import Qt

class Window(QWidget):
    def __init__(self):
        super().__init__()
        self.setGeometry(200,200,600,450)
        self.setWindowTitle('QSplitter 类')
        # 创建两个标签控件
        label_1 = QLabel()
        label_2 = QLabel()
        pic1 = QPixmap("D:\\Chapter5\\images\\cat1.png")
        pic2 = QPixmap("D:\\Chapter5\\images\\dog1.jpg")
        pic1 = pic1.scaled(550,200)
        pic2 = pic2.scaled(550,200)
        label_1.setPixmap(pic1)
        label_2.setPixmap(pic2)
        # 创建分割器,将窗口分割为上下两部分
        vsplitter = QSplitter(Qt.Vertical)
        vsplitter.addWidget(label_1)
        vsplitter.addWidget(label_2)
        # 创建竖直布局对象
        vbox = QVBoxLayout()
        vbox.addWidget(vsplitter)
        self.setLayout(vbox)


if __name__ == '__main__':
    app = QApplication(sys.argv)
    win = Window()
    win.show()
    sys.exit(app.exec())
```

运行结果如图 5-27 所示。

图 5-27　代码 demo20.py 的运行结果

【**实例 5-21**】 创建一个窗口,使用分割器控件将窗口分割为 3 部分。窗口的各部分显示一张图像,代码如下:

```python
# === 第 5 章 代码 demo21.py === #
import sys
from PySide6.QtWidgets import (QApplication,QWidget,QLabel,QSplitter,QVBoxLayout)
from PySide6.QtGui import QPixmap
from PySide6.QtCore import Qt

class Window(QWidget):
    def __init__(self):
        super().__init__()
        self.setGeometry(200,200,800,500)
        self.setWindowTitle('QSplitter 类')
        # 创建两个标签控件
        label_1 = QLabel()
        label_2 = QLabel()
        label_3 = QLabel()
        pic1 = QPixmap("D:\\Chapter5\\images\\cat1.png")
        pic2 = QPixmap("D:\\Chapter5\\images\\dog1.jpg")
        pic3 = QPixmap("D:\\Chapter5\\images\\hill.png")
        pic1 = pic1.scaled(220,200)
        pic2 = pic2.scaled(220,220)
        pic3 = pic3.scaled(500,300)
        label_1.setPixmap(pic1)
        label_2.setPixmap(pic2)
        label_3.setPixmap(pic3)
        # 创建分割器,将窗口分割为上下两部分
        hsplitter = QSplitter(Qt.Vertical)
        hsplitter.addWidget(label_1)
        hsplitter.addWidget(label_2)
        # 创建分割器,将窗口分割为左右两部分
        vsplitter = QSplitter(Qt.Horizontal)
        vsplitter.addWidget(hsplitter)
        vsplitter.addWidget(label_3)
        # 创建竖直布局对象
        vbox = QVBoxLayout()
        vbox.addWidget(vsplitter)
        self.setLayout(vbox)


if __name__ == '__main__':
    app = QApplication(sys.argv)
    win = Window()
    win.show()
    sys.exit(app.exec())
```

运行结果如图 5-28 所示。

图 5-28 代码 demo21.py 的运行结果

5.4 小结

本章首先介绍了布局管理的基础知识,然后介绍了 PySide6 提供的布局管理的方法,包括水平布局、垂直布局、栅格布局、表单布局、堆叠布局。

其次介绍了 PySide6 中的容器控件,包括分组框控件、框架控件、滚动区控件、切换卡控件、堆叠控件、工具箱控件。

最后介绍了 PySide6 中的分割器控件,并介绍了分割器控件的应用实例。学习了布局管理和容器控件的相关知识后,在后面的章节中将使用本章的知识编写程序。

第6章

常用控件(中)

前面的章节已经介绍了 PySide6 的一部分常用控件,除此之外,PySide6 还提供了其他的控件,例如滑动控件、日期时间类控件、日历控件、网页浏览控件、对话框控件。这些控件都是创建 GUI 程序的必备控件。由于第 5 章已经介绍了 PySide6 的布局管理,所以这一章的实例使用布局管理的方法设置控件的位置,以及宽和高,而不再使用窗口类的 setGeometry() 方法。

6.1 滑动控件与转动控件

在 PySide6 中,有一种特殊的输入控件,可以通过滑动或转动向系统中输入数字,例如滚动条控件、滑块控件、仪表盘控件。可以通过滑动滚动条控件和滑块控件向系统中输入整数,也可以通过转动仪表盘控件向系统中输入数字。

在 PySide6 中,使用 QScrollBar 类创建滚动条控件,使用 QSlider 类创建滑块控件,使用 QDial 类创建仪表盘类。这 3 个类都是 QAbstractSlider 类的子类,其继承关系如图 6-1 所示。

图 6-1　QScrollBar 等类的继承关系

6.1.1 滚动条控件(QScrollBar)与滑块控件(QSlider)

在 PySide6 中,使用 QScrollBar 类创建滚动条控件,使用 QSlider 类创建滑块控件。这两个控件都有水平和竖直样式,功能相似,但外观不同。QScrollBar 类和 QSlider 类的构造函数如下:

17min

```
QScrollBar(parent:QWidget = None)
QScrollBar(Qt.Orientation,parent:QWidget = None)
QSlider(parent:QWidget = None)
QSlider(Qt.Orientation,parent:QWidget = None)
```

其中,parent 表示父窗口或父容器; Qt.Orientation 表示控件的样式,参数值可以为 Qt.
Horizontal、Qt.Vertical,分别表示水平样式、竖直样式。

QScrollBar 类和 QSlider 类的常用方法见表 6-1。

表 6-1　QScrollBar 类和 QSlider 类的常用方法

方法及参数类型	说　明	返回值的类型
[slot]setOrientation(Qt.Orientation)	设置控件的方向,可设置为水平方向或竖直方向	None
[slot]setRange(int,int)	设置控件的最大值和最小值	None
[slot]SetValue(int)	设置滑块的值	None
orientation()	获取控件的方向	Qt.Orientation
setInvertedAppearance(bool)	设置几何外观左右或上下颠倒	None
invertedAppearence()	获取几何外观是否颠倒	bool
setInvertedControls(bool)	设置键盘上的 PageDown 键和 PageUp 键是否为逆向控制	None
invertedControls()	获取是否进行逆向控制	bool
setMaximum(int)	设置最大值	None
maximum()	获取最大值	int
setMinimum(int)	设置最小值	None
minimum()	获取最小值	int
setPageStep(int)	设置当单击滑动区域时,控件值的变化量	None
pageStep()	获取当单击滑动区域时,控件值的变化量	int
setSingleStep(int)	设置当单击两端的箭头或拖动滑块时,控件值的变化量	None
singleStep()	获取当单击两端的箭头或拖动滑块时,控件值的变化量	int
setSliderDown(bool)	设置滑块是否被按下,该值的设置影响 isSliderDown()的返回值	None
isSliderDown()	当鼠标移动滑块时返回值为 True,当单击控件两端的箭头或滑块区域时返回值为 False	bool
setSliderPosition(int)	设置滑块的位置	None
sliderPosition()	获取滑块的位置	int
setTracing(bool)	设置是否追踪滑块的变化	None
value()	获取滑块的值	int
setTickInterval(int)	设置控件两个刻度之间的值,适用于 QSlider 控件	None

方法及参数类型	说　　明	返回值的类型
setTickPosition(QSlider.TickPosition)	设置刻度的位置,适用于 QSlider 控件。其参数值可 为 QSlider.NoTicks、QSlider.TicksBothSides、QSlider.TicksAbove、QSlider.TicksBelow、QSlider.TicksLeft、QSlider.TicksRight	None

【实例 6-1】 创建一个窗口,包含一个水平滚动条控件、一个竖直滚动条控件,代码如下:

```python
# === 第 6 章 代码 demo1.py === #
import sys
from PySide6.QtWidgets import (QApplication,QWidget,QScrollBar,QHBoxLayout)
from PySide6.QtCore import Qt

class Window(QWidget):
    def __init__(self):
        super().__init__()
        self.setGeometry(200,200,560,220)
        self.setWindowTitle('QScrollBar 类')
        #设置主窗口的布局
        hbox = QHBoxLayout()
        self.setLayout(hbox)
        #创建水平滚动条控件
        bar1 = QScrollBar(Qt.Horizontal)
        bar1.setRange(0,100)
        #创建竖直滚动条控件
        bar2 = QScrollBar(Qt.Vertical)
        bar2.setRange(0,50)
        hbox.addWidget(bar1)
        hbox.addWidget(bar2)


if __name__ == '__main__':
    app = QApplication(sys.argv)
    win = Window()
    win.show()
    sys.exit(app.exec())
```

运行结果如图 6-2 和图 6-3 所示。

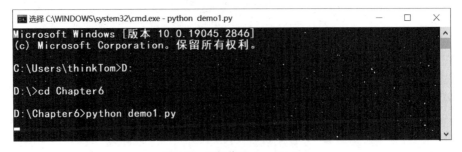

图 6-2　运行代码 demo1.py

图 6-3 代码 demo1.py 的运行结果

【实例 6-2】 创建一个窗口,包含一个水平滑块控件、一个竖直滑块控件,代码如下:

```python
# === 第 6 章 代码 demo2.py === #
import sys
from PySide6.QtWidgets import (QApplication,QWidget,QSlider,QHBoxLayout)
from PySide6.QtCore import Qt

class Window(QWidget):
    def __init__(self):
        super().__init__()
        self.setGeometry(200,200,560,220)
        self.setWindowTitle('QSlider 类')
        # 设置主窗口的布局
        hbox = QHBoxLayout()
        self.setLayout(hbox)
        # 创建水平滑块控件
        slider1 = QSlider(Qt.Horizontal)
        slider1.setRange(0,100)
        slider1.setTickInterval(2)
        slider1.setTickPosition(QSlider.TicksBothSides)
        # 创建竖直滑块控件
        slider2 = QSlider(Qt.Vertical)
        slider2.setRange(0,50)
        slider2.setTickInterval(5)
        slider2.setTickPosition(QSlider.TicksBothSides)
        hbox.addWidget(slider1)
        hbox.addWidget(slider2)


if __name__ == '__main__':
    app = QApplication(sys.argv)
    win = Window()
    win.show()
    sys.exit(app.exec())
```

运行结果如图 6-4 所示。

在 PySide6 中,QScrollBar 类和 QSlider 类中的信号见表 6-2。

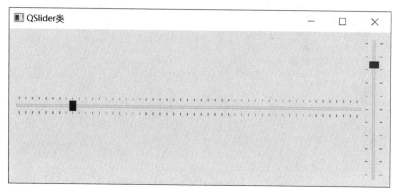

图 6-4 代码 demo2. py 的运行结果

表 6-2 QScrollBar 类和 QSlider 类中的信号

信号及参数类型	说　　明
valueChanged(value:int)	当数值发生变化时发送信号
rangeChanged(min:int,max: int)	当最小值和最大值发生变化时发送信号
sliderMoved(value:int)	当滑块移动时发送信号
sliderPressed()	当按下滑块时发送信号
sliderReleased()	当释放滑块时发送信号
actionTriggered (action: int)	当用鼠标改变滑块位置时发送信号,参数值可取 QAbstractSlider. SliderNoAction、QAbstractSlider. SliderSingleStepAdd、QAbstractSlider. SliderSingleStepSub、QAbstractSlider. SliderPageStepAdd、QAbstractSlider. SliderPageStepSub、QAbstractSlider. SliderToMinimum、QAbstractSlider. SliderToMaximum、QAbstractSlider. SliderMove,对应的值分别为 0~7

【实例 6-3】 创建一个窗口,包含一个滚动条控件、一个标签控件。当滑动滚动条时,标签显示数值,代码如下:

```
# === 第 6 章 代码 demo3.py === #
import sys
from PySide6.QtWidgets import (QApplication,QWidget,QScrollBar,QFormLayout,QLabel)
from PySide6.QtGui import QFont
from PySide6.QtCore import Qt

class Window(QWidget):
    def __init__(self):
        super().__init__()
        self.setGeometry(200,200,560,220)
        self.setWindowTitle('QScrollBar 类')
        # 设置主窗口的布局
        form = QFormLayout()
        self.setLayout(form)
```

```
        #创建水平滚动条控件
        self.bar = QScrollBar(Qt.Horizontal)
        self.bar.setRange(0,100)
        #使用信号/槽
        self.bar.valueChanged.connect(self.changed_bar)
        #创建标签控件
        self.label = QLabel("0")
        self.label.setFont(QFont("黑体",14))
        form.addRow(self.bar)
        form.addRow("数值:",self.label)


    #自定义槽函数
    def changed_bar(self,value):
        self.label.setText(str(value))


if __name__ == '__main__':
    app = QApplication(sys.argv)
    win = Window()
    win.show()
    sys.exit(app.exec())
```

运行结果如图 6-5 所示。

图 6-5 代码 demo3.py 的运行结果

【实例 6-4】 创建一个窗口,包含一个滑块控件、一个单行文本框。当滑动滑块时,单行文本框显示数值。当在单行文本框中输入数值时,滑块控件的滑块发生移动,代码如下:

```
# === 第 6 章 代码 demo4.py === #
import sys
from PySide6.QtWidgets import (QApplication,QWidget,QSlider,QFormLayout,QLineEdit)
from PySide6.QtGui import QFont
from PySide6.QtCore import Qt

class Window(QWidget):
    def __init__(self):
        super().__init__()
        self.setGeometry(200,200,560,220)
```

```
        self.setWindowTitle('QSlider 类')
        #设置主窗口的布局
        form = QFormLayout()
        self.setLayout(form)
        #创建水平滑块控件
        self.slider = QSlider(Qt.Horizontal)
        self.slider.setRange(0,100)
        #使用信号/槽
        self.slider.valueChanged.connect(self.slider_changed)
        #创建单行文本框
        self.lineEdit = QLineEdit()
        self.lineEdit.setFont(QFont("黑体",14))
        #使用信号/槽
        self.lineEdit.returnPressed.connect(self.lineedit_changed)
        form.addRow("压力:",self.slider)
        form.addRow("数值:",self.lineEdit)

    #自定义槽函数
    def slider_changed(self,value):
        self.lineEdit.setText(str(value))

    #自定义槽函数
    def lineedit_changed(self):
        value = int(self.lineEdit.text())
        if value >= 0 and value <= 100:
            self.slider.setValue(value)


if __name__ == '__main__':
    app = QApplication(sys.argv)
    win = Window()
    win.show()
    sys.exit(app.exec())
```

运行结果如图 6-6 所示。

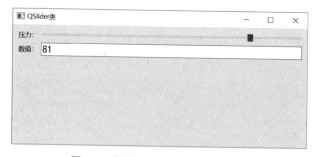

图 6-6 代码 demo4.py 的运行结果

6.1.2 仪表盘控件

在 PySide6 中,使用 QDial 类创建仪表盘控件。仪表盘控件与滑块控件类似,只是滑块

控件的滑槽为直线,而仪表盘控件的滑槽为圆形。QDial 类的构造函数如下:

```
QDial(parent:QWidget = None)
```

其中,parent 表示父窗口或父容器。

QDial 类的常用方法见表 6-3。

表 6-3　QDial 类的常用方法

方法及参数类型	说　　　明	返回值的类型
[slot]setNotchesVisible(visible:bool)	设置刻度是否可见	None
[slot]setWrapping(on:bool)	设置最大刻度与最小刻度是否重合	None
[slot]setValue(int)	设置滑块当前所在的位置	None
notchesVisible()	获取刻度是否可见	bool
setNotchTarget(target:float)	设置刻度之间的距离,单位为像素	None
notchTarget()	获取刻度之间的距离,单位为像素	float
wrapping()	获取最大刻度与最小刻度是否重合	bool
notchSize()	获取相邻刻度之间的值	int
setRange(min:int,max:int)	设置最大值和最小值	None
setMaximum(int)	设置最大值	None
setMinimum(int)	设置最小值	None
setInvertedAppearance(bool)	设置刻度反向显示	None
value()	获取滑块的值	int
setPageStep(int)	设置按键盘 PageUp 键和 PageDown 键时,滑块移动的距离	None
setSingleStep(int)	设置按上、下、左、右键时,滑块移动的距离	None
setTracking(enable:bool)	设置移动滑块时,是否连续发送 valueChanged(int)信号	None

【实例 6-5】　创建一个窗口,包含一个仪表盘控件,代码如下:

```
# === 第 6 章 代码 demo5.py === #
import sys
from PySide6.QtWidgets import (QApplication,QWidget,QDial,QHBoxLayout)

class Window(QWidget):
    def __init__(self):
        super().__init__()
        self.setGeometry(200,200,560,220)
        self.setWindowTitle('QDial 类')
        #设置主窗口的布局
        hbox = QHBoxLayout()
        self.setLayout(hbox)
        #创建仪表盘控件
        dial = QDial()
        dial.setRange(0,100)
```

```
            dial.setNotchesVisible(True)
            hbox.addWidget(dial)


if __name__ == '__main__':
    app = QApplication(sys.argv)
    win = Window()
    win.show()
    sys.exit(app.exec())
```

运行结果如图 6-7 所示。

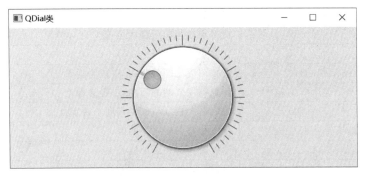

图 6-7　代码 demo5.py 的运行结果

在 PySide6 中，QDial 类的信号与 QSlider 类的信号相同，QDial 类的信号可查看表 6-2。

【**实例 6-6**】　创建一个窗口，包含一个仪表盘控件、一个标签控件。当滑动仪表盘时，标签显示数值，代码如下：

```
# === 第 6 章 代码 demo6.py === #
import sys
from PySide6.QtWidgets import (QApplication,QWidget,QDial,QLabel,QVBoxLayout)
from PySide6.QtGui import QFont

class Window(QWidget):
    def __init__(self):
        super().__init__()
        self.setGeometry(200,200,560,220)
        self.setWindowTitle('QDial 类')
        # 设置主窗口的布局
        vbox = QVBoxLayout()
        self.setLayout(vbox)
        # 创建仪表盘控件
        dial = QDial()
        dial.setRange(0,100)
        dial.setNotchesVisible(True)
        # 使用信号/槽
        dial.valueChanged.connect(self.dial_changed)
```

```
                #创建标签控件
                self.label = QLabel("0")
                self.label.setFont(QFont("黑体",14))
                vbox.addWidget(dial)
                vbox.addWidget(self.label)

            #自定义槽函数
            def dial_changed(self,value):
                value = str(value)
                self.label.setText(value)


    if __name__ == '__main__':
        app = QApplication(sys.argv)
        win = Window()
        win.show()
        sys.exit(app.exec())
```

运行结果如图 6-8 所示。

图 6-8 代码 demo6.py 的运行结果

6.2 日期时间类及其相关控件

在实际应用中,经常需要用到日历、日期、时间。针对这类问题,PySide6 提供了日期时间类及其相关控件处理此类问题。

6.2.1 日历类(QCalendar)与日期类(QDate)

在 PySide6 中,使用 QCalendar 类表示日历,使用 QDate 类表示日期。这两个类都位于 PySide6 的 QtCore 子模块下。

1. 日历类(QCalendar)

在 PySide6 中,使用 QCalendar 类确定纪年法,当前通用的是公元纪年法。QCalendar 类的构造函数如下:

```
QCalendar()
QCalendar(name:str)
QCalendar(system:QCalendar.System)
```

其中,name 表示不同的纪年法,其参数值可为 Julian、Jalali、Islamic Civil、Milankovic、Gregorian、Islamic、islamic-civil、Gregory、Persian;system 的取值为 QCalender. System 的枚举值,表示不同的纪年法。QCalendar. System 的枚举值为 QCalendar. System. Gregorian、QCalendar. System. Julian、QCalendar. System. Milankovic、QCalendar. System. Jalali、QCalendar. System. IslamicCivil,参数 system 的默认值为 QCalendar. System. Gregorian。

QCalendar 类的常用方法见表 6-4。

表 6-4　QCalendar 类的常用方法

方法及参数类型	说　　明	返回值类型
[static]availableCalendars()	获取可以使用的日历纪年法	List[str]
name()	获取当前使用的日历纪年法	str
dateFromParts(year:int,month:int,day:int)	返回指定的年、月、日构成的日期对象	QDate
dayOfWeek(QDate)	获取指定日期在一周的第几天	int
daysInMonth(month:int,year:int)	获取指定年指定月的总天数	int
daysInYear(year:int)	获取指定年的总天数	int
isDateValid(year:int,month:int,day:int)	获取指定的年、月、日是否有效	bool
isGregorian()	确定是否是公历纪年	bool
isLeapYear(year:int)	获取某年是否为闰年	bool
isLunar()	获取是否是阴历	bool
isSolar()	获取是否是太阳历	bool
maximumDaysInMonth()	获取月中最大的天数	int
maximumMonthsInYear()	获取年中最大的月数	int
minimumDaysInMonth()	获取月中最小的天数	int

【实例 6-7】　创建一个日历对象,获取并打印当前的纪元法,以及日历对象可表示的纪元法,代码如下:

```
# === 第 6 章 代码 demo7.py === #
from PySide6.QtCore import QCalendar

calendar1 = QCalendar()
str1 = calendar1.name()
print("当前纪元为",str1)
list1 = calendar1.availableCalendars()
print("可表示的纪元为",list1)
```

运行结果如图 6-9 所示。

2. 日期类(QDate)

在 PySide6 中,使用 QDate 类表示日期,即用年、月、日来表示某一天。QDate 类的构造

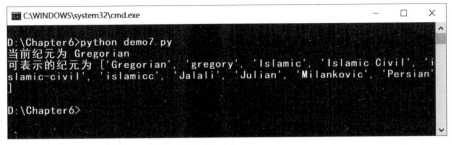

图 6-9　代码 demo7.py 的运行结果

函数如下：

```
QDate()
QDate(y:int,m:int,d:int)
QDate(y:int,m:int,d:int,cal:QCalendar)
```

其中，y 表示年份；m 表示月份；d 表示日数；cal 表示日历。

QDate 类的常用方法见表 6-5。

表 6-5　QDate 类的常用方法

方法及参数类型	说　明	返回值类型
[static]currentDate()	获取系统的日期	QDate
[static]fromJulianDay(jd:int)	将儒略历日转换为日期	QDate
[static]fromString(string:str,format:Qt.DateFormat=Qt.TextDate)	将字符串转换为日期对象	QDate
[static]fromString(string:str,format:str,cal=Default(QCalendar))	将字符串转换为日期对象	QDate
[static]isLeapYear(year:int)	获取指定的年份是否为闰年	bool
[static]isValid(y:int,m:int,d:int)	获取指定的年、月、日是否有效	bool
setDate(year:int,month:int,day:int[,cal:QCalendar])	根据年、月、日设置日期	bool
getDate()	获取年、月、日	Tuple(int,int,int)
day()、day(cal:QCalendar)	获取日数	int
month()、month(cal:QCalendar)	获取月份	int
year()、year(cal:QCalendar)	获取年份	int
addDays(days:int)	获取增加指定天数后的日期,参数值可为负	QDate
addMonths(months:int[,cal:QCalendar])	获取增加指定月数后的日期,参数值可为负	QDate
addMonths(months:int)	同上	QDate
addYears(years:int[,cal:QCalendar])	获取增加指定年数后的日期,参数值可为负	QDate
addYears(years:int)	同上	QDate

方法及参数类型	说　　　明	返回值类型
dayOfWeek([cal:QCalendar])	获取记录的日期是一周中的第几天	int
dayOfYear([cal:QCalendar])	获取记录的日期是一年中的第几天	int
daysInMonth([cal:QCalendar])	获取日期所在月的天数	int
daysInYear([cal:QCalendar])	获取日期所在年的天数	int
daysTo(d:QDate)	获取记录的日期到指定日期的天数	int
isNull()	获取是否不包含日期数据	bool
toJulianDay()	换算成儒略日	int
toString(format=Qt.TextDate)	将日期按照指定的格式转换成字符串	str
toString(format:str,cal:QCalendar= Default(QCalendar))	同上	str
weekNumber()	获取日期在一年中的第几周,返回的元组第1个数字是周数,第2个数字是年数	Tuple(int,int)

在 QDate 类中,可以使用 toString(format:Qt.DateFormat,cal:QCalendar)方法将日期对象转换为字符串类型的日期,使用 fromString(string:str,format:Qt.DateFormat)方法将字符串类型的日期转换为日期对象,其中 Qt.DateFormat 是枚举常量,其枚举值见表 6-6。

表 6-6　Qt.QDateFormat 的枚举值

枚　举　值	日期的格式	枚　举　值	日期的格式
Qt.TextDate	Tue May 9 2023	Qt.ISODate	2023-05-09
Qt.ISODateWithMs	2023-05-09	Qt.RFC2822Date	09 May 2023

【实例 6-8】　创建一个日期对象,打印该日期对象。将该日期对象转换为 Qt.QDateFormat 格式的字符串,并打印该字符串,代码如下:

```
# === 第 6 章 代码 demo8.py === #
from PySide6.QtCore import QDate,Qt

date1 = QDate.currentDate()
print(date1)
str1 = date1.toString(Qt.TextDate)
print(str1)
str2 = date1.toString(Qt.ISODateWithMs)
print(str2)
str3 = date1.toString(Qt.ISODate)
print(str3)
str4 = date1.toString(Qt.RFC2822Date)
print(str4)
```

运行结果如图 6-10 所示。

在 PySide6 中,也可以自己定义日期格式 format。定义 format 的符号见表 6-7。

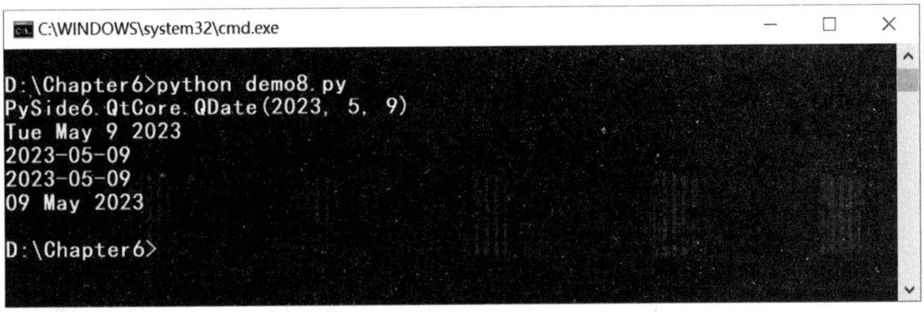

图 6-10　代码 demo8.py 的运行结果

表 6-7　定义 format 的符号

日期格式符	说　　明
d	天数用 1~31 表示,不补 0
dd	天数用 01~31 表示,补 0
ddd	天数用英文简写(Mon~Sun)或中文表示
dddd	天数用英文全写(Monday~Sunday)或中文表示
M	月数用 1~12 表示,不补 0
MM	月数用 01~12 表示,补 0
MMM	月数用英文简写(Jan~Dec)或中文表示
MMMM	月数用英文全写(January~December)或中文表示
yy	年数用 00~99 表示
yyyy	年数用 0000~9999 表示

【实例 6-9】　将 5 种格式的日期字符串转换为 QDate 对象,然后打印 QDate 对象,代码如下：

```
# === 第 6 章 代码 demo9.py === #
from PySide6.QtCore import QDate,Qt

date1 = QDate.fromString('2023/05/09','yyyy/MM/dd')
print(date1)
date2 = QDate.fromString('2023 - 05 - 09','yyyy - MM - dd')
print(date2)
date3 = QDate.fromString('2023 年 05 月 09 日','yyyy 年 MM 月 dd 日')
print(date3)
date4 = QDate.fromString('20230509','yyyyMMdd')
print(date4)
date5 = QDate.fromString('05/09/2023','MM/dd/yyyy')
print(date5)
```

运行结果如图 6-11 所示。

6.2.2　日历控件(QCalendarWidget)

在 PySide6 中,使用 QCalendarWidget 类创建日历控件。日历控件被用于显示日期、星

7min

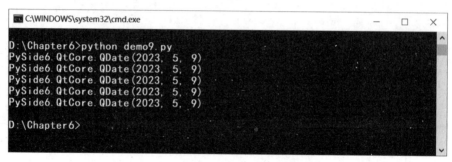

图 6-11　代码 demo9.py 的运行结果

期、周数。QCalendarWidget 类直接继承自 QWidget 类。QCalendarWidget 类的构造函数如下：

```
QCalendarWidget(parent:QWidget = None)
```

其中，parent 表示父窗口或父容器。

QCalendarWidget 类的常用方法见表 6-8。

表 6-8　QCalendarWidget 类的常用方法

方法及参数类型	说　　明	返回值类型
[slot]setSelectedDate(date:QDate)	用代码设置选中的日期	None
[slot] setCurrentPage（year：int，month:int)	设置当前显示的年和月	None
[slot]setGridVisible(bool)	设置是否显示网格线	None
[slot] setDateRange（min：QDate，max:QDate)	设置日历控件可选的最小日期和最大日期	None
[slot]setNavigationBarVisible(bool)	设置导航条是否可见	None
[slot]showSelectedDate()	显示已经选中日期的日历	None
[slot]showNextMonth()	显示下个月的日历	None
[slot]showNextYear()	显示明年的日历	None
[slot]showPreviousMonth()	显示上个月的日历	None
[slot]showPreviousYear()	显示去年的日历	None
[slot]showToday()	显示当前日期的日历	None
selectedDate()	获取选中的日期	QDate
setCalendar(calendar:QCalendar)	设置日历	None
calendar()	获取日历	QCalendar
setDateTextFormat(QDate. QTextCharFormat)	设置表格的样式	None
dateTextFormat(date:QDate)	获取表格的样式	QTextCharFormat
setFirstDayOfWeek(Qt. DayOfWeek)	设置一周第一天显示哪天,参数 Qt. DayOfWeek 可取 Qt. Monday～Qt. SunDay	None

续表

方法及参数类型	说　明	返回值类型
firstDayOfWeek()	获取一周第一天显示的是哪天	Qt.DayOfWeek
isGridVisible()	获取是否显示网格线	bool
setHorizontalHeaderFormat(QCalendar Widget.HorizontalHeaderFormat)	设置水平表头的格式,其中 QCalendarWidget. SingleLetterDayNames 表示用单个字母代替全拼,例如 M 代表 Monday;QCalendarWidget. ShortDayNames 表示用缩写代替全拼,例如 Mon 表示 Monday;QCalendarWidget. Long DayNames 表示全名;QCalendarWidget. NoHorizontalHeader 表示隐藏表头	None
setVerticalHeaderFormat(QCalendar Widget.VerticalHeaderFormat)	设置竖直表头的格式,其中 QCalendarWidget. ISOWeekNumbers 表示标准格式的周数; QCalendarWidget.NoVerticalHeader 表示隐藏周数	None
setMaximumDate(date:QDate)	设置日历控件可选择的最大日期	None
maximumDate()	获取日历控件可选择的最大日期	QDate
setMinimumDate(date:QDate)	设置日历控件可选择的最小日期	None
minimumDate()	获取日历控件可选择的最小日期	QDate
setSelectionMode(QCalendarWidget. SelectionMode)	设置选择模式	None
isNavigationBarVisible()	获取导航条是否可见	bool
monthShown()	获取日历显示的月份	int
yearShown()	显示日历显示的年份	int

【实例 6-10】　创建一个窗口,该窗口中有一个日历控件,代码如下：

```
# === 第 6 章 代码 demo10.py === #
import sys
from PySide6.QtWidgets import (QApplication,QWidget,QCalendarWidget,QVBoxLayout)

class Window(QWidget):
    def __init__(self):
        super().__init__()
        self.setGeometry(200,200,560,220)
        self.setWindowTitle('QCalendarWidget 类')
        # 设置主窗口的布局
        vbox = QVBoxLayout()
        self.setLayout(vbox)
        # 创建日历控件
        cwidget = QCalendarWidget()
        vbox.addWidget(cwidget)
```

```
if __name__ == '__main__':
    app = QApplication(sys.argv)
    win = Window()
    win.show()
    sys.exit(app.exec())
```

运行结果如图 6-12 所示。

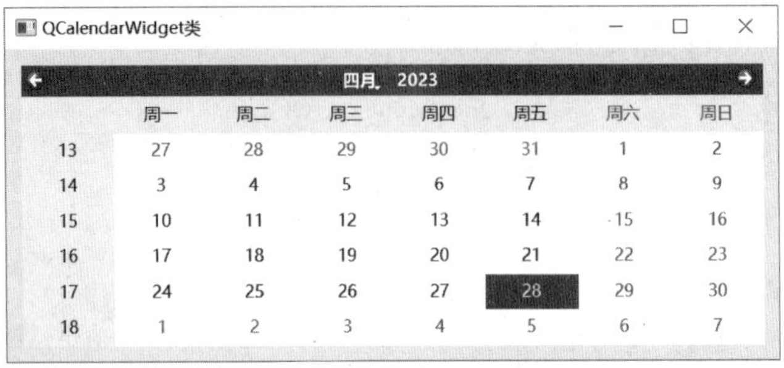

图 6-12　代码 demo10.py 的运行结果

在 PySide6 中，QCalendarWidget 类的信号见表 6-9。

表 6-9　QCalendarWidget 类的信号

信　　号	说　　明
activated(date:QDate)	当双击或按 Enter 键时发送信号
clicked(date:QDate)	当单击时发送信号
currentPageChanged(year:int,month:int)	当更换当前页时发送信号
selectionChanged()	当选中的日期发生变化时发送信号

【实例 6-11】　创建一个窗口,该窗口中有一个日历控件。当单击日历控件上的日期时,打印该日期,代码如下:

```
# === 第 6 章 代码 demo11.py === #
import sys
from PySide6.QtWidgets import (QApplication,QWidget,QCalendarWidget,QVBoxLayout)


class Window(QWidget):
    def __init__(self):
        super().__init__()
        self.setGeometry(200,200,500,200)
        self.setWindowTitle('QCalendarWidget 类')
        #设置主窗口的布局
        vbox = QVBoxLayout()
        self.setLayout(vbox)
        #创建日历控件
        cwidget = QCalendarWidget()
        vbox.addWidget(cwidget)
        #使用信号/槽
        cwidget.clicked.connect(self.calendar_clicked)
```

```
#自定义槽函数
def calendar_clicked(self,date):
    print(date.toString("yyyy-MM-dd"))


if __name__ == '__main__':
    app = QApplication(sys.argv)
    win = Window()
    win.show()
    sys.exit(app.exec())
```

运行结果如图 6-13 所示。

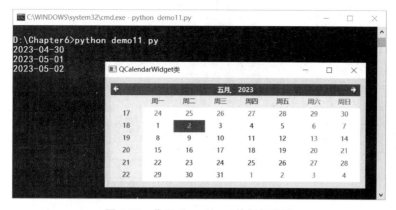

图 6-13　代码 demo11.py 的运行结果

6.2.3　时间类(QTime)与日期时间类(QDateTime)

17min

1. 时间类(QTime)

在 PySide6 中,使用 QTime 类表示时间,即用小时、分钟、秒、毫秒表示时间。QTime 类的构造函数如下:

```
QTime()
QTime(h:int,m:int,s:int = 0,ms:int = 0)
```

其中,h 表示小时数;m 表示分钟数;s 表示秒数;ms 表示毫秒数。

QTime 类的常用方法见表 6-10。

表 6-10　QTime 类的常用方法

方法及参数类型	说　明	返回值类型
[static]currentTime()	获取当前系统时间	QTime
[static]fromString(str,format:Qt.Date Format=Qt.TextDate)	将字符串转换成时间对象	QTime
[static]fromString(str,format:str)	同上	QTime

方法及参数类型	说　明	返回值类型
[static]fromMSecsSinceStartOfDay(msecs:int)	返回从 0 时刻到指定毫秒数的时间	QTime
[static]isValid(h:int,m:int,s:int,ms:int=0)	获取给定的时间是否有效	bool
setHMS(h:int,m:int,s:int,ms:int=0)	设置时间,若设置有问题,则返回值为 False	bool
addMSec(ms:int)	获取增加毫秒后的时间,ms 可为负值	QTime
addSecs(secs:int)	获取增加秒后的时间,sec 可为负值	QTime
hour()	获取小时数	int
minute()	获取分钟数	int
second()	获取秒数	int
msec()	获取毫秒数	int
isValid(int,int,int,msec=0)	获取给定的时间是否有效	bool
msecsSinceStartOfDay()	返回获取系统当前时间所需要的毫秒数	int
msecsTo(QTime)	获取当前系统时间与给定的时间的间隔毫秒数	int
secsTo(QTime)	获取当前系统时间与给定的时间的间隔秒数	int
toString(f:Qt. DateFormat=Qt. TextDate)	将时间转换为字符串	str
toString(format:str)	将时间转换为字符串	str
isNull()	获取是否有记录的时间	bool
isValid()	获取记录的时间是否有效	bool

在 QTime 类中,可以使用 fromString(str,format:str)方法将表示时间的字符串转换为时间对象,使用 toString(format:str)方法将时间对象转换为表示时间的字符串,其中参数 format 表示时间格式。可以定义 format 的时间格式字符见表 6-11。

表 6-11　可以定义 format 的时间格式字符

时间格式字符	说　明
h	如果显示 am/pm,则小时用 1～12 表示,否则使用 0～23 表示
hh	如果显示 am/pm,则小时用 01～12 表示,否则使用 00～23 表示
H	无论是否显示 am/pm,小时都用 0～23 表示
HH	无论是否显示 am/pm,小时都用 00～23 表示
m	分钟用 0～59 表示,不补 0
mm	分钟用 00～59 表示,补 0
s	秒用 0～59 表示,不补 0
ss	秒用 00～59 表示,补 0
z	毫秒用 0～999 表示,不补 0
zzz	毫秒用 000～999 表示,补 0
t	时区
ap、a	使用 am/pm 表示上午/下午,或使用中文
AM、A	使用 AM/PM 表示上午/下午,或使用中文

【实例 6-12】 使用多种方法创建时间对象,并打印时间对象,代码如下:

```
# === 第 6 章 代码 demo12.py === #
from PySide6.QtCore import QTime

time1 = QTime(0,59,59)
print(time1)
time2 = QTime()
time2.setHMS(1,30,30)
print(time2)
time3 = QTime.fromString("06:00:00","hh:mm:ss")
print(time3)
time4 = QTime.fromString("14:30:9","hh:mm:s")
print(time4)
```

运行结果如图 6-14 所示。

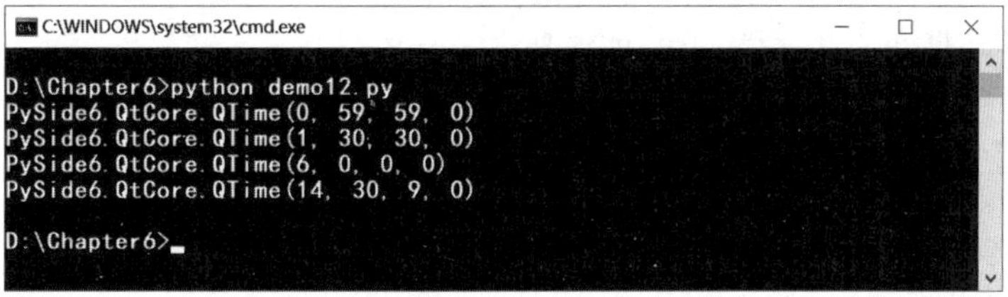

图 6-14 代码 demo12.py 的运行结果

2. 日期时间类(QDateTime)

在 PySide6 中,使用 QDateTime 类表示日期时间,即用年、月、日、时、分、秒、毫秒记录某个日期的某个时间点。QDateTime 类合并了 QDate 类和 QTime 类的功能。QDateTime 类的构造函数如下:

```
QDateTime()
QDateTime(date, time, spec:Qt.TimeSpec = Qt.LocalTime, offsetSeconds = 0)
QDateTime(arg1:int,arg2:int,arg3:int,arg4:int,arg5:int,arg6:int)
QDateTime(arg1:int, arg2:int, arg3:int, arg4:int, arg5:int, arg6:int, arg7:int[, arg8 = Qt.
LocalTime])
QDateTime(arg1:int, arg2:int, arg3:int, arg4:int, arg5:int, arg6:int, arg7:int[, arg8 = Qt.
LocalTime])
```

其中,date 表示 QDate 对象;time 表示 QTime 对象;QTimeSpec 可以取 Qt.LocalTime、Qt.UTC、Qt.OffsetFromUTC 或 Qt.TimeZone;只有当 spec 取值为 Qt.OffsetFromUTC 时,offsetSeconds 才有意义。

注意:UTC 可称为世界统一时间、世界标准时间、国际协调时间。由于英文(CUT)和法文(TUC)的缩写不同,作为妥协,简称 UTC。和北京时间相差 8 小时。

在 PySide6 中,QDateTime 类的大部分方法与 QDate 类、QTime 类相同。QDateTime 类的常用方法见表 6-12。

表 6-12　QDateTime 类的常用方法

方法及参数类型	说　明	返回值类型
[static]currentDateTime()	获取当前系统的日期时间	QDateTime
[static]currentDateTimeUtc()	获取当前世界统一时间	QDateTime
[static]currentSecsSinceEpoch()	获取从 1970 年 1 月 1 日 0 时 0 分到现在为止的秒数	int
[static] currentMSecsSinceEpoch()	获取从 1970 年 1 月 1 日 0 时 0 分到现在为止的毫秒数	int
[static]fromString(str,format:Qt. DateFormat＝Qt. TextDate)	将字符串转换成日期时间对象	QDateTime
[static] fromString(str,format:str,cal:QCalendar＝Default(QCalendar))	将字符串转换成日期时间对象	QDateTime
[static] fromSecsSinceEpoch (secs:int, spec:Qt. TimeSpec＝Qt. LocalTime,offsetFromUtc:int＝0)	根据指定的秒数创建日期时间对象	QDateTime
[static] fromMSecsSinceEpoch (secs:int, spec:Qt. TimeSpec＝Qt. LocalTime,offsetFromUtc:int＝0)	根据指定的毫秒数创建日期时间对象	QDateTime
setDate(date:QDate)	设置日期	None
setTime(time:QTime)	设置时间	None
date()	获取日期	QDate
time()	获取时间	QTime
setTimeSpec(spec:Qt. TimeSpec)	设置计时准则	None
setSecsSinceEpoch(secs:int)	设置从 1970 年 1 月 1 日 0 时 0 分开始的时间(秒)	None
setMSecsSinceEpoch(msces:int)	将日期时间设置为从 1970 年 1 月 1 日 0 时 0 分开始的时间	None
setOffsetFromUtc(offsetSeconds:int)	将日期时间设置为世界统一时间偏移 offsetSeconds 秒开始的时间,偏移时间不超过±14	None
addYears(years:int)	获取增加指定年数后的日期时间	QDateTime
addMonths(months:int)	获取增加指定月数后的日期时间	QDateTime
addDays(days:int)	获取增加年指定天数后的日期时间	QDateTime
addSecs(secs:int)	获取增加年指定秒数后的日期时间	QDateTime
addMSecs(msecs:int)	获取增加指定毫秒数后的日期时间	QDateTime
daysTo(QDateTime)	获取与指定日期的间隔天数	int
secsTo(QDateTime)	获取与指定日期的间隔秒数	int
msecsTo(QDateTime)	获取与指定日期的间隔毫秒数	int

方法及参数类型	说　　明	返回值类型
toString（format：str，cal：QCalendar ＝ Default（QCalendar））	根据格式将日期时间对象转换为字符串	str
toString(format＝Qt. TextDate)	同上	str
toUTC()	转换为世界统一时间	QDateTime
toTimeSpec(spec：Qt. TimeSpec)	转换为指定的计时时间	QDateTime
toSecsSinceEpoch()	返回从 1970 年 1 月 1 日 0 时开始计时的秒数	int
toMSecsSinceEpoch()	返回从 1970 年 1 月 1 日 0 时开始计时的毫秒数	int
toLocalTime()	转换为当地日期时间	QDateTime
isNull()	所记录的日期时间是否为空	bool
isValid()	所记录的日期时间是否有效	bool

【实例 6-13】　使用 5 种方法创建日期时间对象，并打印日期时间对象，代码如下：

```
# ===第 6 章 代码 demo13.py === #
from PySide6.QtCore import QDateTime,QDate,QTime

dateTime1 = QDateTime()
print(dateTime1)
dateTime2 = QDateTime(2023,5,1,12,30,00)
print(dateTime2)
dateTime3 = QDateTime. fromString('2023 - 10 - 01 12:30:00',"yyyy - MM - dd hh:mm:ss")
print(dateTime3)
date4 = QDate(2023,10,1)
time4 = QTime(12,30,59)
dateTime4 = QDateTime(date4,time4)
print(dateTime4)
dateTime5 = QDateTime(QDate(2024,10,1),QTime(12,30,30))
print(dateTime5)
```

运行结果如图 6-15。

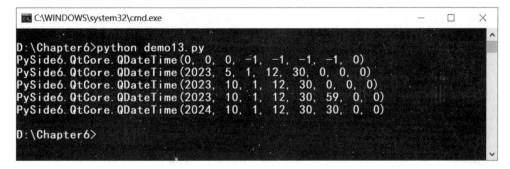

图 6-15　代码 demo13.py 的运行结果

6.2.4 日期时间控件(**QDateEdit**、**QTimeEdit**、**QDateTimeEdit**)

在 PySide6 中,使用 QDateTimeEdit 类创建日期时间控件,用于显示、输入日期时间。QDateTimeEdit 类的继承关系如图 6-16 所示。

图 6-16 QDateTimeEdit 类的继承关系

在 PySide6 中,QDateTimeEdit 类还有两个子类:QDateEdit 类、QTimeEdit 类。可以使用 QDateEdit 类创建日期控件,用于显示、输入日期;使用 QTimeEdit 类创建时间控件,用于显示、输入时间。QDateTimeEdit 类、QDateEdit 类、QTimeEdit 类的构造函数如下:

```
QDateTimeEdit(parent:QWidget = None)
QDateTimeEdit(dt:QDateTime, parent:QWidget = None)
QDateTimeEdit(date:QDate, parent:QWidget = None)
QDateTimeEdit(time:QTime, parent:QWidget = None)
QDateEdit(parent:QWidget)
QDateEdit(date:QDate, parent:QWidget)
QTimeEdit(parent:QWidget)
QTimeEdit(time:QTime, parent:QWidget)
```

其中,parent 表示父窗口或父容器;dt 表示 QDateTime 对象;date 表示 QDate 对象;time 表示 QTime 对象。

QDateTimeEdit 类的常用方法见表 6-13。

表 6-13 QDateTimeEdit 类的常用方法

方法及参数类型	说　　明	返回值类型
[slot]setTime(time:QTime)	设置时间	None
[slot]setDate(date:QDate)	设置日期	None
[slot]setDateTime(dateTime:QDateTime)	设置日期时间	None
time()	获取时间	QTime
date()	获取日期	QDate
dateTime()	获取日期时间	QDateTime
setDateRange(min:QDate,max:QDate)	设置日期的范围	None
setTimeRange(min:QTime,max:QTime)	设置时间的范围	None
setDateTimeRange(min:QDateTime,max:QDateTime)	设置日期时间的范围	None
setMaximumDate(max:QDate)	设置显示的最大的日期	None
setMaximumTime(max:QDate)	设置显示的最大的时间	None
setMaximumDateTime(dt:QDateTime)	设置显示的最大的日期时间	None

续表

方法及参数类型	说　　明	返回值类型
setMinimumDate(min:QDate)	设置显示的最小的日期	None
setMinimumTime(min:QTime)	设置显示的最小的时间	None
setMinimumDateTime(dt:QDateTime)	设置显示的最小的日期时间	None
clearMaximumDate()	清除最大的日期限制	None
clearMaximumTime()	清除最大的时间限制	None
clearMaximumDateTime()	清除最大的日期时间限制	None
clearMinimumDate()	清除最小的日期限制	None
clearMinimumTime()	清除最小的时间限制	None
clearMinimumDateTime()	清除最小的日期时间限制	None
setCalendarPopup(bool)	设置是否有日历控件	None
calendarPopup()	获取是否有日历控件	bool
setCalendarWidget(QCalendarWidget)	设置日历控件	None
setDisplayFormat(format:str)	设置显示格式	None
displayFormat()	获取显示格式	str
dateTimeFromText(str)	将字符串转换为日期时间对象	QDateTime
textFromDateTime(QDateTime)	将日期时间对象转换为字符串	str
setCalendar(QCalendar)	设置日历	None
setSelectedSection(QDateTimeEdit.Section)	设置被选中的部分	None
sectionText(section:QDateTimeEdit.Section)	获取对应部分的文本	str
sectionCount()	获取总共分成几部分	int
setTimeSpec(spec:Qt.TimeSpec)	设置时间计时参考点	None

【实例6-14】 创建一个窗口,该窗口包含日期控件、时间控件、日期时间控件。当单击日期时间控件时会显示日历,代码如下:

```
# === 第6章 代码 demo14.py === #
import sys
from PySide6.QtWidgets import ( QApplication, QWidget, QDateEdit, QTimeEdit, QHBoxLayout,
QDateTimeEdit)
from PySide6.QtCore import QDate,QTime,QDateTime

class Window(QWidget):
    def __init__(self):
        super().__init__()
        self.setGeometry(200,200,560,220)
        self.setWindowTitle('QDateEdit、QTimeEdit、QDateTimeEdit')
        #设置主窗口的布局
        hbox = QHBoxLayout()
        self.setLayout(hbox)
        #创建日期控件
        date = QDate.currentDate()
        dateEdit = QDateEdit(date)
        #创建时间控件
```

```
        time = QTime.currentTime()
        timeEdit = QTimeEdit(time)
        #创建日期时间控件
        datetime = QDateTime.currentDateTime()
        dateTimeEdit = QDateTimeEdit(datetime)
        dateTimeEdit.setCalendarPopup(True)

        hbox.addWidget(dateEdit)
        hbox.addWidget(timeEdit)
        hbox.addWidget(dateTimeEdit)


if __name__ == '__main__':
    app = QApplication(sys.argv)
    win = Window()
    win.show()
    sys.exit(app.exec())
```

运行结果如图 6-17 所示。

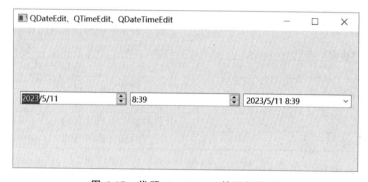

图 6-17 代码 demo14.py 的运行结果

在 PySide6 中,QDateTimeEdit 类的信号见表 6-14。

表 6-14 QDateTimeEdit 类的信号

信 号	说 明
dateChanged(QDate)	当日期改变时发送信号
timeChanged(QTime)	当时间改变时发送信号
dateTimeChanged(QDateTime)	当日期时间改变时发送信号
editingFinished()	当完成编辑、按 Enter 键或失去焦点时发送信号

【实例 6-15】 创建一个窗口,该窗口包含日期时间控件。当改变日期时间控件的日期时间时打印更改后的日期时间,代码如下:

```
# === 第 6 章 代码 demo15.py === #
import sys
from PySide6.QtWidgets import (QApplication,QWidget,QHBoxLayout,QDateTimeEdit)
from PySide6.QtCore import QDateTime
```

```python
class Window(QWidget):
    def __init__(self):
        super().__init__()
        self.setGeometry(200,200,500,200)
        self.setWindowTitle('QDateTimeEdit')
        #设置主窗口的布局
        hbox = QHBoxLayout()
        self.setLayout(hbox)
        #创建日期时间控件
        datetime = QDateTime.currentDateTime()
        dateTimeEdit = QDateTimeEdit(datetime)
        dateTimeEdit.setCalendarPopup(True)
        #使用信号/槽
        dateTimeEdit.dateTimeChanged.connect(self.dateTime_changed)
        hbox.addWidget(dateTimeEdit)

    #自定义槽函数
    def dateTime_changed(self,dateTime):
        str1 = dateTime.toString("yyyy-MM-dd hh:mm:ss")
        print(str1)


if __name__ == '__main__':
    app = QApplication(sys.argv)
    win = Window()
    win.show()
    sys.exit(app.exec())
```

运行结果如图 6-18 所示。

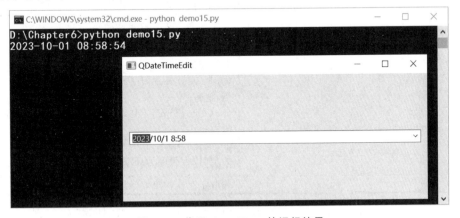

图 6-18 代码 demo15.py 的运行结果

6.2.5 定时器控件(QTimer)

在 PySide6 中,使用 QTimer 类创建定时器控件。定时器控件的作用像秒表或闹钟,可以设置定时器控件每隔固定的时间间隔发送一次信号,执行与信号连接的槽函数。QTimer

▶9min

类是 QObject 类的子类,QTimer 类的构造函数如下:

```
QTimer(parent:QObject = None)
```

其中,parent 表示父对象。

在 PySide6 中,QTimer 类创建的定时器控件可以设置只发送一次或多次信号,可以启动发送信号,还可以停止发送信号。QTimer 类的常用方法见表 6-15。

表 6-15　QTimer 类的常用方法

方法及参数类型	说　明	返回值的类型
[static]singleShot(int,Callable)	经过 int 毫秒后,调用 Python 的可执行函数 Callable	None
[static] singleShot(msec:int, receiver:QObject, member:Bytes)	经过 int 毫秒后,执行 receiver 的槽函数 member	None
[static] singleShot(msec:int, timerType:Qt.TimerType,receiver:QObject,member:Bytes)	同上	None
[slot]start(msec:int)	设置经过 msec 毫秒后启动定时器	None
[slot]start()	启动定时器	None
[slot]stop()	停止定时器	None
setInterval(msec:int)	设置信号发送的间隔毫秒数	None
interval()	获取信号发送的间隔毫秒数	int
isActive()	获取定时器是否激活	bool
remaintingTime()	获取距离下次发送信号的间隔毫秒数	int
setSingleShot(bool)	设置定时器是否为单次发送	None
isSingleShot()	获取定时器是否为单次发送	bool
setTimerType(atype:Qt.TimerType)	设置定时器的类型	None
timerType()	获取定时器的类型,其中 Qt.PreciseTimer:保持 1ms 的定时器,精确; Qt.CoarseTimer:偏差为 5% 的定时器; Qt.VeryCoarseTimer:精确度很差的定时器,精度为 500ms	Qt.TimerType
timeId()	获取定时器的 ID 号	int

在 PySide6 中,QTimer 类只有一个信号 timeout(),当定时器超时时发送信号。

【实例 6-16】　创建一个程序,每过 1s 发送一个信号,并打印文字,代码如下:

```
# === 第 6 章 代码 demo16.py === #
import sys
from PySide6.QtWidgets import (QApplication,QWidget)
from PySide6.QtCore import QTimer,Qt
```

```python
class Window(QWidget):
    def __init__(self):
        super().__init__()
        self.setGeometry(200,200,500,200)
        self.setWindowTitle('QTimer 类')
        # 创建定时器控件
        timer = QTimer(self)
        timer.setTimerType(Qt.PreciseTimer)
        timer.setInterval(1000)
        timer.start()
        timer.timeout.connect(self.echo_time)

    # 自定义槽函数
    def echo_time(self):
        print('1s 已经流逝')


if __name__ == '__main__':
    app = QApplication(sys.argv)
    win = Window()
    win.show()
    sys.exit(app.exec())
```

运行结果如图 6-19 所示。

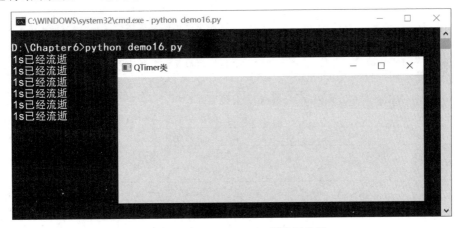

图 6-19 代码 demo16.py 的运行结果

6.2.6 液晶显示控件(QLCDNumber)

在 PySide6 中,使用 QLCDNumber 类创建液晶显示控件。液晶显示控件用来显示数字和一些特殊符号,经常用来显示数值、日期、时间。QLCDNumber 类是 QFrame 类的子类,其继承关系如图 6-20 所示。

QLCDNumber 类的构造函数如下:

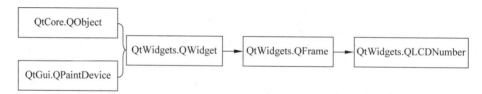

图 6-20　QLCDNumber 类的继承关系

```
QLCDNumber(parent:QWidget = None)
QLCDNumber(numDigits,parent:QWidget = None)
```

其中,parent 表示父窗口或父容器;numDigits 表示能显示的数字个数。

在 PySide6 中,QLCDNumber 类的常用方法见表 6-16。

表 6-16　QLCDNumber 类的常用方法

方法及参数类型	说　　　明	返回值类型
[slot]display(str:str)	显示字符串	None
[slot]display(num:float)	显示浮点数	None
[slot]display(num:int)	显示整数	None
[slot]setDecMode()	转换为十进制显示模式	None
[slot]setHexMode()	转换为十六进制显示模式	None
[slot]setOctMode()	转换为八进制显示模式	None
[slot]setBinMode()	转换为二进制显示模式	None
[slot]setSmallDecimalPoint(bool)	设置显示小数点是否占用一位	None
setDigitCount(int)	设置可以显示的数字个数	None
digitCount()	获取可以显示的数字个数	int
setSegmentStyle(QLCDNumber. SegmentStyle)	设置外观样式	None
checkOverflow(float)	获取浮点数是否会溢出	bool
checkOverflow(int)	获取整数是否会溢出	Bool
intValue()	按四舍五入规则返回整数值,若显示的不是数字,则返回 0	int
value()	返回浮点数	float
setMode(QLCDNumber. Mode)	设置数字的显示模式	None

【实例 6-17】　创建一个窗口,该窗口包含一个液晶显示控件,用于显示当前的时间,代码如下:

```
# === 第 6 章 代码 demo17.py === #
import sys
from PySide6.QtWidgets import (QApplication,QWidget,QLCDNumber,QHBoxLayout)
from PySide6.QtCore import QTime

class Window(QWidget):
    def __init__(self):
```

```
        super().__init__()
        self.setGeometry(200,200,560,220)
        self.setWindowTitle('QLCDNumber 类')
        #设置主窗口的布局
        hbox = QHBoxLayout()
        self.setLayout(hbox)
        #创建时间控件
        time = QTime.currentTime()
        str1 = time.toString("hh:mm:ss")
        #创建液晶显示控件
        lcd = QLCDNumber(8)
        lcd.setStyleSheet('color:red')
        lcd.display(str1)
        hbox.addWidget(lcd)


if __name__ == '__main__':
    app = QApplication(sys.argv)
    win = Window()
    win.show()
    sys.exit(app.exec())
```

运行结果如图 6-21 所示。

图 6-21 代码 demo17.py 的运行结果

在 PySide6 中,QLCDNumber 类只有一个信号 overflow(),当显示的整数部分长度超过了允许的最大数字个数时发送信号。

6.3 进度条控件(QProgressBar)

在 PySide6 中,使用 QProgressBar 类创建进度条控件。进度条控件用来显示一项任务完成的进度,例如复制大文件、导出大量的数据。QProgressBar 类是 QWidget 类的子类。

6.3.1 QProgressBar 类

在 PySide6 中,QProgressBar 类的构造函数如下:

```
QProgressBar(parent:QWidget = None)
```

其中,parent 表示父窗口或父容器。

【**实例 6-18**】 创建一个窗口,该窗口包含进度条控件,代码如下:

```python
# === 第 6 章 代码 demo18.py === #
import sys
from PySide6.QtWidgets import (QApplication,QWidget,QProgressBar,QHBoxLayout)

class Window(QWidget):
    def __init__(self):
        super().__init__()
        self.setGeometry(200,200,560,220)
        self.setWindowTitle('QProgressBar 类')
        #设置主窗口的布局
        hbox = QHBoxLayout()
        self.setLayout(hbox)
        #创建进度条控件
        bar = QProgressBar()
        #设置范围
        bar.setRange(0,100)
        #设置当前值
        bar.setValue(50)
        hbox.addWidget(bar)


if __name__ == '__main__':
    app = QApplication(sys.argv)
    win = Window()
    win.show()
    sys.exit(app.exec())
```

运行结果如图 6-22 所示。

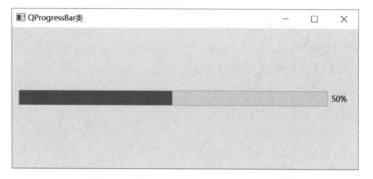

图 6-22 代码 demo18.py 的运行结果

6.3.2 常用方法与信号

在 PySide6 中,QProgressBar 类的常用方法见表 6-17。

表 6-17 QProgressBar 类的常用方法

方法及参数类型	说　明	返回值的类型
[slot]setMaximum(int)	设置最大值	None
[slot]setMinimum(int)	设置最小值	None
[slot]setRange (int,int)	设置取值范围	None
[slot]setOrientation(Qt. Orientation)	设置方向,参数值为 Qt. Horizontal 或 Qt. Vertical	None
[slot]setValue(int)	设置当前值	None
[slot]reset()	重置进度条,返回初始位置	None
maximum()	获取最大值	int
minimum()	获取最小值	int
orientation()	获取方向	Qt. Orientation
setAlignment(Qt. Alignment)	设置文本的对齐方式	None
alignment()	获取文本的对齐方式	Qt. Alignment
setFormat(str)	设置文本的格式。在文本中使用%p%表示百分比值(默认值),使用%v 表示当前值,使用%m 表示总数	None
format()	获取文本的格式	str
resetFormat()	重置文本格式	None
setInvertedAppearance(bool)	设置外观是否反转	None
invertedAppearance()	获取外观是否反转	bool
setTextDirection（QProgressBar. Direction)	设置进度条文本的方向,其中QProgressBar. TopToBottom:顺时针旋转 $90°$QProgressBar. BottomToTop:逆时针旋转 $90°$	None
textDirection()	获取进度条文本的方向	QProgressBar. Direction
setTextVisible(bool)	设置进度条文本是否可见	None
isTextVisible()	获取进度条文本是否可见	bool
value()	获取当前值	int
text()	获取文本	str

QProgressBar 类只有一个信号 valueChanged(value:int),当值发生变化时发送信号。

【实例 6-19】 创建一个窗口,该窗口包含进度条控件、按压按钮。当单击按钮时,重置进度条控件,代码如下:

```
# === 第 6 章 代码 demo19.py === #
import sys
from PySide6.QtWidgets import (QApplication,QWidget,QProgressBar,QHBoxLayout,QPushButton)

class Window(QWidget):
    def __init__(self):
```

```python
        super().__init__()
        self.setGeometry(200,200,560,220)
        self.setWindowTitle('QProgressBar 类')
        # 设置主窗口的布局
        hbox = QHBoxLayout()
        self.setLayout(hbox)
        # 创建进度条控件
        self.bar = QProgressBar()
        self.bar.setRange(0,100)
        self.bar.setValue(50)
        btn = QPushButton("重置")
        hbox.addWidget(self.bar)
        hbox.addWidget(btn)
        # 使用信号/槽
        btn.clicked.connect(self.btn_clicked)

    # 自定义槽函数
    def btn_clicked(self):
        self.bar.reset()


if __name__ == '__main__':
    app = QApplication(sys.argv)
    win = Window()
    win.show()
    sys.exit(app.exec())
```

运行结果如图 6-23 所示。

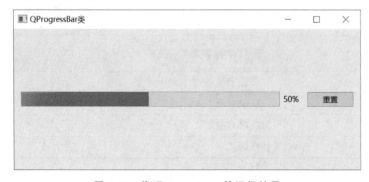

图 6-23 代码 demo19.py 的运行结果

6.4 网页浏览控件(QWebEngineView)

在 PySide6 中,使用 QWebEngineView 类创建网页浏览器控件。使用网页浏览器控件可以实现浏览器的功能。QWebEngineView 类是 QWidget 类的子类,其继承关系如图 6-24 所示。

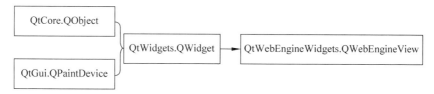

图 6-24　QWebEngineView 类的继承关系

6.4.1　QWebEngineView 类

在 PySide6 中,QWebEngineView 类位于 PySide6 的 QtWebEngineWidgets 子模块下,其构造函数如下:

```
QWebEngineView(parent:QWidget = None)
```

其中,parent 表示父窗口或父容器。

【实例 6-20】　创建一个窗口,该窗口中有一个网页浏览器控件。该网页浏览器控件显示某搜索引擎的网页,代码如下:

```python
# === 第 6 章 代码 demo20.py === #
import sys
from PySide6.QtWidgets import (QApplication,QWidget,QHBoxLayout)
from PySide6.QtWebEngineWidgets import QWebEngineView
from PySide6.QtCore import QUrl

class Window(QWidget):
    def __init__(self):
        super().__init__()
        self.setGeometry(200,200,560,220)
        self.setWindowTitle('QWebEngineView 类')
        # 设置主窗口的布局
        hbox = QHBoxLayout()
        self.setLayout(hbox)
        # 创建网页浏览器控件
        view = QWebEngineView()
        init_url = "https://www.baidu.com"
        view.load(QUrl(init_url))
        hbox.addWidget(view)


if __name__ == '__main__':
    app = QApplication(sys.argv)
    win = Window()
    win.show()
    sys.exit(app.exec())
```

运行结果如图 6-25 所示。

图 6-25　代码 demo20.py 的运行结果

6.4.2　常用方法和信号

在 PySide6 中,QWebEngineView 类的常用方法见表 6-18。

表 6-18　QWebEngineView 类的常用方法

方法及参数类型	说　　明	返回值的类型
〔static〕forPage(QWebEnginePage)	获取与网页关联的网页浏览器	QWebEngineView
〔slot〕reload()	重新加载网页	None
〔slot〕forward()	向前浏览网页	None
〔slot〕back()	向后浏览网页	None
〔slot〕stop()	停止加载网页	None
load(url:Union〔QUrl,str〕)	加载网页	None
setUrl(url:Union〔QUrl,str〕)	设置网页网址	None
url()	获取网页的 URL 网址	QUrl
title()	获取当前网页的标题	str
createStandardContextMenu()	创建标准的上下文菜单	QMenu
createWindow(QWebEnginePage.Web WindowType)	创建 QWebEngineView 类的子类,并重写该函数,用于弹出新窗口,其中 QWebEnginePage.Window 表示纯浏览器控件,QWebEnginePage.WebBrowserTab 表示浏览器切换卡,QWebEnginePage.WebDialog 表示网页对话框,QWebEnginePage.WebBrowserBackgroundTab 表示没有隐藏当前可见网页的浏览器控件切换卡	QWebEngineView
findText(subString:str)	查找网页中的文本	None
hasSelection()	获取当前网页中是否有选中的内容	bool

方法及参数类型	说　　明	返回值的类型
selectedText()	获取当前网页中被选中的内容	str
history()	获取浏览器中当前网页的访问记录	QWebEngineHistory
icon()	获取当前网页的图标	QIcon
iconUrl()	获取当前网页图标的 URL 网址	QUrl
print(printer:QPrinter)	默认用 A4 纸打印网页	None
printToPdf(filePath:str)	将网页输出为 PDF 文档	None
setHtml(html:str)	显示 HTML 格式的文本	None
setPage(page:QWebEnginePage)	设置网页	None
page()	获取当前网页	QWebEnginePage
setZoomFactor(factor:float)	设置网页的缩放比例,参数范围为 0.25～5.0,默认值为 1.0	None
zoomFactor()	获取缩放比例	float

在 PySide6 中,QWebEngineView 类的信号见表 6-19。

表 6-19　QWebEngineView 类的信号

信　　号	说　　明
urlChanged(QUrl)	当网页网址发生改变时发送信号
iconChanged(QUrl)	当网页图标发生变化时发送信号
iconUrlChanged(QUrl)	当网页图标的 URL 网址发生改变时发送信号
loadFinished(bool)	当网页加载完成时发送信号,若成功,则参数值为 True,若出现错误,则参数值为 False
loadProgress(int)	当加载网页元素时发送信号,参数的范围为 0～100
loadStarted()	当开始加载网页时发送信号
pdfPrintingFinished(filePath:str,success:bool)	当打印 PDF 完成时发送信号
printRequested()	当请求打印时发送信号
selectionChanged()	当网页中选中的内容发生改变时发送信号
titleChanged(title:str)	当网页的标题名称发生改变时发送信号

6.4.3　创建一个浏览器

在 PySide6 中,可以使用 QWebEngineView 类创建浏览器。

【实例 6-21】　创建一个浏览器,该浏览器具有前进、后退、重新加载功能,而且有一个单行文本框,用于输入网址,代码如下:

8min

```python
# === 第 6 章 代码 demo21.py === #
import sys
from PySide6.QtWidgets import (QApplication,QMainWindow,QLineEdit,QToolBar,QPushButton)
from PySide6.QtWebEngineWidgets import QWebEngineView
```

```python
from PySide6.QtCore import QUrl,QSize
from PySide6.QtGui import QFont,QIcon

class Window(QMainWindow):
    def __init__(self):
        super().__init__()
        self.setGeometry(200,200,700,400)
        self.setWindowTitle('QWebEngineView类')
        #创建工具栏
        toolbar = QToolBar()
        self.addToolBar(toolbar)
        #创建后退按钮
        self.backButton = QPushButton()
        self.backButton.setIcon(QIcon("./icons/back.png"))
        self.backButton.setIconSize(QSize(36,36))
        self.backButton.clicked.connect(self.backBtn)
        toolbar.addWidget(self.backButton)
        #创建刷新按钮
        self.reloadButton = QPushButton()
        self.reloadButton.setIcon(QIcon("./icons/reload.png"))
        self.reloadButton.setIconSize(QSize(36,36))
        self.reloadButton.clicked.connect(self.reloadBtn)
        toolbar.addWidget(self.reloadButton)
        #创建前进按钮
        self.forwardButton = QPushButton()
        self.forwardButton.setIcon(QIcon("./icons/forward.png"))
        self.forwardButton.setIconSize(QSize(36,36))
        self.forwardButton.clicked.connect(self.forwardBtn)
        toolbar.addWidget(self.forwardButton)
        #创建主页按钮
        self.homeButton = QPushButton()
        self.homeButton.setIcon(QIcon("./icons/home.png"))
        self.homeButton.setIconSize(QSize(36,36))
        self.homeButton.clicked.connect(self.homeBtn)
        toolbar.addWidget(self.homeButton)
        #创建单行文本框
        self.lineEdit = QLineEdit()
        self.lineEdit.setFont(QFont("黑体",16))
        self.lineEdit.returnPressed.connect(self.searchBtn)
        toolbar.addWidget(self.lineEdit)
        #创建搜索按钮
        self.searchButton = QPushButton()
        self.searchButton.setIcon(QIcon("./icons/search.png"))
        self.searchButton.setIconSize(QSize(36,36))
        self.searchButton.clicked.connect(self.searchBtn)
        toolbar.addWidget(self.searchButton)
        #创建网页浏览器控件
        self.webEngineView = QWebEngineView()
        self.setCentralWidget(self.webEngineView)
        initUrl = "https://www.sogou.com"
        self.lineEdit.setText(initUrl)
        self.webEngineView.load(QUrl(initUrl))
```

```
#搜索按钮
def searchBtn(self):
    myurl = self.lineEdit.text()
    self.webEngineView.load(QUrl(myurl))

#后退按钮
def backBtn(self):
    self.webEngineView.back()

#前进按钮
def forwardBtn(self):
    self.webEngineView.forward()

#重新加载按钮
def reloadBtn(self):
    self.webEngineView.reload()

#主页按钮
def homeBtn(self):
    self.webEngineView.load(QUrl("https://www.sogou.com"))


if __name__ == '__main__':
    app = QApplication(sys.argv)
    win = Window()
    win.show()
    sys.exit(app.exec())
```

运行结果如图 6-26 所示。

图 6-26　代码 demo21.py 的运行结果

注意：代码 demo21.py 文件中涉及的工具栏控件将在第 7 章中介绍。

4min

6.4.4 网页类(**QWebEnginePage**)

在 QWebEngineView 中，使用 page()方法可以获取当前网页，即 QWebEnginePage 对象。QWebEnginePage 类是 QtCore.QObject 的子类，用于表示网页，其位于 QWebEngineCore 子模块，其构造函数如下：

```
QWebEnginePage(parent:QObject = None)
QWebEnginePage(profile:QWebEngineProfile,parent:QObject = None)
```

其中，profile 表示网页的设置、脚本、缓存地址、Cookie 的保存策略等信息；parent 表示父对象。

QWebEngineView 类的常用方法见表 6-20。

表 6-20 QWebEnginePage 类的常用方法

方法及参数类型	说 明	返回值的类型
url()	获取当前网页的地址	QUrl
requestedUrl()	同上	QUrl
load(request:QWebEngineHttpRequest)	发出指定的请求并加载响应	None
load(url:Union[QUrl,str])	加载网页网址	None
setUrl(url:Union[QUrl,str])	加载指定的网页网址	None
isLoading()	获取网页是否在加载	bool
createWindow(QWebEnginePage.WebWindowType)	创建新网页	QWebEnginePage
setBackgroundColor(color:Union[QColor,Qt.GlobalColor,str])	设置背景颜色	None
backgroundColor()	获取网页背景颜色	QColor
contentSize()	获取网页内容的尺寸	QSizeF
setDevToolsPage(page:QWebEnginePage)	设置开发者工具	None
devToolsPage()	获取开发者工具网页	QWebEnginePage
download(url:Union[QUrl,str],filename='')	将资源下载到文件中	None
findText(str,QWebEnginePage.FindFlags,function(QWebEngineFindTextResult))	调用指定的函数查找，函数参数为查找结果	None
fintText(subString:str,QWebEnginePage.FindFlags={})	查找指定的内容	None
hasSelection()	获取是否有选中的内容	bool
history()	获取历史导航对象	QWebEngineHistory
icon()	获取网页的图标	QIcon
iconUrl()	获取图标的地址	QUrl
title()	获取网页的标题	str
chooseFiles(QWebEnginePage.FileSelectionMode,oldFiles:Sequence[str])	设置文件的选择模式，用于选择文件，例如上传文件	List[str]

续表

方法及参数类型	说　明	返回值的类型
setAudioMuted(muted:bool)	设置网页静音状态	None
isAudioMuted()	获取是否处于静音状态	bool
setVisible(visible:bool)	设置网页是否可见	None
isVisible()	获取网页是否可见	bool
printToPdf(filePath:str)	将网页转换为 PDF 文档	None
profile()	获取 QWebEngineProfile 对象	QWebEngineProfile
recentlyAudible()	获取是否播放声频	bool
renderProcessPid()	获取渲染进度	int
replaceMisspelledWord(replacement:str)	用指定文本替代不能识别的文本	None
runJavaScript(scriptSource:str, worldId:int＝0, function(any))	运行 JavaScript 脚本	None
runJavaScript(scriptSource:str, function(any))	同上	None
save(filePath:str, format:QWebEngineDownload Request. SavePageFormat)	将网页内容保存到指定的文件中	None
scrollPosition()	获取页面内容的滚动位置	QPointF
selectedText()	获取网页上选中的文本	str
setHtml(html:str, baseUrl:Union[QUrl,str])	显示 HTML 文档	None
setWebChannel(QWebChannel, worldId:int＝0)	设置网络通道	None
webChannel()	获取当前的网络通道	QWebChannel
setZoomFactor(factor:float)	设置缩放系数	None
zoomFactor()	获取缩放系数	float
setting()	获取网页设置	QWebEngineSetting
acceptNavigationRequest(url:Union[QUrl,str], type: QWebEnginePage. NavigationType, isMainFrame: bool)	设置导航到新地址的处理方式	bool
setFeaturePermission(securityOrigin: Union [QUrl,str], feature:QWebEnginePage. Feature, policy:QWebEnginePage. PermissionPolicy)	对网页需要的设备进行授权设置	None
setUrlRequestInterceptor(interceptor:QWebEngine UrlRequestInterceptor)	设置拦截器	None
action(action:QWebEnginePage. WebAction)	获取网页指定的动作	QAction
triggerAction(action:QWebEnginePage. WebAction, checked:bool＝False)	执行指定的动作	None

在表 6-20 中,QWebEnginePage. Feature 类的枚举值见表 6-21。

表 6-21 QWebEnginePage. Feature 类的枚举值

枚 举 值	说 明
QWebEnginePage. Notifications	网站通知最终用户
QWebEnginePage. Geolocation	本地硬件或服务
QWebEnginePage. MediaAudioCapture	声频设备,例如话筒
QWebEnginePage. MediaVideoCapture	视频设备,例如摄像头
QWebEnginePage. MediaAudioVideoCapture	声频和视频设备
QWebEnginePage. MouseLock	将光标锁定在浏览器中,一般用于游戏
QWebEnginePage. DesktopVideoCapture	视频输出设备
QWebEnginePage. DesktopAudioVideoCapture	声频和视频输出设备

QWebEngineView 类的信号见表 6-22。

表 6-22 QWebEngineView 类的信号

信 号	说 明
loadStarted()	当开始加载网页时发送信号
loadProgress(int)	当加载网页元素时发送信号,参数的范围为 0~100
loadFinished(bool)	当网页加载完成时发送信号,若成功,则参数值为 True,若出现错误,则参数值为 False
loadingChanged(QWebEngineLoadingInfo)	当加载发生改变时发送信号
urlChanged(QUrl)	当网页网址发生改变时发送信号
selectionChanged()	当网页所选的内容发生改变时发送信号
iconChanged(QUrl)	当网页图标发生变化时发送信号
iconUrlChanged(QUrl)	当网页图标的 URL 网址发生改变时发送信号
titleChanged(str)	当网页标题发生改变时发送信号
visibleChanged(bool)	当网页的可见性发生改变时发送信号
contentsSizeChanged(QSizeF)	当网页的尺寸发生改变时发送信号
geometryChangedRequested(QRect)	当网页的位置和尺寸发生改变时发送信号
fullScreenRequested(QWebEngineFullScreenRequest)	当全屏显示时发送信号
windowCloseRequested()	当关闭窗口时发送信号
audioMutedChanged(bool)	当网页的静音状态发生改变时发送信号
scrollPositionChanged(QPointF)	当网页的滚动位置发生改变时发送信号
linkHovered(str)	当光标悬停到网页中的链接时发送信号
newWindowRequested(QWebEngineNewWindow Request)	当在另一个窗口中加载新网页时发送信号
authenticationRequired(QUrl,QAuthenticator)	当网页需要授权时发送信号
certificateError(QWebEngineCertificateError)	当证书出错时发送信号
featurePermissionRequestCanceled(QUrl,QWeb EnginePage. Feature)	当设备不需要授权时发送信号
featurePermissionRequested(QUrl,QWebEngine Page. Feature)	当设备不需要授权时发送信号

续表

信　　号	说　　明
findTextFinished(QWebEngineFindTextResult)	当查找结束时发送信号
navigationRequested(QWebEngineNavigationRequest)	当调用 acceptNavigationRequest()方法时发送信号
pdfPrintingFinished(filePath:str,success:bool)	当转换为 PDF 文档时发送信号
proxyAuthenticationRequired(QUrl,QAuthenticator, proxyHost:str)	当需要代理授权时发送信号
recentlyAudibleChanged(recentlyAudible:bool)	当静音状态发生改变时发送信号
renderProcessPidChanged(int)	当渲染过程发生改变时发送信号
renderProcessTerminated （ QWebEnginePage. RenderProcessTerminationStatus,exitCode:int)	当渲染过程出现异常中断时发送信号
selectClientsCertificate(QWebEngineClientCertificate Selection)	当选择客户证书时发送信号
printRequested()	当请求打印时发送信号

注意：如果将 QWebEngineView 类和 QWebEnginePage 类做对比,则会发现 QWebEnginePage 类处理网页的功能更全面、更细致。

6.5　对话框类控件

在 PySide6 中,使用 QDialog 类创建对话框窗口。对话框窗口是一个用于完成简单任务的顶层窗口,例如与用户进行通信。QDialog 类有很多子类,用于完成特定任务。QDialog 类的子类如图 6-27 所示。

本节将对这些子类逐一进行介绍。

6.5.1　模式对话框和非模式对话框

在 PySide6 中,使用 QDialog 类及其子类可以创建对话框窗口。对话框分为模式对话框和非模式对话框。模式对话框(Modal Dialog)会禁止其他程序和可视窗口的操作,例如弹窗警告对话框,只有关闭了警告对话框才能对其他程序和可视窗口进行操作。可以使用 QDialog 类的 setWindowModality(Qt. WindowModality)设置窗口模式。Qt. WindowModality 的枚举值见表 6-23。

表 6-23　Qt. WindowModality 的枚举值

枚　举　值	说　　明
Qt. NoModal	不是模式窗口,不会阻止对其他窗口的操作
Qt. WindowModal	仅阻止与该对话框关联的窗口,例如父窗口、祖父窗口,允许用户使用其他窗口
Qt. ApplicationModal	模式窗口,阻止与程序相关的所有其他窗口的访问

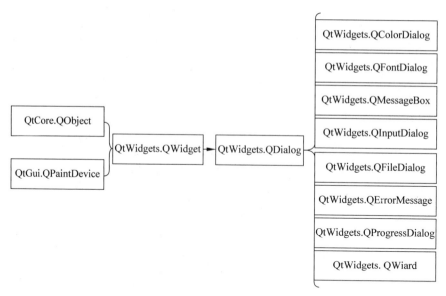

图 6-27　QDialog 类的子类

非模式对话框(Modalless Dialog)和其他程序、可视窗口是独立的,相互之间无干扰。

在 QDialog 类中,可以使用 setModal(bool)或 setWindowModal(bool)设置窗口是否为模式对话框,使用 isModal()或 isModality()获取对话框是否为模式对话框。

14min

6.5.2　颜色对话框(QColorDialog)

在 PySide6 中,使用 QColorDialog 类创建颜色对话框。颜色对话框是一种标准对话框,用于选择颜色。PySide6 已经定义了颜色对话框的窗口界面,如图 6-28 所示。

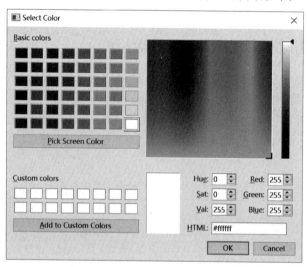

图 6-28　颜色对话框

在颜色对话框中,用户可以选择颜色,也可以设定颜色。QColorDialog 类的构造函数如下:

```
QColorDialog(parent:QWidget = None)
QColorDialog(initial:QColor,parent:QWidget = None)
```

其中,parent 表示父窗口或父容器;initial 表示初始颜色。

QColorDialog 类的常用方法见表 6-24。

表 6-24　QColorDialog 类的常用方法

方法及参数类型	说　　明	返回值的类型
[static]setCustomColor(index:int,QColor)	静态方法,设置用户颜色	None
[static]customColor(index:int)	静态方法,获取用户颜色	QColor
[static]customCount()	静态方法,获取用户颜色的数量	int
[static]setStandardColor(index:int,QColor)	静态方法,设置标准颜色	None
[static]standardColor(index:int)	静态方法,获取标准颜色	QColor
[static] getColor (initial: QColor = Qt. White, parent: QWidget = None, title: str = ", options. QColorDialog. ColorDialogOptions)	静态方法,显示对话框,获取选中的颜色	QColor
selectedColor()	获取颜色对话框中单击 OK 按钮后选中的颜色	QColor
setCurrentColor()	设置颜色对话框的当前颜色	None
currentColor()	获取颜色对话框的当前颜色	QColor
setOption (QColorDialog. ColorDialogOption [,on=True])	设置颜色对话框的选项	None
testOption(QColorDialog. ColorDialogOption)	获取是否设置了选项,其中 QColorDialog. ShowAlphaChannel 表示在对话框中显示 Alpha 通道; QColorDialog. NoButtons 表示不显示 OK 和 Cancel 按钮; QColorDialog. DontUseNativeDialog 表示不使用本机的对话框	bool

【实例 6-22】　创建一个窗口,包含一个多行文本框、一个按钮、一个标签。使用该按钮可以更改文本框中文本的颜色(需要被选中),并在标签中显示选中的颜色,代码如下:

```
# === 第 6 章 代码 demo22.py === #
import sys
from PySide6. QtWidgets import ( QApplication, QWidget, QVBoxLayout, QLabel, QTextEdit,
QPushButton,QColorDialog)
from PySide6.QtGui import QFont

class Window(QWidget):
    def __init__(self):
        super().__init__()
```

```
        self.setGeometry(200,200,560,260)
        self.setWindowTitle('QColorDialog 类')
        #设置主窗口的布局
        vbox = QVBoxLayout()
        self.setLayout(vbox)
        #创建多行文本框
        self.textEdit = QTextEdit()
        #创建按钮
        pushButton = QPushButton("选择颜色")
        pushButton.clicked.connect(self.choose_color)
        #创建标签
        self.label = QLabel("提示:")
        self.label.setFont(QFont('黑体',14))
        vbox.addWidget(self.textEdit)
        vbox.addWidget(pushButton)
        vbox.addWidget(self.label)


    #自定义槽函数
    def choose_color(self):
        color = QColorDialog.getColor()
        if color.isValid():
            self.textEdit.setTextColor(color)
            self.label.setText(f"提示:选择的颜色为{color.name()}")


if __name__ == '__main__':
    app = QApplication(sys.argv)
    win = Window()
    win.show()
    sys.exit(app.exec())
```

运行结果如图 6-29 所示。

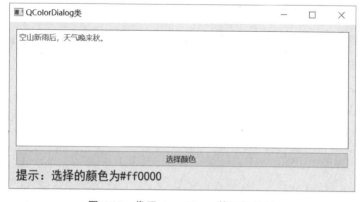

图 6-29 代码 demo22.py 的运行结果

6.5.3 字体对话框(QFontDialog)

在 PySide6 中,使用 QFontDialog 类创建字体对话框。字体对话框是一种标准对话框,用于选择字体。PySide6 已经定义了字体对话框的窗口界面,如图 6-30 所示。

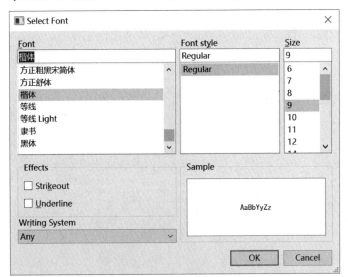

图 6-30 字体对话框

在字体对话框中,用户可以选择字体。QFontDialog 类的构造函数如下:

```
QFontDialog(parent:QWidget = None)
QFontDialog(initial:QFont,parent:QWidget = None)
```

其中,parent 表示父窗口或父容器;initial 表示初始字体。

QFontDialog 类的常用方法见表 6-25。

表 6-25　QFontDialog 类的常用方法

方法及参数类型	说　　明	返回值的类型
[static]getFont(initial:QFont, widget＝None, title＝'', QFontDialog.FontDialogOption)	静态方法,显示模式对话框,获取字体,参数 initial 是初始化字体,title 是对话框标题,返回值为元组	Tuple（bool, QFont)
[static] getFont（widget：QWidget ＝ None）		
selectedFont()	获取在对话框中单击 OK 按钮后选中的字体	QFont
setCurrentFont()	设置字体对话框的初始字体或当前字体	None
currentFont()	获取字体对话框的当前字体	QFont
setOption(QFontDialog.FontDialogOption [,on:bool＝True])	设置对话框的选项	None
testOption(QFontDialog.FontDialog Option)	获取是否设置了选项	bool

在表 6-25 中,QFontDialog.FontDialogOption 的枚举值为 QFontDialog.NoButtons (不显示 OK 和 Cancel 按钮)、QFontDialog.DontUseNativeDialog(在 macOS 中不使用本

机字体对话框,而使用 PySide6 的字体对话框)、QFontDialog. ScalableFonts(显示可缩放字体)、QFontDialog. NoScalableFonts(显示不可缩放字体)、QFontDialog. MonospacedFonts(显示等宽字体)、QFontDialog. ProportionFonts(显示比例字体)。

【实例 6-23】 创建一个窗口,包含一个多行文本框、一个按钮。使用该按钮可以更改文本框中文本的字体(需要被选中),代码如下:

```python
# === 第 6 章 代码 demo23.py === #
import sys
from PySide6. QtWidgets import (QApplication, QWidget, QVBoxLayout, QTextEdit, QPushButton,
QFontDialog)
from PySide6.QtGui import QFont

class Window(QWidget):
    def __init__(self):
        super().__init__()
        self.setGeometry(200,200,560,260)
        self.setWindowTitle('QFontDialog 类')
        #设置主窗口的布局
        vbox = QVBoxLayout()
        self.setLayout(vbox)
        #创建多行文本框
        self.textEdit = QTextEdit()
        #创建按钮
        pushButton = QPushButton("选择字体")
        pushButton.setFont(QFont("黑体",14))
        pushButton.clicked.connect(self.choose_font)
        vbox.addWidget(self.textEdit)
        vbox.addWidget(pushButton)

    #自定义槽函数
    def choose_font(self):
        ok,font = QFontDialog.getFont()
        if ok:
            self.textEdit.setCurrentFont(font)


if __name__ == '__main__':
    app = QApplication(sys.argv)
    win = Window()
    win.show()
    sys.exit(app.exec())
```

运行结果如图 6-31 所示。

6.5.4 输入对话框(QInputDialog)

在 PySide6 中,使用 QInputDialog 类创建输入对话框。输入对话框用于输入简单内容或选择简单内容。输入对话框可用于输入整数、浮点数、单行文本、多行文本,也可以从下拉列表中选择输入内容。

15min

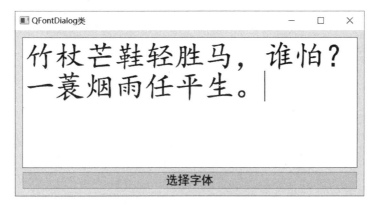

图 6-31　代码 demo23.py 的运行结果

QInputDialog 类的构造函数如下：

```
QInputDialog(parent:QWidget = None,flags:Qt.WindowFlags = Default(Qt.WindowFlags))
```

其中，parent 表示父窗口或父容器；flags 表示确定窗口外观和类型的参数，保持默认即可。

【实例 6-24】　创建一个窗口，包含一个标签、一个单行文本框、一个按钮。如果单击该按钮，则弹出带有下拉列表的输入对话框，代码如下：

```python
# === 第 6 章 代码 demo24.py === #
import sys
from PySide6.QtWidgets import (QApplication, QWidget, QHBoxLayout, QLineEdit, QPushButton,
QInputDialog,QLabel)
from PySide6.QtGui import QFont

class Window(QWidget):
    def __init__(self):
        super().__init__()
        self.setGeometry(200,200,560,260)
        self.setWindowTitle('QInputDialog 类')
        # 设置主窗口的布局
        hbox = QHBoxLayout()
        self.setLayout(hbox)
        # 创建按钮和单行文本框
        label = QLabel("选择省份:")
        label.setFont(QFont('黑体',14))
        self.lineEdit = QLineEdit()
        # 创建按钮
        pushButton = QPushButton("选择省份")
        pushButton.setFont(QFont("黑体",14))
        pushButton.clicked.connect(self.show_dialog)
        hbox.addWidget(label)
        hbox.addWidget(self.lineEdit)
        hbox.addWidget(pushButton)

        # 自定义槽函数
    def show_dialog(self):
```

```
        provinces = ['河北','山东','江苏','浙江','福建','广东','辽宁']
        province,ok = QInputDialog.getItem(self,"Input Dialog","省份列表",provinces,0,False)
        if ok and province:
            self.lineEdit.setText(province)


if __name__ == '__main__':
    app = QApplication(sys.argv)
    win = Window()
    win.show()
    sys.exit(app.exec())
```

运行结果如图 6-32 所示。

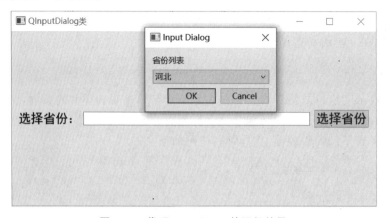

图 6-32 代码 demo24.py 的运行结果

注意：从图 6-32 可知，输入对话框由一个标签、一个输入控件、两个按钮组成。输入的控件可以为下拉列表框、整数输入控件、浮点数输入控件、单行文本框、多行文本框。

在 PySide6 中，QInputDialog 类的常用方法见表 6-26。

表 6-26 QInputDialog 类的常用方法

方法及参数类型	说　明	返回值的类型
setInputMode(QInputDialog.InputMode)	设置输入对话框的类型，其中 QInputDialog.IntInput 表示整数输入对话框；QInputDialog.Double 表示浮点数输入对话框；QInputDialog.TextInput 表示文本输入对话框	None
setOption(QInputDialog.InputDialog Option,on=True)	设置输入对话框的参数	None
testOption(QInputDialog.InputDialog Option)	获取是否设置了某些参数	bool

续表

方法及参数类型	说　明	返回值的类型
setLabelText(str)	设置对话框中标签的名称	None
setOKButtonText(str)	设置对话框中 OK 按钮的名称	None
setCancelButtonText(str)	设置 Cancel 按钮的名称	None
setIntValue(int)	设置对话框中的初始整数	None
intValue()	获取对话框中的整数	int
setIntMaximum(int)	设置整数的最大值	None
setIntMinimum(int)	设置整数的最小值	None
setIntRange(min:int,max:int)	设置整数的范围	None
setIntStep(int)	设置整数调整的步长(通过单击向上或向下的箭头实现)	None
setDoubleValue(float)	设置对话框的初始浮点数	None
doubleValue()	获取对话框的浮点数	int
setDoubleDecimals(int)	设置浮点数的小数位数	None
setDoubleMaximum(float)	设置浮点数的最大值	None
setDoubleMinimum(float)	设置浮点数的最小值	None
setDoubleRange(min:float,max:float)	设置浮点数的范围	None
setDoubleStep(float)	设置浮点数调整的步长(通过单击向上或向下的箭头实现)	None
setTextValue(str)	设置对话框中的初始文本	None
setComboBoxItem(Sequence[str])	设置下拉列表的值	None
textValue()	获取对话框中的文本	None
setTextEchoMode(QLineEdit.EchoMode)	设置单行文本框的输入模式	None
comboBoxItems()	获取下拉列表的值	List[str]
setComboBoxEditable(bool)	设置下拉列表是否可编辑,用户是否可以输入数据	None
[static]getInt(parameters)	静态方法,显示输入对话框,获取输入的值和单击按钮的类型	Tuple(int,bool)
[static]getDouble(parameters)		Tuple(float,bool)
[static]getText(parameters)		Tuple(str,bool)
[static]getMultiLineText(parameters)		Tuple(str,bool)
[static]getItem(parameters)		Tuple(str,bool)

QInputDialog 类在静态方法的完整参数如下:

```
getInt(parent:Widget, title:str, label:str, value:int, minValue = - 2147483647, maxValue =
2147483647, step:int, flags = Qt.WindowFlags())

getDouble(parent:Widget,title:str,label:str,value:float,minValue = - 2147483647, maxValue
= 2147483647, decimals:int,flags = Qt.WindowFlags(),step:float)

getText(parent:Widget, title:str, label:str, echo = QLineEdit. Normal, text:str, flags = Qt.
WindowFlags(), inputMethodHints = Qt. ImhNone)
```

```
getMultiLineText(parent: Widget, title: str, label: str, text: str, flags = Qt. WindowFlags ( ),
inputMethodHints = Qt. ImhNone)

getItem(parent:Widget,title:str,label:str,items:Sequence[str],current:int,editable:bool,
flags = Qt. WindowFlags(), inputMethodHints = Qt. ImhNone)
```

其中,parent 表示父窗口或父容器;title 表示对话框的标题;label 表示对话框控件的文本。

【实例 6-25】 创建一个窗口,包含一个标签、一个单行文本框、一个按钮。如果单击该按钮,则弹出单行文本输入对话框,代码如下:

```python
# === 第 6 章 代码 demo25.py === #
import sys
from PySide6. QtWidgets import ( QApplication, QWidget, QHBoxLayout, QLineEdit, QPushButton,
QInputDialog,QLabel)
from PySide6.QtGui import QFont

class Window(QWidget):
    def __init__(self):
        super().__init__()
        self.setGeometry(200,200,560,260)
        self.setWindowTitle('QInputDialog 类')
        # 设置主窗口的布局
        hbox = QHBoxLayout()
        self.setLayout(hbox)
        # 创建按钮和单行文本框
        label = QLabel("输入姓名:")
        label.setFont(QFont('黑体',14))
        self.lineEdit = QLineEdit()
        # 创建按钮
        pushButton = QPushButton("输入")
        pushButton.setFont(QFont("黑体",14))
        pushButton.clicked.connect(self.show_dialog)
        hbox.addWidget(label)
        hbox.addWidget(self.lineEdit)
        hbox.addWidget(pushButton)

    # 自定义槽函数
    def show_dialog(self):
        mytext,ok = QInputDialog.getText(self,"Input Dialog","输入姓名:")
        if ok and mytext:
            self.lineEdit.setText(mytext)


if __name__ == '__main__':
    app = QApplication(sys.argv)
    win = Window()
    win.show()
    sys.exit(app.exec())
```

运行结果如图 6-33 所示。

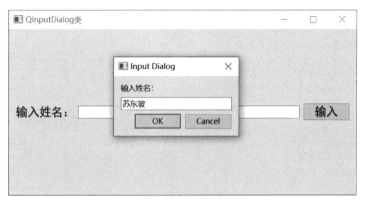

图 6-33 代码 demo25.py 的运行结果

在 PySide6 中,QInputDialog 类的信号见表 6-27。

表 6-27 QInputDialog 类的信号

信号及参数类型	说 明
intValueChanged(int)	当输入对话框中的整数值发生改变时发送信号
intValueSelected(int)	当单击 OK 按钮后发送信号
doubleValueChanged(float)	当输入对话框中的浮点数发生改变时发送信号
doubleValueSelected(float)	当单击 OK 按钮后发送信号
textValueChanged(str)	当输入对话框中的文本发生改变时发送信号
textValueSelected(str)	单击 OK 按钮后发送信号

【实例 6-26】 创建一个窗口,包含一个标签、一个单行文本框、一个按钮。如果单击该按钮,则弹出浮点数输入对话框,代码如下:

```
# === 第 6 章 代码 demo26.py === #
import sys
from PySide6.QtWidgets import (QApplication, QWidget, QHBoxLayout, QLineEdit, QPushButton,
QInputDialog,QLabel)
from PySide6.QtGui import QFont

class Window(QWidget):
    def __init__(self):
        super().__init__()
        self.setGeometry(200,200,560,260)
        self.setWindowTitle('QInputDialog 类')
        #设置主窗口的布局
        hbox = QHBoxLayout()
        self.setLayout(hbox)
        #创建按钮和单行文本框
        label = QLabel("输入圆周率:")
        label.setFont(QFont('黑体',14))
        self.lineEdit = QLineEdit()
        #创建按钮
```

```
pushButton = QPushButton("输入")
pushButton.setFont(QFont("黑体",14))
pushButton.clicked.connect(self.show_dialog)
hbox.addWidget(label)
hbox.addWidget(self.lineEdit)
hbox.addWidget(pushButton)

#自定义槽函数
def show_dialog(self):
    myfloat,ok = QInputDialog.getDouble(self,"Input Dialog","输入圆周率:")
    if ok and myfloat:
        self.lineEdit.setText(str(myfloat))


if __name__ == '__main__':
    app = QApplication(sys.argv)
    win = Window()
    win.show()
    sys.exit(app.exec())
```

运行结果如图 6-34 所示。

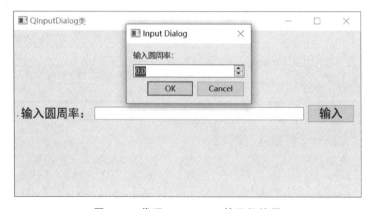

图 6-34 代码 demo26.py 的运行结果

6.5.5 文件对话框(QFileDialog)

在 PySide6 中,使用 QFileDialog 类创建文件对话框。当打开或保存文件时,可以使用文件对话框获取文件路径和文件名。在文件对话框中,可以根据文件类型过滤文件,只显示具有特定扩展名的文件。开发者可以选择 PySide6 提供的文件对话框,也可以选择本机操作系统提供的文件对话框

QFileDialog 类的构造函数如下:

```
QFileDialog(parent:QWidget,f:Qt.WindowFlags)
QFileDialog(parent:QWidget,caption:str = '',directory:str = '',filter:str = '')
```

其中,parent 表示父窗口或父容器;caption 用于设置对话框的标题;directory 用于设置默

认路径；filter 用于设置过滤器，即只显示特定后缀名的文件。

在 PySide6 中，创建文件对话框有两种方法：第 1 种方法，首先创建 QFileDialog 的实例对象，然后使用 show( )、open( )或 exec( )方法显示文件对话框；第 2 种方法，使用 QFileDialog 类的静态方法创建文件对话框。

QFileDialog 类的常用方法见表 6-28。

表 6-28　QFileDialog 类的常用方法

方法及参数类型	说　　明	返回值的类型
setAcceptMode(QFileDialog. AcceptMode)	设置为打开或保存对话框	None
setDefaultSuffix(str)	设置默认的后缀名	None
defaultSuffix( )	获取默认的后缀名	str
saveState( )	将对话框状态保存到 QByteArray 中	QByteArray
restoreState(QByteArray)	恢复对话框的状态	bool
selectFile(str)	设置初始选中的文件，可当作默认文件	None
selectedFiles( )	获取被选中文件的绝对路径列表，若没有选中文件，则返回当前路径	List[str]
selectNameFilter(str)	设置对话框的文件名过滤器	None
selectedNameFilter( )	获取当前选择的文件名过滤器	str
selectUrl(url：Union[QUrl,str])	设置对话框初始选中的文件	None
selectedUrls( )	获取被选中文件的绝对路径列表，若没有选中文件，则返回当前路径	List[QUrl]
directory( )	获取对话框的当前路径	QDir
directoryUrl( )	同上	QUrl
setDirectory（directory：Union［QDir,str])	设置对话框的初始路径	None
setFileMode(QFileDialog. FileMode)	设置文件模式，对话框被用于选择路径、单个文件或多个文件	None
setHistory(paths：Sequence[str])	设置对话框的浏览记录	None
history( )	获取对话框的浏览记录列表	List[str]
setLabelText（QFileDialog. DialogLabel,str)	设置对话框上标签或按钮的名称	None
labelText(QFileDialog. DialogLabel)	获取对话框上标签或按钮的名称	str
setNameFilter(str)	根据文件的扩展名设置过滤器	None
setNameFilters(Sequence[str])	设置多个文件过滤器	None
nameFilters( )	获取过滤器列表	List[str]
setOption(QDialog. Option,on=True)	设置对话框的外观选项	None
testOption(QDialog. Option)	获取是否设置了某种外观选项	bool
setViewMode(QFileDialog. ViewMode)	设置对话框中文件的视图方式：QFileDialog. List(列表显示) 或 QFileDialog. Detail(详细显示)	None

方法及参数类型	说　明	返回值的类型
[static]getExistingDirectory([parameters])		str
[static] getExistingDirectoryUrl([parameters])		QUrl
[static]getOpenFileName([parameters])		
[static] getOpenFileNames([parameters])	静态方法,打开文件对话框,获取路径、文件名、过滤器	Tuple (fileNames, selectedFilter)
[static] getOpenFileUrl ([parameters])		
[static] getOpenFileUrls([parameters])		
[static] getSaveFileName([parameters])		
[static] getSaveFileUrl([parameters])		

在 QFileDialog 类中,其静态方法的参数如下:

```
getExistingDirectory ( parent: QWidget = None, caption: str = '', dir: str = '', options =
QFileDialog.Option.ShowDirsOnly)

getExistingDirectoryUrl(parent: QWidget = None, caption: str = '', dir:
Union[QUrl, str], options = QFileDialog.Option.ShowDirsOnly)

getOpenFileName(parent: QWidget = None, caption: str = '', dir: str = '', filter: str = '',
selectedFilter: str = '', options: QFileDialog.Options)

getOpenFileNames(parent: QWidget = None, caption: str = '', dir: str = '', filter: str = '',
selectedFilter: str = '', options: QFileDialog.Options)

getOpenFileUrl(parent: QWidget = None, caption: str = '', dir: Union[QUrl, str] = '', filter: str = '',
selectedFilter: str = '', options: QFileDialog.Options)

getOpenFileUrls([parent: QWidget = None, caption: str = '', dir: Union[QUrl, str] = '', filter: str = '',
selectedFilter: str = '', options: QFileDialog.Options)

getSaveFileName(parent: QWidget = None, caption: str = '', dir: str = '', filter: str = '',
selectedFilter: str = '', options: QFileDialog.Options)

getSaveFileUrl(parent: QWidget = None, caption: str = '', dir: Union[QUrl, str] = '', filter: str = '',
selectedFilter: str = '', options = QFileDialog.Options)
```

其中,parent 表示父窗口或父容器;caption 表示对话框标题;dir 表示初始路径。

【实例 6-27】 创建一个窗口,包含多行文本框、一个按钮。如果单击该按钮,则弹出文件对话框,选中 txt 文件,在多行文本框中显示文件内容,并打印获取的文件路径,代码如下:

```
# === 第 6 章 代码 demo27.py === #
import sys
from PySide6.QtWidgets import (QApplication, QWidget, QVBoxLayout, QTextEdit, QPushButton,
QFileDialog)
from PySide6.QtGui import QFont
```

```python
class Window(QWidget):
    def __init__(self):
        super().__init__()
        self.setGeometry(200,200,1000,600)
        self.setWindowTitle('QFileDialog 类')
        #设置主窗口的布局
        vbox = QVBoxLayout()
        self.setLayout(vbox)
        #创建多行文本框
        self.textEdit = QTextEdit()
        #创建按钮
        pushButton = QPushButton("打开文件")
        pushButton.setFont(QFont("黑体",14))
        pushButton.clicked.connect(self.open_file)
        vbox.addWidget(self.textEdit)
        vbox.addWidget(pushButton)

    #自定义槽函数
    def open_file(self):
        fname = QFileDialog.getOpenFileName(self,"打开文件","./")
        print(fname)
        if fname[0]:
            with open(fname[0],'r',encoding = 'utf-8') as f:
                data = f.read()
                self.textEdit.setText(data)

if __name__ == '__main__':
    app = QApplication(sys.argv)
    win = Window()
    win.show()
    sys.exit(app.exec())
```

运行结果如图 6-35 所示。

在 PySide6 中,QFileDialog 类的信号见表 6-29。

表 6-29 QFileDialog 类的信号

信号及参数类型	说 明
currentChanged(file:str)	当选择的文件或路径发生改变时发送信号,参数是当前选择的文件或路径
currentUrlChanged(QUrl)	当选择的文件或路径发生改变时发送信号,参数是 QUrl
directoryEntered(directory:str)	当进入新路径时发送信号,参数是新路径
directoryUrlEntered(QUrl)	当进入新路径时发送信号,参数是 QUrl
fileSelected(file:str)	单击"打开"或"保存"按钮后发送信号,参数是选中的文件
Urlselected(QUrl)	单击"打开"或"保存"按钮后发送信号,参数是 QUrl
filesSelected(files:List[str])	单击"打开"或"保存"按钮后发送信号,参数是选中的文件列表
urlsSelected(List[QUrl])	单击"打开"或"保存"按钮后发送信号,参数是 List[QUrl]
filterSelected(str)	选择新的过滤器发送信号,参数是新过滤器

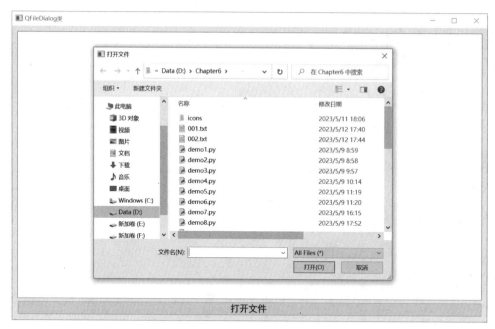

图 6-35 代码 demo27.py 的运行结果

【**实例 6-28**】 创建一个窗口,包含多行文本框、一个按钮。如果单击该按钮,则将保存文本框中的内容,并弹出保存文件对话框,代码如下:

```
# === 第 6 章 代码 demo28.py === #
import sys
from PySide6.QtWidgets import ( QApplication, QWidget, QVBoxLayout, QTextEdit, QPushButton,
QFileDialog,QMessageBox)
from PySide6.QtGui import QFont

class Window(QWidget):
    def __init__(self):
        super().__init__()
        self.setGeometry(200,200,1000,600)
        self.setWindowTitle('QFileDialog 类')
        #设置主窗口的布局
        vbox = QVBoxLayout()
        self.setLayout(vbox)
        #创建多行文本框
        self.textEdit = QTextEdit()
        #创建按钮
        pushButton = QPushButton("保存文件")
        pushButton.setFont(QFont("黑体",14))
        pushButton.clicked.connect(self.save_file)
        vbox.addWidget(self.textEdit)
        vbox.addWidget(pushButton)

        #自定义槽函数
```

```
    def save_file(self):
        fname = QFileDialog.getSaveFileName(self,"保存文件","./")
        if fname[0]:
            with open(fname[0],'w',encoding = 'utf - 8') as f:
                data = self.textEdit.toPlainText()
                f.write(data)
                QMessageBox.about(self,"保存文件","文件已经被保存")


if __name__ == '__main__':
    app = QApplication(sys.argv)
    win = Window()
    win.show()
    sys.exit(app.exec())
```

运行结果如图 6-36 所示。

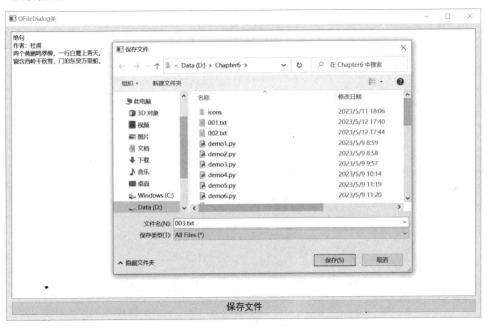

图 6-36 代码 demo28.py 的运行结果

6.5.6 消息对话框(QMessageBox)

在 PySide6 中,使用 QMessageBox 类创建消息对话框。消息对话框用于向用户显示一些信息,或咨询用户如何进行下一步操作。QMessageBox 类的构造函数如下:

```
QMessageBox(parent:QWidget = None)
QMessageBox( icon: QMessageBox. Icon, title: str, text: str, buttons: QMessageBox. StandardButton.
NoButton, parent:QWidget = None, flags:QWindowFlags = Qt. Dialog | Qt.MSWindowsFixedSizeDialogHint)
```

其中,parent 表示父窗口或父容器;icon 表示对话框的图标;title 表示对话框标题文字;

text 表示对话框显示的文本；其他参数保持默认即可。

在 PySide6 中，创建消息对话框有两种方法：第 1 种方法，首先创建 QMessageBox 的实例对象，然后向实例对象中添加图标、文本、按钮，最后使用 show( )、open、exec( )方法显示消息对话框；第 2 种方法，使用 QMessageBox 类的静态方法创建消息对话框。

【实例 6-29】 创建一个窗口，包含一个按钮。如果单击该按钮，则显示消息对话框，代码如下：

```python
# === 第 6 章 代码 demo29.py === #
import sys
from PySide6.QtWidgets import (QApplication,QWidget,QHBoxLayout,QPushButton,QMessageBox)
from PySide6.QtGui import QFont

class Window(QWidget):
    def __init__(self):
        super().__init__()
        self.setGeometry(200,200,560,260)
        self.setWindowTitle('QMessageBox 类')
        #设置主窗口的布局
        hbox = QHBoxLayout()
        self.setLayout(hbox)
        #创建按钮
        pushButton = QPushButton("单击我")
        pushButton.setFont(QFont("黑体",14))
        pushButton.clicked.connect(self.show_dialog)
        hbox.addWidget(pushButton)

    #自定义槽函数
    def show_dialog(self):
        QMessageBox.about(self,"关于对话框","有之以为利，无之以为用。")


if __name__ == '__main__':
    app = QApplication(sys.argv)
    win = Window()
    win.show()
    sys.exit(app.exec())
```

运行结果如图 6-37 所示。

图 6-37　代码 demo29.py 的运行结果

QMessageBox 类的常用方法见表 6-30。

表 6-30　QMessageBox 类的常用方法

方法及参数类型	说　　明	返回值的类型
setText()	设置信息对话框的文本	None
text()	获取对话框的文本	str
setInformativeText(str)	设置对话框的信息文本	None
informativeText()	获取信息文本	str
setDetailedText(str)	设置对话框的详细文本	None
detailedText()	获取详细文本	str
setTextFormat(Qt.TextFormat)	设置文本的格式	None
setIcon(QMessageBox.Icon)	设置标准图标	None
setIconPixmap(QPixmap)	设置自定义图标	None
icon()	获取标准图标的图像	QMessageBox.Icon
iconPixmap()	获取自定义图标的图像	QPixmap
setCheckBox(QCheckBox)	在对话框中添加复选框控件	None
checkBox()	获取复选框控件	QCheckBox
addButton(button:QAbstractButton,role: QMessageBox.ButtonRole)	在对话框中添加按钮,并设置按钮的作用	None
addButton(text:str,QMessageBox.Button Role)	在对话框中添加按钮,并返回该按钮控件	QPushButton
buttons()	获取对话框中的按钮列表	List[QAbstractButton]
button(QMessageBox.StandardButton)	获取对话框中的标准按钮	QAbstractButton
removeButton(QAbstractButton)	移除按钮	None
buttonRole(button:QAbstractButton)	获取按钮的角色	QMessageBox.Button Role
setDefaultButton(QPushButton)	设置默认按钮	None
setDefaultButton(QMessageBox.Standard Button)	将某个标准按钮设置为默认按钮	None
defaultButton()	获取默认按钮	QPushButton
setEscapeButton(QAbstractButton)	设置 Esc 按键对应的按钮	None
setEscapeButton(QMessageBox.Standard Button)	将某个标准按钮设置为 Esc 按键对应的按钮	None
escapeButton()	获取按 Esc 键对应的按钮	QAbstractButton
clickedButton()	获取被单击的按钮	QAbstractButton
[static]about(QWidget,title:str,text:str)	静态方法,创建关于对话框	None
[static]information(parameters)	静态方法,创建消息对话框,并返回被单击的按钮	QMessageBox.Standard Button 或 int
[static]question(parameters)		
[static]warning(parameters)		
[static]critical(parameters)		

在 QMessageBox 中,静态方法和返回值的参数如下:

```
about(parent:QWidget,title:str,text:str)->None

critical(parent: QWidget, title: str, text: str, button0: QMessageBox. StandardButton, button1:
QMessageBox. StandardButton) -> QMessageBox. StandardButton

critical(parent: QWidget, title: str, text: str [, buttons = QMessageBox. StandardButton. Ok
[, defaultButton = QMessageBox. StandardButton. NoButton]]) -> int

information(parent:QWidget,title:str,text:str,button0:QMessageBox. StandardButton[, button1
= QMessageBox. StandardButton. NoButton]) -> QMessageBox. StandardButton

information(parent: QWidget, title: str, text: str [, buttons = QMessageBox. StandardButton. Ok
[, defaultButton = QMessageBox. StandardButton. NoButton]])
-> QMessageBox. StandardButton

question(parent: QWidget, title: str, text: str, button0: QMessageBox. StandardButton, button1:
QMessageBox. StandardButton) -> int

question(parent: QWidget, title: str, text: str [, buttons = QMessageBox. StandardButtons
(QMessageBox. StandardButton. Yes | QMessageBox. StandardButton. No)[, defaultButton =
QMessageBox. StandardButton. NoButton]]) -> QMessageBox. StandardButton

warning(parent: QWidget, title: str, text: str, button0: QMessageBox. StandardButton, button1:
QMessageBox. StandardButton) -> int

warning(parent: QWidget, title: str, text: str [, buttons = QMessageBox. StandardButton. Ok
[, defaultButton = QMessageBox. StandardButton. NoButton]]) -> QMessageBox. StandardButton
```

其中,parent 表示父窗口或父容器;title 表示对话框标题;text 表示对话框显示的文本;QMessageBox. StandardButton 表示标准按钮,其具体参数值与对应的角色见表 6-31。

表 6-31　标准按钮与对应的角色

标准按钮	对应的角色	标准按钮	对应的角色
QMessageBox. OK	AcceptRole	QMessageBox. Help	HelpRole
QMessageBox. Open	AcceptRole	QMessageBox. SaveAll	AcceptRole
QMessageBox. Save	AcceptRole	QMessageBox. Yes	YesRole
QMessageBox. Cancel	RejectRole	QMessageBox. YesToAll	YesRole
QMessageBox. Close	RejectRole	QMessageBox. No	NoRole
QMessageBox. Discard	DestructiveRole	QMessageBox. NoToAll	NoRole
QMessageBox. Apply	ApplyRole	QMessageBox. Abort	RejectRole
QMessageBox. Reset	ResetRole	QMessageBox. Retry	AcceptRole
QMessageBox. RestoreDefaults	ResetRole	QMessageBox. Ignore	AcceptRole

在 PySide6 中,QMessageBox. ButtonRole 的枚举值及其说明见表 6-32。

表 6-32 **QMessageBox.ButtonRole** 的枚举值及其说明

枚 举 值	说 明
QMessageBox.InvalidRole	不起作用的按钮
QMessageBox.AcceptRole	接受对话框内的信息,例如 Yes 按钮
QMessageBox.RejectRole	拒绝对话框内的信息,例如 No 按钮
QMessageBox.DestructiveRole	重构对话框
QMessageBox.ActionRole	使对话框内的控件发生变化
QMessageBox.HelpRole	显示帮助按钮
QMessageBox.YesRole	Yes 按钮
QMessageBox.NoRole	No 按钮
QMessageBox.ResetRole	重置按钮,恢复对话框的默认值
QMessageBox.ApplyRole	确认当前的设置,例如 Apply 按钮

【**实例 6-30**】 创建一个窗口,包含一个按钮、一个标签。如果单击该按钮,则显示消息对话框。如果单击消息对话框中的按钮,则标签显示提示信息,代码如下:

```python
# === 第 6 章 代码 demo30.py === #
import sys
from PySide6.QtWidgets import ( QApplication, QWidget, QVBoxLayout, QPushButton, QMessageBox,
QLabel)
from PySide6.QtGui import QFont

class Window(QWidget):
    def __init__(self):
        super().__init__()
        self.setGeometry(200,200,560,260)
        self.setWindowTitle('QMessageBox 类')
        #设置主窗口的布局
        vbox = QVBoxLayout()
        self.setLayout(vbox)
        #创建按钮
        pushButton = QPushButton("单击我")
        pushButton.setFont(QFont("黑体",14))
        pushButton.clicked.connect(self.show_dialog)
        #创建标签
        self.label = QLabel("提示:")
        self.label.setFont(QFont("黑体",14))
        vbox.addWidget(pushButton)
        vbox.addWidget(self.label)

    #自定义槽函数
    def show_dialog(self):
        btn = QMessageBox.question(self,"消息对话框","确定要进行下一步操作?")
        if str(btn) == "StandardButton.Yes":
            self.label.setText("提示:单击了\"确定\"按钮。")
        else:
            self.label.setText("提示:单击了\"取消\"按钮。")
```

```
if __name__ == '__main__':
    app = QApplication(sys.argv)
    win = Window()
    win.show()
    sys.exit(app.exec())
```

运行结果如图 6-38 所示。

图 6-38 代码 demo30.py 的运行结果

在 PySide6 中,QMessageBox 类只有一个信号 buttonClicked(button:QAbstractButton),当单击消息对话框的任意按钮时发送信号,参数为被单击的按钮。

6.5.7 错误消息对话框(QErrorMessage)

在 PySide6 中,使用 QErrorMessage 类创建错误消息对话框。消息对话框用于显示程序运行时出现的错误。QErrorMessage 类的构造函数如下:

```
QErrorMessage(parent:QWidget = None)
```

其中,parent 表示父窗口或父容器。

QErrorMessage 类的常用方法见表 6-33。

表 6-33 QErrorMessage 类的常用方法

方法及参数类型	说　　明	返回值的类型
showMessage(message:str)	显示对话框,message 是报错信息	None
showMessage(message:str,type:str)	同上,type 是错误信息的类型	None

【实例 6-31】 创建一个窗口,包含一个按钮。如果单击该按钮,则显示错误消息对话框,代码如下:

```
# === 第 6 章 代码 demo31.py === #
import sys
from PySide6.QtWidgets import (QApplication,QWidget,QHBoxLayout,QPushButton,QErrorMessage)
```

```
from PySide6.QtGui import QFont

class Window(QWidget):
    def __init__(self):
        super().__init__()
        self.setGeometry(200,200,560,260)
        self.setWindowTitle('QErrorMessage 类')
        #设置主窗口的布局
        hbox = QHBoxLayout()
        self.setLayout(hbox)
        #创建按钮
        pushButton = QPushButton("单击我")
        pushButton.setFont(QFont("黑体",14))
        pushButton.clicked.connect(self.show_dialog)
        hbox.addWidget(pushButton)

    #自定义槽函数
    def show_dialog(self):
        message = QErrorMessage(self)
        message.showMessage("注意:出现了错误!")


if __name__ == '__main__':
    app = QApplication(sys.argv)
    win = Window()
    win.show()
    sys.exit(app.exec())
```

运行结果如图 6-39 所示。

图 6-39 代码 demo31.py 的运行结果

6.5.8 进度对话框(QProgressDialog)

在 PySide6 中,使用 QProgressDialog 类创建进度对话框。进度对话框用于显示正在进行的任务及任务的完成度。QProgressDialog 类的构造函数如下:

```
QProgressDialog(parent:QWidget = None)
QProgressDialog(labelText:str,cancelButtonText:str,minimum:int,maximum:int,parent:QWidget
= None,Qt.WindowFlags)
```

其中,parent 表示父窗口或父容器;labelText 用于设置对话框中标签的文本;cancelButtonText 用于设置对话框中按钮的文本;minimum 表示进度条的最小值;maximum 表示进度条的最大值。

QProgressDialog 类的常用方法见表 6-34。

表 6-34　QProgressDialog 类的常用方法

方法及参数类型	说　明	返回值的类型
[slot]setValue(int)	设置进度条的当前值	None
[slot]setMaximum(int)	设置进度条的最大值	None
[slot]setMinimum(int)	设置进度条的最小值	None
[slot]setRange(int,int)	设置进度条的最小值和最大值	None
[slot]setLabelText(str)	设置进度条中标签的文本	None
[slot]setCancelButtonText()	设置"取消"按钮显示的文本	None
[slot]cancel()	取消对话框	str
[slot]forceShow()	强制显示对话框	None
[slot]reset()	重置对话框	None
setMinimumDuration(int)	设置对话框从创建到显示出来的过渡时间	None
minimumDuration()	获取对话框从创建到显示出来的过渡时间	int
value()	获取进度条的当前值	int
maximum()	获取进度条的最大值	int
minimum()	获取进度条的最小值	int
labetText()	获取进度条中标签的文本	str
wasCanceled()	获取对话框是否被取消	bool
setAutoClose(bool)	当调用 reset()方法时,设置是否自动隐藏	None
autoClose()	获取是否自动隐藏	bool
setAutoReset()	当进度条的值最大时,设置是否自动重置	None
autoReset()	当进度条的值最大时,获取是否自动重置	bool
setBar(QProgressBar)	重新设置对话框中的进度条	None
setCancelButton(QPushButton)	重新设置对话框中的"取消"按钮	None
setLabel(QLabel)	重新设置对话框中的标签	None

QProgressDialog 类只有一个信号 canceled(),表示当单击"取消"按钮时发送信号。

【实例 6-32】　创建一个窗口,包含一个按钮。如果单击该按钮,则显示进度对话框,该进度对话框与定时器相联系,每隔 1s 重置进度条的数值,代码如下:

```
# === 第 6 章 代码 demo32.py === #
import sys
from PySide6.QtWidgets import (QApplication,QWidget,QHBoxLayout,QPushButton,QProgressDialog)
from PySide6.QtGui import QFont
from PySide6.QtCore import QTimer
```

```python
class Window(QWidget):
    def __init__(self):
        super().__init__()
        self.setGeometry(200,200,560,260)
        self.setWindowTitle('QProgessDialog 类')
        #设置主窗口的布局
        hbox = QHBoxLayout()
        self.setLayout(hbox)
        #创建按钮
        pushButton = QPushButton("单击我")
        pushButton.setFont(QFont("黑体",14))
        pushButton.clicked.connect(self.show_dialog)
        hbox.addWidget(pushButton)
        self.bar = QProgressDialog("正在复制...","取消",0,100,self)
        self.bar.canceled.connect(self.cancel)
        self.timer = QTimer(self)
        self.steps = 0

    #显示进度对话框
    def show_dialog(self):
        self.bar.show()
        self.timer.setInterval(1000)
        self.timer.timeout.connect(self.show_data)
        self.timer.start()

    #重置进度条的数值
    def show_data(self):
        self.bar.setValue(self.steps)
        self.steps = self.steps + 1
        if self.steps > self.bar.maximum():
            self.timer.stop()

    #"取消"按钮
    def cancel(self):
        self.timer.stop()


if __name__ == '__main__':
    app = QApplication(sys.argv)
    win = Window()
    win.show()
    sys.exit(app.exec())
```

运行结果如图 6-40 所示。

6.5.9　向导对话框(QWizard)

在 PySide6 中,使用 QWizard 类创建向导对话框。向导对话框由多个页面组成,可以引导用户完成某项任务。QWizard 类的构造函数如下:

11min

```
QWizard(parent:QWidget = None,flags:Qt.WindowFlags = Default(Qt.WindowFlags))
```

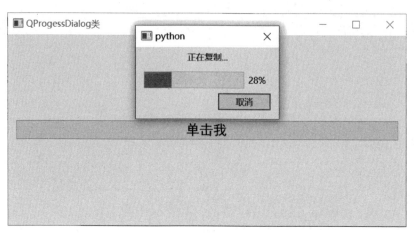

图 6-40　代码 demo32.py 的运行结果

其中,parent 表示父窗口或父容器;flags 表示窗口的外观和样式,保持默认即可。

　　向导对话框由多个向导页面组成,同一时间只能显示其中一个页面。用户可以通过单击 Next 按钮或 Back 按钮向前或向后查看页面。对话框中的向导页面是由 QWizardPage 类创建的。向导对话框会分配向导页面的 ID 号,从 0 开始。

　　在 PySide6 中,QWizardPage 类是 QWidget 类的子类,其构造函数如下:

```
QWizardPage(parent:QWidget = None)
```

其中,parent 表示父窗口或父容器。

　　QWizardPage 类的常用方法见表 6-35。

表 6-35　QWizardPage 类的常用方法

方法及参数类型	说　　明	返回值的类型
setButtonText(QWizard.QWizardButton,str)	设置在某种用途的按钮上显示的文字	None
buttonText(which:QWizard.QWizardButton)	获取在某种用途的按钮上显示的文本	str
setCommitPage(commitPage:bool)	设置成提交页	None
isCommitPage()	获取是否是提交页	bool
setFinalPage(bool)	设置成最后页	None
isFinalPage()	获取是否为最后页	bool
setPixmap(which:QWizard.WizardPixmap, pixmap:QPixmap)	在指定区域设置图像	None
pixmap(QWizard.WizardPixmap)	获取指定区域的图像	QPixmap
setSubTitle(subTitle:str)	设置子标题	None
setTitle(title:str)	设置标题	None
subTitle()	获取子标题	str
title()	获取标题	str

续表

方法及参数类型	说　　明	返回值的类型
registerField（name：str，widget：QWidget，property：str ＝ None，changedSignal：str ＝ None）	创建字段	None
setField(name：str，value：Any)	设置字段的值	None
field(name：str)	获取字段的值	str
setDefaultProperty（className：str，property：str，changedSignal：str)	设置某类控件的某个属性和某个信号相关联	None
validatePage()	验证向导页中的输入内容,若为 True,则显示下一页	bool
wizard()	获取向导页所在的向导对话框	QWizard
cleanupPage()	清除页面内容,恢复默认值	None
initializePage()	初始化向导页	None
isComplete()	获取是否输入完成,若返回值为 True,则激活 Next 按钮或 Finish 按钮	bool
nextId()	获取下一页的 ID 号	int

【**实例 6-33**】　使用 QWizardPage 类创建一个登录界面的窗口,代码如下:

```python
# === 第 6 章 代码 demo33.py === #
import sys
from PySide6.QtWidgets import (QApplication,QWizardPage,QLineEdit,QFormLayout)

class Window(QWizardPage):
    def __init__(self):
        super().__init__()
        self.setGeometry(200,200,560,260)
        self.setWindowTitle('QWizardPage 类')
        form = QFormLayout()
        self.setLayout(form)
        self.name = QLineEdit()
        self.number = QLineEdit()
        form.addRow("请输入账号:",self.name)
        form.addRow("请输入密码:",self.number)


if __name__ == '__main__':
    app = QApplication(sys.argv)
    win = Window()
    win.show()
    sys.exit(app.exec())
```

运行结果如图 6-41 所示。

QWizard 类的常用方法见表 6-36。

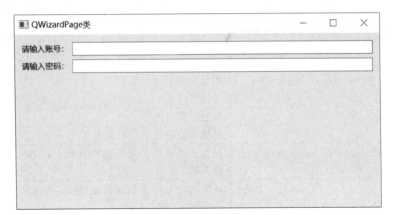

图 6-41　代码 demo33.py 的运行结果

表 6-36　QWizard 类的常用方法

方法及参数类型	说　　明	返回值的类型
[slot]restart()	回到初始页	None
[slot]back()	显示上一页	None
[slot]next()	显示下一页	None
[slot]setCurrentId()	设置当前向导页的 ID	None
addPage(page:QWizardPage)	添加向导页,并返回 ID	int
setPage(id:int,page:QWizardPage)	使用指定的 ID 添加向导页	None
removePage(id:int)	移除 ID 为 int 的向导页面	None
currentId()	获取当前向导页的 ID 号	int
currentPage()	获取当前向导页	QWizardPage
hasVisitedPage(int)	获取向导页是否被访问过	bool
page(id:int)	获取指定 ID 的向导页	QWizardPage
pageIds()	获取向导页的 ID 列表	List[int]
setButton (which: QWizard. WizardButton, button:QAbstractButton)	添加某种用途的按钮	None
button(QWizard. WizardButton)	获取某种用途的按钮	QAbstractButton
setButtonLayout(Sequence[QWizard. Wizard Button])	设置按钮的布局,相对位置的布局	None
setButtonText(QWizard. WizardButton,str)	设置按钮显示的文本	None
buttonText(QWizard. WizardButton)	获取按钮显示的文本	str
setField(name:str,value:Any)	设置字段的值	None
field(name:str)	获取字段的值	Any
setOption (QWizard. QWizardOption, on = True)	设置向导对话框的选项	None
options()	获取向导对话框的选项	QWizardOption
testOption(QWizard. QWizardOption)	获取是否设置了某个选项	bool

续表

方法及参数类型	说　明	返回值的类型
setPixmap(which：QWizard. WizardPixmap, pixmap：Union[QPixmap,QImage,str])	在对话框的指定区域设置图像	None
pixmap(which：QWizard. WizardPixmap)	获取指定位置处的图像	Pixmap
setSideWidget(QWidget)	在向导对话框的左侧设置控件	None
setStartId(id：int)	用指定的 ID 的向导页作为开始页，默认 ID 最小的页面作为开始页	None
startId()	获取开始页的 ID	int
setSubTitleFormat(format：Qt. TextFormat)	设置子标题的格式	None
setTitleFormat(format：Qt. TextFormat)	设置标题的格式	None
setWizardStyle(style：QWizard. QWizardStyle)	设置向导对话框的风格	None
wizardStyle()	获取向导对话框的风格	WizardStyle
visitedIds()	获取访问过的向导页的 ID 列表	List[int]
cleanupPage(id：int)	清除内容,恢复默认值	None
initializaPage(id：int)	初始化向导页	None
nextId()	获取下一页的 ID	int
validateCurrentPage()	验证当前页的输入是否正确	bool

在 QWizard 类中,使用方法 setOption(QWizard. WizardOption,on＝True)设置向导对话框的选项。参数值为 QWizard. WizardOption 的枚举值。QWizard. WizardOption 的枚举值见表 6-37。

表 6-37　QWizard. WizardOption 的枚举值

枚　举　值	说　明
QWizard. IndependentPages	向导页之间是独立的,不传递参数
QWizard. IngnoreSubTitles	不显示子标题
QWizard. ExtendedWatermarkPixmap	将水印图片扩展到窗口边缘
QWizard. NoDefaultButton	不把 Next 按钮和 Finish 按钮设置为默认按钮
QWizard. NoBackButtonOnStartPage	在起始页中不显示 Back 按钮
QWizard. NoBackButtonOnLastPage	在最后页中不显示 Back 按钮
QWizard. DisabledBackButtonOnLastPage	在最后页中使 Back 按钮失效
QWizard. HaveNextButtonOnLastPage	在最后页中显示失效的 Next 按钮
QWizard. HaveFinishedButtonOnEarlyPage	在非最后页中显示失效的 Finish 按钮
QWizard. NoCancelButton	不显示 Cancel 按钮
QWizard. CancelButtonOnLeft	将 Cancel 按钮放置到 Back 按钮的左边
QWizard. HaveHelpButton	显示 Help 按钮
QWizard. HelpButtonOnRight	将 Help 按钮放到右边
QWizard. HaveCustomButton1	显示用户自定义的第 1 个按钮
QWizard. HaveCustomButton2	显示用户自定义的第 2 个按钮
QWizard. HaveCustomButton3	显示用户自定义的第 3 个按钮
QWizard. NoCancelButtonOnLastPage	在最后页中不显示 Cancel 按钮

在 QWizard 类中,使用 setButton(which:QWizard.WizardButton,button:QAbstractButton)方法在对话框中添加某种用途的按钮,其中使用 QWizard.WizardButton 的枚举值指定按钮的用途。QWizard.WizardButton 的枚举值见表 6-38。

表 6-38   QWizard.WizardButton 的枚举值

枚　举　值	说　　明	枚　举　值	说　　明
QWizard.BackButton	Back 按钮	QWizard.HelpButton	Help 按钮
QWizard.NextButton	Next 按钮	QWizard.Stretch	布局中的水平伸缩器
QWizard.CommitButton	Commit 按钮	QWizard.CustomButton1	用户自定义的第 1 个按钮
QWizard.FinishButton	Finish 按钮	QWizard.CustomButton1	用户自定义的第 2 个按钮
QWizard.CancelButton	Cancel 按钮	QWizard.CustomButton1	用户自定义的第 3 个按钮

在 PySide6 中,向导对话框中的向导页之间的数据不能自动通信。如果要在向导页之间实现通信,则可以将向导页中的控件属性定义为字段,并将控件属性与某个信号关联。字段在向导对话框中是全局性的,可以通过字段获取向导页中控件的属性,当控件的属性发生变化时可以发送信号。

在 QWizard 类中可以使用 registerField() 方法创建字段,其方法格式如下:

```
registerField(name:str,widget:QWidget,property:str = None,changedSingal:str = None)
```

其中,name 表示字段名; widget 表示向导页上的控件; property 表示字段的属性; changedSignal 表示与字段属性相关的信号。创建好字段后,可通过 setField(name:str, value:Any) 方法设置字段的值,通过方法 field(name,str) 获取字段的值。

在 QWizard 类中,使用 setDefaultProperty(className:str,property:str,changedSignal:str) 将某类控件的某个属性与某个信号关联。默认与控件属性关联的信号见表 6-39。

表 6-39   默认与控件属性关联的信号

控　　件	属　　性	关联的信号
QAbstractButton	checked	toggled(bool)
QAbstractSlider	value	valueChanged(int)
QComoBox	currentIndex	currentIndexChanged(int)
QDateTimeEdit	dateTime	dateTimeChanged(QDatetime)
QLineText	text	textChanged(str)
QListWidget	currentRow	currentRowChanged(int)
QSpinBox	value	valueChanged(int)

【实例 6-34】   创建一个窗口,包含一个按钮、一个标签。单击按钮显示向导对话框(学生成绩系统),输入完毕后,标签显示输入信息,代码如下:

```
# === 第 6 章 代码 demo34.py === #
import sys
from PySide6.QtWidgets import (QApplication, QWidget, QWizardPage, QLineEdit, QFormLayout,
QWizard,QPushButton,QVBoxLayout,QLabel)
from PySide6.QtGui import QFont
```

```python
class Page1(QWizardPage):
    def __init__(self,parent):
        super().__init__(parent)
        form = QFormLayout(self)
        self.setLayout(form)
        self.name = QLineEdit()
        self.number = QLineEdit()
        form.addRow("请输入姓名:",self.name)
        form.addRow("请输入学号:",self.number)
        self.setTitle("学生成绩系统")
        self.setSubTitle("登录页面")
        self.registerField("name",self.name)
        self.registerField("number",self.number)


class Page2(QWizardPage):
    def __init__(self,parent):
        super().__init__(parent)
        form = QFormLayout(self)
        self.setLayout(form)
        self.chinese = QLineEdit()
        self.math = QLineEdit()
        form.addRow("语文:",self.chinese)
        form.addRow("数学:",self.math)
        self.setTitle("学生成绩系统")
        self.setSubTitle("主课成绩")
        self.registerField("chinese",self.chinese)
        self.registerField("math",self.math)

class Page3(QWizardPage):
    def __init__(self,parent = None):
        super().__init__(parent)
        form = QFormLayout(self)
        self.setLayout(form)
        self.english = QLineEdit()
        self.physics = QLineEdit()
        form.addRow("英语:",self.english)
        form.addRow("物理:",self.physics)
        self.setTitle("学生成绩系统")
        self.setSubTitle("其他成绩")
        self.registerField("english",self.english)
        self.registerField("physics",self.physics)

#向导对话框
class testWizard(QWizard):
    def __init__(self,parent = None):
        super().__init__(parent)
        self.setWizardStyle(QWizard.ModernStyle)
        self.addPage(Page1(self))
        self.addPage(Page2(self))
        self.addPage(Page3(self))
```

```
        self.btn_back = QPushButton("上一步")
        self.btn_next = QPushButton("下一步")
        self.btn_finish = QPushButton("完成")
        self.setButton(QWizard.BackButton, self.btn_back)
        self.setButton(QWizard.NextButton, self.btn_next)
        self.setButton(QWizard.FinishButton, self.btn_finish)


class Window(QWidget):
    def __init__(self, parent = None):
        super().__init__(parent)
        self.setGeometry(200, 200, 560, 260)
        self.wizard = testWizard(self)
        self.wizard.btn_finish.clicked.connect(self.btn_finished)
        #设置主窗口的布局
        vbox = QVBoxLayout()
        self.setLayout(vbox)
        #创建按钮
        pushButton = QPushButton("输入成绩")
        pushButton.setFont(QFont("黑体", 14))
        pushButton.clicked.connect(self.show_dialog)
        self.label = QLabel("提示:")
        self.label.setFont(QFont("黑体", 12))
        vbox.addWidget(pushButton)
        vbox.addWidget(self.label)
    #显示向导对话框
    def show_dialog(self):
        self.wizard.setStartId(0)
        self.wizard.restart()
        self.wizard.open()
    #标签显示输入信息
    def btn_finished(self):
        name1 = self.wizard.field("name")
        number1 = self.wizard.field("number")
        chinese1 = self.wizard.field("chinese")
        math1 = self.wizard.field("math")
        english1 = self.wizard.field("english")
        physics1 = self.wizard.field("physics")
        str1 = f"姓名:{name1} 学号:{number1} 语文:{chinese1} 数学:{math1} 英语:{english1}
物理:{physics1} "
        self.label.setText(str1)


if __name__ == '__main__':
    app = QApplication(sys.argv)
    win = Window()
    win.show()
    sys.exit(app.exec())
```

运行结果如图 6-42～图 6-45 所示。

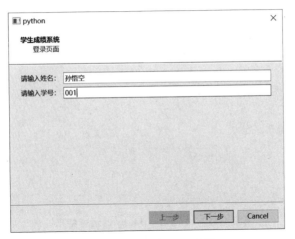

图 6-42 第 1 个向导页面

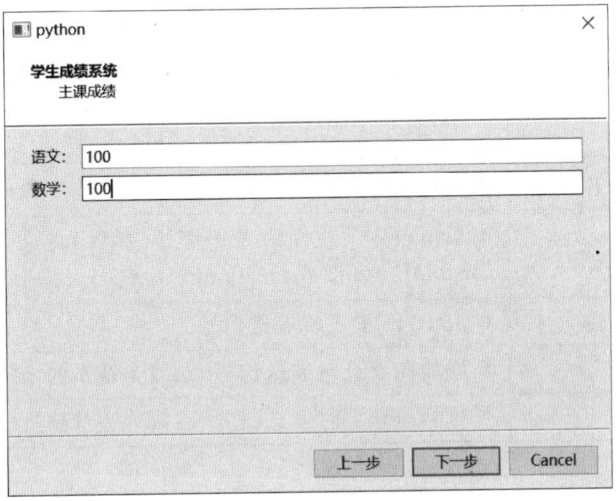

图 6-43 第 2 个向导页面

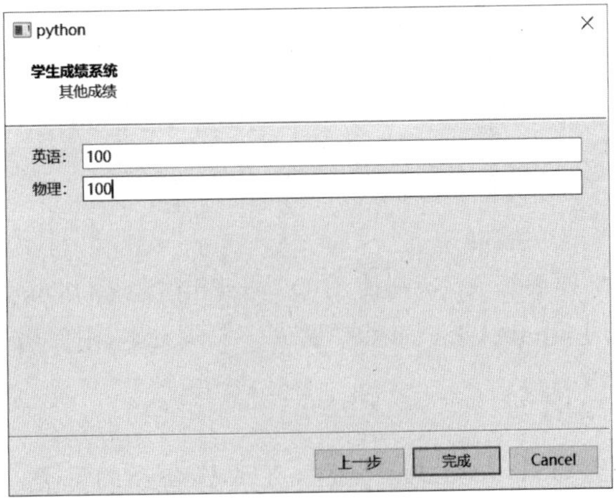

图 6-44 第 3 个向导页面

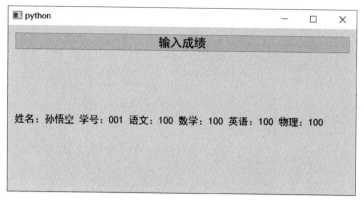

图 6-45　代码 demo34.py 的运行结果

在 PySide6 中,QWizardPage 类只有一个信号 completeChanged(),当 isCompleted()
的返回值发生变化时发送该信号。QWizard 类的信号见表 6-40。

表 6-40　QWizard 类的信号

信号及其参数	说　　明
currentIdChanged(ID)	当前页发生变化时发送信号,参数为下一页的 ID
customButtonClicked(which:int)	当单击自定义按钮时发送信号,参数 which 可能为 CustomButton1、CustomButton2 或 CustomButton3
helpRequested()	单击 Help 按钮时发送信号
pageAdded(ID)	当添加向导页时发送信号,参数为新页的 ID
pageRemoved(ID)	当移除向导页时发送信号,参数为被移除页的 ID

6.6　文本阅读控件(QTextBrowser)

13min

在 PySide6 中,使用 QTextBrowser 类创建文本阅读控件。文本阅读控件相当于多行
文本控件的只读模式。QTextBrowser 类是 QTextEdit 类的子类,其构造函数如下:

```
QTextBrowser(parent:QWidget = None)
```

其中,parent 表示父窗口或父容器。

在 PySide6 中,如果要编辑文本,则使用 QTextEdit 类或 QTextPlainText 类;如果只
显示一小段文本,则使用 QLabel 类;如果要显示一大段文本,则使用 QTextBrowser 类。

6.6.1　方法与信号

在 PySide6 中,虽然 QTextBrowser 类是 QTextEdit 类的子类,但 QTexetBrowser 类
有自己独有的方法和信号。QTextBrowser 类常用的方法见表 6-41。

表 6-41　QTextBrowser 类的常用方法

方法及参数类型	说　明	返回值的类型
［slot］setSource（name：QUrl，type ＝ QTextDocument. UnknownResource）	尝试以指定的类型在给定 URL 上加载文档	None
backward()	切换到前一个打开的文档	None
doSetSource(name：QUrl, type＝QText Document. UnknownResource)	尝试以指定的类型在给定 URL 上加载文档	None
forward()	切换到后一个打开的文档,如果没有,则无任何动作	None
home()	若切换到前一个文档,则返回值为 True	bool
reload()	重新加载当前的文档列表	List［str］
backwardHistoryCount()	返回历史记录中向后的位置数	int
clearHistory()	清除已访问文档的历史记录,禁用前进和后退导航	None
forwardHistoryCount()	返回历史记录中向后的位置数	int
historyTitle(int)	返回历史记录的标题	int
historyUrl(int)	返回历史记录的 URL	QUrl
isBackwardAvailabe()	如果文本浏览控件可以使用 backward()在访问历史中向后查找,则返回值为 True	bool
isForwardAvailable()	如果文本浏览控件可以使用 forward()在访问历史中向前查找,则返回值为 True	bool
openExternalLinks()	获取使用 openUrl()是否打开外部链接	bool
openLinks()	获取使用鼠标或键盘是否能打开外部链接	bool
searchPaths()	获取访问资源列表	List［str］
setOpenExternalLinks（bool）	设置使用 OpernUrl()是否能打开外部链接	None
setOpenLinks（bool）	设置使用鼠标或键盘是否能打开外部链接	None
setSearchPaths(List［str］)	设置访问文件的记录列表	None
source()	获取访问的资源	List［QUrl］
sourceType()	获取资源的类型	ResouceType

QTextBrowser 类的信号见表 6-42。

表 6-42　QTextBrowser 类的信号

信号及其参数	说　明
anchorClicked（arg1：QUrl）	当单击锚点时发送信号
backwardAvailable（arg1：bool）	当通过 backward()打开一个文档的可能性发生变化时发送信号
forwardAvailable(arg1：bool)	当通过 forward()打开一个文档的可能性发生变化时发送信号
highlighted(arg1：QUrl)	当选中文本但没有激活锚点时发送信号
historyChanged()	当访问记录发生变化时发送信号
sourceChanged(arg1：QUrl)	当资源路径发生变化时发送信号

6.6.2 应用实例

【实例 6-35】 创建一个窗口,包含一个按钮、一个文本阅读控件。如果单击该按钮,则可以查看 txt 文档,代码如下:

```python
# === 第 6 章 代码 demo35.py === #
import sys
from PySide6.QtWidgets import (QApplication, QWidget, QVBoxLayout, QPushButton, QTextBrowser,
QFileDialog)

class Window(QWidget):
    def __init__(self):
        super().__init__()
        self.setGeometry(200,200,560,260)
        self.setWindowTitle('TextBrowser 类')
        # 设置主窗口的布局
        vbox = QVBoxLayout()
        self.setLayout(vbox)
        # 创建文本阅读控件
        self.browser = QTextBrowser()
        self.browser.setAcceptRichText(True)
        self.browser.setOpenExternalLinks(True)
        vbox.addWidget(self.browser)
        # 创建按钮控件
        btn_open = QPushButton('打开')
        btn_open.clicked.connect(self.open_file)
        vbox.addWidget(btn_open)

    # 自定义槽函数
    def open_file(self):
        fname = QFileDialog.getOpenFileName(self,"打开文件","./")
        if fname[0]:
            with open(fname[0],'r',encoding = 'utf-8') as f:
                data = f.read()
                self.browser.setText(data)


if __name__ == '__main__':
    app = QApplication(sys.argv)
    win = Window()
    win.show()
    sys.exit(app.exec())
```

运行结果如图 6-46 所示。

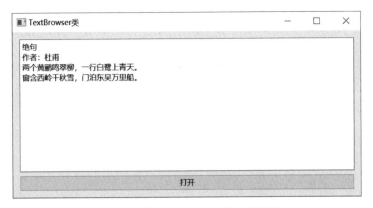

图 6-46 代码 demo35.py 的运行结果

6.7 小结

本章首先介绍了输入类控件: 滚动条控件(QScrollBar)、滑块控件(QSlider)、仪表盘控件(QDial),然后介绍了日期相关类及其控件。

其次介绍了展示类控件: 进度条控件(QProgressBar)、网页浏览控件(QWebEngineView),并介绍了使用网页浏览器控件创建浏览器的方法。

最后介绍了 PySide6 中的 8 种对话框和文本阅读控件(QTextBrowser),其中向导对话框(QWizard)比较有难度。

第7章

常用控件（下）

在第 2 章的最后一个实例中，介绍了使用 Qt Designer 创建菜单栏、菜单、工具栏、工具按钮并添加对应动作的方法。在 PySide6 中，也可以使用代码创建菜单栏、添加菜单、工具栏、工具按钮，并创建与之对应的动作。

7.1 创建菜单与动作

16min

在一个窗口界面中，窗口的各种操作或命令会集中在菜单栏或工具栏上。在 PySide6 中，工具栏分为顶部下拉菜单和上下文菜单。对于上下文菜单，可以通过 createPopupMenu() 方法实现，也可以通过重写 contextMenuEvent() 方法实现。

如果要创建顶部下拉菜单，则分为三步。首先使用 QMenuBar 类创建菜单栏控件，并将该控件布局到窗口上，然后使用 QMenuBar 类的 addMenu() 给菜单栏控件添加菜单；最后使用 QMenu 类的 addAction() 方法给菜单添加动作并返回 QAction 对象，这些动作（QAction 对象）可以关联槽函数。

综上所述，如果在窗口的顶部添加下拉菜单，则需要使用这 3 个类：QMenuBar、QMenu、QAction。

7.1.1 菜单栏（QMenuBar）

在 PySide6 中，使用 QMenuBar() 类创建菜单栏控件。该控件为菜单的容器，可以向菜单栏控件中添加菜单控件。QMenuBar 类为 QWidget 类的子类，其构造函数如下：

```
QMenuBar(parent:QWidget = None)
```

其中，parent 表示父窗口或父容器。

QMenuBar 类的常用方法见表 7-1。

表 7-1　QMenuBar 类的常用方法

方法及参数类型	说　　明	返回值的类型
[slot]setVisible(visible:bool)	设置菜单栏是否可见	None
addMenu(title:str)	使用字符串添加菜单,并返回该菜单对象	QAction
addMenu(QMenu)	添加已经存在的菜单对象	QMenu
addMenu(QIcon,title:str)	用字符串和图标添加菜单,并返回该菜单对象	QMenu
addAction(QAction)	添加已经存在的动作对象	None
addAction(text:str)	用字符串添加动作,并返回该动作对象	QAction
insertMenu(before:QAction,QMenu)	在某动作之前插入菜单	QAction
addSeparator()	添加分隔条	QAction
insertSeparator(before:QAction)	在某动作之前插入分隔条	QAction
clear()	清空所有的菜单和动作	None
setCornerWidget(QWidget,Qt.Corner= Qt.TopRightCorner)	在菜单栏的角落添加控件,Qt.Corner 可取 Qt. TopLeftCorner、Qt.TopRightCorner、Qt.Bottom LeftCorner、Qt.BottomRightCorner	None
cornerWidget(Qt.Corner=Qt.TopRight Corner)	获取角落位置的控件	QWidget
setActiveAction(QAction)	设置高亮显示的动作	None
actionAt(QPoint)	获取指定位置处的动作	QAction
actionGeometry(QAction)	获取动作所处的区域	QRect

【实例 7-1】　使用 QWidget 类创建一个窗口,并在这个窗口的顶部添加下拉菜单,代码如下:

```python
# === 第 7 章 代码 demo1.py === #
import sys
from PySide6.QtWidgets import (QApplication, QWidget, QTextEdit, QMenuBar, QMenu, QVBoxLayout,
QMessageBox)

class Window(QWidget):
    def __init__(self):
        super().__init__()
        self.setGeometry(200,200,560,220)
        self.setWindowTitle('QMenuBar、QMenu、QAction')
        #设置主窗口的布局
        vbox = QVBoxLayout()
        self.setLayout(vbox)
        #创建菜单栏
        self.menuBar = QMenuBar()
        vbox.addWidget(self.menuBar)
        #创建多行文本输入框
        self.textEdit = QTextEdit()
        vbox.addWidget(self.textEdit)
        #创建菜单
        self.fileMenu = self.menuBar.addMenu("文件")
```

```python
        self.editMenu = self.menuBar.addMenu("编辑")
        self.menuBar.addSeparator()
        self.aboutMenu = self.menuBar.addMenu("关于")
        #向"文件"菜单中添加动作
        self.actionNew = self.fileMenu.addAction("新建(&Ctrl + N)")
        self.actionOpen = self.fileMenu.addAction("打开(&Ctrl + O)")
        self.actionSave = self.fileMenu.addAction("保存(&Ctrl + S)")
        self.fileMenu.triggered.connect(self.file_menu)
        #向"编辑"菜单中添加动作
        self.actionCopy = self.editMenu.addAction("复制(& 快捷键 Ctrl + C)")
        self.actionCut = self.editMenu.addAction("剪切(&Ctrl + X)")
        self.actionPaste = self.editMenu.addAction("粘贴(&Ctrl + V)")
        self.editMenu.triggered.connect(self.edit_menu)
        #向"关于"菜单中添加动作
        self.actionAbout = self.aboutMenu.addAction("关于")
        #使用信号/槽
        self.aboutMenu.triggered.connect(self.about_menu)

    def file_menu(self, action):
        if action == self.actionNew:
            self.textEdit.setText("选中了\"新建\"")
        elif action == self.actionOpen:
            self.textEdit.setText("选中了\"打开\"")
        elif action == self.actionSave:
            self.textEdit.setText("选中了\"保存\"")

    def edit_menu(self, action):
        if action == self.actionCopy:
            self.textEdit.setText("选中了\"复制\"")
        elif action == self.actionCut:
            self.textEdit.setText("选中了\"剪切\"")
        elif action == self.actionPaste:
            self.textEdit.setText("选中了\"粘贴\"")

    def about_menu(self, action):
        QMessageBox.about(self, "关于对话框", "这是个演示程序。")


if __name__ == '__main__':
    app = QApplication(sys.argv)
    win = Window()
    win.show()
    sys.exit(app.exec())
```

运行结果如图 7-1 所示。

7.1.2　菜单(QMenu)

在 PySide6 中,使用 QMenu 类创建菜单控件。可以在菜单控件中添加动作和子菜单。QMenu 类是 QWidget 类的子类,其构造函数如下:

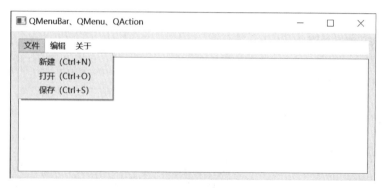

图 7-1 代码 demo1.py 的运行结果

```
QMenu(parent:Union[QWidget,NoneType] = None)
QMenu(title,parent:Union[QWidget,NoneType] = None)
```

其中，parent 表示父窗口或父容器；title 表示菜单上显示的文本。

QMenu 类的常用方法见表 7-2。

表 7-2 QMenu 类的常用方法

方法及参数类型	说　明	返回值的类型
[static]exec()	显示菜单，并返回触发的动作，若没有触发动作，则返回 None	QAction
[static] exec(pos：QPoint, at：QAction = None)	在指定的位置显示菜单	QAction
[static] exec(Sequence[QAction], pos：QPoint, at：QAction = None, parent：QWidget=None)	在指定的位置显示菜单，如果用 pos 无法确定位置，则使用父控件帮助确定位置	QAction
addAction(text：str)	在菜单中添加新动作	QAction
addAction(icon：QIcon,text：str)	在菜单中添加新动作，并设置图标	QAction
addAction(QAction)	在菜单中添加已创建的动作对象	None
addMenu(QMenu)	在菜单中添加子菜单对象	QAction
addMenu(title：str)	在菜单中添加新子菜单对象	QMenu
addMenu(icon：QIcon,title：str)	在菜单中添加新子菜单对象，并设置图标	QMenu
addSection()	添加分隔条	QAction
addSection(text：str)	添加分隔条	QAction
addSection(icon：QIcon,text：str)	添加分隔条，并设置图标	QAction
insertMenu(before：QAction,menu：QMenu)	在某动作之前插入子菜单	QAction
insertSection(before：QAction,text：str)	在某动作之前插入分隔条	QAction
insertSection(before：QAction,QIcon,text：str)	在某动作之前插入分隔条，并设置图标	QAction
insertSection(before：QAction)	在某动作之前插入分隔条	QAction

续表

方法及参数类型	说　　明	返回值的类型
insertSeparator(before:QAction)	同上	QAction
removeAction(action:QAction)	从菜单中移除动作	None
clear()	清空菜单	None
actions()	获取菜单中的动作	List[QAction]
isEmpty()	获取菜单是否为空	bool
actionAt(QPoint)	获取指定位置处的动作	QAction
columnCount()	获取列的数量	int
menuAction()	获取与菜单对应的动作	QAction
setSeparatorCollapsible(bool)	合并相邻的分隔条,开始和结尾的分隔条不可见	None
setTearOffEnabled(bool)	设置成可撕扯的菜单	None
showTearOffMenu()	弹出可撕扯的菜单	None
showTearOffMenu(pos:QPoint)	在指定的位置弹出可撕扯的菜单	None
hideTearOffMenu()	隐藏可撕扯菜单	None
setTitle(title:str)	设置菜单的标题	None
title()	获取菜单的标题	str
setActiveAction(act:QAction)	将活跃的动作设置为高亮显示	None
activeAction()	获取活跃的动作	QAction
setDefaultAction()	设置默认动作,并加粗动作的标题	None
defaultAction()	获取默认动作	QAction
setIcon(icon:Union[QIcon,QPixmap])	设置菜单的图标	None
setToolTipsVisible(visible:bool)	设置提示信息是否可见	None
popup(pos:QPoint,at:QAction=None)	在指定的位置弹出菜单,并显示动作	None

在 PySide6 中,QMenu 类的信号见表 7-3。

表 7-3　QMenu 类的信号

信号及参数类型	说　　明
aboutToShow()	当菜单要显示时发送信号
aboutToHide()	当菜单要隐藏时发送信号
hovered(QAction)	当鼠标滑过或悬停菜单时发送信号
triggered(QAction)	当动作被触发时发送信号

7.1.3　动作(QAction)

在 PySide6 中,使用 QAction 类创建动作控件。如果用户单击菜单上的动作,则会触发 triggered()信号,并关联槽函数执行任务。QAction 类是 QtCore. QObject 类的子类,位于 PySide6 的 QtGui 子模块下。QAction 类的构造函数如下:

```
QAction(parent:QObject = None)
QAction(text:str,parent:QObject = None)
QAction(icon:Union[QIcon,QPixmap],parent:QObject = None)
```

其中,parent 表示父对象;text 表示动作上显示的文字;icon 表示动作上显示的图标。

QAction 类的常用方法见表 7-4。

表 7-4 QAction 类的常用方法

方法及参数类型	说　　明	返回值的类型
[slot]setChecked(bool)	设置是否处于勾选状态	None
[slot]setDisabled(bool)	设置是否失效	None
[slot]setEnabled(bool)	设置是否激活	None
[slot]resetEnabled()	恢复激活状态	None
[slot]setVisible(bool)	设置是否可见	None
[slot]trigger()	发送 triggered()或 triggered(bool)信号	None
[slot]hover()	发送 hovered()信号	None
[slot]toggle()	发送 toggled(bool)信号	None
setText(str)	设置动作的名称	None
text()	获取动作的名称	str
setIcon(QIcon)	设置动作的图标	None
icon()	获取动作的图标	QIcon
setCheckable(bool)	设置是否可以勾选	None
isCheckable()	获取是否可以勾选	bool
isChecked()	获取是否处于勾选状态	bool
setIconVisibleInMenu(bool)	设置在菜单中图标是否可见	None
isIconVisibleInMenu()	获取菜单中的图标是否可见	bool
setShortcutVisibleInContextMenu(bool)	设置动作的快捷键在右键的上下文菜单中是否显示	None
setFont(QFont)	设置字体	None
font()	获取字体	QFont
setMenu(QMenu)	将动作添加到菜单中	None
menu()	获取动作所在的菜单	QMenu
setShortCut(str)	设置快捷键	None
setShortCut(QKeySequence)	设置快捷键	None
setShortCut(QKeySequence.StandardKey)	设置快捷键	None
isEnabled()	获取是否处于激活状态	None
setActionGroup(QActionGroup)	设置动作所在的组	None
isVisible()	获取是否可见	bool
setSeparator(bool)	是否将动作设置为分割线	None
setAutoRepeat(bool)	当长按快捷键时,设置是否可以重复执行动作,默认值为 True	None

方法及参数类型	说　明	返回值的类型
autoRepeat()	获取是否可以重复执行动作	bool
setData(var:Any)	给动作设置任意类型的数据	None
data()	获取动作的数据	Any
setPriority(QAction.Priority)	设置动作的优先级	None
setToolTip(str)	设置提示信息	None
setStateTip(str)	设置状态提示信息	None
setWhatsThis(str)	设置按 Shift+F1 键时的提示信息	None

在 PySide6 中,QAction 类的信号见表 7-5。

表 7-5　QAction 类的信号

信号及参数类型	说　明
hovered()	当光标滑过或有悬停动作时发送信号
triggered()	当有单击动作或按快捷键时发送信号
triggered(bool)	当有单击动作或按快捷键时发送信号
toggled(bool)	当动作的切换状态发生改变时发送信号
changed()	当动作的属性发生改变时发送信号,例如图标、文本、快捷键、提示信息
checkableChanged(bool)	当动作的勾选状态发生改变时发送信号
enabledChanged(bool)	当动作的激活状态发生改变时发送信号
visibleChanged()	当动作的可见性发生改变时发送信号

【实例 7-2】　使用 QMainWindow 类创建一个窗口,并在这个窗口的顶部添加下拉菜单。要求使用 QAction 类的信号关联槽函数,代码如下:

```python
# === 第 7 章 代码 demo2.py === #
import sys
from PySide6.QtWidgets import (QApplication, QMainWindow, QTextEdit, QMenuBar, QMenu,
QMessageBox)

class Window(QMainWindow):
    def __init__(self):
        super().__init__()
        self.setGeometry(200,200,560,220)
        self.setWindowTitle('QMenuBar、QMenu、QAction')
        #创建菜单栏
        self.menuBar = QMenuBar()
        self.setMenuBar(self.menuBar)
        #创建多行文本输入框
        self.textEdit = QTextEdit()
        self.setCentralWidget(self.textEdit)
        #创建菜单
        self.fileMenu = self.menuBar.addMenu("文件")
        self.editMenu = self.menuBar.addMenu("编辑")
```

```
                self.menuBar.addSeparator()
                self.aboutMenu = self.menuBar.addMenu("关于")
                #向"文件"菜单中添加动作
                self.actionNew = self.fileMenu.addAction("新建(&Ctrl + N)")
                self.actionOpen = self.fileMenu.addAction("打开(&Ctrl + O)")
                self.actionSave = self.fileMenu.addAction("保存(&Ctrl + S)")
                self.actionNew.triggered.connect(self.action_new)
                self.actionOpen.triggered.connect(self.action_open)
                self.actionSave.triggered.connect(self.action_save)
                #向"编辑"菜单中添加动作
                self.actionCopy = self.editMenu.addAction("复制(&快捷键 Ctrl + C)")
                self.actionCut = self.editMenu.addAction("剪切(&Ctrl + X)")
                self.actionPaste = self.editMenu.addAction("粘贴(&Ctrl + V)")
                self.actionCopy.triggered.connect(self.action_copy)
                self.actionCut.triggered.connect(self.action_cut)
                self.actionPaste.triggered.connect(self.action_paste)
                #向"关于"菜单中添加动作
                self.actionAbout = self.aboutMenu.addAction("关于")
                self.actionAbout.triggered.connect(self.action_about)

        def action_new(self):
                self.textEdit.setText("选中了\"新建\"")

        def action_open(self):
                self.textEdit.setText("选中了\"打开\"")

        def action_save(self):
                self.textEdit.setText("选中了\"保存\"")

        def action_copy(self,):
                self.textEdit.setText("选中了\"复制\"")

        def action_cut(self):
                self.textEdit.setText("选中了\"剪切\"")

        def action_paste(self):
                self.textEdit.setText("选中了\"粘贴\"")

        def action_about(self):
                QMessageBox.about(self,"关于对话框","这是个演示程序。")


if __name__ == '__main__':
    app = QApplication(sys.argv)
    win = Window()
    win.show()
    sys.exit(app.exec())
```

运行结果如图 7-2 所示。

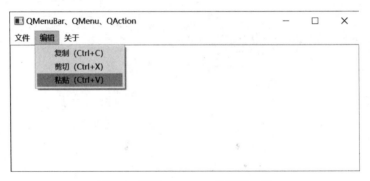

图 7-2　代码 demo2.py 的运行结果

7.2　工具栏、工具按钮与状态栏

在一个窗口界面中,窗口的各种操作或命令会集中在菜单栏或工具栏上。在工具栏上可以添加动作、工具按钮、其他控件。状态栏一般位于窗口的底部,用于显示程序在运行过程中的状态信息。

7.2.1　工具栏(QToolBar)

在 PySide6 中,使用 QToolBar 类创建工具栏控件。工具栏上一般放置动作、工具按钮。动作在工具栏中也呈现按钮状态。QToolBar 类是 QWidget 类的子类,其构造函数如下:

```
QToolBar(parent:QWidget = None)
QToolBar(title:str,parent:QWidget = None)
```

其中,parent 表示父窗口或父容器;title 表示工具栏的标题。

QToolBar 类的常用方法见表 7-6。

表 7-6　QToolBar 类的常用方法

方法及参数类型	说　明	返回值的类型
[slot]setIconSize(QSize)	设置图标允许的最大尺寸	None
[slot]setToolButtonStyle(Qt.ToolButton Style)	设置工具栏上按钮的风格	None
addAction(QAction)	将已创建的动作添加到工具栏	None
addAction(text:str)	将新创建的动作添加到工具栏,并返回新动作对象	QAction
addAction(icon:QIcon,text:str)	将新创建的动作添加到工具栏,并设置图标	QAction
addSeparator()	添加分隔条	QAction
addWidget(QWidget)	添加控件,返回与控件关联的动作	QAction

续表

方法及参数类型	说　明	返回值的类型
insertSeparator(before:QAction)	在指定动作前面插入分隔条	QAction
insertWidget(before:QAction,QWidget)	在指定动作前面插入控件	QAction
clear()	清空工具栏中的动作和控件	None
widgetForAction(QAction)	获取与动作关联的控件	QWidget
actionAt(QPoint)	获取指定位置的动作	QAction
actionAt(x:int,y:int)	获取指定位置的动作	QAction
actionGeometry(QAction)	获取动作按钮的几何宽和高	QRect
setFloatable(bool)	在 QMainWindow 中设置工具栏是否可以浮动	None
isFloatable()	获取工具栏是否可以浮动	bool
isFloating()	获取是否正处于浮动状态	bool
setMovable(bool)	在 QMainWindow 中设置工具栏是否可以拖动	None
isMovable()	获取工具栏是否可以拖动	bool
iconSize()	获取图标大小	QSize
setOrientation(Qt. Orientation)	设置工具栏的方向	None
orientation()	获取工具栏的方向	Qt. Orientation
toolButtonStyle()	获取工具栏上按钮的风格	Qt. ToolButtonStyle
setAllowedAreas(Qt. ToolBarArea)	设置 QMainWindow 的可停靠区域	None
allowedAreas()	获取可以停靠的区域	Qt. ToolBarArea
isAreaAllowed(Qt. ToolBarArea)	获取指定的区域是否可以停靠	bool
toggleViewAction()	切换停靠窗口的可见状态	QAction

在表 7-6 中,Qt. ToolButtonStyle 的枚举值为 Qt. QToolButtonIconOnly(只显示图标)、Qt. ToolButtonTextOnly(只显示文本)、Qt. ToolButtonTextBesideIcon(文字在图标的旁边)、Qt. ToolButtonTextUnderIcon(文字在图标的下面)、Qt. ToolButtonFollowStyle(遵循风格设置)。

Qt. ToolBarArea 的枚举值为 Qt. LeftToolBarArea(左侧)、Qt. RightToolBarArea(右侧)、Qt. TopToolBarArea(顶部,菜单栏下部)、Qt. BottomToolBarArea(底部,状态栏上部)、Qt. AllToolBarAreas(所有区域都可以停靠)、Qt. NoToolBarAreas(所有区域都不可以停靠)。

在 PySide6 中,QToolBar 类的信号见表 7-7。

表 7-7　QToolBar 类的信号

信号及参数类型	说　明
actionTriggered(QAction)	当动作被触发时发送信号
allowedAreasChanged(Qt. ToolBarArea)	当允许的停靠区域发生变化时发送信号
iconSizeChanged(QSize)	当按钮的尺寸发生变化时发送信号

续表

信号及参数类型	说　明
movableChanged(bool)	当可移动状态发生变化时发送信号
orientationChanged(Qt. Orientation)	当工具栏的方向发生变化时发送信号
toolButtonStyleChanged(Qt. ToolButtonStyle)	当工具栏的风格发生变化时发送信号
topLevelChanged(bool)	当悬浮状态发生变化时发送信号
visiblityChanged(bool)	当可见性发生变化时发送信号

【实例7-3】　使用 QWidget 类创建一个窗口,并在这个窗口的顶部添加工具栏。在工具栏上添加工具按钮,代码如下:

```python
# === 第 7 章 代码 demo3.py === #
import sys
from PySide6.QtWidgets import (QApplication,QWidget,QTextEdit,QToolBar,QToolButton,QVBoxLayout)
from PySide6.QtGui import QIcon

class Window(QWidget):
    def __init__(self):
        super().__init__()
        self.setGeometry(200,200,560,220)
        self.setWindowTitle('QToolBar、QToolButton')
        #设置主窗口的布局
        vbox = QVBoxLayout()
        self.setLayout(vbox)
        #创建工具栏
        self.toolBar = QToolBar()
        vbox.addWidget(self.toolBar)
        #创建工具按钮
        self.toolNew = QToolButton()
        self.toolNew.setIcon(QIcon('./pics/new.png'))
        self.toolNew.clicked.connect(self.tool_new)
        self.toolOpen = QToolButton()
        self.toolOpen.setIcon(QIcon('./pics/open.png'))
        self.toolOpen.clicked.connect(self.tool_open)
        self.toolSave = QToolButton()
        self.toolSave.setIcon(QIcon('./pics/save.png'))
        self.toolSave.clicked.connect(self.tool_save)
        #在工具栏中添加按钮
        self.toolBar.addWidget(self.toolNew)
        self.toolBar.addWidget(self.toolOpen)
        self.toolBar.addWidget(self.toolSave)
        #创建多行文本控件
        self.textEdit = QTextEdit()
        vbox.addWidget(self.textEdit)

    def tool_new(self):
        self.textEdit.setText("单击了\"新建\"")

    def tool_open(self):
```

```
            self.textEdit.setText("单击了\"打开\"")

        def tool_save(self):
            self.textEdit.setText("单击了\"保存\"")


    if __name__ == '__main__':
        app = QApplication(sys.argv)
        win = Window()
        win.show()
        sys.exit(app.exec())
```

运行结果如图 7-3 所示。

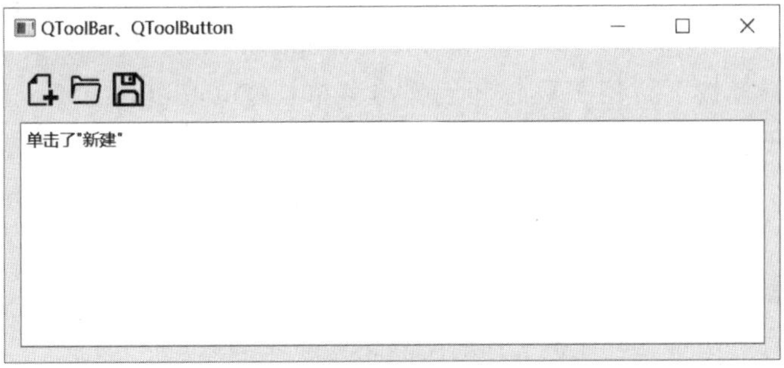

图 7-3　代码 demo3.py 的运行结果

7.2.2　工具按钮(QToolButton)

在 PySide6 中,使用 QToolButton 类创建工具按钮控件。工具按钮控件一般显示图标,而不显示文字。工具按钮经常被放置在工具栏中。QToolButton 类是 QAbstractButton 类的子类,继承了 QAbstractButton 类的方法、属性、信号。QAbstractButton 类的构造方法如下:

```
QToolButton(parent:QWidget = None)
```

其中,parent 表示父窗口或父容器。

QToolButton 类的常用方法见表 7-8。

表 7-8　QToolButton 类的常用方法

方法及参数类型	说　　　明	返回值的类型
[slot]showMenu()	显示菜单	None
[slot]setDefaultAction(QAction)	设置默认动作	None
[slot]setToolButtonStyle(Qt. ToolButtonStyle)	设置按钮外观	None
[slot]setIconSize(QSize)	设置图标大小	None
[slot]setChecked(bool)	设置勾选状态	None

续表

方法及参数类型	说　　明	返回值的类型
setMenu()	设置菜单	None
setText(str)	设置文本	None
setIcon(QIcon)	设置图标	None
setPopupMode(QToolButton. ToolButtonPopupMode)	设置菜单的弹出方式	None
setAutoExcelusive(bool)	设置是否互斥	None
setShortcut(str)	设置快捷键	None
setCheckable(bool)	设置是否可勾选	None
setArrowType(Qt. ArrowType)	设置箭头形状	None

在 表 7-8 中，QtToolButton. ToolButtonPopupMode 的 枚 举 值 为 QToolButton. DelayedPopup(用鼠标按下按钮一段时间后弹出菜单)、QToolButton. MenuButtonPopup(单击按钮右下角的黑三角,弹出菜单)、QToolButton. InstancePopup(立即弹出菜单)。

Qt. ArrowType 的枚举值为 Qt. NoArrow、Qt. UpArrow、Qt. DownArrow、Qt. LeftArrow、Qt. RightArrow。

QToolButton 类的信号见表 7-9。

表 7-9　QToolButton 类的信号

信号及参数类型	说　　明
triggered(QAction)	当触发动作时发送信号
clicked()	当单击时发送信号
pressed()	当按钮被按下时发送信号
released()	当按钮被按下又释放时发送信号

【实例 7-4】 使用 QMainWindow 类创建一个窗口,并在这个窗口的顶部添加工具栏。在工具栏上添加工具按钮,代码如下:

```python
# === 第 7 章 代码 demo4.py === #
import sys
from PySide6.QtWidgets import (QApplication,QMainWindow,QTextEdit,QToolBar,QToolButton)
from PySide6.QtGui import QIcon

class Window(QMainWindow):
    def __init__(self):
        super().__init__()
        self.setGeometry(200,200,560,220)
        self.setWindowTitle('QToolBar、QToolButton')
        #创建工具栏
        self.toolBar = QToolBar()
        self.addToolBar(self.toolBar)
        #创建工具按钮
        self.toolCopy = QToolButton()
```

```python
        self.toolCopy.setIcon(QIcon('./pics/copy.png'))
        self.toolCopy.clicked.connect(self.tool_copy)
        self.toolCut = QToolButton()
        self.toolCut.setIcon(QIcon('./pics/cut.png'))
        self.toolCut.clicked.connect(self.tool_cut)
        self.toolPaste = QToolButton()
        self.toolPaste.setIcon(QIcon('./pics/paste.png'))
        self.toolPaste.clicked.connect(self.tool_paste)
        # 在工具栏中添加按钮
        self.toolBar.addWidget(self.toolCopy)
        self.toolBar.addWidget(self.toolCut)
        self.toolBar.addWidget(self.toolPaste)
        # 创建多行文本控件
        self.textEdit = QTextEdit()
        self.setCentralWidget(self.textEdit)


    def tool_copy(self):
        self.textEdit.setText("单击了\"复制\"")

    def tool_cut(self):
        self.textEdit.setText("单击了\"剪切\"")

    def tool_paste(self):
        self.textEdit.setText("单击了\"粘贴\"")


if __name__ == '__main__':
    app = QApplication(sys.argv)
    win = Window()
    win.show()
    sys.exit(app.exec())
```

运行结果如图 7-4 所示。

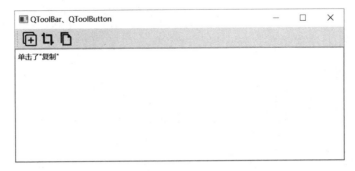

图 7-4　代码 demo4.py 的运行结果

7.2.3　状态栏（QStatusBar）

在 PySide6 中，使用 QStatusBar 类创建状态栏控件。状态栏控件一般被放置在窗口的

7min

底部,用来显示程序在运行过程中的状态信息、提示信息,这些信息经过一段时间后会自动消失。当然可以在状态栏控件上添加标签、下拉列表、数字输入框等控件,然后可以使用这些控件显示永久信息。

在 PySide6 中,QStatusBar 类为 QWidget 类的子类,其构造函数如下:

```
QStatusBar(parent:QWidget = None)
```

其中,parent 表示父窗口或父容器。

QStatusBar 类的常用方法见表 7-10。

表 7-10　QStatusBar 类的常用方法

方法及参数类型	说　　明	返回值的类型
[slot]showMessage(text:str,timeout:int=0)	显示信息,timeout 表示显示的时间	None
[slot]clearMessage()	清空信息	None
currentMessage()	获取当前显示的信息	str
addPermanentWidget(QWidget,stretch:int=0)	在状态栏的右边添加永久控件	None
addWidget(widget：QWidget,stretch:int=0)	在状态栏的左边添加控件	None
insertPermanentWidget(index:int,widget:QWidget,stretch:int=0)	根据索引值在状态栏右边插入永久控件	int
insertWidget(index:int,QWidget,stretch:int)	根据索引值在状态栏左边插入控件	int
removeWidget(widget:QWidget)	从状态栏中移除控件	None
setSizeGripEnabled(bool)	设置右下角是否有三角形	None
isSizeGripEnabled()	获取右下角是否有三角形	bool
hideOrShow()	确保右边的控件可见	None

在 PySide6 中,QStatusBar 类只有一个信号 messageChanged(text:str),当显示的信息发生变化时发送信号。

【实例 7-5】　使用 QMainWindow 类创建一个窗口,并在这个窗口的顶部添加工具栏、状态栏。在工具栏上添加工具按钮。当单击工具按钮时,状态栏上显示提示信息,代码如下:

```python
# === 第 7 章 代码 demo5.py === #
import sys
from PySide6.QtWidgets import (QApplication,QMainWindow,QStatusBar,QToolBar,QToolButton)
from PySide6.QtGui import QIcon

class Window(QMainWindow):
    def __init__(self):
        super().__init__()
        self.setGeometry(200,200,560,220)
        self.setWindowTitle('QToolBar、QToolButton、QStatusBar')
        #创建工具栏
        self.toolBar = QToolBar()
```

```
        self.addToolBar(self.toolBar)
        #创建工具按钮
        self.toolCopy = QToolButton()
        self.toolCopy.setIcon(QIcon('./pics/copy.png'))
        self.toolCopy.clicked.connect(self.tool_copy)
        self.toolCut = QToolButton()
        self.toolCut.setIcon(QIcon('./pics/cut.png'))
        self.toolCut.clicked.connect(self.tool_cut)
        self.toolPaste = QToolButton()
        self.toolPaste.setIcon(QIcon('./pics/paste.png'))
        self.toolPaste.clicked.connect(self.tool_paste)
        #在工具栏中添加按钮
        self.toolBar.addWidget(self.toolCopy)
        self.toolBar.addWidget(self.toolCut)
        self.toolBar.addWidget(self.toolPaste)
        #创建状态栏控件
        self.statusBar = QStatusBar()
        self.setStatusBar(self.statusBar)

    def tool_copy(self):
        self.statusBar.showMessage("单击了\"复制\"")

    def tool_cut(self):
        self.statusBar.showMessage("单击了\"剪切\"")

    def tool_paste(self):
        self.statusBar.showMessage("单击了\"粘贴\"")


if __name__ == '__main__':
    app = QApplication(sys.argv)
    win = Window()
    win.show()
    sys.exit(app.exec())
```

运行结果如图 7-5 所示。

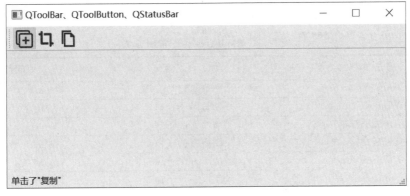

图 7-5 代码 demo5.py 的运行结果

7.3　多文档区与停靠控件

在第 5 章中介绍了 6 种容器控件。除此之外,PySide6 还提供了两种特殊的容器控件:多文档区与停靠控件。使用多文档区控件可以同时建立或打开多个相互独立的文档。使用停靠控件可以拖曳其内部的控件。

7.3.1　多文档区(QMdiArea)与子窗口(QMdiSubWindow)

在 PySide6 中,可以使用 QMainWindow 类创建主窗口界面,同时建立或打开多个相互独立的文档,这些文档共用主窗口的菜单、工具栏、状态栏,这些文档只有一个文档是活跃的文档。

在 PySide6 中,使用 QMdiArea 类创建多文档区,并在主界面中设置为中心控件,然后可以向多文档区中添加子窗口。子窗口由 QMdiSubWindow 类创建,可以向子窗口中添加相同的控件,也可以添加不同的控件。QMdiArea 类和 QMdiSubWindow 类的继承关系如图 7-6 所示。

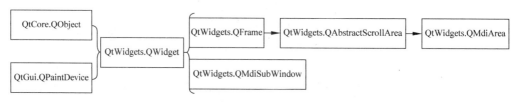

图 7-6　QMdiArea 类和 QMdiSubWindow 类的构造函数

QMdiArea 类和 QMdiSubWindow 类的构造函数如下:

```
QMdiArea(parent:QWidget = None)
QMdiSubWindow(parent:QWidget = None,flags:Qt.WindowFlags)
```

其中,parent 表示父窗口或父容器;flags 表示窗口的样式,保存默认值即可。

QMdiArea 类的常用方法见表 7-11。

表 7-11　QMdiArea 类的常用方法

方法及参数类型	说　明	返回值的类型
[slot]cascadeSubWindows()	层叠显示窗口	None
[slot]titleSubWindows()	平铺显示子窗口	None
[slot]closeActiveSubWindows()	关闭活跃的子窗口	None
[slot]closeAllSubWindows()	关闭所有的子窗口	None
[slot]activateNextSubWindow()	激活下一个子窗口	None
[slot]activatePreviousSubWindow()	激活前一个子窗口	None
[slot]setActivateSubWindow(QMdiSubWindow)	设置活跃的子窗口	None

续表

方法及参数类型	说　明	返回值的类型
addSubWindow(QWidget,Qt. WindowFlags)	添加子窗口,并返回该子窗口对象	QMdiSubWindow
removeSubWindow(QWidget)	移除子窗口	None
setViewMode(QMdiArea. ViewMode)	设置子窗口的显示样式	None
viewMode()	获取子窗口的显示样式	QMdiArea. ViewMode
currentSubWindow()	获取当前的子窗口	QMdiSubWindow
scrollContentsBy(dx:int,dy:int)	移动子窗口中的控件	None
setActivationOrder(QMdiArea. WindowOrder)	设置子窗口的活跃顺序	None
activationOrder()	获取活跃顺序	QMdiArea. WindowOrder
subWindowList(QMdiArea. WindowOrder = QMdiArea. CreationOrder)	按照指定的顺序获取子窗口列表	List [QMdiSubWindow]
activateSubWindow()	获取活跃的子窗口	QMdiSubWindow
setBackground(Union[QBrush, QColor, Qt. GlobalColor,QGradient])	设置背景颜色,默认为灰色	None
background()	获取背景色	QBrush
setOption(QMdiArea. AreaOption,bool)	设置子窗口的选项	None
testOption(QMdiArea. AreaOption)	获取是否设置了某选项	bool
setTabPosition(QTabWidget. TabPosition)	设置 Tab 标签的位置	None
setTabShape(QTabWidget. TabShape)	设置 Tab 标签的形状	None
setTabsClosable(bool)	Tab 模式下设置 Tab 标签是否有关闭按钮	None
setTabsMovable(bool)	Tab 模式下设置 Tab 标签是否可移动	None
setDocumentMode()	Tab 模式下设置 Tab 标签是否为文档模式	None
documentMode()	Tab 模式下获取 Tab 标签是否为文档模式	bool
tabPosition()	获取 Tab 标签的位置	QTabWidget. TabPosition
tabShape()	获取 Tab 标签的形状	QTabWidget. TabShape
tabsClosable()	获取 Tab 标签是否有关闭按钮	bool
tabsMovable()	获取 Tab 标签是否可移动	bool

QMdiArea 类只有一个信号 subWindowActivated(arg1:QMdiSubWindow),当子窗口活跃时发送信号。

在 PySide6 中,QMdiSubWindow 类的常用方法见表 7-12。

表 7-12　QMdiSubWindow 类的常用方法

方法及参数类型	说　明	返回值的类型
[slot]showShaded()	只显示标题栏	None
[slot]showSystemMenu()	在标题栏的系统菜单图标下显示系统菜单	None
setSystemMenu(QMenu)	设置系统菜单	None
setWidget(QWidget)	设置子窗口中的控件	None
widget()	获取子窗口中的控件	QWidget
isShaded()	获取子窗口是否为只显示标题栏的状态	bool
mdiArea()	返回子窗口所在的多文档区域	QMdiArea
systemMenu()	获取系统菜单	QMenu
setKeyboardPageStep(step:int)	设置用 Page 键控制子窗口移动或缩放的变化步数	None
keyboardPageStep()	获取用 Page 键控制子窗口移动或缩放的变化步数	int
setKeyboardSingleStep(step:int)	设置用方向键控制子窗口移动或缩放的变化步数	None
keyboardSingleStep()	获取用方向键控制子窗口移动或缩放的变化步数	int
setOption(QMdiSubWindow. SubWindow,bool)	设置选项,bool 的参数值的默认值为 True。QMdiSubWindow. SubWindow 的参数选项为 QMdiSubWindow. RubberBandResize、QMdiSubWindow. RubberBandMove	None

QMdiSubWindow 类的信号见表 7-13。

表 7-13　QMdiSubWindow 类的信号

信号及参数类型	说　明
aboutToActivate()	当子窗口活跃时发送信号
windowStateChanged(oldState,newState)	当主窗口状态发生变化时发送信号,参数值为 Qt. WindowStates 的枚举值,其取值为 Qt. WindowNoState(正常状态)、Qt. WindowMinimized(最小化状态)、Qt. WindowMaximized(最大化状态)、Qt. WindowFullScreen(全屏状态)、Qt. WindowActive(活跃状态)

【实例 7-6】　使用 QMainWindow 类创建一个窗口,并在这个窗口的顶部添加菜单栏、菜单。使用菜单中的"新建文件"命令可创建多个子窗口文档,代码如下:

```python
# === 第 7 章代码 demo6. py === #
import sys, os
from PySide6. QtWidgets import (QApplication, QMainWindow, QTextEdit, QStatusBar, QMenuBar,
QMenu, QMessageBox, QMdiArea, QMdiSubWindow, QFileDialog)

class SubWindow(QMdiSubWindow):
    def __init__(self):
```

```python
        super().__init__()
        self.textEdit = QTextEdit()
        self.setWidget(self.textEdit)
        self.setOption(QMdiSubWindow.RubberBandResize)

class Window(QMainWindow):
    def __init__(self):
        super().__init__()
        self.setGeometry(200,200,800,400)
        self.setWindowTitle('QMdiArea、QMdiSubWindow')
        #创建菜单栏
        self.menuBar = QMenuBar()
        self.setMenuBar(self.menuBar)
        #创建多文档区
        self.mdiArea = QMdiArea(self)
        #self.mdiArea.setTabsClosable(True)
        self.setCentralWidget(self.mdiArea)
        self.subWindowNum = 0
        #创建菜单
        self.fileMenu = self.menuBar.addMenu("文件")
        self.editMenu = self.menuBar.addMenu("编辑")
        self.menuBar.addSeparator()
        self.aboutMenu = self.menuBar.addMenu("关于")
        #向"文件"菜单中添加动作
        self.actionNew = self.fileMenu.addAction("新建文件")
        self.actionOpen = self.fileMenu.addAction("打开")
        self.actionSave = self.fileMenu.addAction("保存")
        self.actionNew.triggered.connect(self.action_new)
        self.actionOpen.triggered.connect(self.action_open)
        self.actionSave.triggered.connect(self.action_save)
        #向"编辑"菜单中添加动作
        self.actionCopy = self.editMenu.addAction("复制(& 快捷键 Ctrl + C)")
        self.actionCut = self.editMenu.addAction("剪切(&Ctrl + X)")
        self.actionPaste = self.editMenu.addAction("粘贴(&Ctrl + V)")
        self.actionCopy.triggered.connect(self.action_copy)
        self.actionCut.triggered.connect(self.action_cut)
        self.actionPaste.triggered.connect(self.action_paste)
        #向"关于"菜单中添加动作
        self.actionAbout = self.aboutMenu.addAction("关于")
        self.actionAbout.triggered.connect(self.action_about)
        #创建状态栏控件
        self.statusBar = QStatusBar()
        self.setStatusBar(self.statusBar)

    def action_new(self):
        subWindow = SubWindow()
        self.mdiArea.addSubWindow(subWindow)
        subWindow.show()
        self.subWindowNum = self.subWindowNum + 1
        str1 = "第" + str(self.subWindowNum) + "个文档"
        subWindow.setWindowTitle(str1)
        self.statusBar.showMessage(str1)
```

```python
    def action_open(self):
        filename = QFileDialog.getOpenFileName(self,"打开文件","D:\\","文本(*.txt)")
        if os.path.exists(filename[0]):
            with open(filename,"r",encoding = "UTF-8") as f:
                data = f.read()
                if len(self.mdiArea.subWindowList()) == 0:
                    currentSub = self.mdiArea.addSubWindow(SubWindow())
                elif self.mdiArea.currentSubWindow().textEdit.toPlainText() == "":
                    currentSub = self.mdiArea.currentSubWindow()
                currentSub.textEdit.setText(data)
                currentSub.show()
                currentSub.setWindowTitle(os.path.basename(filename[0]))
                currentSub.setWindowFilePath(filename[0])

    def action_save(self):
        currentSub = self.mdiArea.currentSubWindow()
        if currentSub != None:
            fname = QFileDialog.getSaveFileName(self,"保存文件","./","文本文件(*.txt)")
            if fname[0]:
                with open(fname[0],'w',encoding = 'utf-8') as f:
                    data = currentSub.textEdit.toPlainText()
                    f.write(data)
                    QMessageBox.about(self,"保存文件","文件已经被保存")

    def action_copy(self,):
        self.statusBar.showMessage("选中了\"复制\"")

    def action_cut(self):
        self.statusBar.showMessage("选中了\"剪切\"")

    def action_paste(self):
        self.statusBar.showMessage("选中了\"粘贴\"")

    def action_about(self):
        QMessageBox.about(self,"关于对话框","这是个演示程序。")


if __name__ == '__main__':
    app = QApplication(sys.argv)
    win = Window()
    win.show()
    sys.exit(app.exec())
```

运行结果如图 7-7 所示。

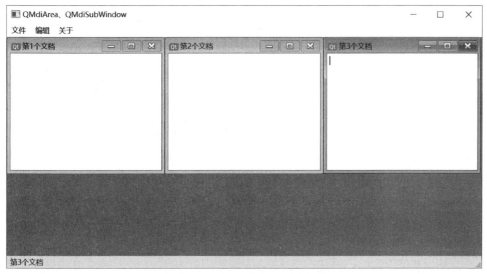

图 7-7 代码 demo6.py 的运行结果

7.3.2 停靠控件(QDockWidget)

11min

在 PySide6 中,可以使用 QDockWidget 类创建停靠控件。停靠控件可以放置在 QMainWindow 类创建的主窗口中,停靠控件可以保持浮动状态或作为子窗口固定在指定位置。停靠控件也是一种容器控件,可以添加控件。停靠控件由标题栏和内容区域构成。

QDockWidget 类是 QWidget 类的子类,其构造函数如下:

```
QDockWidget(parent:QWidget = None,flags:Qt.WindowFlags)
QDockWidget(title:str,parent:QWidget = None,flags:Qt.WindowFlags)
```

其中,parent 表示父窗口或父容器;title 用于设置停靠控件的窗口标题;flags 表示窗口的样式,保持默认值即可。

QDockWidget 类的常用方法见表 7-14。

表 7-14 QDockWidget 类的常用方法

方法及参数类型	说 明	返回值的类型
setWidget(QWidget)	添加控件	None
widget()	获取控件	QWidget
setTitleBarWidget(QWidget)	设置标题栏中的控件	None
titleBarWidget()	获取标题栏中的控件	QWidget
toggleViewAction()	获取隐藏或显示的动作	QAction
setFloating(bool)	设置成浮动状态	None
isFloating()	获取是否处于浮动状态	bool
setAllowedAreas(Qt.DockWidgetArea)	设置可停靠区域	None
isAllowedAreas(Qt.DockWidgetArea)	获取某区域是否允许停靠	bool

方法及参数类型	说　　明	返回值的类型
allowedAreas()	获取可停靠的区域	Qt. DockWidgetArea
setFeatures(QDockWidget. DockWidgetFeatures)	设置停靠控件的特征	None
features()	获取停靠控件的特征	QDockWidget. DockWidget Features

在表 7-14 中，Qt. DockWidgetArea 的枚举值为 Qt. RightDockWidgetArea、Qt. LeftDockWidgetArea、Qt. BottomDockWidgetArea、Qt. TopDockWidgetArea、Qt. AllDock WidgetAreas、Qt. NoDockWidgetArea。

QDockWidget. DockWidgetFeatures 的枚举值为 QDockWidget. DockWidgetClosable(可关闭的)、QDockWidget. DockWidgetMovable(可移动的)、QDockWidget. DockWidgetFloatable(可悬停的)、QDockWidget. DockWidgetVerticalTitleBar(有竖向标题)。

使用 QMainWindow 类创建的主窗口区域中有专门的区域放置停靠控件，如图 7-8 所示。

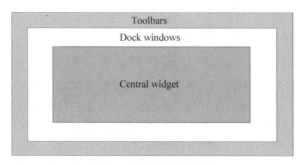

图 7-8　停靠控件的区域

在 PySide6 中，QDockWidget 类的信号见表 7-15。

表 7-15　QDockWidget 类的信号

信号及参数类型	说　　明
topLevelChanged(bool)	当悬浮和停靠状态转变时发送信号
visibilityChanged(bool)	当可见性发生变化时发送信号
allowedAreasChanged(Qt. DockWidgetArea)	当允许停靠的区域发生变化时发送信号
dockLocationChanged(Qt. DockWidgetArea)	当停靠的区域发生变化时发送信号
featuresChanged(QDockWidget. DockWidgetFeature)	当控件的特征发生变化时发送信号

【实例 7-7】　使用 QMainWindow 类创建一个窗口，该窗口包含一个可移动、可悬停的停靠控件。该停靠控件中有一个按钮，代码如下：

```
# === 第 7 章 代码 demo7.py === #
import sys
from PySide6.QtWidgets import (QApplication,QMainWindow,QDockWidget,QPushButton)
```

```python
from PySide6.QtCore import Qt

class Window(QMainWindow):
    def __init__(self):
        super().__init__()
        self.setGeometry(200,200,560,220)
        self.setWindowTitle('QDockWidget 类')
        #创建停靠控件
        self.dock = QDockWidget("停靠控件")
        self.dock.setFeatures(QDockWidget.DockWidgetFloatable | QDockWidget.DockWidgetMovable)
        self.addDockWidget(Qt.RightDockWidgetArea,self.dock)
        #向停靠控件中添加按钮
        btn = QPushButton("我是位于停靠控件内的按钮")
        self.dock.setWidget(btn)


if __name__ == '__main__':
    app = QApplication(sys.argv)
    win = Window()
    win.show()
    sys.exit(app.exec())
```

运行结果如图 7-9 所示。

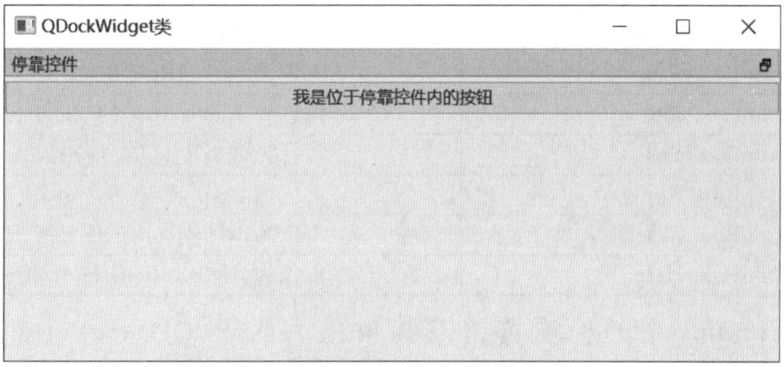

图 7-9　代码 demo7.py 的运行结果

7.4　按钮容器(QDialogButtonBox)

在 PySide6 中,使用 QDialogButtonBox 类创建按钮容器。按钮容器用于布局、管理按钮,可以根据不同的操作系统匹配相应的布局,主要的系统布局见表 7-16。

9min

表 7-16　QDialogButtonBox 的系统布局

系 统 布 局	说　　明
QDialogButtonBox.WinLayout	适用于 Windows 中的应用程序策略
QDialogButtonBox.MacLayout	适用于 macOS 中的应用程序策略

系 统 布 局	说　　　明
QDialogButtonBox. KdelLayout	适用于 KDE 中的应用程序策略
QDialogButtonBox. GnomeLayout	适用于 GNOME 中的应用程序策略
QDialogButtonBox. AndroidLayout	适用于 Android 中的应用程序策略,该枚举值是在 Qt 5.10 中添加的

QDialogButtonBox 类是 QWidget 类的子类,其构造函数如下:

```
QDialogButtonBox(parent:QWidget = None)
QDialogButtonBox(orientation:Qt.Orientation,parent:QWidget = None)
QDialogButtonBox(buttons,orientation:Qt.Orientation,parent:QWidget = None)
```

其中,parent 表示父窗口或父容器;orientation 表示排列方向,取值为 Qt. Horizontal 或 Qt. Vertical;buttons 表示标准按钮 QDialogButtonBox. StandardButtons,其中常用的按钮见表 7-17。

表 7-17　QDialogButtonBox. StandardButtons 的枚举值

枚 　举 　值	说　　　明
QDialogButtonBox. Ok	角色为 AcceptRole 的 Ok 按钮
QDialogButtonBox. Open	角色为 AcceptRole 的 Open 按钮
QDialogButtonBox. Save	角色为 AcceptRole 的 Save 按钮
QDialogButtonBox. Cancel	角色为 RejectRole 的 Cancel 按钮
QDialogButtonBox. Close	角色为 RejectRole 的 Close 按钮
QDialogButtonBox. Yes	角色为 YesRole 的 Yes 按钮
QDialogButtonBox. Apply	角色为 ApplyRole 的 Apply 按钮
QDialogButtonBox. Reset	角色为 ResetRole 的 Reset 按钮
QDialogButtonBox. Help	角色为 HelpRole 的 Help 按钮

QDialogButtonBox 中的标准按钮及其角色关联了 QDialogButtonBox 类的信号 (accepted、rejected)。

7.4.1　常用方法与信号

在 PySide6 中,QDialogButtonBox 类的常用方法见表 7-18。

表 7-18　QDialogButtonBox 类的常用方法

方法及参数类型	说　明	返回值的类型
addButton(button:QAbatractButton,role)	添加按钮并设置角色	None
addButton(button:StandardButton)	添加标准按钮	None
addButton(text,role)	添加一个按压按钮,并设置角色	QPushButton
button(which:StandardButton)	获取与标准按钮对应的按压按钮	QPushButton
buttonRole(button:QAbstractButton)	获取与按钮对应的角色	ButtonRole

方法及参数类型	说　明	返回值的类型
buttons()	获取所有的按钮	List[QAbstractButton]
centerButtons()	获取是否有中心按钮	bool
clear()	清空按钮	None
orientation()	获取按钮的排列方向	None
removeButton(button:QAbstractButton)	删除指定的按钮	None
setCenterButtons(center:bool)	设置中心按钮	None
setOrientation(orientation)	设置排列方向	None
setStandardButtons(buttons:StandardButtons)	设置标准按钮	None
standardButton(button:QAbstractButton)	获取与按钮对应的标准按钮	StandardButton
standardButtons()	获取标准按钮	StandardButton

QDialogButtonBox 类的信号见表 7-19。

表 7-19　QDialogButtonBox 类的信号

信号及参数类型	说　明
accepted()	当角色为 AcceptRole 或 YesRole 的按钮被单击时发送信号
clicked(button:QAbstractButton)	当按钮被单击时发送信号
helpRequested()	当角色为 HelpRole 的按钮被单击时发送信号
rejected()	当角色为 RejectRole 或 NoRole 的按钮被单击时发送信号

7.4.2　应用实例

在 PySide6 中,QDialogButtonBox 类有两种应用方法,可以向控件内添加标准按钮,也可以添加自定义按钮。

【实例 7-8】　创建一个窗口,该窗口包含一个按钮容器、一个标签。向该按钮容器中添加 3 种不同角色的标准按钮。如果单击这些按钮,则会显示提示信息,代码如下:

```python
# === 第 7 章 代码 demo8.py === #
import sys
from PySide6.QtWidgets import (QApplication,QWidget,QDialogButtonBox,QVBoxLayout,QLabel)
from PySide6.QtGui import QFont

class Window(QWidget):
    def __init__(self):
        super().__init__()
        self.setGeometry(200,200,560,220)
        self.setWindowTitle('QDialogButtonBox')
        # 设置主窗口的布局
        vbox = QVBoxLayout()
        self.setLayout(vbox)
        # 创建按钮容器控件
        buttonBox = QDialogButtonBox()
        buttonBox.setStandardButtons(QDialogButtonBox.Cancel | QDialogButtonBox.Ok |
QDialogButtonBox.Help)
```

```
            buttonBox.accepted.connect(self.btn_accepted)
            buttonBox.rejected.connect(self.btn_rejected)
            buttonBox.helpRequested.connect(self.btn_requested)
            vbox.addWidget(buttonBox)
            # 创建标签控件
            self.label = QLabel("提示:")
            self.label.setFont(QFont("黑体",12))
            vbox.addWidget(self.label)

    def btn_accepted(self):
        str1 = "提示:你单击了角色为 AcceptRole 或 YesRole 的按钮。"
        self.label.setText(str1)

    def btn_rejected(self):
        str1 = "提示:你单击了角色为 RejectRole 或 NoRole 的按钮。"
        self.label.setText(str1)

    def btn_requested(self):
        str1 = "提示:你单击了角色为 HelpRole 的按钮。"
        self.label.setText(str1)


if __name__ == '__main__':
    app = QApplication(sys.argv)
    win = Window()
    win.show()
    sys.exit(app.exec())
```

运行结果如图 7-10 所示。

图 7-10 代码 demo8.py 的运行结果

【实例 7-9】 创建一个窗口,该窗口包含一个按钮容器、一个标签。向该按钮容器中添加自定义的按钮。如果单击这些按钮,则会显示提示信息,代码如下:

```
# === 第 7 章 代码 demo9.py === #
import sys
from PySide6.QtWidgets import ( QApplication, QWidget, QDialogButtonBox, QVBoxLayout,
QPushButton,QLabel)
from PySide6.QtGui import QFont


class Window(QWidget):
    def __init__(self):
```

```
        super().__init__()
        self.setGeometry(200,200,560,220)
        self.setWindowTitle('QDialogButtonBox')
        #设置主窗口的布局
        vbox = QVBoxLayout()
        self.setLayout(vbox)
        #创建按钮容器控件
        buttonBox = QDialogButtonBox()
        self.btnYes = QPushButton("确定")
        self.btnNo = QPushButton("取消")
        buttonBox.addButton(self.btnYes,QDialogButtonBox.AcceptRole)
        buttonBox.addButton(self.btnNo,QDialogButtonBox.RejectRole)
        buttonBox.clicked.connect(self.box_clicked)
        vbox.addWidget(buttonBox)
        #创建标签控件
        self.label = QLabel("提示:")
        self.label.setFont(QFont("黑体",12))
        vbox.addWidget(self.label)

    def box_clicked(self,button):
        if button == self.btnYes:
            str1 = "提示:你单击了\"确定\"按钮。"
            self.label.setText(str1)
        elif button == self.btnNo:
            str2 = "提示:你单击了\"取消\"按钮。"
            self.label.setText(str2)


if __name__ == '__main__':
    app = QApplication(sys.argv)
    win = Window()
    win.show()
    sys.exit(app.exec())
```

运行结果如图 7-11 所示。

图 7-11　代码 demo9.py 的运行结果

7.5　综合应用

如果读者已经掌握本章节和前面章节的内容,就可以将所学的内容组合起来,创建一些比较复杂的 GUI 程序。

7.5.1　创建一个记事本程序

在 PySide6 中,可以使用 Qt Designer 创建 UI 界面,然后以编写业务逻辑代码的方法创建程序。

【实例 7-10】　创建一个记事本程序,该程序可以设置格式,将文件保存为 txt 文档或 PDF 文档。操作步骤如下:

(1) 使用 Qt Designer 设计窗口的顶层菜单,并设置其快捷键。预览效果如图 7-12～图 7-15 所示。

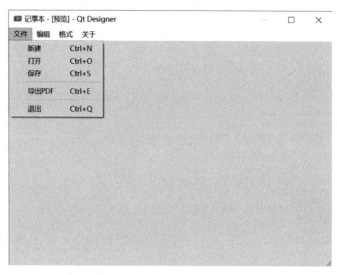

图 7-12　记事本的"文件"菜单

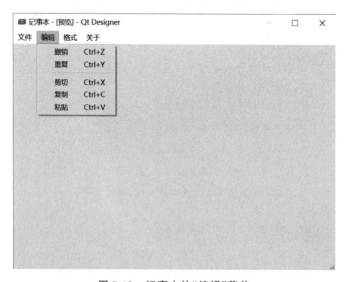

图 7-13　记事本的"编辑"菜单

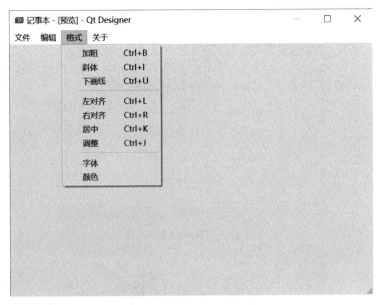

图 7-14 记事本的"格式"菜单

图 7-15 记事本的"关于"菜单

（2）在 Qt Designer 中，创建资源文件 demo10.qrc，并向资源文件中添加图标文件，然后给菜单命令添加图标并创建工具栏，最后添加多行文本框控件，并设置竖直布局，如图 7-16～图 7-20 所示。

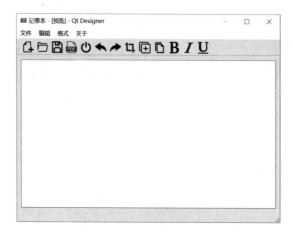

图 7-16　记事本的窗口界面

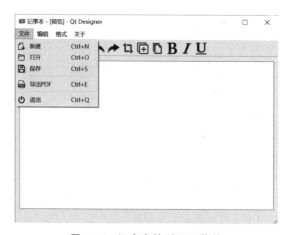

图 7-17　记事本的"打开"菜单

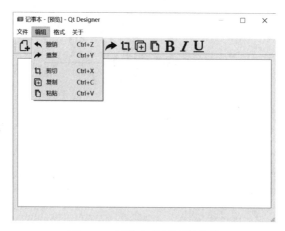

图 7-18　记事本的"编辑"菜单

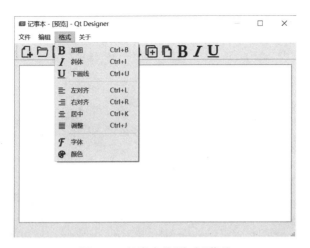

图 7-19 记事本的"格式"菜单

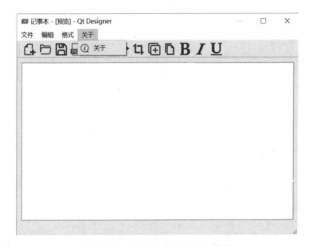

图 7-20 记事本的"关于"菜单

(3) 按快捷键 Ctrl＋S,将设计的窗口保存在 D 盘 Chapter7 的文件夹下并命名为 demo10.ui,然后使用 Windows 命令行工具将 demo10.ui 转换为 demo10.py,将 demo10. qrc 转换成 demo10_rc.py。操作过程如图 7-21 所示。

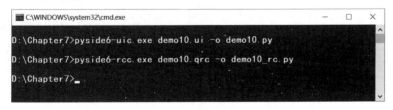

图 7-21 转换文件格式的过程

(4) 编写业务逻辑代码,代码如下:

```python
# === 第 7 章 代码 demo10_main.py === #
import sys
from PySide6.QtWidgets import ( QApplication, QMainWindow, QFileDialog, QMessageBox, QFontDialog,
QColorDialog)
from PySide6.QtPrintSupport import QPrinter
from PySide6.QtGui import QFont
from PySide6.QtCore import QFileInfo,Qt
from demo10 import Ui_MainWindow

class Window(Ui_MainWindow,QMainWindow):
    def __init__(self):
        super().__init__()
        self.setupUi(self)
        #"文件"菜单中的命令
        self.actionOpen.triggered.connect(self.open_file)
        self.actionSave.triggered.connect(self.save_file)
        self.actionNew.triggered.connect(self.new_file)
        self.actionExport_PDF.triggered.connect(self.export_pdf)
        self.actionQuit.triggered.connect(self.exit_app)
        #"编辑"菜单中的命令
        self.actionUndo.triggered.connect(self.textEdit.undo)
        self.actionRedo.triggered.connect(self.textEdit.redo)
        self.actionCut.triggered.connect(self.textEdit.cut)
        self.actionCopy.triggered.connect(self.textEdit.copy)
        self.actionPaste.triggered.connect(self.textEdit.paste)
        #"格式"菜单中的命令
        self.actionBold.triggered.connect(self.text_bold)
        self.actionItalic.triggered.connect(self.text_italic)
        self.actionUnderline.triggered.connect(self.underline)
        self.actionLeft.triggered.connect(self.align_left)
        self.actionRight.triggered.connect(self.align_right)
        self.actionCenter.triggered.connect(self.align_center)
        self.actionJustify.triggered.connect(self.align_justify)
        self.actionFont.triggered.connect(self.font_dialog)
        self.actionColor.triggered.connect(self.color_dialog)
        #"关于"菜单中的命令
        self.actionAbout.triggered.connect(self.about)

    def open_file(self):
        fname = QFileDialog.getOpenFileName(self,"打开文件","./","文本(*.txt)")
        if fname[0]:
            with open(fname[0],'r',encoding = 'utf-8') as f:
                data = f.read()
                self.textEdit.setText(data)

    def save_file(self):
        fname = QFileDialog.getSaveFileName(self,"保存文件","./","文本文件(*.txt)")
        if fname[0]:
            with open(fname[0],'w',encoding = 'utf-8') as f:
                data = self.textEdit.toPlainText()
                f.write(data)
                QMessageBox.about(self,"保存文件","文件已经被保存")
```

```python
    def is_file(self):
        if not self.textEdit.document().isModified():
            return True
        ret = QMessageBox.warning(self,"对话框","文件已被改动,\n确定要保存改动?",
QMessageBox.StandardButton.Save|QMessageBox.StandardButton.Discard|
        QMessageBox.StandardButton.Cancel)
        if ret == QMessageBox.StandardButton.Save:
            self.save_file()
        elif ret == ret == QMessageBox.StandardButton.Cancel:
            return False
        else:
            return True

    def new_file(self):
        if self.is_file():
            self.textEdit.clear()

    def export_pdf(self):
        fn,_ = QFileDialog.getSaveFileName(self,"保存文件","./","PDF文件(*.pdf)")
        if fn!= "":
            if QFileInfo(fn).suffix() == "":
                fn = fn + ".pdf"
            printer = QPrinter(QPrinter.PrinterMode.HighResolution)
            printer.setOutputFormat(QPrinter.OutputFormat.PdfFormat)
            printer.setOutputFileName(fn)
            self.textEdit.document().print_(printer)

    def exit_app(self):
        self.close()

    def text_bold(self):
        font = QFont()
        font.setBold(True)
        self.textEdit.setFont(font)

    def text_italic(self):
        font = QFont()
        font.setItalic(True)
        self.textEdit.setFont(font)

    def underline(self):
        font = QFont()
        font.setUnderline(True)
        self.textEdit.setFont(font)

    def align_left(self):
        self.textEdit.setAlignment(Qt.AlignLeft)

    def align_right(self):
```

```
            self.textEdit.setAlignment(Qt.AlignRight)

    def align_center(self):
        self.textEdit.setAlignment(Qt.AlignCenter)

    def align_justify(self):
        self.textEdit.setAlignment(Qt.AlignJustify)

    def font_dialog(self):
        ok,font = QFontDialog.getFont()
        if ok:
            self.textEdit.setFont(font)

    def color_dialog(self):
        color = QColorDialog.getColor()
        self.textEdit.setTextColor(color)

    def about(self):
        QMessageBox.about(self,"关于程序","这是一个简易的记事本程序。")


if __name__ == '__main__':
    app = QApplication(sys.argv)
    win = Window()
    win.show()
    sys.exit(app.exec())
```

运行结果如图 7-22 所示。

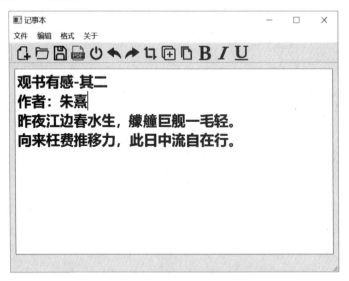

图 7-22　代码 demo10_main.py 的运行结果

（5）使用 PyInstaller 模块将 demo10_main.py 打包成扩展名为.exe 的可执行文件，操作过程和结果如图 7-23 和图 7-24 所示。

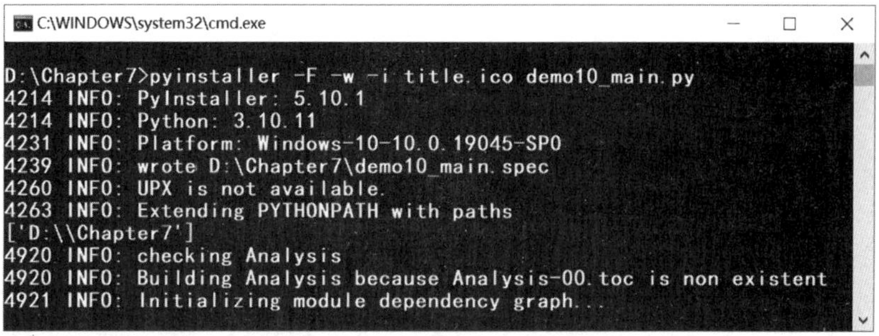

图 7-23　将代码 demo10_main.py 打包成可执行文件

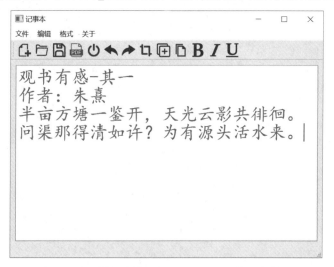

图 7-24　可执行文件 demo10_main.exe

（6）双击可执行文件 demo10_main.exe，可运行该程序，运行结果如图 7-25 所示。

图 7-25　可执行文件 demo10_main.exe 的运行结果

> 注意：在代码 demo10_main.py 文件中，只有导出 PDF 的代码没有介绍，其他部分的代码都已经介绍了。如果读者可以使用 Windows API 或 MFC 编写记事本程序，则会发现使用 PySide6 开发程序效率会有明显的提高。

7.5.2　创建一个计算器

在 PySide6 中,如果程序的窗口界面比较简单,则可以在代码中编写窗口界面和业务逻辑。

【实例 7-11】　创建一个计算器程序,能够实现基本的数学计算,代码如下:

```python
# === 第 7 章 代码 demo11.py === #
import sys
from PySide6.QtWidgets import (QApplication,QWidget,QLineEdit,QPushButton,QGridLayout)
from PySide6.QtGui import QFont
from PySide6.QtCore import Qt

class Window(QWidget):
    def __init__(self):
        super().__init__()
        self.setGeometry(200,200,560,320)
        self.setWindowTitle('计算器')
        # 设置主窗口的布局
        layout = QGridLayout()
        self.setLayout(layout)
        # 创建显示屏
        self.display = QLineEdit()
        self.display.setFixedHeight(45)
        self.display.setReadOnly(True)
        self.display.setFont(QFont('黑体',14))
        self.display.setAlignment(Qt.AlignRight)
        layout.addWidget(self.display,0,0,1,4)
        # 创建按钮显示的符号
        buttonTuple = (
            ('C','(,)','/'),
            ('7','8','9','*'),
            ('4','5','6','-'),
            ('1','2','3','+'),
            ('0','00','.','='))
        # 遍历按钮元组
        for row,buttons in enumerate(buttonTuple):
            for col,button in enumerate(buttons):
                btn = QPushButton(button)
                btn.setFixedHeight(40)
                btn.setFont(QFont('黑体',14))
                layout.addWidget(btn,row + 1,col)
                # 信号/槽
                if button == "C":
                    btn.clicked.connect(self.clear_display)
                elif button == " = ":
                    btn.clicked.connect(self.get_result)
                else:
                    btn.clicked.connect(self.append_display)

    def append_display(self):
        btn = self.sender() # 获取信号的发送者
```

```
        self.display.setText(self.display.text() + btn.text())

    def get_result(self):
        try:
            result = eval(self.display.text())
        except:
            result = "Error"
        self.display.setText(str(result))

    def clear_display(self):
        self.display.setText('')


if __name__ == '__main__':
    app = QApplication(sys.argv)
    win = Window()
    win.show()
    sys.exit(app.exec())
```

运行结果如图 7-26 所示。

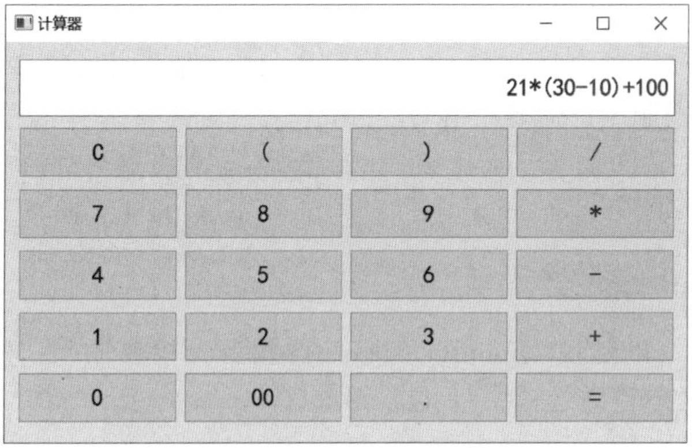

图 7-26　代码 demo11.py 的运行结果

7.6　小结

本章首先介绍了如何创建菜单栏,以及如何在菜单栏上添加菜单和命令的方法,然后介绍了如何创建工具栏和状态栏,以及在工具栏上添加工具按钮的方法。

其次介绍了 PySide6 中的 3 个控件,分别为多文档区控件、停靠控件、按钮容器控件。

最后介绍了一个综合应用案例:创建一个记事本程序。在这个案例中运用了之前介绍的知识。

第 8 章

使用 QPainter 绘图

前面的章节介绍了 PySide6 提供的各种控件。如果要在窗口中绘制图像,则应该怎么办? 好像之前学过的控件并不能绘图。答案是使用 QPainter 类绘制图形,使用 QPainter 类可以在绘图设备上(窗口、控件和图像)绘制点、线、矩形、椭圆、多边形、文字,并且可以向绘制的图形中填充颜色。

8.1 基本绘图类

在 PySide6 中,绘制图形需要使用 QPainter 类,设置线条的样式需要使用 QPen 类,向图形中填充颜色需要使用 QBrush 类,如果要填充渐变色,则需使用 QGradient 类。QPainter、QPen、QBrush、QGradient 都位于 PySide6 的 QtGui 子模块下。

8.1.1 QPainter 类

8min

在 PySide6 中,可以使用 QPainter 类在绘图设备上绘制图形、文字。绘图设备是指 QPaintDevice 的子类创建的各种控件,包括图像(QPixmap、QImage)、QWidget 类及其子类创建的窗口、控件。QPainter 类的构造函数如下:

```
QPainter()
QPainter(QPaintDevice)
```

其中,QPaintDevice 表示使用 QPaintDevice 类创建的实例对象。

QPainter 类的方法比较多,其中 QPainter 类的状态设置的方法见表 8-1。

表 8-1　QPainter 类的状态设置的方法

方法及参数类型	说　　明
begin(QPaintDevice)	指定绘图设备,若成功,则返回值为 True
isActive()	是否处于活跃状态,若成功,则返回值为 True
end()	结束绘图
setBackground(bg: Union[QBush, Qt. BushStyle, Qt. GlobalColor, QColor, QGradient, QImage, QPixmap])	设置背景色

续表

方法及参数类型	说　明
setBackgroundMode(mode:Qt.BGMode)	设置透明或不透明的背景模式
setBrush(brush:Union[QBrush,Qt.BrushStyle,Qt.GlobalColor, QColor,QGradient,QImage,QPixmap])	设置画刷
setBrush(style:Qt.BrushStyle)	设置画刷
setBrushOrigin(Union[QPointF,QPoint,QPainterPath.Element])	设置画刷的起点
setBrushOrigin(x:int,y:int)	设置画刷的起点
setClipPath(QPainterPath,op:Qt.ClipOperation=Qt.ReplaceClip)	设置剪切路径
setClipRect(QRect,op:Qt.ClipOperation=Qt.ReplaceClip)	设置剪切的矩形区域
setClipRect(Union[QRectF,QRect],op=Qt.ReplaceClip)	设置剪切的矩形区域
setClipRect(x:int,y:int,w:int,h:int,w:int,h:int,op=Qt.ReplaceClip)	设置剪切的矩形区域
setClipRegion(Union[QRegion,QBitmap,QPolygon,QRect],op: Qt.ClipOperation=Qt.ReplaceClip)	设置剪切区域
setClipping(enable:bool)	设置是否启动剪切
setCompositionMode(mode:QPainter.CompositionMode)	设置图像合成模式
setFont(f:Union[QFont,str,Sequence[str]])	设置字体
setLayoutDirection(direction:Qt.LayoutDirection)	设置布局方向
setOpacity(opacity:float)	设置不透明度
setPen(color:Union[QColor,Qt.GlobalColor,str])	设置钢笔
setPen(pen:Union[QPen,Qt.PenStyle,QColor]).	设置钢笔
setPen(style:Qt.PenStyle)	设置钢笔
setRenderHint(hint:QPainter.RenderHint,on:bool=True)	设置渲染模式
setRenderHints(hints:QPainter.RenderHints,on:bool=True)	设置多个渲染模式
setTransform(transform:QTransform,combine:bool=False)	设置全局变换矩阵
setWorldTransform(matrix:QTransform,combine:bool=False)	设置全局变换矩阵
setWorldMatrixEnabled(enabled:bool)	设置是否启动全局矩阵变换
setViewTransformEnabled(enable:bool)	设置是否启动视口变换
setViewport(viewport:QRect)	设置视口
setViewport(x:int,y:int,w:int,h:int)	设置视口
setWindow(window:QRect)	设置逻辑窗口
setWindow(x:int,y:int.w:int,h:int)	设置逻辑窗口
save()	将状态保存到堆栈中
restore()	从堆栈中恢复状态

QPainter 类的绘制矩形的方法见表 8-2。

表 8-2　QPainter 类的绘制矩形的方法

绘制单个矩形	绘制多个矩形
drawRect(rect:QRect)	drawRects(rectangles:Sequence[QRect])
drawRect(rect:QRectF)	drawRects(rectangles:Sequence[QRectF])
drawRect(x:int,y:int,w:int,h:int)	

在 PySide6 中,使用 QPainter 类绘制图形一般使用 paintEvent()事件或者 paintEvent()事件调用的方法。绘制图形首先要创建 QPainter 对象,并调用 begin()方法,然后绘制图形。结束绘图后调用 end()方法。

【实例 8-1】 使用 QPainter 类在窗口中绘制一个矩形,代码如下:

```python
# === 第8章 代码 demo1.py === #
import sys
from PySide6.QtWidgets import QApplication,QWidget
from PySide6.QtGui import QPainter

class Window(QWidget):
    def __init__(self):
        super().__init__()
        self.setGeometry(200,200,560,220)
        self.setWindowTitle('QPainter')
        self.painter = QPainter()

    def paintEvent(self,event):
        if self.painter.begin(self):
            self.painter.drawRect(80,30,300,100)
        if self.painter.isActive():
            self.painter.end()


if __name__ == '__main__':
    app = QApplication(sys.argv)
    win = Window()
    win.show()
    sys.exit(app.exec())
```

运行结果如图 8-1 所示。

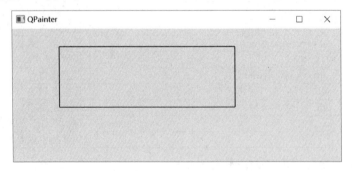

图 8-1 代码 demo1.py 的运行结果

8.1.2 钢笔(QPen)

在 PySide6 中,使用 QPen 类可以绘制线条,并可以设置线条的颜色、宽度、样式等属性。使用 QPainter 对象的 setPen(QPen)方法可以为 QPainter 对象设置钢笔。QPen 类的构造函数如下:

```
QPen()
QPen(s:Qt.PenStyle)
QPen(color:Union[QColor,Qt.GlobalColor,str,int])
QPen(pen:Union[QPen,Qt.PenStyle,QColor])
QPen(brush:Union[QBrush,Qt.BrushStyle,Qt.GlobalColor,QColor,QGradient,QImage,QPixmap],
width:float,s:Qt.PenStyle = Qt.SolidLine,c:Qt.PenCapStyle = Qt.SquareCap,j:QPenJoinStyle =
Qt.BeveJoin)
```

其中,color 表示颜色;brush 表示画刷;width 表示线宽;s 表示线条的样式;c 表示线条的端点样式;j 表示两个线条连接处的样式。

QPen 类的常用方法见表 8-3。

表 8-3　QPen 类的常用方法

方法及参数类型	说　　明	返回值的类型
setStyle(Qt.PenStyle)	设置线条的样式	None
style()	获取线条样式	Qt.PenStyle
setWidth(int)、setWidthF(float)	设置线条宽度	None
width()、widthF()	获取线条宽度	int、float
isSolid()	获取线条样式是否有实线填充	bool
setBrush(brush:Union[QBrush,Qt.BrushStyle,QColor,Qt.GlobalColor,QGradient,QImage,QPixmap])	设置画刷	None
brush()	获取画刷	QBrush
setCapStyle(Qt.PenCapStyle)	设置线条端点的样式,参数值可取 Qt.FlatCap、Qt.SquareCap、Qt.RoundCap	None
capStyle()	获取线条端点的样式	Qt.PenCapStyle
setColor(Union[QColor,Qt.GlobalColor,str,int])	设置颜色	None
color()	获取颜色	QColor
setCosmetic(cosmetic:bool)	设置是否进行装饰	None
isCosmetic()	获取是否进行装饰	bool
setDashOffset(doffset:float)	设置线条的起点与虚线起点的距离	None
setDashPattern(pattern:Sequence[float])	设置用户自定义的虚线样式	None
dashPattern()	获取自定义样式	List[float]
setJoinStyle(Qt.PenJoinStyle)	获取相交线条连接点处的样式,参数值可取 Qt.MiterJoin、Qt.BevelJoin、Qt.RoundJoin、Qt.SvgMiterJoin	None
setMiterLine(float)	设置斜接延长线的长度	None

在 QPen 类中,钢笔样式 Qt.PenStyle 的枚举值见表 8-4。

表 8-4   Qt. PenStyle 的枚举值

枚 举 值	说 明	枚 举 值	说 明
Qt. NoPen	不绘制线条	Qt. DashDotLine	点画线
Qt. SolidLine	实线	Qt. DashDotDotLine	双点画线
Qt. DashLine	虚线	Qt. CustomDashLine	自定义线
Qt. DotLine	点线		

【实例 8-2】 使用 QPainter 类在窗口中绘制一个矩形,需使用 QPen 类将线条宽度设置为 5,将线条样式设置为虚线,将线条颜色设置为红色,代码如下:

```python
# === 第 8 章 代码 demo2.py === #
import sys
from PySide6.QtWidgets import QApplication,QWidget
from PySide6.QtGui import QPainter,QPen
from PySide6.QtCore import Qt

class Window(QWidget):
    def __init__(self):
        super().__init__()
        self.setGeometry(200,200,560,220)
        self.setWindowTitle('QPainter、QPen')
        self.painter = QPainter()

    def paintEvent(self,event):
        pen = QPen(Qt.GlobalColor.red,5,Qt.DashLine)
        if self.painter.begin(self):
            self.painter.setPen(pen)
            self.painter.drawRect(80,30,300,100)
        if self.painter.isActive():
            self.painter.end()


if __name__ == '__main__':
    app = QApplication(sys.argv)
    win = Window()
    win.show()
    sys.exit(app.exec())
```

运行结果如图 8-2 所示。

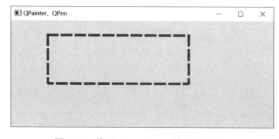

图 8-2   代码 demo2.py 的运行结果

8.1.3　画刷(QBrush)

在 PySide6 中,使用 QBrush 类可以向封闭的图形(矩形、椭圆等)的内部填充颜色、样式、渐变、纹理和图案。QBrush 类的构造函数如下:

```
QBrush()
QBrush(bs:Qt.BrushStyle)
QBrush(image:Union[QImage,str])
QBrush(pixmap:Union[QPixmap,QImage,str])
QBrush(gradient:Union[QGradient,QGradient.Preset])
QBrush(color:Qt.GlobalColor,bs:Qt.BrushStyle = Qt.SolidPattern)
QBrush(color:Qt.GlobalColor,pixmap:Union[QPixmap,QImage,str])
QBrush(color:Union[QColor,Qt.GlobalColor,str],bs:Qt.BrushStyle = Qt.SolidPattern)
QBrush(color:Union[QColor,Qt.GlobalColor,str],pixmap:Union[QPixmap,QImage,str]
```

其中,color 表示颜色;bs 用于设置画刷的风格,其参数值为 Qt.BrushStyle 的枚举值。

QBrush 类的常用方法见表 8-5。

表 8-5　QBrush 类的常用方法

方法及参数类型	说　明	返回值的类型
setStyle(Qt.BrushStyle)	设置画刷的风格	None
style()	获取画刷的风格	Qt.BrushStyle
setTexture(QPixmap)	设置画刷的纹理图片	None
setTextureImage(QImage)	同上	None
texture()	获取画刷的纹理图片	QPixmap
textureImage()	同上	QImage
setColor(Union[QColor,Qt.GlobalColor,str])	设置颜色	None
color()	获取颜色	QColor
gradient()	获取渐变色	QGradient
setTransform(QTransform)	设置变换矩阵	None
transform()	获取变换矩阵	QTransform
isOpaque()	获取画刷是否透明	bool

在 QBrush 类中,画刷风格 Qt.BrushStyle 的枚举值见表 8-6。

表 8-6　Qt.BrushStyle 的枚举值

枚　举　值	枚　举　值	枚　举　值	枚　举　值	枚　举　值
Qt.SolidPattern	Qt.Dense1Pattern	Qt.Dense2Pattern	Qt.Dense3Pattern	Qt.Dense4Pattern
Qt.Dense5Pattern	Qt.Dense6Pattern	Qt.Dense7Pattern	Qt.HorPattern	Qt.VerPattern
Qt.CrossPattern	Qt.BDiagPattern	Qt.FDiagPattern	Qt.DiagCrossPattern	Qt.TexturePattern
Qt.NoBrush				

【实例 8-3】　使用 QPainter 类在窗口中绘制一个矩形,需使用 QBrush 类设置矩形的填充颜色,代码如下:

```python
# === 第 8 章 代码 demo3.py === #
import sys
from PySide6.QtWidgets import QApplication,QWidget
from PySide6.QtGui import QPainter,QBrush
from PySide6.QtCore import Qt

class Window(QWidget):
    def __init__(self):
        super().__init__()
        self.setGeometry(200,200,560,220)
        self.setWindowTitle('QPainter、QBrush')
        self.painter = QPainter()

    def paintEvent(self,event):
        brush = QBrush(Qt.GlobalColor.blue,Qt.SolidPattern)
        if self.painter.begin(self):
            self.painter.setBrush(brush)
            self.painter.drawRect(80,30,300,100)
        if self.painter.isActive():
            self.painter.end()


if __name__ == '__main__':
    app = QApplication(sys.argv)
    win = Window()
    win.show()
    sys.exit(app.exec())
```

运行结果如图 8-3 所示。

图 8-3　代码 demo3.py 的运行结果

8.1.4　渐变色(QGradient)

在 PySide6 中,使用 QGradient 类创建渐变色。渐变色是指在两个不同的点设置不同的颜色,其中一个点是起点,另一个点是终点,这两个点的颜色从起点的颜色过渡到终点的颜色。渐变色分为 3 种:线性渐变 QLinerGradient 类、径向渐变 QRadialGradient 类、圆锥渐变 QConicalGradient 类。这 3 个类都是 QGradient 类的子类,继承了 QGradient 类的属性、方法。

QGradient 类的常用方法见表 8-7。

表 8-7 QGradient 类的常用方法

方法及参数类型	说　明	返回值的类型
setCoordinateMode(QGradient. CoordinateMode)	设置坐标模式	None
setColorAt(pos:float,Union[QColor,Qt. GlobalColor,str])	设置指定点的颜色	None
setStops(stops:Sequence[Tuple(float,QColor)])	替换颜色	None
setInterpolationMode(mode:QGradient. InterpolationMode)	设置插值模式	None
setSpread(QGradient. Spread)	设置扩展方式	None
type()	获取类型	QGradient. Type

在 QGradient 类中,QGradient. CoordinateMode 的枚举值见表 8-8。

表 8-8 QGradient. CoordinateMode 的枚举值

枚　举　值	说　明
QGradient. LogicalMode	逻辑方式,起点为 0,终点为 1,这是默认值
QGradient. ObjectMode	相对于绘图区域矩形边界的逻辑坐标,左上角的坐标为(0,0),右下角的坐标为(1,1)
QGradient. StretchToDeviceMode	相对于绘图设备矩形边界的逻辑坐标,左上角的坐标为(0,0),右下角的坐标为(1,1)
QGradient. ObjectBoundingMode	该模式与 QGradient. ObjectMode 基本相同,不同之处在于 QBrush. transform()应用于逻辑控件而不是物理空间

在 QGradient 类中,QGradient. Spread 的枚举值见表 8-9。

表 8-9 QGradient. Spread 的枚举值

枚　举　值	说　明
QGradient. PadSpread	用最近的颜色扩展
QGradient. RepeatSpread	重复渐变
QGradient. ReflectSpread	对称渐变

1. 线性渐变 QLinearGradient

在 PySide6 中,使用 QLinearGradient 类创建线性渐变色,其构造函数如下:

```
QLinearGradient()
QLinearGradient(xStart:float,yStart:float,xFinalStop:float,yFinalStop:float)
QLinearGradient(start:Union[QPointF,QPoint,QPointerPath. Element],finalStop:Union[QPointF,
QPoint,QPaintPath. Element])
```

其中,start 表示起始坐标；finalStop 表示终点坐标。

QLinearGradient 类的常用方法见表 8-10。

表 8-10   QLinearGradient 类的常用方法

方法及参数类型	说　　明	返回值的类型
setStart(Union[QPointF,QPoint,QPainterPath. Element])	设置起点	None
setStart(x:float,y:float)	同上	None
start()	获取起点	QPointF
setFinalStop(Union[QPointF,QPoint,QPainterPath. Element])	设置结束点	None
setFinalStop(x:float,y:float)	同上	None
finalStop()	获取结束点	QPointF

【实例 8-4】　使用 QPainter 类在窗口中绘制一个矩形,要求在矩形的内部填充线性渐变色,代码如下:

```python
# === 第 8 章 代码 demo4.py === #
import sys
from PySide6.QtWidgets import QApplication,QWidget
from PySide6.QtGui import QPainter,QBrush,QLinearGradient
from PySide6.QtCore import Qt

class Window(QWidget):
    def __init__(self):
        super().__init__()
        self.setGeometry(200,200,560,220)
        self.setWindowTitle('QPainter、QBrush、QLinearGradient')
        self.painter = QPainter()

    def paintEvent(self,event):
        grad1 = QLinearGradient(25,25,120,150)
        grad1.setColorAt(0.0,Qt.GlobalColor.blue)
        grad1.setColorAt(0.5,Qt.GlobalColor.red)
        grad1.setColorAt(1.0,Qt.GlobalColor.yellow)
        brush = QBrush(grad1)
        if self.painter.begin(self):
            self.painter.setBrush(brush)
            self.painter.drawRect(80,30,300,100)
        if self.painter.isActive():
            self.painter.end()


if __name__ == '__main__':
    app = QApplication(sys.argv)
    win = Window()
    win.show()
    sys.exit(app.exec())
```

运行结果如图 8-4 所示。

2. 径向渐变 QRadialGradient

在 PySide6 中,使用 QRadialGradient 类创建径向渐变色,构建径向渐变色对象需要 4 个几何参数:圆心位置、圆半径、焦点位置、焦点半径。QRadialGradient 类的构造函数如下:

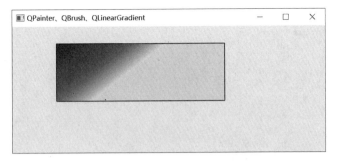

图 8-4　代码 demo4.py 的运行结果

```
QRadialGradient()
QRadialGradient(cx:float,cy:float,radius:float)
QRadialGradient(cx:float,cy:float,radius:float,fx:float,fy:float)
QRadialGradient(cx:float,cy:float,centerRadius:float,fx:float,fy:float,focalRadius:float)
QRadialGradient(center:Union[QPointF,QPoint,QPainterPath.Element],centerRadius:float,
focalPoint:Union[QPointF,QPoint,QPainterPath.Element],focalRadius:float)
QRadialGradient(center:Union[QPointF,QPoint,QPainterPath.Element],radius:float)
QRadialGradient(center:Union[QPointF,QPoint,QPainterPath.Element],radius:float,focalPoint:
Union[QPointF,QPoint,QPainterPath.Element])
```

其中，center 表示圆心位置；centerRadius 表示圆心半径；focalPoint 表示焦点位置；focalRadius
表示焦点半径。

QRadialGradient 类的常用方法见表 8-11。

表 8-11　QRadialGradient 类的常用方法

方法及参数类型	说　明	返回值的类型
setCenter(Union[QPointF,QPoint])	设置圆心坐标	None
setCenter(x:float,y:float)	同上	None
setCenterRadius(radius:float)	设置圆半径	None
setFocalPoint(Union[QPoint,QPointF])	设置焦点位置	None
setFocalPoint(float,float)	同上	None
setFocalRadius(radius:float)	设置焦点半径	None

【实例 8-5】　使用 QPainter 类在窗口中绘制一个矩形，要求在矩形的内部填充径向渐
变色，代码如下：

```
# === 第 8 章 代码 demo5.py === #
import sys
from PySide6.QtWidgets import QApplication,QWidget
from PySide6.QtGui import QPainter,QBrush,QRadialGradient
from PySide6.QtCore import Qt

class Window(QWidget):
    def __init__(self):
        super().__init__()
        self.setGeometry(200,200,560,220)
```

```
            self.setWindowTitle('QPainter、QBrush、QRadialGradient')
            self.painter = QPainter()

        def paintEvent(self,event):
            grad1 = QRadialGradient(100,100,100)
            grad1.setColorAt(0.4,Qt.GlobalColor.blue)
            grad1.setColorAt(0.8,Qt.GlobalColor.darkGray)
            grad1.setColorAt(1.0,Qt.GlobalColor.yellow)
            brush = QBrush(grad1)
            if self.painter.begin(self):
                self.painter.setBrush(brush)
                self.painter.drawRect(0,0,200,200)
            if self.painter.isActive():
                self.painter.end()


if __name__ == '__main__':
    app = QApplication(sys.argv)
    win = Window()
    win.show()
    sys.exit(app.exec())
```

运行结果如图 8-5 所示。

3. 锥向渐变 QConicalGradient

在 PySide6 中,使用 QConicalGradient 类创建圆锥渐变色,构建圆锥渐变色对象需要两个几何参数:圆心位置、起始角度,如图 8-6 所示。

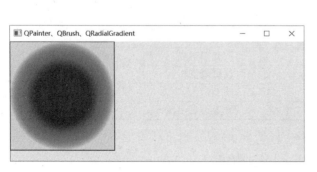

图 8-5　代码 demo5.py 的运行结果

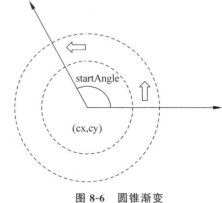

图 8-6　圆锥渐变

QConicalGradient 类的构造函数如下:

```
QConicalGradient()
QConicalGradient(cx:float,cy:float,startAngle:float)
QConicalGradient(center:Union[QPointF,QPoint,QPainterPath.Element],startAngle:float)
```

其中,center 表示圆心坐标位置;startAngle 表示起始角度。

QConicalGradient 类的常用方法见表 8-12。

表 8-12 QConicalGradient 类的常用方法

方法及参数类型	说 明	返回值的类型
setCenter(Union(QPointF,QPoint))	设置圆心	None
setCenter(x:float,y:float)	同上	None
setAngle(float)	设置起始角度	None

【实例 8-6】 使用 QPainter 类在窗口中绘制一个矩形,要求在矩形的内部填充锥向渐变色,代码如下:

```python
# === 第8章 代码 demo6.py === #
import sys
from PySide6.QtWidgets import QApplication,QWidget
from PySide6.QtGui import QPainter,QBrush,QConicalGradient
from PySide6.QtCore import Qt

class Window(QWidget):
    def __init__(self):
        super().__init__()
        self.setGeometry(200,200,560,220)
        self.setWindowTitle('QPainter、QBrush、QConicalGradient')
        self.painter = QPainter()

    def paintEvent(self,event):
        grad1 = QConicalGradient(100,100,11)
        grad1.setColorAt(0.0,Qt.GlobalColor.red)
        grad1.setColorAt(0.5,Qt.GlobalColor.green)
        grad1.setColorAt(1.0,Qt.GlobalColor.blue)
        brush = QBrush(grad1)
        if self.painter.begin(self):
            self.painter.setBrush(brush)
            self.painter.drawRect(0,0,200,200)
        if self.painter.isActive():
            self.painter.end()


if __name__ == '__main__':
    app = QApplication(sys.argv)
    win = Window()
    win.show()
    sys.exit(app.exec())
```

运行结果如图 8-7 所示。

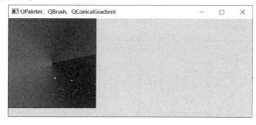

图 8-7 代码 demo6.py 的运行结果

8.2 绘制几何图形与文本

在 PySide6 中,可以使用 QPainter 类绘制点、直线、折线、矩形、椭圆、弧、弦等几何图形,也可以绘制文本。

8.2.1 绘制几何图形

1. 绘制点

QPainter 类中绘制点的方法见表 8-13。

表 8-13　QPainter 类中绘制点的方法

绘制单个点的方法	绘制多个点的方法
drawPoint(p:QPoint)	drawPoints(Sequence[QPointF])
drawPoint(pt:Union[QPointF,QPoint])	drawPoints(Sequence[QPoint])
drawPoint(x:int,y:int)	drawPoints (points: Union [QPolygon, Sequence [QPoint],QRect])
drawPoint(pt:QPainterPath. Element)	drawPoints (points: Union [QPolygonF, Sequence [QPointF],QPolygon,QRectF])

2. 绘制直线

QPainter 类中绘制直线的方法见表 8-14。

表 8-14　QPainter 类中绘制直线的方法

绘制单条直线的方法	绘制多条直线的方法
drawLine(line:QLine)	drawLines(lines:Sequence[QLineF])
drawLine(line:Union[QLineF,QLine])	drawLines(lines:Sequence[QLine])
drawLine(p1:QPoint,p2:QPoint)	drawLines(pointPairs:Sequence[QPointF])
drawLine(p1:Union[QPointF,QPoint], p1:Union [QPointF,QPoint])	drawLines(pointPairs:Sequence[QPoint])
drawLine(x1:int,y1:int,x2:int,y2:int)	

3. 绘制折线

QPainter 类中绘制折线的方法见表 8-15。

表 8-15　QPainter 类中绘制折线的方法

绘制折线的方法	绘制折线的方法
drawPolyline(Sequence[QPointF])	drawPolyline (polygon: Union [QPolygon, Sequence [QPoint],QRect])
drawPolyline(Sequence[QPoint])	drawPolyline (polygon: Union[QPolygonF, Sequence [QPointF],QRect])

其中,QPolygon 对象可以存储多个 QPoint 对象,QPolygonF 对象可以存储多个 QPointF

对象。QPolygon 类的构造函数如下：

```
QPolygon()
QPolygon(Sequence[QPoint])
```

QPolygonF 类的构造函数如下：

```
QPolygonF()
QPolygonF(Sequence[Union[QPoint,QPointF]])
```

QPolygon 类与 QPolygonF 类的常用方法见表 8-16。

表 8-16　QPolygon 类与 QPolygonF 类的常用方法

QPolygon 类的方法	说　明	QPolygonF 类的方法	说　明
append(QPoint)	添加点	append(Union[QPoint,QPointF])	添加点
insert(int,QPoint)	插入点	insert(int,Union[QPoint,QPointF])	插入点
setPoint(int,QPoint)	更改点		

【实例 8-7】　使用 QPainter 类在窗口中绘制折线，需创建 QPolygon 对象，代码如下：

```
# === 第 8 章 代码 demo7.py === #
import sys
from PySide6.QtWidgets import QApplication,QWidget
from PySide6.QtGui import QPainter,QPen,QPolygon
from PySide6.QtCore import Qt,QPoint

class Window(QWidget):
    def __init__(self):
        super().__init__()
        self.setGeometry(200,200,560,220)
        self.setWindowTitle('QPainter、QPen、QPolygon')
        self.painter = QPainter()

    def paintEvent(self,event):
        pen = QPen(Qt.GlobalColor.red,5,Qt.SolidLine)
        p1 = QPoint(10,10)
        p2 = QPoint(110,110)
        p3 = QPoint(210,10)
        p4 = QPoint(310,110)
        p5 = QPoint(410,10)
        p6 = QPoint(510,110)
        polygon = QPolygon([p1,p2,p3,p4,p5,p6])
        if self.painter.begin(self):
            self.painter.setPen(pen)
            self.painter.drawPolyline(polygon)
        if self.painter.isActive():
            self.painter.end()


if __name__ == '__main__':
    app = QApplication(sys.argv)
```

```
win = Window()
win.show()
sys.exit(app.exec())
```

运行结果如图 8-8 所示。

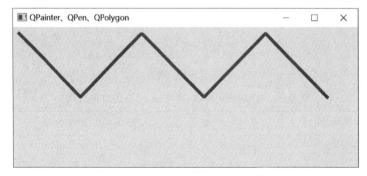

图 8-8 代码 demo7.py 的运行结果

4. 绘制多边形和凸多边形

QPainter 类中绘制多边形和凸多边形的方法见表 8-17。

表 8-17 QPainter 类中绘制多边形和凸多边形的方法

绘制多边形的方法	绘制凸多边形的方法
drawPolygon(Sequence[QPointF], Qt.FillRule)	drawConvexPolygon(Sequence[QPointF])
drawPolygon(Sequence[QPoint], Qt.FillRule)	drawConvexPolygon(Sequence[QPoint])
drawPolygon (polygon：Union [QPolygon, Sequence[QPoint], QRect], fillRule：Qt.FillRule = Qt.OddEvenFill)	drawConvexPolygon (polygon：Union [QPolygon, Sequence[QPoint], QRect])
drawPolygon (polygon：Union [QPolygonF, Sequence [QPointF], QRectF], fillRule：Qt. FillRule=Qt.OddEvenFill)	drawConvexPolygon (polygon：Union [QPolygonF, Sequence[QPointF], QRectF])

表 8-17 中的 Qt.FillRule 用于确定一个点是否在图形的内部,如果在图形的内部区域,则可以进行填充。Qt.FillRule 的枚举值见表 8-18。

表 8-18 Qt.FillRule 的枚举值

枚 举 值	说 明
Qt.OddEvenFill	奇偶数填充规则：从该点向图形外引一条水平线,如果该水平线与图形的交点的个数为奇数,则该点在图形内
Qt.WindingFill	非零绕组填充规则：从该点向图形外引一条水平线,水平线与图形的边线相交。若这个边线是顺时针绘制的,则记为 1,若是逆时针绘制的,则记为−1,然后将所有的数值相加。如果结果不为 0,则该点在图形中

【**实例 8-8**】 使用 QPainter 类在窗口中绘制多边形,并填充颜色,代码如下：

```python
# === 第 8 章 代码 demo8.py === #
import sys
from PySide6.QtWidgets import QApplication,QWidget
from PySide6.QtGui import QPainter,QPen,QBrush
from PySide6.QtCore import Qt,QPoint

class Window(QWidget):
    def __init__(self):
        super().__init__()
        self.setGeometry(200,200,560,220)
        self.setWindowTitle('QPainter、QPen、QBrush')
        self.painter = QPainter()

    def paintEvent(self,event):
        pen = QPen(Qt.GlobalColor.red,5,Qt.SolidLine)
        brush = QBrush(Qt.GlobalColor.blue,Qt.SolidPattern)
        p1 = QPoint(10,10)
        p2 = QPoint(110,110)
        p3 = QPoint(210,10)
        p4 = QPoint(310,110)
        p5 = QPoint(410,10)
        p6 = QPoint(510,110)
        if self.painter.begin(self):
            self.painter.setPen(pen)
            self.painter.setBrush(brush)
            self.painter.drawPolygon([p1,p2,p3,p4,p5,p6])
        if self.painter.isActive():
            self.painter.end()


if __name__ == '__main__':
    app = QApplication(sys.argv)
    win = Window()
    win.show()
    sys.exit(app.exec())
```

运行结果如图 8-9 所示。

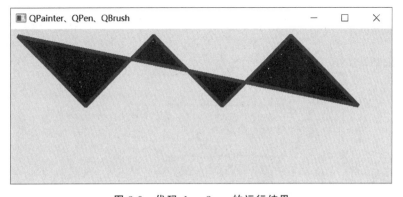

图 8-9 代码 demo8.py 的运行结果

5. 绘制圆角矩形

在 QPainter 类中绘制圆角矩形的方法如下：

```
drawRoundedRect(rect:Union[QRectF,QRect],xRadius:float,yRadius:float,mode:Qt.SizeMode =
Qt.AbsoluteSize)
drawRoundedRect(x:int,y:int,w:int,h:int,xRadius:float,yRadius:float,mode:Qt.SizeMode = Qt.
AbsoluteSize)
```

其中，Qt.SizeMode 的枚举值为 Qt.AbsoluteSize(半径为绝对值)、Qt.RelativeSize(半径为相对值)。

【实例 8-9】 使用 QPainter 类在窗口中绘制圆角矩形,代码如下：

```python
# === 第 8 章 代码 demo9.py === #
import sys
from PySide6.QtWidgets import QApplication,QWidget
from PySide6.QtGui import QPainter,QPen
from PySide6.QtCore import Qt

class Window(QWidget):
    def __init__(self):
        super().__init__()
        self.setGeometry(200,200,560,220)
        self.setWindowTitle('QPainter、QPen')
        self.painter = QPainter()

    def paintEvent(self,event):
        pen = QPen(Qt.GlobalColor.red,5,Qt.SolidLine)
        if self.painter.begin(self):
            self.painter.setPen(pen)
            self.painter.drawRoundedRect(80,30,300,100,40,40)
        if self.painter.isActive():
            self.painter.end()


if __name__ == '__main__':
    app = QApplication(sys.argv)
    win = Window()
    win.show()
    sys.exit(app.exec())
```

运行结果如图 8-10 所示。

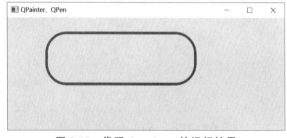

图 8-10 代码 demo9.py 的运行结果

6. 绘制椭圆和扇形

QPainter 类中绘制椭圆和扇形的方法见表 8-19。

表 8-19　QPainter 类中绘制椭圆和扇形的方法

绘制椭圆的方法	绘制扇形的方法
drawEllipse(center：[QPointF，QPoint]，rx：int，ry：int)	drawPie(QRect，a：int，alen：int)
drawEllipse(r：QRect)	drawPie(rect：Union[QRectF，QRect]，a：int，alen：int)
drawEllipse(r：Union[QRectF，QRect])	drawPie(x：int，y：int，w：int，h：int，a：int，alen：int)
drawEllipse(x：int，y：int，w：int，h：int)	
drawEllipse(center：QPainterPath.Element，rx：float，ry：float)	

表 8-19 中，绘制扇形的方法 drawPie(QRect，a：int，alen：int)的参数 a 表示起始角，alen 表示跨度角。起始角和跨度角都用输入值的 1/16 计算，如果扇形的起始角为 30，跨度角为 90，则需要输入的数据分别为 30×16、90×16。

【实例 8-10】　使用 QPainter 类在窗口中绘制圆和扇形，代码如下：

```python
# === 第 8 章 代码 demo10.py === #
import sys
from PySide6.QtWidgets import QApplication,QWidget
from PySide6.QtGui import QPainter,QPen
from PySide6.QtCore import Qt


class Window(QWidget):
    def __init__(self):
        super().__init__()
        self.setGeometry(200,200,560,220)
        self.setWindowTitle('QPainter、QPen')
        self.painter = QPainter()

    def paintEvent(self,event):
        pen = QPen(Qt.GlobalColor.red,5,Qt.SolidLine)
        if self.painter.begin(self):
            self.painter.setPen(pen)
            self.painter.drawEllipse(10,10,200,200)
            self.painter.drawPie(320,20,200,200,15 * 16,130 * 16)
        if self.painter.isActive():
            self.painter.end()


if __name__ == '__main__':
    app = QApplication(sys.argv)
    win = Window()
    win.show()
    sys.exit(app.exec())
```

运行结果如图 8-11 所示。

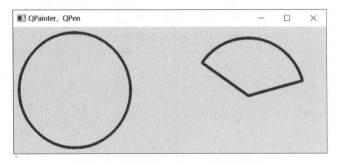

图 8-11　代码 demo10.py 的运行结果

7. 绘制弧和弦

QPainter 类中绘制椭圆和扇形的方法见表 8-20。

表 8-20　QPainter 类中绘制弧和弦的方法

绘制弧的方法	绘制弦的方法
drawArc(QRect,a:int,alen:int)	drawChord(QRect,a:int,alen:int)
drawArc(rect: Union [QRectF, QRect], a: int, alen:int)	drawChord(rect: Union [QRectF, QRect], a: int, alen:int)
drawArc(x:int,y:int,w:int,h:int,a:int,alen: int)	drawChord(x:int,y:int,w:int,h:int,a:int,alen:int)

表 8-20 中的方法的参数和表 8-18 中方法的参数相同,只是从椭圆上截取的部分不同。

【实例 8-11】　使用 QPainter 类在窗口中绘制弧和弦,代码如下:

```python
# === 第 8 章 代码 demo11.py === #
import sys
from PySide6.QtWidgets import QApplication,QWidget
from PySide6.QtGui import QPainter,QPen
from PySide6.QtCore import Qt

class Window(QWidget):
    def __init__(self):
        super().__init__()
        self.setGeometry(200,200,560,220)
        self.setWindowTitle('QPainter、QPen')
        self.painter = QPainter()

    def paintEvent(self,event):
        pen = QPen(Qt.GlobalColor.red,5,Qt.SolidLine)
        if self.painter.begin(self):
            self.painter.setPen(pen)
            self.painter.drawArc(10,10,200,200,15 * 16,150 * 16)
            self.painter.drawChord(320,20,200,200,15 * 16,150 * 16)
        if self.painter.isActive():
            self.painter.end()
```

```
if __name__ == '__main__':
    app = QApplication(sys.argv)
    win = Window()
    win.show()
    sys.exit(app.exec())
```

运行结果如图 8-12 所示。

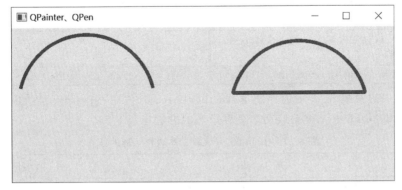

图 8-12　代码 demo11.py 的运行结果

8. 模糊化处理

当使用 QPainter 类绘制图形和文字时,如果线条是斜线,则对线条放大后会发现线条呈现锯齿状。如果要防止出现锯齿状,则要对线条边缘进行模糊化处理。在 QPainter 类中进行抗锯齿处理的方法见表 8-21。

表 8-21　QPainter 类的抗锯齿的方法

方　　法	说　　明
setRenderHint(hint：QPainter. RenderHint, on：bool＝True)	设置是否进行抗锯齿处理
setRenderHints(hints：QPainter. RenderHint, on：bool＝True)	同上
testRenderHint(hint：QPainter. RenderHint)	获取是否设置了抗锯齿算法

表 8-21 中,QPainter. RenderHint 的枚举值为 QPainter. Antialiasing(启用反锯齿)、QPainter. TextAntialiasing(对文本进行反锯齿)、QPainter. SmoothPixmapTransform(使用平滑的像素算法)、QPainter. LosslessImageRendering(适用于 PDF 文档)。

8.2.2　绘制文本

在 PySide6 中,可以使用 QPainter 类在指定的位置绘制文本。QPainter 类中绘制文本的方法见表 8-22。

▶ 10min

表 8-22　QPainter 类中绘制文本的方法

方　　法	方　　法
drawStaticText (left：int, top：int, staticText：QStaticText)	drawText (p：Union[QPointF, QPoint], s：str)
drawStaticText (topLeftPosition：Union[QPointF, QPoint, QPainterPath. Element], staticText：QStaticText)	drawText(r：Union[QRectF, QRect], flags：int, text：str, br：Union[QRectF, QRect])
drawText(r：Union[QRectF, QRect], text：str, Qt. Alignment)	drawText(p：QPoint, s：str)
drawText(x：int, y：int, w：int, h：int, flags：int, text：int, br：QRect)	drawText(x：int, y：int, s：str)
drawText(r：QRect, flags：int, text：str, br：QRect)	drawText(p：QPainterPath. Element, s：str)

表 8-22 中的参数 br 表示边界矩形(rectangle rect),使用 QPainter 类绘制的文本应该在边界矩形内。QPainter 类获取文本边界矩形的方法见表 8-23。

表 8-23　QPainter 类获取文本边界矩形的方法

方　　法	返回值的类型
boundingRect(rect：QRect, flags：int, text：str)	QRect
boundingRect(rect：Union[QRectF, QRect], flags：int, text：str)	QRectF
boundingRect(rect：Union[QRectF, QRect], flags：int, text：str, Qt. Alignment)	QRectF
boundingRect(x：int, y：int, w：int, h：int, flags：int, text：str)	QRect

在 QPainter 类中,可以使用 setFont(QFont)方法设置字体,也可以在矩形框中绘制文本。

【实例 8-12】　使用 QPainter 类在窗口中绘制文本,并在矩形框中绘制文本,代码如下:

```
# === 第 8 章 代码 demo12.py === #
import sys
from PySide6.QtWidgets import QApplication,QWidget
from PySide6.QtGui import QPainter,QFont
from PySide6.QtCore import Qt,QRect

class Window(QWidget):
    def __init__(self):
        super().__init__()
        self.setGeometry(200,200,560,220)
        self.setWindowTitle('QPainter')
        self.painter = QPainter()

    def paintEvent(self,event):
        if self.painter.begin(self):
            self.painter.setFont(QFont("楷体",16))
            self.painter.drawText(50,30,"空山新雨后,天气晚来秋。")
            rect = QRect(50,80,300,50)
            self.painter.drawRect(rect)
            self.painter.drawText(rect,Qt.AlignCenter,"千山鸟飞绝,万径人踪灭。")
```

```
            if self.painter.isActive():
                self.painter.end()


if __name__ == '__main__':
    app = QApplication(sys.argv)
    win = Window()
    win.show()
    sys.exit(app.exec())
```

运行结果如图 8-13 所示。

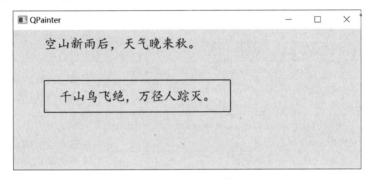

图 8-13　代码 demo12.py 的运行结果

8.3　绘图路径(QPainterPath)

在 PySide6 中,可以使用 QPainter 类绘制相互独立的几何图形。如果要绘制首尾相连的图形或将简单的图形组合成复杂且封闭的图形,则需要使用 QPainterPath 类。

使用 QPainterPath 类可以将一些绘图命令按照时间顺序组成有序组合,创建一次后可以反复使用。QPainterPath 类位于 PySide6 的子模块 QtGui 下,QPainter 类的构造函数如下:

```
QPainterPath()
QPainterPath(other:QPainterPath)
QPainterPath(startPoint:Union[QPointF,QPoint,QPainterPath.Element])
```

其中,startPoint 表示绘图路径的起点。QPainterPath.Element 的枚举值为 QPainterPath.MoveToElement(新的子路径)、QPainterPath.LineToElement(一条线)、QPainterPath.CurveToElement(曲线)、QPainterPath.CurveToDataElement(描述曲线所需的额外数据)。

8.3.1　常用方法

在 QPainterPath 类中,常用的方法见表 8-24。

表 8-24 QPainterPath 类的常用方法

方　　法	说　　明
moveTo(Union[QPointF,QPoint])	从当前点移动到下一点,并将该
moveTo(x:float,y:float)	点作为下一个绘图单元的开始点
currentPosition()	获取当前的开始点 QPointF
arcMoveTo(rect:Union[QRectF,QRect],angle:float)	从当前点移动到指定矩形框内的
arcMoveTo(x:float,y:float,w:float,h:float,angle:float)	椭圆上,float 表示开始角度
lineTo(x:float,y:float)	在当前点和指定点之间绘制直线
lineTo(Union[QPointF,QPoint,QPainterPath.Element])	
arcTo(x:float,y:float,w:float,h:float,angle:float,startAngle: float,arcLength:float)	在矩形框内绘制圆弧,startAngle 表示起始角,arcLength 表示跨
arcTo(Union[QRectF,QRect],startAngle:float,arcLength:float)	度角
quadTo(ctrlPtx:float,ctrlPty:float,endPtx:float,endPty:float)	在当前点和结束点之间添加二阶
quadTo(ctrlPt:Union[QPointF,QPoint,QPainterPath.Element], endPt:Union[QPointF,QPoint,QPainterPath.Element])	贝塞尔曲线,第 1 个点是控制点
cubicTo(ctrlPt1x:float,ctrlPt1y:float, ctrlPt2x:float,ctrlPt2y: float,endPtx:float,endPty:float)	在当前点和结束点之间添加三阶
cubicTo(ctrlPt1:Union[QPointF,QPoint,QPainterPath.Element], ctrlPt2:Union[QPointF,QPoint,QPainterPath.Element],endPt: Union[QPointF,QPoint,QPainterPath.Element])	贝塞尔曲线,前两个点是中间控 制点,最后一个点是结束点
addEllipse(x:float,y:float,w:float,h:float)	绘制封闭的椭圆
addEllipse(center:Union[QPointF,QPoint],rx:float,ry:float)	
addEllipse(rect:Union[QRectF,QRect])	
addPolygon(Union[QPolygonF,Sequence[QPointF,QPolygon.QRectF]])	绘制多边形
addRect(x:float,y:float,w:float,h:float)	绘制矩形
addRect(rect: Union[QRectF,QRect])	
addRoundedRect(x:float,y:float,w:float,h:float,xRadius:float, yRadius:float,mode:Qt.SizeMode=Qt.AbsoluteSize)	绘制圆角矩形
addRoundedRect(rect: Union[QRectF,QRect],xRadius:float, yRadius:float,mode:Qt.SizeMode=Qt.AbsoluteSize)	
addText(x:float,y:float,f:Union[QFont,str,Sequence[str]],text:str)	绘制文本
addText(point:Union[QPointF,QPoint,QPainterPath.Element],f: Union[QFont,str,Sequence[str]],text:str)	
addRegion[region:Union[QRegion,QBitmap,QPolygon,QRect]]	绘制 QRegion 的范围
closePath()	由当前子路径首尾绘制直线,开 始新的子路径的绘制
connectPath(QPainterPath)	由当前路径的结束位置和给定路 径的开始位置绘制直线
addPath(QPainterPath)	添加其他绘图路径
translate(dx:float,dy:float)	将绘图路径进行平移,dx、dy 分别
translate(offset:Union[QPointF,QPoint,QPainterPath.Element])	表示 x 方向和 y 方向的移动距离

8.3.2 应用实例

【实例8-13】 使用QPainter类在窗口中绘制矩形,需使用QPainterPath类创建绘图路径,代码如下:

```python
# === 第8章 代码 demo13.py === #
import sys
from PySide6.QtWidgets import QApplication,QWidget
from PySide6.QtGui import QPainter,QPainterPath,QPen
from PySide6.QtCore import Qt,QPoint

class Window(QWidget):
    def __init__(self):
        super().__init__()
        self.setGeometry(200,200,560,220)
        self.setWindowTitle('QPainter、QPainterPath')
        self.painter = QPainter()

    def paintEvent(self,event):
        pen = QPen(Qt.GlobalColor.red,5,Qt.SolidLine)
        p1 = QPoint(30,30)
        p2 = QPoint(530,30)
        p3 = QPoint(530,200)
        p4 = QPoint(30,200)
        path = QPainterPath()
        path.moveTo(p1)
        path.lineTo(p2)
        path.moveTo(p2)
        path.lineTo(p3)
        path.moveTo(p3)
        path.lineTo(p4)
        path.moveTo(p4)
        path.lineTo(p1)
        if self.painter.begin(self):
            self.painter.setPen(pen)
            self.painter.drawPath(path)
        if self.painter.isActive():
            self.painter.end()


if __name__ == '__main__':
    app = QApplication(sys.argv)
    win = Window()
    win.show()
    sys.exit(app.exec())
```

运行结果如图8-14所示。

在QPainterPath类中,与查询有关的方法见表8-25。

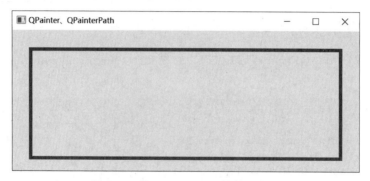

图 8-14　代码 demo13.py 的运行结果

表 8-25　QPainterPath 类与查询有关的方法

方法及参数类型	说　　明	返回值的类型
angleAtPercent(t:float)	获取绘图路径长度百分比处的切向角	float
slopeAtPercent(t:float)	获取斜率	float
boundingRect()	获取路径所在的边界矩形区域	QRectF
capacity()	返回路径中单元的数量	int
clear()	清空绘图路径中的元素	None
contains(Union[QPoint,QPoint])	如果指定的点在路径内部,则返回值为 True	bool
contains(QRectF)	如果矩形区域在路径内部,则返回值为 True	bool
contains(QPainterPath)	如果包含指定的路径,则返回值为 True	bool
controlPointRect()	获取包含路径中所有点和控制点组成的矩形	QRectF
elementCount()	获取绘图路径的单元数量	int
intersected(QPainterPath)	获取绘图路径和指定路径填充区域相交的路径	QPainterPath
united(QPainterPath)	获取绘图路径和指定路径填充区域合并的路径	QPainterPath
intersects(QRectF)	获取绘图路径与矩形区域是否相交	bool
intersects(QPainterPath)	获取绘图路径与指定路径是否相交	bool
subtracted(QPainterPath)	获取减去指定路径后的路径	QPainterPath
isEmpty()	获取绘图路径是否为空	bool
length()	获取绘图路径的长度	float
pointAtPercent(float)	获取百分比长度处的点	QPointF
reserve(size:int)	在内存中预留指定数量的绘图单元内存空间	None
setElementPositionAt (i: int, x: float,y:float)	将索引为 i 的元素的坐标设置为指定值	None
setFillRule(Qt.FillRule)	设置填充规则	None
simplified()	获取简化后的路径,如果路径元素有交叉或重合,则简化后的路径没有交叉	QPainterPath
swap(QPainterPath)	交互绘图路径	None
toReversed()	获取顺序反转后的绘图路径	QPainterPath

续表

方法及参数类型	说　明	返回值的类型
toSubpathPolygon()	将每个元素转换成 QPolygon	List[QPolygonF]
toSubpathPolygon(QTransform)	同上	List[QPolygon]
translated(dx:float,dy:float)	获取平移后的路径,dx、dy 分别表示 x 方向、y	QPainterPath
translated(Union[QPointF,QPoint])	方向的移动量	QPainterPath

8.4　填充与绘制图像

在 PySide6 中,可以使用 QPainter 类在指定的范围内填充颜色、渐变色或画刷图案,也将图像绘制在绘图设备上。

8.4.1　填充

使用 QPainter 类绘制图形时,如果绘制的图形是封闭的,并且设置了画刷,则系统自动向封闭的图形中填充画刷的图案。如果绘制的图形不是封闭的,则需要使用另外的填充方法向图形中填充颜色,而且可以向指定的矩形区域或路径区域填充颜色、渐变色或画刷图案。QPainter 类的填充方法见表 8-26。

▶9min

表 8-26　QPainter 类的填充方法

填 充 方 法	说　明
fillPath(path: QPainterPath, brush: Union[QBrush, Qt. BrushStyle, QColor, Qt. GlobalColor, QGradient, QImage, QPixmap])	向指定的路径填充颜色、渐变色、画刷图案
fillRect(x: int, y: int, w: int, h: int, brush: Union[QBrush, Qt. BrushStyle, QColor, Qt. GlobalColor, QGradient, str, QImage, QPixmap])	向指定的矩形区域填充画刷图案、颜色、渐变色
fillRect(Union[QRectF, QRect], brush: Union[QBrush, Qt. BrushStyle, QColor, Qt. GlobalColor, QGradient, str, QImage, QPixmap])	
eraseRect(Union[QRectF,QRect])	擦除指定区域的填充颜色、渐变色、画刷图案
eraseRect(x:int,y:int,w:int,h:int)	
setBackground(Union[QBrush,QColor,Qt. GlobalColor,QGradient])	设置背景
setBackgroundMode(Qt. BGMode)	设置背景模式
setBrushOrigin(x:int,y:int)	设置画刷的起点
setBrushOrigin(Union[QPointF,QPoint,QPainterPath. Element])	
brushOrigin()	获取起点

【实例 8-14】　使用 QPainter 类在窗口中绘制矩形,并向矩形的一部分区域填充颜色,代码如下:

```
# === 第 8 章 代码 demo14.py === #
import sys
from PySide6.QtWidgets import QApplication,QWidget
```

```python
from PySide6.QtGui import QPainter,QBrush
from PySide6.QtCore import Qt

class Window(QWidget):
    def __init__(self):
        super().__init__()
        self.setGeometry(200,200,560,220)
        self.setWindowTitle('QPainter、QBrush')
        self.painter = QPainter()

    def paintEvent(self,event):
        brush = QBrush(Qt.GlobalColor.blue,Qt.SolidPattern)
        if self.painter.begin(self):
            self.painter.drawRect(20,20,400,180)
            self.painter.fillRect(80,30,100,100,brush)
            if self.painter.isActive():
                self.painter.end()


if __name__ == '__main__':
    app = QApplication(sys.argv)
    win = Window()
    win.show()
    sys.exit(app.exec())
```

运行结果如图 8-15 所示。

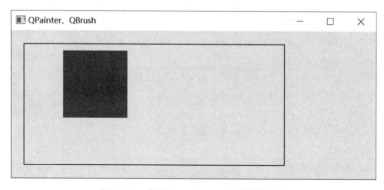

图 8-15 代码 demo14.py 的运行结果

8.4.2 绘制图像

10min

在 PySide6 中,使用 QPainter 类不仅可以绘制几何图形、文字,也可以将 QPixmap、QImage、QPicture 图像绘制到绘图设备上。

使用 QPainter 类绘制 QPixmap 图像时,不仅可以按照原尺寸显示,也可以缩放显示,并且可以截取图像的一部分显示。QPainter 类绘制 QPixmap 图像的方法见表 8-27。

表 8-27 **QPainter 类绘制 QPixmap 图像的方法**

方　法	说　明
drawPixmap(x：int，y：int，pm：Union[QPixmap，QImage，str])	将绘图设备的一个点指定
drawPixmap(p：Union[QPointF，QPoint，QPainterPath. Element]，pm：Union[QPixmap，QImage，str])	为图像的左上角，按照图像的原始尺寸显示
drawPixmap(x：int，y：int，w：int，h：int，pm：Union[QPixmap，QImage，str])	指定绘图设备上的矩形区域，以缩放图像尺寸的方式显示
drawPixmap(r：QRect，pm：Union[QPixmap，QImage，str])	
drawPixmap(x：int，y：int，pm：Union[QPixmap，QImage，str]，sx：int，sy：int，sw：int，sh：int)	指定绘图区域的一个点和图像的矩形区域，裁剪显示图像
drawPixmap(p：Union[QPointF，QPoint，QPainterPath. Element]，pm：Union[QPixmap，QImage，str]，sr：Union[QRectF，QRect])	
drawPixmap(x：int，y：int，w：int，h：int，pm：Union[QPixmap，QImage，str]，sx：int，sy：int，sw：int，sh：int)	指定绘图设备上的矩形区域和图像的矩形区域，裁剪并缩放显示图像
drawPixmap(targetRect：Union[QRectF，QRect]，pm：Union[QPixmap，QImage，str]，sourceRect：Union[QRectF，QRect])	
drawTiledPixmap(QRect，Union[QPixmap，QImage，str]，pos：QPoint) drawTiledPixmap(x：int，y：int，w：int，h：int，pm：Union[QPixmap，QImage，str]，pos：QPoint)	以平铺样式绘制图像
drawTiledPixmap(rect：Union[QRect，QRectF]，pm：Union[QPixmap，QImage，str]，offset：Union[QPointF，QPoint，QPainterPath. Element])	
drawPixmapFragments(fragments：List[QPainter. PixmapFragment]，fragmentCount：int，pixmap：Union[QPixmap，QImage，str]，hints：QPainter. PixmapFragmentHints)	绘制图像的多个部分，可以对每部分进行缩放、旋转操作

【**实例 8-15**】 使用 QPainter 类在窗口中绘制图像，要求完整地显示该图像，代码如下：

```python
# === 第 8 章 代码 demo15.py === #
import sys
from PySide6.QtWidgets import QApplication,QWidget
from PySide6.QtGui import QPainter,QPixmap
from PySide6.QtCore import Qt,QRect

class Window(QWidget):
    def __init__(self):
        super().__init__()
        self.setGeometry(200,200,560,220)
        self.setWindowTitle('QPainter、QPixmap')
        self.painter = QPainter()

    def paintEvent(self,event):
        rect = QRect(100,10,340,200)
        pic = QPixmap("D://Chapter8//images//hill.png")
        if self.painter.begin(self):
            self.painter.drawPixmap(rect,pic)
```

```
            if self.painter.isActive():
                self.painter.end()


    if __name__ == '__main__':
        app = QApplication(sys.argv)
        win = Window()
        win.show()
        sys.exit(app.exec())
```

运行结果如图 8-16 所示。

图 8-16 代码 demo15.py 的运行结果

使用 QPainter 类绘制 QImage 图像时,不仅可以按照原尺寸显示,也可以缩放显示,并且可以截取图像的一部分显示。QPainter 类绘制 QImage 图像的方法见表 8-28。

表 8-28 QPainter 类绘制 QImage 图像的方法

方　　法	说　　明
drawImage(p:Union[QPointF,QPoint,QPainterPath.Element],image:Union[QImage,str])	在指定位置按照图像的实际尺寸显示图像
drawImage(r:Union[QRectF,QRect],image:Union[QImage,str])	在指定的矩形区域内缩放显示图像
drawImage(x:int,y:int,image:Union[QImage,str],sx:int=0,sy:int=0, sw:int=-1,sh:int=-1,flags:Qt.ImageConversionFlags=Qt.AutoColor)	在指定的位置截取一部分图像显示
drawImage(p:Union[QPointF,QPoint,QPainterPath.Element],image:Union[QImage,str],sr:Union[QRectF,QRect],flags:Qt.ImageConversionFlags=Qt.AutoColor)	在指定的位置截取一部分图像显示
drawImage(targetRect:Union[QRectF,QRect],image:Union[QImage,str], sourceRect:Union[QRectF,QRect],flags:Qt.ImageConversionFlags=Qt.AutoColor)	从图像上截取一部分,缩放显示在指定的矩形区域内

【**实例 8-16**】　使用 QPainter 类在窗口中绘制图像,要求完整地显示该图像,代码如下:

```
# === 第 8 章 代码 demo16.py === #
import sys
```

```python
from PySide6.QtWidgets import QApplication,QWidget
from PySide6.QtGui import QPainter,QImage
from PySide6.QtCore import Qt,QRect

class Window(QWidget):
    def __init__(self):
        super().__init__()
        self.setGeometry(200,200,560,220)
        self.setWindowTitle('QPainter、QImage')
        self.painter = QPainter()

    def paintEvent(self,event):
        rect = QRect(100,10,340,200)
        pic = QImage("D://Chapter8//images//cat1.jpg")
        if self.painter.begin(self):
            self.painter.drawImage(rect,pic)
        if self.painter.isActive():
            self.painter.end()


if __name__ == '__main__':
    app = QApplication(sys.argv)
    win = Window()
    win.show()
    sys.exit(app.exec())
```

运行结果如图 8-17 所示。

图 8-17　代码 demo16.py 的运行结果

当使用 QPainter 类绘制 QPicture 图像时，只能在绘图设备的指定点按照原图像的宽和高进行绘制。QPainter 类绘制 QPicture 图像的方法见表 8-29。

表 8-29　QPainter 类绘制 QPicture 图像的方法

方　　法	说　　明
drawPicture(x:int,y:int,picture:Union[QPicture,int])	在指定的点上，按照图像的原宽和高进行显示
drawPicture(p:Union[QPointF,QPoint,QPainterPath.Element],picture:Union[QPicture,int])	

8.5　裁剪区域(QRegion)

在 PySide6 中,当使用 QPainter 类绘制图像时,如果只要求显示绘图的一部分区域,其他的区域不显示,则需要使用裁剪区域(QRegion)。

8.5.1　设置裁剪区域

在 QPainter 类中,设置裁剪区域的方法见表 8-30。

表 8-30　QPainter 类设置裁剪区域的方法

方　　法	说　　明
setClipping(bool)	设置是否启用裁剪区域
hasClipping()	获取是否有裁剪区域
setClipPath(path: QPainterPath, op: Qt. ClipOperation = Qt. ReplaceClip)	用路径设置裁剪区域
setClipRect(x: int, y: int, w: int, h: int, op: Qt. ClipOperation = Qt. ReplaceClip)	用矩形框设置裁剪区域
setClipRect(Union[QRectF, QRect], op: Qt. ClipOperation = Qt. ReplaceClip)	同上
setClipRegion(Union[QRegin, QBitmap, QPolygon, QRect], op: Qt. ClipOperation = Qt. ReplaceClip)	使用 QRegion 设置裁剪区域
clipBoundingRect()	获取裁剪区域 QRectF
clipPath()	获取裁剪区域的绘图路径 QPainterPath
clipRegion()	获取裁剪区域 QRegion

在表 8-30 中,Qt. ClipOperation 的枚举值为 Qt. NoClip、Qt. ReplaceClip(替换裁剪区域)、Qt. IntersectClip(与现有裁剪区域取交集)。

8.5.2　应用裁剪区域

在 PySide6 中,使用 QRegion 类创建裁剪区域。QRegion 类位于 PySide6 的 QtGui 的子模块中。QRegion 类的构造函数如下:

```
QRegion()
QRegion(bitmap:Union[QBitmap,str])
QRegion(r:QRect,t:QRegion. RegionType = QRegion. Rectangle)
QRegion(x:int,y:int,w:int,h:int,t: QRegion. RegionType = QRegion. Rectangle)
QRegion(region:Union[QRegion,QBitmap,QPolygon,QRect])
QRegion(pa:Union[QPolygon,Sequence[QPoint],QRect],fillRule:Qt. FillRule = Qt. OddEvenFill)
```

其中,i 表示裁剪样式,参数值为 QRegion. RegionType 的枚举值:QRegion. Rectangle(圆角矩形)、QRegion. Ellipse(椭圆)。

QRegion 类的常用方法见表 8-31。

表 8-31 QRegion 类的常用方法

方法及参数类型	说　明	返回值的类型
boundingRect()	获取边界	QRect
contains(QPoint)	获取是否包含指定的点	bool
contains(QRect)	获取是否包含矩形	bool
intersects(Union[QRegion,QBitmap,QPolygon,QRect])	获取是否与区域相交	bool
isEmpty()	获取是否为空	bool
isNull	获取是否无效	bool
setRects(rect:QRect,num:int)	设置多个矩形区域	None
rectCount()	获取矩形区域的数量	int
begin()、cbegin()	获取第 1 个非重合矩形	QRect
end()、cend()	获取最后一个非重合矩形	QRect
intersected(Union[QRegion,QBitmap,QPolygon,QRect])	获取相交区域	QRegion
subtracted(Union[QRegion,QBitmap,QPolygon,QRect])	获取相减区域	QRegion
united(Union[QRegion,QBitmap,QPolygon,QRect])	获取合并区域	QRegion
xored(Union[QRegion,QBitmap,QPolygon,QRect])	获取异或区域	QRegion
translated(dx:int,dy:int)	获取平移后的区域	QRegion
translated(QPoint)	同上	QRegion
swap(other: Union[QRegion,QBitmap,QPolygon,QRect])	交换区域	None
translate(dx:int,dy:int)	平移区域	None
translate(p:QPoint)	同上	None

【实例 8-17】 使用 QPainter 类在窗口中绘制图像,要求设置 4 个裁剪区域,代码如下:

```python
# === 第 8 章 代码 demo17.py === #
import sys
from PySide6.QtWidgets import QApplication,QWidget
from PySide6.QtGui import QPainter,QPixmap,QRegion
from PySide6.QtCore import QRect

class Window(QWidget):
    def __init__(self):
        super().__init__()
        self.setGeometry(200,200,560,240)
        self.setWindowTitle('QPainter,QRegion')

    def paintEvent(self,event):
        painter = QPainter()
        pic = QPixmap("D://Chapter8//images//hill.png")
        rect1 = QRect(10,10,250,100)
        rect2 = QRect(270,10,250,100)
        rect3 = QRect(10,120,250,100)
        rect4 = QRect(270,120,250,100)
```

```
                region1 = QRegion(rect1)
                region2 = QRegion(rect2, t = QRegion.Ellipse)
                region3 = QRegion(rect3, t = QRegion.Ellipse)
                region4 = QRegion(rect4)
                region = region1.united(region2)
                region = region.united(region3)
                region = region.united(region4)
                if painter.begin(self):
                    painter.setClipRegion(region)
                    painter.drawPixmap(self.rect(), pic)
                if painter.isActive():
                    painter.end()


if __name__ == '__main__':
    app = QApplication(sys.argv)
    win = Window()
    win.show()
    sys.exit(app.exec())
```

运行结果如图 8-18 所示。

图 8-18   代码 demo17.py 的运行结果

8.6   坐标变换

在前面的绘图实例中都使用了窗口坐标系。窗口坐标系的原点在窗口的左上角, x 轴水平向右, y 轴竖直向下。如果使用窗口坐标系绘制对称图形,则会比较麻烦。针对这一问题,QPainter 类提供了坐标系变换的方法,例如平移坐标系的原点。如果要进行更复杂的坐标变换,则可以使用 QTransform 类。

8.6.1   使用 QPainter 的方法进行坐标系变换

在 QPainter 类中,变换坐标系的方法见表 8-32。

11min

表 8-32　QPainter 类变换坐标系的方法

方　　法	说　　明
translate(Union[QPointF,QPoint])	平移坐标系
translate(dx:float,dy:float)	同上
rotate(float)	旋转坐标系
sacle(sx:float,sy:float)	缩放坐标系
shear(sh:float,sv:float)	错切坐标系
resetTransform()	重置坐标系
save()	保存当前的绘图状态
restore()	恢复绘图状态

当使用 shear(sh,sv) 进行错切变换时,如果初始坐标为 $(x0,y0)$,则错切变换后的坐标为 $(sh * y0 + x0, sy * x0 + y0)$。

【实例 8-18】 创建一个包含 4 个小窗口的窗口程序,每个小窗口中都绘制了一个矩形,这 4 个小窗口中的矩形分别实现旋转、平移、缩放、错切效果,代码如下:

```python
# === 第8章 代码 demo18.py === #
import sys
from PySide6.QtWidgets import (QApplication,QWidget,QSplitter,QHBoxLayout)
from PySide6.QtGui import (QPen,QPainter,QPainterPath,QBrush,QPalette,QTransform)
from PySide6.QtCore import QPointF,Qt,QTimer

# 自定义能够实现坐标变换的矩形类
class myRect(QWidget):
    def __init__(self, rotational = False, scaled = False, translational = False, sheared =
False, parent = None):
        super().__init__(parent)
        palette = self.palette()                          # 获取调色板对象
        palette.setColor(QPalette.Window,Qt.gray)
        self.setPalette(palette)                          # 设置窗口背景色
        self.setAutoFillBackground(True)
        self.__rotational = rotational                    # 获取输入的参数值
        self.__scaled = scaled                            # 获取输入的参数值
        self.__translational = translational              # 获取输入的参数值
        self.__sheared = sheared                          # 获取输入的参数值
        self.__rotation = 0                               # 默认旋转角度
        self.__scale = 1                                  # 默认缩放系数
        self.__translation = 0                            # 默认平移量
        self.__sx = 0                                     # 默认错切系数
        self.__sy = 0                                     # 默认错切系数
        self.timer = QTimer(self)                         # 创建定时器
        self.timer.timeout.connect(self.timeout)          # 使用信号/槽
        self.timer.setInterval(10)
        self.timer.start()
    # 绘图事件
    def paintEvent(self,event):
```

```python
        self.center = QPointF(self.width()/2, self.height()/ 2)
        painter = QPainter(self)
        painter.translate(self.center)                    #将坐标系原点平移到窗口中心
        pen = QPen()
        pen.setWidth(3)
        pen.setColor(Qt.black)
        painter.setPen(pen)                               #设置钢笔
        brush = QBrush(Qt.SolidPattern)
        painter.setBrush(brush)                           #设置画刷
        painter.rotate(self.__rotation)                   #设置坐标系旋转
        painter.scale(self.__scale, self.__scale)         #设置坐标系缩放
        painter.translate(self.__translation, 0)          #设置坐标系平移
        if self.__sheared:
            painter.shear(self.__sx, self.__sy)
        painter.drawRect(-60, 60, 60, -60)                #绘制矩形
        super().paintEvent(event)
    #与信号关联的槽函数
    def timeout(self):
        if self.__rotational:                             #设置坐标系的旋转角度值
            if self.__rotation < -360:
                self.__rotation = 0
            self.__rotation = self.__rotation - 1
        if self.__scaled:                                 #设置坐标系的缩放比例
            if self.__scale > 2:
                self.__scale = 0.2
            self.__scale = self.__scale + 0.005
        if self.__translational:                          #设置坐标系的平移量
            if self.__translation > self.width()/2 + min(self.width(), self.height())/3:
                self.__translation = -self.width()/2 - min(self.width(), self.height())/3
            self.__translation = self.__translation + 1
        self.update()
    #设置错切系数
    def setShearFactor(self, sx = 0, sy = 0):
        self.__sx = sx
        self.__sy = sy


class Window(QWidget):
    def __init__(self):
        super().__init__()
        self.setWindowTitle('旋转、平移、缩放、错切')
        self.resize(600, 400)
        self.setupUi()
    #设置窗口界面
    def setupUi(self):
        hbox = QHBoxLayout(self)                           #创建垂直布局对象
        splitter1 = QSplitter(Qt.Horizontal)              #创建水平分割器
        splitter2 = QSplitter(Qt.Vertical)                #创建竖直分割器
        splitter3 = QSplitter(Qt.Vertical)                #创建竖直分割器
        hbox.addWidget(splitter1)
        splitter1.addWidget(splitter2)
```

```
        splitter1.addWidget(splitter3)
        rect1 = myRect(rotational = True)          # 第 1 个矩形,可以旋转
        rect2 = myRect(scaled = True)              # 第 2 个矩形,可以缩放
        rect3 = myRect(translational = True)       # 第 3 个矩形,可以平行移动
        rect4 = myRect(sheared = True)             # 第 4 个矩形,可以错切
        rect4.setShearFactor(0.4,0.2)              # 设置错切系数
        # 向分割器对象中添加控件
        splitter2.addWidget(rect1)
        splitter2.addWidget(rect2)
        splitter3.addWidget(rect3)
        splitter3.addWidget(rect4)


if __name__ == '__main__':
    app = QApplication(sys.argv)
    win = Window()
    win.show()
    sys.exit(app.exec())
```

运行结果如图 8-19 所示。

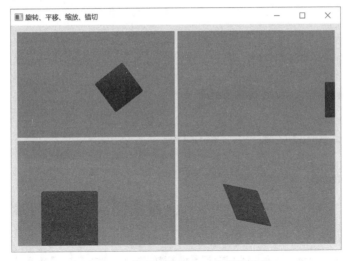

图 8-19　代码 demo18.py 的运行结果

8.6.2　使用 QTransform 进行坐标变换

在 PySide6 中,使用变换矩阵类 QTransform 类进行比较复杂的变换。QTransform 类
位于 PySide6 的 QtGui 的子模块中。QTransform 类的构造函数如下:

```
QTransform()
QTransform(other:QTransform)
QTransform(h11:float,h12:float,h21:float,h22:float,dx:float,dy:float)
QTransform(h11:float, h12:float, h13:float, h21:float, h22:float, h23:float, h31:float, h32:
float,h33:float)
```

其中,$h11$ 和 $h12$ 表示沿 x 轴和 y 轴方向的缩放比例;$h31$ 和 $h32$ 表示沿 x 轴和 y 轴的位移 dx 和 dy;$h21$ 和 $h12$ 表示沿 x 轴和 y 轴的错切;$h13$ 和 $h23$ 表示沿 x 轴和 y 轴方向的投影;$h33$ 表示附加投影系数,一般取值为1。

在实际应用中,经常使用 QTransform 进行二维空间的坐标变换。对于二维控件的某个坐标(x,y),可以使用(x,y,k)表示,其中 k 表示一个不为 0 的缩放比例系数。当 $k=1$ 时,二维空间的坐标点可表示为$(x,y,1)$,通过变换矩阵可以得到新的坐标点$(x',y',1)$。其矩阵表达式为

$$(x',y',1) = (x,y,1) \begin{bmatrix} h11 & h12 & h13 \\ h21 & h22 & h23 \\ h31 & h32 & h33 \end{bmatrix}$$

如果只是沿 x 轴和 y 轴方向进行平移,则矩阵表达式如下:

$$(x',y',1) = (x,y,1) \begin{bmatrix} 1 & 0 & 0 \\ 0 & 1 & 0 \\ dx & dy & 1 \end{bmatrix} = (x+dx, y+dy, 1)$$

如果只是沿 x 轴和 y 轴方向进行缩放,则矩阵表达式如下:

$$(x',y',1) = (x,y,1) \begin{bmatrix} scaleX & 0 & 0 \\ 0 & scaleY & 0 \\ 0 & 0 & 1 \end{bmatrix} = (x*scaleX, y*scaleY, 1)$$

如果绕 z 轴旋转角度 θ,则矩阵表达式如下:

$$(x',y',1) = (x,y,1) \begin{bmatrix} \cos\theta & \sin\theta & 0 \\ -\sin\theta & \cos\theta & 0 \\ 0 & 0 & 1 \end{bmatrix}$$

如果进行错切变换,则矩阵表达式如下:

$$(x',y',1) = (x,y,1) \begin{bmatrix} 1 & shearY & 0 \\ shearX & 1 & 0 \\ 0 & 0 & 1 \end{bmatrix}$$

如果要进行多次变换,则可以将多个变换矩阵依次相乘,得到最终的变换矩阵。

QTransform 类的常用方法见表 8-33。

表 8-33　QTransform 类的常用方法

方法及参数类型	说　　明	返回值的类型
[static]fromScale(sx:float,sy:float)	根据缩放量获取变换矩阵	QTransform
[static] fromTranslate (dx: float, dy: float)	根据平移量获取变换矩阵	QTransform
setMatrix(m11:float,m12:float,m13:float,m21:float,m22:float,m23:float,m31:float,m32:float,m33:float)	设置变换矩阵的各个值	None

续表

方法及参数类型	说　　明	返回值的类型
m11()、m12()、m13()、m21()、m22()、m23()、m31()、m32()、m33()	获取矩阵的各个值	float
rotate(a: float, axis: Qt.Axis = Qt.ZAxis)	获取以角度值表示的旋转矩阵，Qt.axis的取值为 Qt.XAxis、Qt.YAxis、Qt.ZAxis	QTransform
rotateRadians(a: float, axis: Qt.Axis = Qt.ZAxis)	获取以弧度值表示的旋转矩阵	QTransform
scale(sx: float, sy: float)	获取缩放矩阵	QTransform
shear(sh: float, sv: float)	获取错切矩阵	QTransform
translate(dx: float, dy: float)	获取平移矩阵	QTransform
transposed()	获取转置矩阵	QTransform
isInvertible()	获取变换矩阵是否可逆	bool
inverted()	获取逆矩阵	Tuple[Tuple, bool]
isIdentity()	获取是否为单位矩阵	bool
isAffine()	获取是否为放射变换	bool
isRotating()	获取是否只是旋转变换	bool
isScaling()	获取是否只是缩放变换	bool
isTranslating()	获取是否只是平移变换	bool
adjoint()	获取共轭矩阵	QTransform
determinant()	获取矩阵的秩	float
reset()	重置矩阵，对角线为1，其他全部为0	None
map(x: float, y: float)	变换坐标值，即坐标值与变换矩阵相乘	Tuple[float, float]
map(Union[QPointF, QPoint])	变换点	QPointF
map(Union[QLineF, QLine])	变换线	QLineF
map(Union[QPolygon, Sequence[QPoint], QRect])	变换多点到多边形	QPolygon
map(Union[QPolygonF, Sequence[QPointF], QPolygon, QRectF])	变换多点到多边形	QPolygonF
map(Union[QRegion, QBitmap, QPolygon, QRect])	变换区域	QRegion
map(p: QPainterPath)	变换路径	QPainterPath
mapRect(Union[QRectF, QRect])	变换矩形	QRectF
mapToPolygon(QRect)	将矩形变换到多边形	QPolygon

【实例8-19】 创建一个QPainter对象，然后对该对象进行缩放、旋转、变换，并绘制矩形和文本。要求使用QTransform，代码如下：

```
# === 第8章 代码 demo19.py === #
import sys
from PySide6.QtWidgets import QApplication,QWidget
```

```python
from PySide6.QtGui import QPainter,QTransform,QPen,QFont
from math import sin,cos,pi
from PySide6.QtCore import Qt

class Window(QWidget):
    def __init__(self):
        super().__init__()
        self.setGeometry(200,200,560,220)
        self.setWindowTitle('QTransform')

    def paintEvent(self,event):
        sina = sin(pi/4)
        cosa = cos(pi/4)
        scale = QTransform(0.5,0,0,1.0,0,0)                    # 缩放矩阵
        rotate = QTransform(cosa,sina,- sina,cosa,0,0)         # 旋转矩阵
        translate = QTransform(1,0,0,1,50.0,50.0)              # 变换矩阵
        transform = scale * rotate * translate                # 将矩阵依次相乘
        painter = QPainter(self)
        painter.setTransform(transform)
        painter.setFont(QFont("Helvetica",24))
        painter.setPen(QPen(Qt.black,3))
        painter.drawRect(60,10,300,100)                       # 绘制矩形
        painter.drawText(20,10,"QTransform")                  # 绘制文本
        if painter.isActive():
            painter.end()


if __name__ == '__main__':
    app = QApplication(sys.argv)
    win = Window()
    win.show()
    sys.exit(app.exec())
```

运行结果如图 8-20 所示。

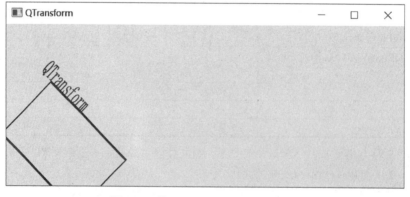

图 8-20　代码 demo19.py 的运行结果

12min

8.7　视口与逻辑窗口

在前面的绘图实例中都使用了窗口的物理坐标系。除此之外,QPainter 类还提供了视口坐标系和逻辑窗口坐标系。

8.7.1　视口与逻辑窗口的定义

视口表示绘图设备的任意一个矩形区域,它使用物理坐标系。开发者可以选择物理坐标系的任何一个矩形区域来绘图。在默认情况下,视口等于绘图设备的整个矩形区域。

逻辑窗口与视口表示同一矩形区域,但逻辑窗口是采用逻辑坐标定义的坐标系。逻辑窗口可以直接定义逻辑坐标范围。视口与逻辑窗口的示意图如图 8-21 所示。

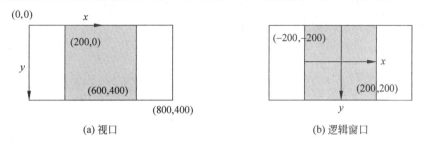

(a) 视口　　　　　　　　　　　　(b) 逻辑窗口

图 8-21　视口与逻辑窗口的示意图

图 8-21(a)灰色的正方形表示视口,视口左上角的坐标为(200,0),右下角的坐标为(600,400)。图 8-21(b)灰色的正方形表示逻辑窗口,逻辑窗口的左上角坐标为(-200,-200),右下角的坐标为(200,200)。

8.7.2　设置方法

在 QPainter 类中,设置视口和逻辑窗口的方法见表 8-34。

表 8-34　QPainter 类设置视口和逻辑窗口的方法

方　　法	说　　明
setViewport(viewport:QRect)	设置视口的范围
setViewport(x:int,y:int,w:int,h:int)	同上
setWindow(window:QRect)	设置窗口的逻辑坐标
setWindow(x:int,y:int,w:int,h:int)	同上

【实例 8-20】　创建一个 QPainter 对象,设置视口的范围,然后绘制视口的矩形范围。在视口内绘制 3 个正方形,这 3 个正方形的中心为视口的中心,代码如下:

```
# === 第 8 章 代码 demo20.py === #
import sys
```

```
from PySide6.QtWidgets import QApplication,QWidget
from PySide6.QtGui import QPainter,QPen
from PySide6.QtCore import Qt

class Window(QWidget):
    def __init__(self):
        super().__init__()
        self.setGeometry(200,200,500,260)
        self.setWindowTitle('视口与逻辑窗口')

    def paintEvent(self,event):
        painter = QPainter(self)
        painter.setPen(QPen(Qt.blue,3,Qt.SolidLine))
        painter.drawRect(100,0,200,200)              # 绘制矩形
        painter.setViewport(100,0,200,200)           # 设置视口的范围
        painter.setWindow(-100,-100,200,200)         # 设置逻辑窗口
        painter.drawRect(-80,-80,160,160)
        painter.drawRect(-50,-50,100,100)
        painter.drawRect(-30,-30,60,60)
        if painter.isActive():
            painter.end()


if __name__ == '__main__':
    app = QApplication(sys.argv)
    win = Window()
    win.show()
    sys.exit(app.exec())
```

运行结果如图 8-22 所示。

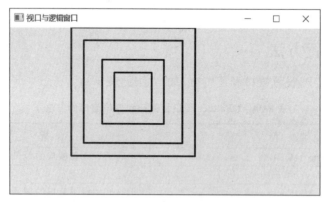

图 8-22 代码 demo20.py 的运行结果

8.8 图像合成

在 QPainter 类中,可以使用 setCompositionMode(mode:QPainter.CompositionMode)
将原图像与新图像进行合成处理;可以使用 compositionMode()获取图像的合成模式,返回

值为 QPainter. CompositionMode 的枚举值。合成模式用于指定如何将原图像中的像素与另一张图像(目标)中的像素合并。QPainter. CompositionMode 的常用枚举值见表 8-35。

表 8-35 QPainter. CompositionMode 的常用枚举值

枚 举 值	枚 举 值
QPainter. CompositionMode_Source	QPainter. CompositionMode_SourceOut
QPainter. CompositionMode_Destination	QPainter. CompositionMode_DestinationOut
QPainter. CompositionMode_SourceOver	QPainter. CompositionMode_SourceAtop
QPainter. CompositionMode_DestinationOver	QPainter. CompositionMode_DestinationAtop
QPainter. CompositionMode_SourceIn	QPainter. CompositionMode_Clear
QPainter. CompositionMode_DestinationIn	QPainter. CompositionMode_Xor
QPainter. CompositionMode_Plus	QPainter. CompositionMode_Screen
QPainter. CompositionMode_Multiply	QPainter. CompositionMode_Overlay
QPainter. CompositionMode_Darken	QPainter. CompositionMode_Lighten
QPainter. CompositionMode_ColorDodge	QPainter. CompositionMode_ColorBurn
QPainter. CompositionMode_HardLight	QPainter. CompositionMode_SoftLight
QPainter. CompositionMode_Difference	QPainter. CompositionMode_Excelution

在表 8-35 中,Source 表示原图像;Destination 表示新图像。前 12 个枚举值的合成效果图如图 8-23 所示。

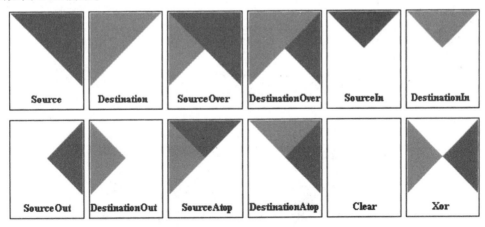

图 8-23 QPainter. CompositionMode 的合成效果图

【实例 8-21】 创建一个窗口程序,窗口中有一个椭圆,椭圆内显示一个图像文件;椭圆外窗口内填充绿色。要求使用图像合成的方法,代码如下:

```
# === 第 8 章 代码 demo21.py === #
import sys
from PySide6.QtWidgets import QApplication,QWidget
from PySide6.QtGui import QPainter,QPixmap,QPainterPath,QBrush
```

```python
from PySide6.QtCore import QRectF,Qt

class Window(QWidget):
    def __init__(self,parent = None):
        super().__init__(parent)
        self.setGeometry(200,200,580,280)
        self.setWindowTitle('图像合成')
        self.pix = QPixmap("D:\\Chapter8\\images\\hill.png")

    def paintEvent(self,event):
        painter = QPainter(self)
        painter.drawPixmap(self.rect(),self.pix)          #绘制图像
        #获取窗口矩形
        rect = QRectF(0,0,self.width(), self.height())
        path = QPainterPath()                              #绘图路径
        path.addRect(rect)                                 #添加矩形
        path.addEllipse(rect)                              #添加椭圆
        path.setFillRule(Qt.OddEvenFill)                   #设置填充方式
        brush = QBrush(Qt.SolidPattern)                    #创建画刷
        brush.setColor(Qt.green)
        painter.setBrush(brush)                            #设置画刷
        #设置图像合成方式
        painter.setCompositionMode(QPainter.CompositionMode_SourceOver)
        painter.drawPath(path)


if __name__ == '__main__':
    app = QApplication(sys.argv)
    win = Window()
    win.show()
    sys.exit(app.exec())
```

运行结果如图 8-24 所示。

图 8-24 代码 demo21.py 的运行结果

注意：在 PySide6 中，QPainter.CompositionMode 的枚举值不只是这 12 种，开发者可在其官方文档中查看其他枚举值。

8.9 小结

本章首先介绍了使用 QPainter 绘图的基本类：QPainter、QPen、QBrush、QGradient，然后介绍了使用 QPainter 绘制几何图形、文字的方法。

其次介绍了绘图路径（QPainterPath），以及使用绘图路径绘制图形的方法。

然后介绍了使用 QPainter 填充画刷图案、绘制图像、裁剪区域的方法，以及使用 QPainter 进行坐标变换的方法和使用 QTransform 进行坐标变换的方法。

最后介绍了使用 QPainter 设置视口和逻辑窗口的方法，以及进行图像合成的方法。

第四部分

第9章

信号/槽、多线程

在一般的 GUI 编程中,控件之间的通信主要使用回调函数,而在 PySide6 中,控件之间的通信主要使用信号/槽机制。本章将讲解 PySide6 中的信号/槽机制。

在 PySide6 中,可以使用 QThread 类创建多线程,QThread 是 PySide6 中所有线程控制的基础,每个 QThread 对象代表并控制一个线程。本章将介绍多线程类 QThread。

9.1 信号与槽的介绍

在 GUI 编程中,控件之间经常需要通信,一般的 GUI 框架使用回调函数实现控件之间的通信,例如 Python 的 Tkinter 框架。PySide6 使用信号/槽机制来代替回调函数。

9.1.1 基本介绍

在 PySide6 中,控件之间的通信主要使用信号/槽机制。信号(signal)是指 PySide6 的控件(窗口、按钮、标签、文本框、列表框等)在某个动作下或状态改变时发出的一个指令或信号。PySide6 的控件内置了很多信号,例如 clicked、triggered 信号。槽(slot)是指系统对控件发出的信号进行响应,或者产生动作,通常使用槽函数来定义系统的响应或动作。PySide6 也内置了很多槽函数,例如 QWidget 类的 close()、show(),然后使用 connect()函数将信号与槽函数连接起来,例如 pushButton. clicked. connect(self. close)。

信号/槽机制的基本原理是当特定事件发生时发送信号,然后传递给槽函数,由槽函数进行响应或产生动作。前面章节的实例,主要应用了控件的内置信号和自定义槽函数。在 PySide6 中,QObject 的子类或 QWidget 的子类都包含信号和槽。当对象状态改变时,会根据需要发送信号,这个信号被绑定的槽函数捕捉并执行。信号只负责发送,不负责是否有槽函数接受。槽函数只用来接收信号,不负责链接信号发射。这体现了 Qt 通信机制的独立性和灵活性。

信号/槽是 Qt 的核心机制,也是 PySide6 编程中对象之间进行通信的机制。信号/槽机制具有以下特点:

(1) 一个信号可以连接多个槽函数,当发射信号时,插槽将按照它们的连接顺序一个接一个地执行。

（2）一个信号可以连接另一个信号，即当发射第 1 个信号时，立即发射第 2 个信号。

（3）信号的参数可以是任意的 Python 类型，信号永远不能有返回类型。

（4）一个槽可以监听多个信号。信号可能会断开。

（5）信号/槽机制完全独立于任何 GUI 事件循环。信号与槽的连接方式既可以是同步的，也可以是异步的。信号与槽的连接可能会跨线程。

相比于回调函数，信号/槽机制运行速度稍微慢一些，但更灵活。在实际应用中，两种机制的差距很小。

9.1.2 自定义信号

在 PySide6 中，使用 Signal 类创建信号。Signal 类位于 PySide6 的 QtCore 子模块下，Signal 类的构造函数如下：

```
Signal([type1[,type2...]][,name = ""[,arguments = []]])
```

其中，name 表示字符串类型的数据；arguments 表示列表类型的数据。

Signal 类的方法见表 9-1。

表 9-1　Signal 类的方法

方　　法	说　　明	方　　法	说　　明
connect(receiver)	连接槽函数	emit(args)	发射信号
disconnect(receiver)	断开槽函数		

在 PySide6 中，当使用自定义信号时，需要使用 emit()方法发射信号，而使用内置信号会自动触发信号，不需要执行 emit()信号。

【实例 9-1】　先使用 Signal 类创建信号，然后发射信号并关联槽函数，代码如下：

```python
# === 第 9 章 代码 demo1.py === #
from PySide6.QtCore import Signal,QObject

#创建一个信号对象
class Communicate(QObject):
    speak = Signal(str)

#创建一个槽函数
def echo_words(words):
    print(words)

if __name__ == '__main__':
    one = Communicate()
    one.speak.connect(echo_words)
    one.speak.emit("这是自定义的信号")
```

运行结果如图 9-1 所示。

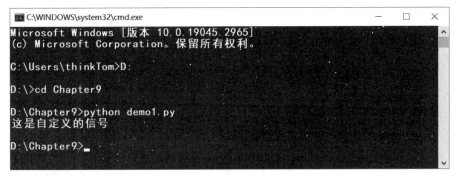

图 9-1　代码 demo1.py 的运行结果

9.2　应用信号/槽

在实际应用中,可以将信号分为内置信号、自定义信号,可以将槽函数分为内置槽函数和自定义槽函数。本节将分别介绍不同的信号与槽函数的应用方法,以及装饰器信号/槽的应用。

9.2.1　内置信号与内置槽函数

7min

在使用 PySide6 的编程中,可以将内置信号与内置槽函数关联。

【实例 9-2】　使用 QWidget 类创建一个窗口,该窗口包含一个按钮,单击该按钮便可以关联内置槽函数,代码如下:

```python
# === 第 9 章 代码 demo2.py === #
import sys
from PySide6.QtWidgets import (QApplication,QWidget,QPushButton,QHBoxLayout)

class Window(QWidget):
    def __init__(self):
        super().__init__()
        self.setGeometry(200,200,560,220)
        self.setWindowTitle('内置信号与内置槽函数')
        hbox = QHBoxLayout()
        self.setLayout(hbox)
        #创建一个按钮控件
        button = QPushButton('关闭窗口')
        hbox.addWidget(button)
        #内置信号与内置槽函数
        button.clicked.connect(self.close)


if __name__ == '__main__':
    app = QApplication(sys.argv)
    win = Window()
```

```
    win.show()
    sys.exit(app.exec())
```

运行结果如图 9-2 所示。

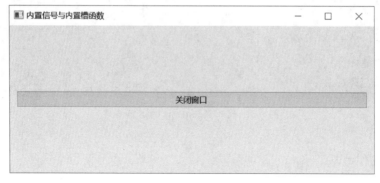

图 9-2 代码 demo2.py 的运行结果

9.2.2 内置信号与自定义槽函数

在使用 PySide6 的编程中,可以将内置信号与自定义槽函数关联。

【实例 9-3】 使用 QWidget 类创建一个窗口,该窗口包含一个按钮和一个标签。单击该按钮关联自定义槽函数,代码如下:

```
# === 第 9 章 代码 demo3.py === #
import sys
from PySide6.QtWidgets import (QApplication,QWidget,QPushButton,QHBoxLayout,QLabel)
from PySide6.QtGui import QFont

class Window(QWidget):
    def __init__(self):
        super().__init__()
        self.setGeometry(200,200,560,220)
        self.setWindowTitle('内置信号与自定义槽函数')
        hbox = QHBoxLayout()
        self.setLayout(hbox)
        #创建按钮控件、标签控件
        button = QPushButton('单击我')
        hbox.addWidget(button)
        self.label = QLabel("提示:")
        self.label.setFont(QFont("黑体",14))
        hbox.addWidget(self.label)
        #内置信号与自定义槽函数
        button.clicked.connect(self.btn_clicked)

    #自定义槽函数
    def btn_clicked(self):
        self.label.setText("提示:你单击了按钮。")
```

```
if __name__ == '__main__':
    app = QApplication(sys.argv)
    win = Window()
    win.show()
    sys.exit(app.exec())
```

运行结果如图 9-3 所示。

■ 内置信号与自定义槽函数	— □ ×

单击我　　　　　　　　　　　　　提示：你单击了按钮。

图 9-3 代码 demo3.py 的运行结果

9.2.3 自定义信号与内置槽函数

在使用 PySide6 的编程中，可以将自定义信号与内置槽函数关联。

8min

【实例 9-4】 使用 QWidget 类创建一个窗口，该窗口包含一个按钮。要求使用自定义信号与内置槽函数，当单击该按钮时发射信号，代码如下：

```
# === 第 9 章 代码 demo4.py === #
import sys
from PySide6.QtWidgets import (QApplication,QWidget,QPushButton,QHBoxLayout)
from PySide6.QtCore import Signal

class Window(QWidget):
    signal = Signal(str)
    def __init__(self):
        super().__init__()
        self.setGeometry(200,200,560,220)
        self.setWindowTitle('自定义信号与内置槽函数')
        hbox = QHBoxLayout()
        self.setLayout(hbox)
        # 创建一个按钮控件
        button = QPushButton('发射信号')
        hbox.addWidget(button)
        # 自定义信号与内置槽函数
        self.signal.connect(self.close)
        # 发射信号
```

```
        button.clicked.connect(lambda:self.signal.emit("自定义信号"))


if __name__ == '__main__':
    app = QApplication(sys.argv)
    win = Window()
    win.show()
    sys.exit(app.exec())
```

运行结果如图 9-4 所示。

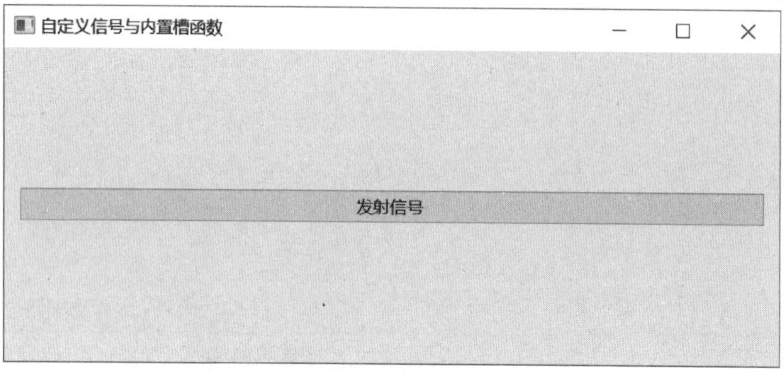

图 9-4　代码 demo4.py 的运行结果

9.2.4　自定义信号与自定义槽函数

在使用 PySide6 的编程中,可以将自定义信号与自定义槽函数关联。

【实例 9-5】　使用 QWidget 类创建一个窗口,该窗口包含一个按钮和一个标签。要求使用自定义信号与自定义槽函数,当单击该按钮时发射信号,代码如下:

```
# === 第 9 章 代码 demo5.py === #
import sys
from PySide6.QtWidgets import (QApplication,QWidget,QPushButton,QHBoxLayout,QLabel)
from PySide6.QtGui import QFont
from PySide6.QtCore import Signal

class Window(QWidget):
    signal = Signal(str)
    def __init__(self):
        super().__init__()
        self.setGeometry(200,200,560,220)
        self.setWindowTitle('自定义信号与自定义槽函数')
        hbox = QHBoxLayout()
        self.setLayout(hbox)
        # 创建按钮控件、标签控件
        button = QPushButton('发射信号')
        hbox.addWidget(button)
        self.label = QLabel("提示:")
```

```
        self.label.setFont(QFont("黑体",14))
        hbox.addWidget(self.label)
        # 自定义信号与自定义槽函数
        self.signal.connect(self.signal_emited)
        # 发射信号
        button.clicked.connect(lambda:self.signal.emit("这是自定义信号。"))

    # 自定义槽函数
    def signal_emited(self,str1):
        self.label.setText("提示:" + str1)


if __name__ == '__main__':
    app = QApplication(sys.argv)
    win = Window()
    win.show()
    sys.exit(app.exec())
```

运行结果如图 9-5 所示。

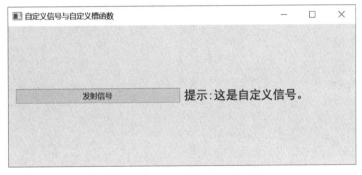

图 9-5 代码 demo5.py 的运行结果

9.2.5 装饰器信号与槽函数

在 PySide6 中,可以通过装饰器的方法定义信号与槽函数,语法格式如下:

```
from PySide6.QtCore import Slot,QMetaObject

QMetaObject.connectSlotsByName(QObject)
@Slot(参数)
def on_发送者对象名称_发射信号名称(self,参数):
        pass
```

其中,QMetaObject.connectSlotsByName(QObject)是 PySide6 根据信号发送者的名称(对象名)自动连接到槽函数的核心代码,表示将 QObject 的继承类创建的对象按照其 objectName 与对应的槽函数连接。

【实例 9-6】 使用 QWidget 类创建一个窗口,该窗口包含一个按钮和一个标签。要求使用装饰器的方法定义信号与槽函数。若单击按钮,则连接槽函数,代码如下:

```python
# === 第 9 章 代码 demo6.py === #
import sys
from PySide6.QtWidgets import (QApplication,QWidget,QPushButton,QHBoxLayout,QLabel)
from PySide6.QtGui import QFont
from PySide6.QtCore import Slot,QMetaObject


class Window(QWidget):
    def __init__(self):
        super().__init__()
        self.setGeometry(200,200,560,220)
        self.setWindowTitle('装饰器信号与槽函数')
        hbox = QHBoxLayout()
        self.setLayout(hbox)
        # 创建按钮控件、标签控件
        self.button = QPushButton('单击我')
        self.button.setObjectName('button')
        hbox.addWidget(self.button)
        self.label = QLabel("提示:")
        self.label.setFont(QFont("黑体",14))
        hbox.addWidget(self.label)
        # 装饰器信号与槽函数连接
        QMetaObject.connectSlotsByName(self)

    @Slot()
    def on_button_clicked(self):
        self.label.setText("提示:" + "你单击了该按钮。")


if __name__ == '__main__':
    app = QApplication(sys.argv)
    win = Window()
    win.show()
    sys.exit(app.exec())
```

运行结果如图 9-6 所示。

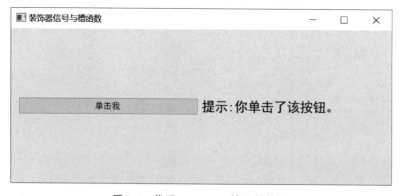

图 9-6 代码 demo6.py 的运行结果

在实际编程中,代码 demo6.py 等同于如下代码:

```
# === 第9章 代码 demo7.py === #
import sys
from PySide6.QtWidgets import (QApplication,QWidget,QPushButton,QHBoxLayout,QLabel)
from PySide6.QtGui import QFont

class Window(QWidget):
    def __init__(self):
        super().__init__()
        self.setGeometry(200,200,560,220)
        self.setWindowTitle('装饰器信号与槽函数')
        hbox = QHBoxLayout()
        self.setLayout(hbox)
        # 创建按钮控件、标签控件
        self.button = QPushButton('单击我')
        self.button.setObjectName('button')
        hbox.addWidget(self.button)
        self.label = QLabel("提示:")
        self.label.setFont(QFont("黑体",14))
        hbox.addWidget(self.label)
        # 信号与槽函数连接
        self.button.clicked.connect(self.button_clicked)

    def button_clicked(self):
        self.label.setText("提示:" + "你单击了该按钮。")


if __name__ == '__main__':
    app = QApplication(sys.argv)
    win = Window()
    win.show()
    sys.exit(app.exec())
```

运行结果如图 9-6 所示。

9.3 多线程

在 PySide6 中,可以使用 QThread 类创建多线程,每个 QThread 对象代表并控制着一个线程。QThread 类位于 PySide6 的 QtCore 子模块下,其构造函数如下:

```
QThread(parent:QObject = None)
```

其中,parent 表示线程的拥有者。

9.3.1 创建多线程

在 PySide6 中,使用 QThread 类创建多线程有两种方法:第 1 种方法是创建 QThread 类的子类,这需要重写 QThread 类的 run() 函数,并在 run() 函数中进行多线程运算;第 2 种方法是创建 QThread 对象,并通过 QObject. moveToThread(targetThread:QThread)接管多线程。

【实例 9-7】 使用创建 QThread 类的子类的方法创建多线程,并检测是否有效,代码如下:

```
# === 第 9 章 代码 demo8.py === #
import time
from PySide6.QtCore import QThread, Signal

class WorkThread(QThread):
    count = 0
    countSignal = Signal(int)
    def __init__(self):
        super().__init__()

    def run(self):
        self.flag = True
        while self.flag:
            self.count = self.count + 1
            self.countSignal.emit(self.count)
            print(self.count)
            time.sleep(1)

if __name__ == '__main__':
    thread = WorkThread()
    thread.run()
```

运行结果如图 9-7 所示。

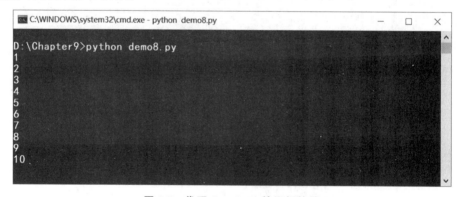

图 9-7 代码 demo8.py 的运行结果

【实例 9-8】 创建 QThread 类的对象,然后使用 moveToThread() 函数接管多线程,并检测是否有效,代码如下:

```
# === 第 9 章 代码 demo9.py === #
import time, sys
from PySide6.QtCore import QThread, Signal, QObject
from PySide6.QtWidgets import QApplication
```

```
class Work(QObject):
    count = 0
    countSignal = Signal(int)
    def __init__(self):
        super().__init__()

    def run(self):
        self.flag = True
        while self.flag:
            self.count = self.count + 1
            self.countSignal.emit(self.count)
            print(self.count)
            time.sleep(1)

if __name__ == '__main__':
    app = QApplication(sys.argv)
    worker = Work()
    thread = QThread()
    worker.moveToThread(thread)
    thread.start()
    worker.run()
    sys.exit(app.exec())
```

运行结果如图 9-8 所示。

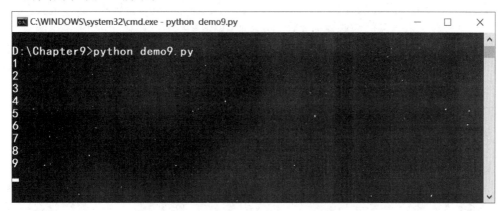

图 9-8 代码 demo9.py 的运行结果

9.3.2 常用方法与信号

QThread 类的常用方法见表 9-2。

表 9-2 QThread 类的常用方法

方　　法	说　　明	返回值的类型
[static]sleep(arg1)	线程静止 arg1 秒	None
[static]msleep(arg1)	线程静止 arg1 微秒	None
[static]usleep(arg1)	线程静止 arg1 微秒	None

续表

方　　法	说　　明	返回值的类型
[static]currentThread()	返回当前执行线程的 QThread 指针	QThread 指针
[static]idealThreadCount()	返回正在运行的线程数量	int
[slot] start ([priority = QThread. Priority. InheritPriority])	启动线程	None
[slot]exit ([retcode=0])	终止线程,并返回一个代码	int
[slot]quit()	终止线程	None
[slot]terminate()	强行终止正在运行的线程,同时确保使用 terminate()方法后使用 wait()方法	None
isFinished()	线程是否完成	bool
isRunning()	线程是否正在执行	bool
wait ([deadline = QDeadlineTimer (QDeadlineTimer. Forever)])	阻止线程,直到满足以下条件之一:(1)与此 QThread 对象关联的线程,若线程已经完成执行,则返回值为 True,若线程尚未启动,则返回值为 True;(2)等待 time 毫秒,若 time 为 ULONG_MAX,则一直等待不会超时,若等待超时,则返回值为 False	bool
wait(time)		bool

QThread 类的信号见表 9-3。

表 9-3　QThread 类的信号

方　　法	说　　明
started()	开始执行 run()函数之前,从相关线程发射此信号
finished()	当程序完成业务逻辑时,从相关线程发射此信号

9.3.3　应用实例

【实例 9-9】　创建一个计时器窗口程序,需使用 QThread 类,代码如下:

```python
# === 第 9 章 代码 demo10.py === #
import time,sys
from PySide6.QtWidgets import (QApplication,QWidget,QPushButton,QHBoxLayout,QLabel)
from PySide6.QtCore import QThread,Signal,Qt
from PySide6.QtGui import QFont

class WorkThread(QThread):
    count = 0
    countSignal = Signal(int)
    def __init__(self):
        super().__init__()

    def run(self):
        self.flag = True
```

```python
        while self.flag:
            self.count = self.count + 1
            self.countSignal.emit(self.count)
            time.sleep(1)

class Window(QWidget):
    def __init__(self):
        super().__init__()
        self.setGeometry(200,200,560,220)
        self.setWindowTitle('计时器')
        hbox = QHBoxLayout()
        self.setLayout(hbox)
        #创建按钮控件、标签控件
        self.btnStart = QPushButton('开始')
        self.btnStop = QPushButton('结束')
        hbox.addWidget(self.btnStart)
        self.label = QLabel("秒数:")
        self.label.setFont(QFont("黑体",18))
        self.label.setAlignment(Qt.AlignCenter)
        hbox.addWidget(self.label)
        hbox.addWidget(self.btnStop)
        #创建多线程
        self.work = WorkThread()
        #使用信号/槽
        self.work.countSignal.connect(self.label_show)
        self.btnStart.clicked.connect(self.btn_start)
        self.btnStop.clicked.connect(self.btn_stop)

    def label_show(self,count):
        self.label.setText("秒数:" + str(count))

    def btn_start(self):
        self.work.start()
        self.btnStart.setEnabled(False)

    def btn_stop(self):
        self.work.flag = False
        self.work.quit()
        self.btnStart.setEnabled(True)


if __name__ == '__main__':
    app = QApplication(sys.argv)
    win = Window()
    win.show()
    sys.exit(app.exec())
```

运行结果如图 9-9 所示。

图 9-9　代码 demo10.py 的运行结果

9.4　小结

　　本章首先介绍了 PySide6 的信号/槽机制,以及自定义信号的方法,然后介绍了应用信号/槽的方法。

　　本章还介绍了 PySide6 的多线程,包括创建多线程、QThread 类的常用方法和信号,以及多线程的应用实例。

第 10 章

事件与事件的处理函数

PySide6 为事件处理提供了两种机制,第 1 种是信号/槽机制,第 2 种是事件处理机制。事件(Event)与信号(Signal)类似,可以实现窗口控件之间的通信。信号是指当窗口或控件满足一定的条件时发送一个信号,这个信号与对应的槽函数连接。如果开发者需要处理鼠标单击、滚轮滑动等事件,则需要使用事件处理机制。与信号/槽机制对比,事件处理机制比较底层,而信号/槽机制更高级一些。

10.1 事件的类型与处理函数

事件是指用户对程序的输入事件,例如鼠标的操作、键盘的操作。事件的处理机制是指对用户的输入进行分类后,根据分类的结果交给不同的函数处理,处理这些事件的函数是固定的。开发者只需重新编写这些函数,例如第 8 章中的 paintEvent() 函数。开发者只需重新编写这些函数就可以处理用户输入事件,系统会自动调用这些函数来处理事件。

在前面章节的实例中,每个主程序中都会创建一个 QApplication 对象,然后调用该对象的 exec() 方法进入一个主循环。在主循环中,程序会一直监听用户的输入信息。当输入信息满足事件的分类条件时,程序会产生一个事件对象(QEvent)。事件对象会记录用户的输入信息,并将事件对象发送给处理该事件的函数,开发者只需重新编写该函数,就可以处理该事件。

10.1.1 事件(QEvent)

在 PySide6 中,QEvent 类是所有事件类(例如 QPaintEvent、QMouseEvent)的基类。当用户向程序输入信息时,程序首先会将输入信息交给 QEvent 进行分类,得到不同类型的事件,然后将事件信息发送给控件或窗口的事件处理函数进行处理,开发者需要重写该事件处理函数来处理用户的输入事件。

【实例 10-1】 创建一个窗口,该窗口包含一个标签。当按住鼠标滑动时,标签显示鼠标的位置坐标,代码如下:

14min

```python
# === 第 10 章 代码 demo1.py === #
import sys
from PySide6.QtWidgets import (QApplication,QWidget,QHBoxLayout,QLabel)
from PySide6.QtGui import QFont

class Window(QWidget):
    def __init__(self):
        super().__init__()
        self.setGeometry(200,200,560,220)
        self.setWindowTitle('QEvent')
        self.setMouseTracking(True)
        hbox = QHBoxLayout()
        self.setLayout(hbox)
        #创建标签控件
        self.label = QLabel("坐标:")
        self.label.setFont(QFont("黑体",14))
        hbox.addWidget(self.label)

    def mouseMoveEvent(self,event):
        pos = event.position()
        text = f"坐标:({pos.x()},{pos.y()})"
        self.label.setText(text)
        self.update()


if __name__ == '__main__':
    app = QApplication(sys.argv)
    win = Window()
    win.show()
    sys.exit(app.exec())
```

运行结果如图 10-1 和图 10-2 所示。

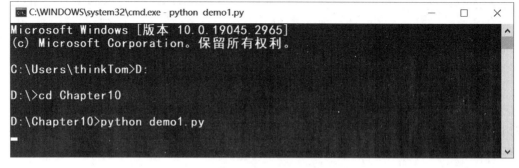

图 10-1　代码 demo1.py 的运行结果(1)

在 PySide6 中,QEvent 类的常用方法见表 10-1。

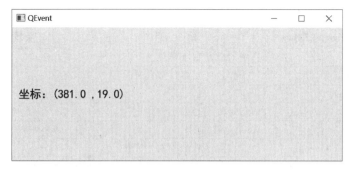

图 10-2　代码 demo1. py 的运行结果（2）

表 10-1　QEvent 类的常用方法

方法及参数类型	说　明	返回值的类型
〔static〕 registerEventType (hint：int＝-1)	注册新的事件类型，hint 的取值介于 QEvent. User (1000)和 QEvent. MaxUser(65535)之间，返回新事件的 ID	int
accept()	事件被接受	None
ignore()	事件被拒绝	None
isAccepted()	事件是否被接受	bool
setAccepted(accepted：bool)	设置事件是否被接受	None
clone()	重写该函数，返回事件的复制版本	QEvent
isPointerEvent()	若是 QPointerEvent 事件，则返回值为 True	bool
isSinglePointerEvent()	若是 QSinglePointerEvent 事件，则返回值为 True	bool
spontaneous()	获取事件是否被立即处理，如果事件被 QWidget 的 event()函数处理，则返回值为 True	bool
type()	获取事件的类型	QEvent. Type

在 QEvent 类中，使用 type()方法可以获取事件的类型。QEvent 定义的主要事件类型见表 10-2。

表 10-2　QEvent 定义的主要事件类型

事件类型常量（QEvent. Type）	说　明	所属的事件类
QEvent. None	不是一个事件	
QEvent. ActionAdded	一个新的 QAction 对象被添加	QActionEvent
QEvent. ActionChanged	一个 QAction 对象被改变	QActionEvent
QEvent. ActionRemoved	一个 QAction 对象被移除	QActionEvent
QEvent. ActivationChange	顶层窗口的激活状态发生变化	
QEvent. ApplicationFontChange	程序的默认字体发生变化	
QEvent. ApplicationPaletteChange	程序的默认调色板发生变化	
QEvent. ApplicationStateChange	程序的状态发生变化	
QEvent. ApplicationWindowIcon Change	程序的图标发生变化	

事件类型常量(QEvent.Type)	说　明	所属的事件类
QEvent.ChildAdded	一个对象获得子事件	QChildEvent
QEvent.ChildPolished	一个控件的子事件被抛光	QChildEvent
QEvent.ChildRemoved	一个对象失去子事件	QChildEvent
QEvent.Clipboard	剪切板的内容发生变化	
QEvent.Close	Widget 被关闭	QCloseEvent
QEvent.ContentsRectChange	控件内容区外边距发生变化	
QEvent.ContextMenu	上下文弹出菜单	QContextMenuEvent
QEvent.CursorChange	控件的光标发生变化	
QEvent.DeferedDelete	对象被清除后将被删除	QDeferedDeleteEvent
QEvent.DragEnter	拖放操作时光标进入控件	QDragEnterEvent
QEvent.DragLeave	拖放操作时光标离开控件	QDragLeaveEvent
QEvent.DragMove	拖放操作正在进行	QDragMoveEvent
QEvent.Drop	拖放操作完成	QDropEvent
QEvent.DynamicPropertyChange	动态属性已添加、更改或删除	
QEvent.EnabledChange	控件的 enabled 状态已更改	
QEvent.Enter	光标进入控件的边界	QEnterEvent
QEvent.EnterEditFocus	编辑控件获得焦点进行编辑	
QEvent.FileOpen	文件打开请求	QFileOpenEvent
QEvent.FocusIn	窗口或控件获得键盘焦点	QFocusEvent
QEvent.FocusOut	窗口或控件失去键盘焦点	QFocusEvent
QEvent.FocusAboutToChange	窗口或控件焦点即将改变	QFocusEvent
QEvent.FontChange	控件的字体发生变化	
QEvent.Gesture	触发了一个手势	QGestureEvent
QEvent.GestureOveride	触发了手势覆盖	QGestureEvent
QEvent.GrabKeyboard	item 获得键盘抓取,仅限于 QGraphicsItem	
QEvent.GrabMouse	item 获得鼠标抓取,仅限于 QGraphicsItem	
QEvent.GraphicsSceneContextMenu	在图形场景上弹出右键菜单	QGraphicsSceneContextMenuEvent
QEvent.GraphicsSceneDragEnter	拖放操作时光标进入场景	QGraphicsSceneDragDropEvent
QEvent.GraphicsSceneDragLeave	拖放操作时光标离开场景	QGraphicsSceneDragDropEvent
QEvent.GraphicsSceneMove	在场景上正在进行拖放操作	QGraphicsSceneDragDropEvent
QEvent.GraphicsSceneDrop	在场景上完成拖放操作	QGraphicsSceneDragDropEvent
QEvent.GraphicsSceneHelp	用户请求图形场景的帮助	QHelpEvent
QEvent.GraphicsSceneHoverEnter	光标进入图形场景中的悬停项	QGraphicsSceneHoverEvent
QEvent.GraphicsSceneHoverLeave	光标离开图形场景中的一个悬停项	QGraphicsSceneHoverEvent
QEvent.GraphicsSceneHoverMove	光标在场景的悬停项内移动	QGraphicsSceneHoverEvent

事件类型常量（QEvent. Type）	说　　明	所属的事件类
QEvent. GraphicsSceneMouseDoubleClick	光标在图形场景中双击	QGraphicsSceneMouseEvent
QEvent. GraphicsSceneMouseMove	光标在图形场景中移动	QGraphicsSceneMouseEvent
QEvent. GraphicsSceneMousePress	光标在图形场景中被按下	QGraphicsSceneMouseEvent
QEvent. GraphicsSceneMouseRelease	光标在图形场景中被释放	QGraphicsSceneMouseEvent
QEvent. GraphicsSceneMove	控件被移动	QGraphicsSceneMoveEvent
QEvent. GraphicsSceneResize	控件已调整大小	QGraphicsSceneResizeEvent
QEvent. GraphicsSceneWheel	鼠标滚轮在图形场景中滚动	QGraphicsSceneWheelEvent
QEvent. Hide	控件被隐藏	QHideEvent
QEvent. HideToParent	子控件被隐藏	QHideEvent
QEvent. HoverEnter	光标进入悬停控件	QHoverEvent
QEvent. HoverLeave	光标离开悬停控件	QHoverEvent
QEvent. HoverMove	光标在悬停控件内移动	QHoverEvent
QEvent. IconDrag	主窗口的图标被拖走	QIconDragEvent
QEvent. InputMethod	正在使用输入法	QInputMethodEvent
QEvent. InputMethodQuery	输入法查询事件	QInputMethodQueryEvent
QEvent. KeyboardLayoutChange	键盘布局已更改	
QEvent. KeyPress	键被按下	QKeyEvent
QEvent. KeyRelease	键被释放	QKeyEvent
QEvent. LanguageChange	应用程序的翻译发生变化	
QEvent. LayoutDirectionChange	布局的方向发生变化	
QEvent. LayoutRequest	控件的布局需要重做	
QEvent. Leave	光标离开控件的边界	
QEvent. LeaveEditFocus	编辑控件失去编辑的焦点	
QEvent. LeaveWhatsThisMode	程序离开"What's This?"模式	
QEvent. LocalChange	系统区域设置发生改变	
QEvent. NonClientAreaMouseMove	光标移动发生在客户区域外	
QEvent. ModifiedChange	控件的修改状态发生改变	
QEvent. MouseButtonDblClick	鼠标再次被按下	QMouseEvent
QEvent. MouseButtonPress	鼠标被按下	QMouseEvent
QEvent. MouseButtonRelease	鼠标被释放	QMouseEvent
QEvent. MouseMove	鼠标移动	QMouseEvent
QEvent. MouseTrackingChange	鼠标的跟踪状态发生变化	
QEvent. Move	控件的位置发生变化	QMoveEvent
QEvent. NativeGesture	系统检测到手势	QNativeGestureEvent
QEvent. Paint	屏幕需要更新	QPaintEvent
QEvent. PaletteChange	控件的调色板发生改变	
QEvent. ParentAboutToChange	控件的父窗口或容器即将更改	
QEvent. ParentChange	控件的父窗口或容器发生变化	

续表

事件类型常量(QEvent. Type)	说　明	所属的事件类
QEvent. PlatformPannel	请求一个特定于平台的面板	
QEvent. Polish	控件被抛光	
QEvent. PolishRequest	控件应该被抛光	
QEvent. ReadOnlyChange	控件的 read-only 状态发生改变	
QEvent. Resize	控件的大小发生变化	QResizeEvent
QEvent. ScrollPrepare	对象需要填充它的几何信息	QScrolPrepareIEvent
QEvent. Scroll	对象需要滚动到提供的位置	QScrollEvent
QEvent. ShortCut	快捷键处理	QShortcutEvent
QEvent. ShortCutOverride	按下按键,用于覆盖快捷键	QKeyEvent
QEvent. Show	控件显示在屏幕上	QShowEvent
QEvent. ShowToParent	子控件被显示	
QEvent. StatusTip	状态提示请求	QStatasTipEvent
QEvent. StyleChange	控件的样式发生改变	
QEvent. TableMove	Wacom 写字板移动	QTableEvent
QEvent. TablePress	Wacom 写字板按下	QTableEvent
QEvent. TableRelease	Wacom 写字板释放	QTableEvent
QEvent. Timer	定时器事件	QTimerEvent
QEvent. ToolTip	一个 tooltip 请求	QHelpEvent
QEvent. ToolTipChange	控件的 tooltip 发生改变	
QEvent. TouchBegin	触摸屏或轨迹板序列的开始	QTouchEvent
QEvent. TouchCancel	取消触摸事件序列	QTouchEvent
QEvent. TouchEnd	结束触摸事件序列	QTouchEvent
QEvent. TouchUpdate	触摸事件序列	QTouchEvent
QEvent. UngrabKeyboard	Item 失去键盘抓取,仅包括 QGraphicsItem	QGraphicsItem
QEvent. UngrabMouse	Item 失去鼠标抓取(QGraphicsItem、QQuickItem)	
QEvent. UpdateRequest	控件应该被重绘	
QEvent. WhatsThis	控件显示"What's This"帮助	QHelpEvent
QEvent. WhatsThisClicked	"What's This"帮助链接被单击	
QEvent. Wheel	鼠标滚轮滚动	QWheelEvent
QEvent. WindowActivate	窗口已激活	
QEvent. WindowBlocked	窗口被模式对话框阻塞	
QEvent. WindowDeactivate	窗口被停用	
QEvent. WindowIconChange	窗口的图标发生改变	
QEvent. WindowStateChange	窗口的状态(最小化、最大化、全屏)发生改变	QWindowStateChangeEvent
QEvent. WindowTitleChange	窗口的标题发生改变	

续表

事件类型常量（QEvent. Type）	说　明	所属的事件类
QEvent. WindowUnblocked	一种模式对话框退出后,窗口将不被阻塞	
QEvent. WinIdChange	窗口的系统标识符发生改变	

10.1.2　event()函数

在 PySide6 中,有一个非常重要的函数 event(),该函数是程序事件的集散地。当程序捕捉到事件发生后,首先将事件发送到 QWidget 或其子类的 event()函数中进行处理。如果开发者没有重写 event()函数进行处理,则事件将会发送到该事件的默认处理函数中,所以函数 event()是事件的发送集散地。

在实际的编程中,开发者可以通过重写 event()函数来截获、处理事件。如果 event()函数的返回值为 True,则表示事件已经处理完毕;如果 event()函数的返回值为 False,则表示事件还没有处理完毕。

【实例 10-2】　创建一个窗口,该窗口包含一个标签控件。当单击鼠标时,标签显示鼠标单击点的窗口坐标;当右击鼠标时,标签显示鼠标右击点的屏幕坐标,代码如下:

```python
# === 第 10 章 代码 demo2.py === #
import sys
from PySide6.QtWidgets import (QApplication,QWidget,QHBoxLayout,QLabel)
from PySide6.QtGui import QFont
from PySide6.QtCore import Qt,QEvent

class Window(QWidget):
    def __init__(self):
        super().__init__()
        self.setGeometry(200,200,560,220)
        self.setWindowTitle('event()函数')
        hbox = QHBoxLayout()
        self.setLayout(hbox)
        # 创建标签控件
        self.label = QLabel("显示坐标")
        self.label.setFont(QFont("黑体",14))
        hbox.addWidget(self.label)

    def event(self,even):
        if even.type() == QEvent.MouseButtonPress:
            if even.button() == Qt.LeftButton:
                pos1 = even.position()
                text1 = f"窗口坐标:({pos1.x()} ,{pos1.y()})"
                self.label.setText(text1)
                return True
            elif even.button() == Qt.RightButton:
                pos2 = even.globalPosition()
```

```
                        text2 = f"屏幕坐标:({pos2.x()},{pos2.y()})"
                        self.label.setText(text2)
                        return True
                    else:
                        return True
                else: #如果不是鼠标按键的事件,则交给 QWidget 处理
                    finished = super().event(even)
                    return finished


if __name__ == '__main__':
    app = QApplication(sys.argv)
    win = Window()
    win.show()
    sys.exit(app.exec())
```

运行结果如图 10-3 所示。

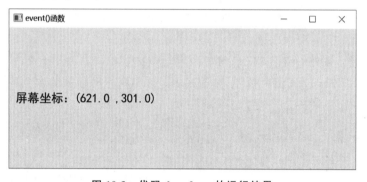

图 10-3 代码 demo2.py 的运行结果

10.1.3 常用事件的处理函数

在实际开发中,如果开发者不重写 event()函数,则事件会传递到该事件的默认处理函数中,开发者可以通过重写该事件的默认处理函数来处理该事件。在 PySide6 中,窗口或控件常用的事件处理函数见表 10-3。

表 10-3 窗口或控件常用的事件处理函数

事件处理函数	说　　明
actionEvent(QActionEvent)	当增加、插入、删除 QAction 时调用该函数
changeEvent(QEvent)	状态发生改变时调用该函数,事件类型包括 QEvent.ToolBarChange、QEvent.ActivationChange、QEvent.EnabledChange、QEvent.FontChange、QEvent.StyleChange、QEvent.PaletteChange、QEvent.WindowTitleChange、QEvent.IconTextChange、QEvent.ModifiedChange、QEvent.MouseTrackingChange、QEvent.ParentChange、QEvent.WindowStateChange、QEvent.LanguageChange、QEvent.LocaleChange、QEvent.LayoutDirectionChange、QEvent.ReadOnlyChange

事件处理函数	说　　明
childEvent(QChildEvent)	当容器控件中添加或移除子控件时调用该函数
closeEvent(QCloseEvent)	当关闭窗口时调用该函数
contextMenuEvent (QContextMenuEvent)	当窗口或控件的 contextMenuPolicy 属性值为 Qt.DefaultContextMenu 时,右击鼠标弹出菜单时调用该函数
dragEnterEvent(QDragEnterEvent)	当用鼠标拖曳某个对象进入窗口或控件时调用该函数
dragLeaveEvent(QDragLeaveEvent)	当用鼠标拖曳某个对象离开窗口或控件时调用该函数
dragMoveEvent(QDragMoveEvent)	当用鼠标拖曳某个对象在窗口或控件移动时调用该函数
dropEvent(QDropEvent)	当用鼠标拖曳某个对象在窗口或控件中释放时调用该函数
enterEvent(QEnterEvent)	当光标进入窗口或控件时调用该函数
focusInEvent(QFocusEvent)	当用键盘使窗口或控件获得焦点时调用该函数
focusOutEvent(QFocusEvent)	当用键盘使窗口或控件失去焦点时调用该函数
hideEvent(QHideEvent)	当隐藏或最小化窗口时调用该函数
inputMethodEvent(QInputMethod Event)	当输入方法的状态发生改变时调用该函数
KeyPressEvent(QKeyEvent)	当按下键盘的按键时调用该函数
KeyReleaseEvent(QKeyEvent)	当释放键盘的按键时调用该函数
leaveEvent(QEvent)	当光标离开窗口或控件时调用该函数
mouseDoubleClickEvent(QMouse Event)	当双击鼠标时调用该函数
mouseMoveEvent(QMouseEvent)	当光标在窗口或控件中移动时调用该函数
mousePressEvent(QMouseEvent)	当按下鼠标的按键时调用该函数
mouseReleaseEvent(QMouseEvent)	当释放鼠标的按键时调用该函数
moveEvent(QMoveEvent)	当移动窗口或控件时调用该函数
paintEvent(QPaintEvent)	当控件或窗口需要重新绘制时调用该函数
resizeEvent(QResizeEvent)	当窗口或控件的宽和高发生改变时调用该函数
showEvent(QShowEvent)	当显示窗口或从最小化恢复到原窗口状态时调用该函数
tableEvent(QTableEvent)	平板电脑处理事件
timerEvent(QTimerEvent)	当用窗口或控件的 startTimer(interval:int,timerType:Qt.CoarseTimer) 方法启动一个定时器时调用该函数
wheelEvent(QWheelEvent)	当转动鼠标的滚轮时调用该函数

【**实例 10-3**】 创建一个窗口,该窗口包含一个标签控件。当滚动滑轮时,标签显示提示信息,代码如下:

```
# === 第 10 章 代码 demo3.py === #
import sys
from PySide6.QtWidgets import (QApplication,QWidget,QHBoxLayout,QLabel)
from PySide6.QtGui import QFont


class Window(QWidget):
```

```python
    def __init__(self):
        super().__init__()
        self.setGeometry(200,200,560,220)
        self.setWindowTitle('wheelEvent()函数')
        hbox = QHBoxLayout()
        self.setLayout(hbox)
        #创建标签控件
        self.label = QLabel("提示:")
        self.label.setFont(QFont("黑体",14))
        hbox.addWidget(self.label)

    def wheelEvent(self,event):
        text = "提示:鼠标的滚轮被转动"
        self.label.setText(text)
        self.update()


if __name__ == '__main__':
    app = QApplication(sys.argv)
    win = Window()
    win.show()
    sys.exit(app.exec())
```

运行结果如图 10-4 所示。

图 10-4　代码 demo3.py 的运行结果

在 PySide6 中,每种窗口或控件的功能是不同的,每种窗口或控件处理的事件也是不同的。在实际的编程中,开发者可以通过重写窗口、控件或其子类的事件处理函数来处理事件。每种窗口或控件的事件处理函数见表 10-4。

表 10-4　每种窗口或控件的事件处理函数

窗口或控件	窗口或控件的处理函数
QWidget	event()、actionEvent()、changeEvent()、closeEvent()、contextMenuEvent()、dragEnterEvent()、dragLeaveEvent()、dragMoveEvent()、dropEvent()、enterEvent()、focusInEvent()、focusOutEvent()、hideEvent()、inputMethodEvent()、keyPressEvent()、leaveEvent()、keyReleaseEvent()、mouseDoubleClickEvent()、mouseMoveEvent()、showEvent()、mousePressEvent()、mouseReleaseEvent()、moveEvent()、paintEvent()、resizeEvent()、tableEvent()、wheelEvent()、event()

续表

窗口或控件	窗口或控件的处理函数
QMainWindow	event()、contextMenuEvent()
QDialog	event（）、closeEvent（）、contextMenuEvent（）、eventFilter（）、keyPressEvent（）、resizeEvent()、showEvent()
QLabel	event（）、changeEvent（）、contextMenuEvent（）、focusInEvent（）、focusOutEvent（）、keyPressEvent（）、mouseMoveEvent（）、mousePressEvent（）、mouseReleaseEvent（）、paintEvent()
QLineEdit	event（）、changeEvent（）、contextMenuEvent（）、dragEnterEvent（）、dragLeaveEvent（）、dragMoveEvent（）、dropEvent（）、focusInEvent（）、focusOutEvent（）、paintEvent（）、inputMethodEvent（）、keyPressEvent（）、keyReleaseEvent（）、mouseMoveEvent（）、mouseDoubleClickEvent()、mousePressEvent()、mouseReleaseEvent()
QTextEdit	event（）、changeEvent（）、contextMenuEvent（）、dragEnterEvent（）、dragLeaveEvent（）、dragMoveEvent（）、dropEvent（）、focusInEvent（）、focusOutEvent（）、paintEvent（）、inputMethodEvent（）、keyPressEvent（）、keyReleaseEvent（）、mouseMoveEvent（）、mouseDoubleClickEvent()、mousePressEvent()、mouseReleaseEvent()、showEvent()、resizeEvent()、mouseMoveEvent()、wheelEvent()
QPlainTextEdit	event（）、changeEvent（）、contextMenuEvent（）、dragEnterEvent（）、dragLeaveEvent（）、dragMoveEvent（）、dropEvent（）、focusInEvent（）、focusOutEvent（）、paintEvent（）、inputMethodEvent（）、keyPressEvent（）、keyReleaseEvent（）、mouseMoveEvent（）、mouseDoubleClickEvent()、mousePressEvent()、mouseReleaseEvent()、showEvent()、resizeEvent()、mouseMoveEvent()、wheelEvent()
QTextBrowser	event（）、focusOutEvent（）、keyPressEvent（）、mouseMoveEvent（）、paintEvent（）、mousePressEvent()、mouseReleaseEvent()
QComboBox	event、changeEvent（）、contextMenuEvent（）、focusInEvent（）、focusOutEvent（）、hideEvent（）、inputMethodEvent（）、keyPressEvent（）、keyReleaseEvent（）、mousePressEvent()、mouseReleaseEvent()、paintEvent()、resizeEvent()、showEvent()、wheelEvent()
QScrollBar	event（）、contextMenuEvent（）、hideEvent（）、mouseMoveEvent（）、paintEvent（）、mousePressEvent()、mouseReleaseEvent()、wheelEvent()
QSlider	event()、mouseMoveEvent()、mousePressEvent()、mouseReleaseEvent()、paintEvent()
QDial	event()、mouseMoveEvent()、mousePressEvent()、mouseReleaseEvent()、paintEvent()、resizeEvent()
QProgressBar	event()、paintEvent()
QPushButton	event（）、focusInEvent（）、focusOutEvent（）、keyPressEvent、mouseMoveEvent（）、paintEvent()
QCheckBox	event()、mouseMoveEvent()、paintEvent()
QRadioButton	event()、mouseMoveEvent()、paintEvent()
QCalendarWidget	event()、eventFilter()、keyPressEvent()、mousePressEvent()、resizeEvent()
QLCDNumber	event()、paintEvent()

窗口或控件	窗口或控件的处理函数
QDateTimeEdit	event( )、focusInEvent( )、keyPressEvent( )、mousePressEvent( )、paintEvent( )、wheelEvent()
QGroupBox	event( )、childEvent（QChild）、changeEvent( )、focusInEvent( )、resizeEvent( )、mouseMoveEvent()、mousePressEvent()、mouseReleaseEvent()、paintEvent()
QFrame	event()、changeEvent()、paintEvent()
QScrollArea	event()、resizeEvent()、eventFilter(QObject，QEvent)
QTabWidget	event()、changeEvent()、keyPressEvent()、paintEvent()、resizeEvent()、showEvent()
QToolBox	event()、changeEvent()、showEvent()
QSplitter	changeEvent()、childEvent(QChildEvent)、event()、resizeEvent()
QWebEngineView	event( )、closeEvent( )、contextMenuEvent( )、dragEnterEvent( )、dragLeaveEvent( )、dragMoveEvent()、dropEvent()、hideEvent()、showEvent()
QDockWidget	event()、changeEvent()、closeEvent()、paintEvent()
QMdiArea	event( )、childEvent（QChildEvent）、eventFilter( )、paintEvent( )、resizeEvent( )、showEvent()、timerEvent()、viewportEvent()
QMdiSubWindow	event()、changeEvent()、childEvent(QChildEvent)、closeEvent()、contextMenuEvent()、eventFilter( )、focusInEvent( )、focusOutEvent( )、hideEvent( )、timerEvent( )、keyPressEvent( )、leaveEvent( )、mouseDoubleClickEvent( )、mouseMoveEvent( )、mousePressEvent()、mouseReleaseEvent()、moveEvent()、paintEvent()、resizeEvent()、showEvent()
QToolButton	event( )、actionEvent( )、changeEvent( )、enterEvent( )、leaveEvent( )、timerEvent( )、mousePressEvent()、mouseReleaseEvent()、paintEvent()
QToolBar	event()、actionEvent()、changeEvent()、paintEvent()
QMenuBar	event( )、actionEvent( )、changeEvent( )、eventFilter( )、focusInEvent( )、leaveEvent( )、focusOutEvent( )、keyPressEvent( )、mouseMoveEvent( )、mousePressEvent( )、mouseReleaseEvent()、paintEvent()、resizeEvent()、timerEvent()
QStatusBar	event()、paintEvent()、resizeEvent()、showEvent()
QTabBar	event( )、changeEvent( )、hideEvent( )、keyPressEvent( )、mouseDoubleClickEvent( )、mouseMoveEvent( )、mousePressEvent( )、mouseReleaseEvent( )、paintEvent( )、resizeEvent()、showEvent()、timerEvent()、wheelEvent()
QListWidget	event()、dropEvent()
QTableWidget	event()、dropEvent()
QTreeWidget	event()、dropEvent()
QListView	event( )、dragLeaveEvent( )、dragMoveEvent( )、dropEvent( )、mouseMoveEvent( )、mouseReleaseEvent()、paintEvent()、resizeEvent()、timerEvent()、wheelEvent()
QTreeView	event( )、changeEvent( )、dragMoveEvent( )、keyPressEvent( )、mouseDoubleClickEvent( )、mouseMoveEvent( )、mousePressEvent( )、mouseReleaseEvent( )、paintEvent( )、timerEvent()、viewportEvent()
QTableView	event()、paintEvent()、timerEvent()
QVideoWidget	event()、hideEvent()、moveEvent()、resizeEvent()、showEvent()

续表

窗口或控件	窗口或控件的处理函数
QGraphicsView	event( )、contextMenuEvent( )、dragEnterEvent( )、dragLeaveEvent( )、dragMoveEvent( )、dropEvent( )、focusInEvent( )、focusOutEvent( )、inputMethodEvent( )、keyPressEvent( )、keyReleaseEvent( )、mouseDoubleClickEvent( )、paintEvent( )、mouseMoveEvent( )、mousePressEvent( )、mouseReleaseEvent( )、resizeEvent( )、showEvent( )、viewportEvent( )、wheelEvent( )
QGraphicsScene	event( )、focusInEvent( )、focusOutEvent( )、keyPressEvent( )、keyReleaseEvent( )、eventFilter(QObject,QEvent)、inputMethodEvent( )、helpEvent(QGraphicsSceneHelpEvent)、wheelEvent(QGraphicsSceneWheelEvent)、contextMenuEvent(QGraphicsSceneContextMenuEvent)、dragEnterEvent(QGraphicsSceneDragDropEvent)、dragLeaveEvent(QGraphicsSceneDragDropEvent)、dragMoveEvent(QGraphicsSceneDragDropEvent)、dropEvent(QGraphicsSceneDragDropEvent)、mouseDoubleClickEvent(QGraphicsSceneMouseEvent)、mouseMoveEvent(QGraphicsSceneMouseEvent)、mousePressEvent(QGraphicsSceneMouseEvent)、mouseReleaseEvent(QGraphicsSceneMouseEvent)
QGraphicsWidget	event( )、changeEvent( )、closeEvent( )、hideEvent( )、showEvent( )、polishEvent( )、grabKeyboardEvent(QEvent)、grabMouseEvent(QEvent)、ungrabKeyboardEvent(QEvent)、ungrabMouseEvent(QEvent)、windowFrameEvent(QEvent)、moveEvent(QGraphicsSceneMoveEvent)、resizeEvent(QGraphicsSceneResizeEvent)
QGraphicsItem	event( )、focusInEvent( )、focusOutEvent( )、inputMethodEvent( )、keyPressEvent( )、keyReleaseEvent( )、sceneEvent( )、dropEvent(QGraphicsSceneDragDropEvent)、sceneEventFilter(QGraphicsItem,QEvent)、wheelEvent(QGraphicsSceneWheelEvent)、contextMenuEvent(QGraphicsSceneContextMenuEvent)、dragEnterEvent(QGraphicsSceneDragDropEvent)、dragLeaveEvent(QGraphicsSceneDragDropEvent)、dragMoveEvent(QGraphicsSceneDragDropEvent)、hoverEnterEvent(QGraphicsSceneHoverEvent)、hoverLeaveEvent(QGraphicsSceneHoverEvent)、hoverMoveEvent(QGraphicsSceneHoverEvent)、mouseDoubleClickEvent(QGraphicsSceneMouseEvent)、mouseMoveEvent(QGraphicsSceneMouseEvent)、mousePressEvent(QGraphicsSceneMouseEvent)、mouseReleaseEvent(QGraphicsSceneMouseEvent)

10.2 鼠标事件和键盘事件

在 GUI 程序中,鼠标事件和键盘事件是应用最多的事件。本节主要介绍 PySide6 中的鼠标事件和键盘事件。

10.2.1 鼠标事件(QMouseEvent)

在 PySide6 中,使用 QMouseEvent 类表示鼠标事件。在实际应用中,鼠标事件还包括移动鼠标、按下鼠标按键、释放鼠标按键、双击鼠标按键。这些鼠标事件对应的事件类型和处理函数见表 10-5。

8min

表 10-5　不同的鼠标事件

鼠标事件类型	说　　明	对应的处理函数和事件对象
QEvent. MouseButtonPress	按下鼠标按键	mousePressEvent(QMouseEvent)
QEvent. MouseButtonRelease	释放鼠标按键	mouseReleaseEvent(QMouseEvent)
QEvent. MouseButtonMove	移动鼠标	mouseMoveEvent(QMouseEvent)
QEvent. MouseButtonDblClick	双击鼠标按键	mouseDoubleClickEvent(QMouseEvent)

在 PySide6 中,QMouseEvent 类的常用方法见表 10-6。

表 10-6　QMouseEvent 类的常用方法

方法及参数类型	说　　明	返回值的类型
position()	获取相对于控件的鼠标位置	QPoint
scenePosition()	获取相对于接受事件窗口的鼠标位置	QPointF
globalPosition()	获取相对于屏幕的鼠标位置	QPointF
pointingDevice()	获取鼠标事件的来源,返回值可以为 Qt. MouseEventNotSynthesized（来自鼠标）、Qt. MouseEventSynthesizedBySystem(来自鼠标和触摸屏)、Qt. MouseEventSynthesizedByQt（来自触摸屏）、Qt. MouseEventSynthesizedByApplication(来自应用程序)	Qt. MouseEvent
source()		Source
button()	获取产生鼠标事件的按键,返回值可以为 Qt. NoButton、Qt. AllButtons、Qt. LeftButton、Qt. RightButton、Qt. MidButton、Qt. MiddleButton、Qt. BackButton、Qt. ForwardButton、Qt. TaskButton、Qt. ExtraButton(i=1,2,…,24)	Qt. MouseButton
buttons()	获取当鼠标事件产生时被按下的按键	Qt. MouseButtons
modifiers()	获取装饰键,返回值可以为 Qt. Modifier(没有装饰键)、Qt. ShiftModifier(Shift 键)、Qt. ControlModifier(Ctrl 键)、Qt. AltModifier(Alt 键)、Qt. MetaModifier(Meta 键或 Windows 键)、Qt. KeypadModifier（小键盘上的键）、Qt. GroupSwitchModifier(Mode_switch 键)	Qt. Keyboard-Modifiers
device()	获取产生鼠标事件的设备	QInputDevice
deviceType()	获取产生鼠标事件的设备类型,返回值可以为 QInputDevice. Unkown、QInputDevice. Mouse、QInputDevice. TouchScreen、QInputDevice. TouchPad、QInputDevice. Stylus、QInputDevice. Airbrush、QInputDevice. Puck、QInputDevice. Keyboard、QInputDevice. AllDevices	QInputDevice. DeviceType

【实例 10-4】　创建一个窗口。在该窗口中,可以通过鼠标单击绘制直线,代码如下:

```
# === 第10章 代码 demo4.py === #
import sys
from PySide6.QtWidgets import (QApplication,QWidget)
from PySide6.QtGui import QPainter,QPen
from PySide6.QtCore import Qt,QPoint
```

```python
class Window(QWidget):
    def __init__(self):
        super().__init__()
        self.setGeometry(200,200,560,220)
        self.setWindowTitle('绘制直线')
        self.setMouseTracking(True)
        self.painter = QPainter()
        self.pos1 = QPoint()
        self.pos2 = QPoint()

    def paintEvent(self,event):
        pen = QPen(Qt.GlobalColor.red,5,Qt.SolidLine)
        if self.painter.begin(self):
            self.painter.setPen(pen)
            self.painter.drawLine(self.pos1,self.pos2)
        if self.painter.isActive():
            self.painter.end()

    def mousePressEvent(self,event):
        if event.button() == Qt.LeftButton:
            self.pos1 = event.position()

    def mouseReleaseEvent(self,event):
        self.pos2 = event.position()
        self.update()


if __name__ == '__main__':
    app = QApplication(sys.argv)
    win = Window()
    win.show()
    sys.exit(app.exec())
```

运行结果如图 10-5 所示。

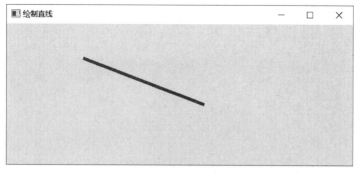

图 10-5　代码 demo4.py 的运行结果

【实例 10-5】　创建一个窗口,窗口包含一个标签控件。在该窗口中,可以通过右击鼠标创建上下文菜单,如果选中菜单选项,则标签会显示提示信息,代码如下:

```python
# === 第10章 代码 demo5.py === #
import sys
from PySide6.QtWidgets import (QApplication,QWidget,QMenu,QHBoxLayout,QLabel)
from PySide6.QtGui import QFont,Qt,QCursor

class Window(QWidget):
    def __init__(self):
        super().__init__()
        self.setGeometry(200,200,560,220)
        self.setWindowTitle('创建上下文菜单')
        self.setMouseTracking(True)
        hbox = QHBoxLayout()
        self.setLayout(hbox)
        #创建标签控件
        self.label = QLabel("提示:")
        self.label.setFont(QFont("黑体",14))
        hbox.addWidget(self.label)
        self.setContextMenuPolicy(Qt.CustomContextMenu)
        #创建上下文菜单
        self.popMenu = QMenu()
        self.actionCut = self.popMenu.addAction("剪切")
        self.actionCopy = self.popMenu.addAction("复制")
        self.actionPaste = self.popMenu.addAction("粘贴")
        self.actionCut.triggered.connect(self.action_cut)
        self.actionCopy.triggered.connect(self.action_copy)
        self.actionPaste.triggered.connect(self.action_paste)

    def mousePressEvent(self,event):
        if event.button() == Qt.RightButton:
            self.popMenu.exec(QCursor.pos())
            event.accept()

    def action_cut(self):
        text = "提示:选中了上下文菜单中的"剪切"。"
        self.label.setText(text)

    def action_copy(self):
        text = "提示:选中了上下文菜单中的"复制"。"
        self.label.setText(text)

    def action_paste(self):
        text = "提示:选中了上下文菜单中的"粘贴"。"
        self.label.setText(text)


if __name__ == '__main__':
    app = QApplication(sys.argv)
    win = Window()
    win.show()
    sys.exit(app.exec())
```

运行结果如图 10-6 所示。

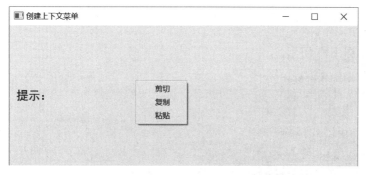

图 10-6　代码 demo5.py 的运行结果

【实例 10-6】　创建一个窗口,双击该窗口可以打开图像文件,代码如下:

```python
# === 第 10 章 代码 demo6.py === #
import sys
from PySide6.QtWidgets import QApplication,QWidget,QFileDialog
from PySide6.QtGui import QPainter,QPixmap
from PySide6.QtCore import Qt,QRect

class Window(QWidget):
    def __init__(self):
        super().__init__()
        self.setGeometry(200,200,560,220)
        self.setWindowTitle('双击打开图像文件')
        self.painter = QPainter()
        self.pixmap = QPixmap()

    def paintEvent(self,event):
        rect = QRect(0,0,560,220)
        if self.painter.begin(self):
            self.painter.drawPixmap(rect,self.pixmap)
        if self.painter.isActive():
            self.painter.end()

    def mouseDoubleClickEvent(self,event):
        self.action_open()

    def action_open(self):
        fileDialog = QFileDialog(self)
        fileDialog.setNameFilter("图像文件( * .png * .jpeg * .jpg)")
        fileDialog.setFileMode(QFileDialog.ExistingFile)
        if fileDialog.exec():
            self.pixmap.load(fileDialog.selectedFiles()[0])
            self.update()


if __name__ == '__main__':
    app = QApplication(sys.argv)
```

```
win = Window()
win.show()
sys.exit(app.exec())
```

运行结果如图 10-7 所示。

图 10-7 代码 demo6.py 的运行结果

10.2.2 滚轮事件

10min

在 PySide6 中,使用 QWheelEvent 类表示鼠标的滚轮事件,使用 wheelEvent()函数处理鼠标的滚轮事件。QWheelEvent 类的大部分方法与 QMouseEvent 类一致。QWheelEvent 类的常用方法见表 10-7。

表 10-7 QWheelEvent 类的常用方法

方　　法	说　　明	返回值的类型
position()	获取相对于控件的鼠标位置	QPoint
scenePosition()	获取相对于接受事件窗口的鼠标位置	QPointF
globalPosition()	获取相对于屏幕的鼠标位置	QPointF
pointingDevice() source()	获取鼠标事件的来源	Qt.MouseEventSource
button()	获取产生鼠标事件的按键	Qt.MouseButton
modifiers()	获取装饰键	Qt.KeyboardModifiers
device()	获取产生鼠标事件的设备	QInputDevice
deviceType()	获取产生鼠标事件的设备类型	QInputDevice.DeviceType
angleDelta()	使用 angleDelta().y()获取两次事件之间鼠标竖直滚轮旋转的角度,使 angleDelta().x()获取两次事件之间鼠标水平滚轮旋转的角度,若无水平滚轮,则 angleDelta().x()的值为 0。如果返回值为正数,则表示滚轮相对于用户向前滑动,如果返回值为负数,则表示滚轮相对于用户向后滑动	QPoint
pixelDelta()	获取两次事件之间控件在屏幕上的移动距离,单位为像素	QPoint

续表

方　　法	说　　明	返回值的类型
phase()	获取设备的状态,返回值可以为 Qt. NoScrollPhase(不支持滚动)、Qt. ScrollBegin(开始位置)、Qt. ScrollUpdate(处于滚动状态)、Qt. ScrollEnd(结束位置)、Qt. ScrollMomentum(不触碰设备,由于惯性仍处于滚动状态)	Qt. ScrollPhase
inverted()	获取随事件传递的增量值是否反转,通常情况下如果返回值为正数,则表示滚轮相对于用户向前滑动,如果返回值为负数,则表示滚轮相对于用户向后滑动	bool

【实例 10-7】　创建一个窗口,该窗口包含一个按钮标签。当转动鼠标滚轮时,标签显示竖直方向上的旋转数值,代码如下:

```python
# === 第 10 章 代码 demo7.py === #
import sys
from PySide6.QtWidgets import (QApplication,QWidget,QHBoxLayout,QLabel)
from PySide6.QtGui import QFont

class Window(QWidget):
    def __init__(self):
        super().__init__()
        self.setGeometry(200,200,560,220)
        self.setWindowTitle('滚轮旋转数值')
        hbox = QHBoxLayout()
        self.setLayout(hbox)
        #创建标签控件
        self.label = QLabel("提示:")
        self.label.setFont(QFont("黑体",14))
        hbox.addWidget(self.label)

    def wheelEvent(self,event):
        length = event.angleDelta().y()
        text = f"提示:鼠标滚轮竖直旋转数值为{length}"
        self.label.setText(text)


if __name__ == '__main__':
    app = QApplication(sys.argv)
    win = Window()
    win.show()
    sys.exit(app.exec())
```

运行结果如图 10-8 所示。

注意:在 QWheelEvent 中,滚轮的旋转角度为 angleDelta(). y() 的八分之一,通常情况下滚轮的旋转的角度步长为 $15°$,$15°×8$ 为 $120°$。

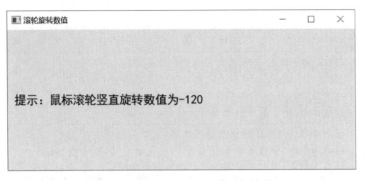

图 10-8　代码 demo7.py 的运行结果

【**实例 10-8**】　创建一个窗口,该窗口显示一个图像文件。当转动鼠标滚轮时,放大或缩小显示的图像文件,代码如下:

```python
# === 第 10 章 代码 demo8.py === #
import sys
from PySide6.QtWidgets import QApplication,QWidget
from PySide6.QtGui import QPainter,QPixmap
from PySide6.QtCore import Qt,QRect,QPoint

class Window(QWidget):
    def __init__(self):
        super().__init__()
        self.setGeometry(200,200,560,220)
        self.setWindowTitle('缩放图像文件')
        self.pix = QPixmap("D://Chapter10//images//hill.png")
        self.translateX = 0  # 水平缩放距离
        self.translateY = 0  # 竖直缩放距离

    def paintEvent(self,event):
        point1 = QPoint(0 + self.translateX, 0 + self.translateY)
        point2 = QPoint(560 - self.translateX, 220 - self.translateY)
        painter = QPainter()
        rect = QRect(point1,point2)
        if painter.begin(self):
            painter.drawPixmap(rect,self.pix)
        if painter.isActive():
            painter.end()

    def wheelEvent(self,event):
        length = event.angleDelta().y()
        self.translateX = int(length/12)
        self.translateY = int(length/6)
        self.update()


if __name__ == '__main__':
    app = QApplication(sys.argv)
    win = Window()
```

```
win.show()
sys.exit(app.exec())
```

运行结果如图 10-9 所示。

图 10-9　代码 demo8.py 的运行结果

10.2.3　鼠标拖放事件（QDropEvent、QDragMoveEvent、QMimeData）

在 GUI 程序中，可以通过鼠标的拖放动作来完成一些操作，例如把图像文件拖放到程序窗口中打开该图像。在 PySide6 中，拖放事件包括鼠标进入、鼠标移动、鼠标释放、鼠标移出。这些拖放事件对应的事件类型和处理函数见表 10-8。

表 10-8　鼠标拖放事件

鼠标事件类型	说　明	对应的处理函数
QEvent.DragEnter	鼠标进入	dragEnterEvent(QDragEnterEvent)
QEvent.DragMove	鼠标移动	dragMoveEvent(QDragMoveEvent)
QEvent.Drop	鼠标释放	dropEvent(QDropEvent)
QEvent.DragLeave	鼠标移出	dragLeaveEvent(QDragLeaveEvent)

表 10-8 中，QDragEnterEvent 类为 QDropEvent、QDragMoveEvent 类的子类，没有自己独有的方法；QDragMoveEvent 类为 QDropEvent 类的子类，增加了自己独有的方法；QDragLeaveEvent 类为 QEvent 类的子类，没有自己独有的方法。

在 PySide6 中，QDropEvent 类的常用方法见表 10-9。

表 10-9　QDropEvent 类的常用方法

方　　法	说　明	返回值的类型
position()	获取鼠标释放的位置	QPointF
keyboardModifiers()	获取修饰键	Qt.KeyboardModifiers
mimeData()	获取 mime 数据	QMimeData
mouseButtons()	获取按下的鼠标按键	Qt.MouseButtons
dropAction()	获取采取的动作	Qt.DropAction
possibleActions()	获取可能实现的动作	Qt.DropActions

续表

方　　法	说　　明	返回值的类型
proposedAction()	系统推荐的动作	Qt. DropAction
acceptProposedAction()	接受推荐的动作	None
setDropAction(Qt. DropAction)	设置释放动作	None
source()	获取被拖放的对象	QObject

在 PySide6 中,QDragMoveEvent 类的常用方法见表 10-10。

表 10-10　QDragMoveEvent 类的常用方法

方　　法	说　　明	返回值的类型
accept()	在控件或窗口的边界内都可接受移动事件	None
accept(QRect)	在指定的区域内接受移动事件	None
ignore()	在整个边界内忽略移动事件	None
ignore(QRect)	在指定的区域内忽略移动事件	None
answerRect()	获取可以释放的区域	QRect

在 PySide6 中,如果要在拖放事件中传递数据,则需要使用 QMimeData 类。QMimeData 类可以表示存放在粘贴板上的数据,可以通过拖放事件传递粘贴板上的数据,不仅可以在不同的程序间传递数据,还可以在同一个程序中传递数据。

QMimeData 类位于 PySide6 的 QtCore 子模块中,其构造函数为 QMimeData()。可以在 QMimeData 类中存储文本、图像、颜色、地址等数据。QMimeData 类的常用方法见表 10-11。

表 10-11　QMimeData 类的常用方法

方　　法	说　　明	返回值的类型
setData(str,QByteArray)	设置某种格式的数据	None
data(str)	获取某种格式的数据	QByteArray
clear()	清空格式和数据	None
formats()	获取格式列表	List[str]
hasFormat(str)	获取是否有某种格式	bool
removeFormat(str)	移除格式	None
setColorData(Any)	设置颜色数据	None
hasColor()	获取是否有颜色数据	bool
colorData()	获取颜色数据	Any
setHtml(str)	设置 HTML 数据	None
hasHtml()	获取是否有 HTML 数据	bool
html()	获取 HTML 数据	str
setImageData(Any)	设置图像数据	None
hasImage()	获取是否有图像数据	bool
imageData()	获取图像数据	Any
setText(str)	设置文本数据	None

续表

方　　法	说　　明	返回值的类型
hasText()	获取是否有文本数据	bool
text()	获取文本数据	str
setUrls(Sequence[QUrl])	设置 Url 数据	None
hasUrls()	判断是否有 Url 数据	bool
urls()	获取 Url 数据	List[QUrl]

针对不同格式的数据,QMimeData 类的处理方法见表 10-12。

表 10-12　QMimeData 类处理不同格式数据的方法

数据格式	是否存在	获取方法	设置方法	应用举例
text/plain	hasText()	text()	setText()	setText('孙悟空')
text/html	hasHtml()	html()	setHtml()	setHtml("<a>猪八戒</a>")
text/url-list	hasUrls()	urls()	setUrls()	setUrls([QUrl("www.python.org")])
image/ *	hasImage()	imageData()	setImageData()	setImageData(QImage("001.jpg"))
Application/x-color	hasColor()	colorData()	setColorData()	setColorData(QColor(11,22,33))

在 PySide6 中,如果要使窗口或控件接受拖放操作,则要使用 setAcceptDrops(bool)将其设置为 True。

【实例 10-9】　创建一个窗口,将图像文件拖放到该窗口上,该窗口可以显示拖放的图像文件,代码如下:

```python
# === 第 10 章 代码 demo9.py === #
import sys
from PySide6.QtWidgets import QApplication,QWidget
from PySide6.QtGui import QPainter,QPixmap
from PySide6.QtCore import Qt,QRect,QPoint

class Window(QWidget):
    def __init__(self):
        super().__init__()
        self.setGeometry(200,200,560,220)
        self.setWindowTitle('拖放图像文件')
        self.setAcceptDrops(True)
        self.pix = QPixmap()

    def paintEvent(self,event):
        point1 = QPoint(10, 5)
        point2 = QPoint(540, 210)
        painter = QPainter()
        rect = QRect(point1,point2)
        if painter.begin(self):
            painter.drawPixmap(rect,self.pix)
        if painter.isActive():
            painter.end()

    def dragEnterEvent(self,event):
```

```
            if event.mimeData().hasUrls():
                event.accept()
            else:
                event.ignore()

    def dropEvent(self,event):
        urls = event.mimeData().urls()
        fileName = urls[0].toLocalFile()
        self.pix.load(fileName)
        self.update()


if __name__ == '__main__':
    app = QApplication(sys.argv)
    win = Window()
    win.show()
    sys.exit(app.exec())
```

运行结果如图 10-10 所示。

图 10-10　代码 demo9.py 的运行结果

10.2.4　键盘事件(QKeyEvent)

在 PySide6 中,使用 QKeyEvent 类表示键盘键的按下和释放事件。与 QKeyEvent 类相关联的事件类型和处理函数见表 10-13。

表 10-13　键盘事件的类型和处理函数

键盘事件类型	说　　明	对应的处理函数
QEvent.KeyPress	键盘键按下	keyPressEvent(QKeyEvent)
QEvent.KeyRelease	键盘键释放	keyReleaseEvent(QKeyEvent)
QEvent.ShortcutOverride	按下按键,用于覆盖快捷键	event(QEvent)

在 PySide6 中,QKeyEvent 类的常用方法见表 10-14。

表 10-14　QKeyEvent 类的常用方法

方　　法	说　　　　明	返回值的类型
count()	获取按键的数量	int
isAutoRepeat()	获取是不是重复事件	bool
key()	获取按键的代码,不区分大小写	int
text()	返回按键上的字符	str
modifiers()	获取装饰键	Qt.KeyboardModifiers
matches(QKeySequence. StandardKey)	如果按键匹配标准的按键,则返回值为 True。常规的按键标准为快捷键 Ctrl＋C 表示复制,Ctrl＋X 表示剪切,Ctrl＋V 表示粘贴,Ctrl＋O 表示打开,Ctrl＋S 表示保存,Ctrl＋W 表示关闭	bool

【实例 10-10】　创建一个窗口,该窗口包含一个标签控件。当单击键盘上的按键时,标签显示按键上的字符,代码如下:

```python
# === 第 10 章 代码 demo10.py === #
import sys
from PySide6.QtWidgets import (QApplication,QWidget,QHBoxLayout,QLabel)
from PySide6.QtGui import QFont

class Window(QWidget):
    def __init__(self):
        super().__init__()
        self.setGeometry(200,200,560,220)
        self.setWindowTitle('键盘按键')
        hbox = QHBoxLayout()
        self.setLayout(hbox)
        # 创建标签控件
        self.label = QLabel("按键:")
        self.label.setFont(QFont("黑体",14))
        hbox.addWidget(self.label)

    def keyPressEvent(self,event):
        char = event.text()
        text = f"按键:{char}"
        self.label.setText(text)


if __name__ == '__main__':
    app = QApplication(sys.argv)
    win = Window()
    win.show()
    sys.exit(app.exec())
```

运行结果如图 10-11 所示。

图 10-11   代码 demo10. py 的运行结果

10.3   拖曳控件、剪切板和上下文菜单事件

在实际的编程中,有时需要在程序内部拖曳控件,有时需要创建剪切板,有时需要处理上下文菜单事件。本节将分别讲解如何在 PySide6 中处理这些问题。

10.3.1   拖曳控件(QDrag)

10min

在 PySide6 中,如果要在程序内部拖放控件,则需要将控件定义成可移动控件,也就是在可移动控件内部创建 QDrag 类。QDrag 类为控件的拖放事件提供了基于 QMimeData 数据传输的支持。QDrag 类为 QObject 类的子类,其构造函数如下:

```
QDrag(dragSource:QObject)
```

其中,dragSource 表示 QObject 类及其子类创建的对象。

QDrag 类的常用方法见表 10-15。

表 10-15   QDrag 类的常用方法

方法及参数类型	说　　明	返回值的类型
[static]cancel()	取消拖放	None
exec(supportedActions：Qt. DropActions = Qt. MoveAction)	开始拖动操作,并返回释放时的动作	Qt. DropAction
exec(supportedActions：Qt. DropActions, defaultAction：Qt. DropAction)	同上	Qt. DropAction
defaultAction()	获取默认的释放动作	Qt. DropAction
setDragCursor(QPixmap,Qt. DropAction)	设置拖曳时的光标形状	None
dragCursor(Qt. DropAction)	获取拖曳时的光标形状	QPixmap
setHotSpot(QPoint)	设置热点位置	None
hotSpot()	获取热点位置	QPoint
setMimeData(QMimeData)	设置拖放中传递的数据	None

续表

方法及参数类型	说　明	返回值的类型
mimeData()	获取数据	QMimeData
setPixmap(QPixmap)	设置拖曳控件时鼠标显示的图像	None
pixmap()	获取数据代表的图像	QPixmap
source()	获取被拖放控件的父控件	QObject
target()	获取目标控件	QObject
supportedActions()	获取支持的动作	Qt.DropActions

在 PySide6 中,QDrag 类的信号见表 10-16。

表 10-16　QDrag 类的信号

信　号	说　明
actionChanged(Qt.DropAction)	当拖曳动作发生时发送信号
targetChanged(QObject)	当拖放目标发生变化时发送信号

【实例 10-11】　创建一个窗口,该窗口包含两个按压按钮。在窗口中,可以随意地拖动按钮,代码如下:

```python
# === 第 10 章 代码 demo11.py === #
import sys
from PySide6.QtWidgets import (QApplication,QWidget,QPushButton,QFrame,QHBoxLayout)
from PySide6.QtGui import QDrag
from PySide6.QtCore import QMimeData,Qt

#重新定义按压按钮类
class MyPushButton(QPushButton):
    def __init__(self, parent = None):
        super().__init__(parent)
    def mousePressEvent(self, event):              #按键事件
        if event.button() == Qt.LeftButton:
            self.drag = QDrag(self)
            pos = event.position().toPoint()
            self.drag.setHotSpot(pos)
            mime = QMimeData()
            self.drag.setMimeData(mime)
            self.drag.exec()

#重新定义框架类
class MyFame(QFrame):
    def __init__(self,parent = None):
        super().__init__(parent)
        self.setAcceptDrops(True)
        self.setFrameShape(QFrame.Box)
        self.btn1 = MyPushButton(self)
        self.btn1.setText("孙悟空")
        self.btn1.move(50,50)
```

```
                self.btn2 = MyPushButton(self)
                self.btn2.setText("猪八戒")
                self.btn2.move(100,100)
            def dragEnterEvent(self,event):
                pos = event.position().toPoint()
                self.child = self.childAt(pos)          #获取指定位置的控件
                event.accept()
            def dragMoveEvent(self,event):
                pos = event.position().toPoint()
                if self.child:
                    self.child.move(pos - self.child.drag.hotSpot())
            def dropEvent(self,event):
                pos = event.position().toPoint()
                if self.child:
                    self.child.move(pos - self.child.drag.hotSpot())


    class Window(QWidget):
        def __init__(self,parent = None):
            super().__init__()
            self.setGeometry(200,200,560,220)
            self.setWindowTitle('拖放控件')
            self.setAcceptDrops(True)
            self.frame1 = MyFame(self)
            hbox = QHBoxLayout(self)
            hbox.addWidget(self.frame1)



    if __name__ == '__main__':
        app = QApplication(sys.argv)
        win = Window()
        win.show()
        sys.exit(app.exec())
```

运行结果如图 10-12 所示。

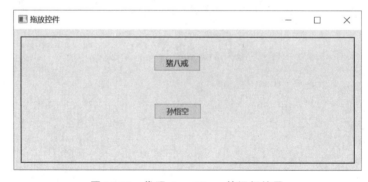

图 10-12　代码 demo11.py 的运行结果

10.3.2　剪切板(QClipboard)

在 PySide6 中,可以使用 QClipboard 类创建剪切板,剪切板可以在不同的程序之间使用复制和粘贴来传递数据。QClipboard 类位于 PySide6 的 QtGui 子模块下,其父类为 QObject 类。QClipboard 类的构造函数如下:

```
QClipboard(parent = None)
```

其中,parent 表示父对象。

QClipboard 类的常用方法见表 10-17。

表 10-17　QClipboard 类的常用方法

方法及参数类型	说　　明	返回值的类型
ownsClipboard()	如果该剪贴板对象拥有剪贴板数据,则返回值为 True	bool
ownsFindBuffer()	如果该剪贴板对象拥有查找缓冲区数据,则返回值为 True	bool
ownsSelection()	如果该剪贴板对象拥有鼠标选择数据,则返回值为 True	bool
supportsFindBuffer()	如果该剪贴板对象支持单独的搜索缓冲区,则返回值为 True	bool
supportsSelection()	如果该剪贴板对象支持鼠标选择,则返回值为 True	bool
setText(str)	将文本复制到剪切板	None
text()	获取剪切板上的文本	str
text(str)	从 str 指定的数据类型中获取文本,数据类型为 Plain 或 Html	Tuple[str,str]
setPixmap(QPixmap)	将 QPixmap 图像复制到剪切板上	None
pixmap()	获取剪切板上的 QPixmap 图像	QPixmap
setImage(QImage)	将 QImage 图像复制到剪切板上	None
image()	获取剪切板上的 QImage 图像	QImage
setMimeData(QMimeData)	将 QMimeData 数据复制到剪切板上	None
mimeData()	获取剪切板上的 QMimeData 数据	QMimeData
clear()	清空剪切板	None

在 PySide6 中,QClipboard 类的信号见表 10-18。

表 10-18　QClipboard 类的信号

信　　号	说　　明
changed(mode:QClipboad.Mode)	当剪切板模式发生变化时发送信号
dataChanged()	当剪切板上的数据发生变化时发送信号
findBufferChanged()	当查找缓冲区更改时发送信号,只适用于 macOS
selectionChanged()	当选择被改变时会发出这个信号。Windows 和 macOS 不支持此选项

在表 10-18 中,QClipboard.Mode 的枚举值为 QClipboard.Clipboard(表示应该从全局剪贴板存储和检索数据)、QClipboard.Selection(表示应该从全局鼠标选择中存储和检索数据)、QClipboard.FindBuffer(表示应该从查找缓冲区中存储和检索数据,此模式用于在 macOS 上保存搜索字符串)。

【实例 10-12】　创建一个窗口,该窗口包含两个按压按钮和一个标签。当按顺序单击两个按钮时会复制图像文件并粘贴到窗口上,该窗口会显示该图像文件,代码如下:

```python
# === 第10章 代码 demo12.py === #
import sys
from PySide6.QtWidgets import (QApplication, QWidget, QPushButton, QHBoxLayout, QVBoxLayout,
QLabel)
from PySide6.QtGui import QClipboard, QPixmap

class Window(QWidget):
    def __init__(self):
        super().__init__()
        self.setGeometry(200, 200, 560, 220)
        self.setWindowTitle('QClipboard')
        vbox = QVBoxLayout()
        self.setLayout(vbox)
        # 创建按钮控件
        btnCopy = QPushButton("复制")
        btnPaste = QPushButton("粘贴")
        hbox = QHBoxLayout()
        hbox.addWidget(btnCopy)
        hbox.addWidget(btnPaste)
        vbox.addLayout(hbox)
        # 创建标签控件
        self.label = QLabel("此处显示图像。")
        vbox.addWidget(self.label)
        # 创建剪切板
        self.clipboard = QClipboard(self)
        # 使用信号/槽
        btnCopy.clicked.connect(self.btn_copy)
        btnPaste.clicked.connect(self.btn_paste)

    def btn_copy(self):
        pix = QPixmap("D://Chapter10//images//hill.png")
        self.clipboard.setPixmap(pix)

    def btn_paste(self):
        pic = self.clipboard.pixmap()
        self.label.setPixmap(pic)


if __name__ == '__main__':
    app = QApplication(sys.argv)
    win = Window()
    win.show()
    sys.exit(app.exec())
```

运行结果如图 10-13 所示。

10.3.3　上下文菜单事件(QContextMenuEvent)

在 PySide6 中,使用 QContextMenuEvent 类表示上下文菜单事件,上下文菜单通常通过右

图 10-13 代码 demo12.py 的运行结果

击鼠标弹出。上下文菜单的事件类型为 QEvent. ContextMenu,处理函数为 contextMenuEvent
(QContextMenuEvent)。

QContextMenuEvent 类位于 PySide6 的 QtGui 子模块下,其父类为 QInputEvent 类。
QContextMenuEvent 类的常用方法见表 10-19。

表 10-19 QContextMenuEvent 类的常用方法

方法及参数类型	说　　明	返回值的类型
globalPos()	获取光标的全局坐标	QPoint
globalX()	获取全局坐标的横坐标值	int
globalY()	获取全局坐标的纵坐标值	int
pos()	获取光标的局部坐标	QPoint
x()	获取局部坐标的横坐标值	int
y()	获取局部坐标的纵坐标值	int
reason()	获取产生上下文菜单的原因,返回值可能为 QContextMenuEvent. Mouse、QContextMenuEvent. Keyboard、QContextMenuEvent. Other	QContextMenuEvent. Reason
modifiers()	获取修饰键	Qt. KeyboardModifiers

在 PySide6 中,如果要禁止在窗口或控件中显示上下文菜单,则可以使用
setContextMenuPolicy(Qt. ContextMenuPolicy)方法设置窗口和控件的 contextMenuPolicy 属性。
Qt. ContextMenuPolicy 的枚举值见表 10-20。

表 10-20　Qt. ContextMenuPolicy 的枚举值

枚　举　值	说　　明
Qt. NoContextMenu	控件没有上下文菜单,上下文菜单被放置到控件的父窗口下
Qt. DefaultContextMenu	窗口或控件的 contextMenuEvent()被调用
Qt. ActionsContextMenu	将控件的 actions()方法返回的 QActions 当作上下文菜单选项,右击鼠标显示该菜单
Qt. CustomContextMenu	控件发送 customContextMenuRequested(QPoint)信号。若要自定义菜单,则可选择该枚举值,并自定义一个处理函数
Qt. PreventContextMenu	控件没有上下文菜单,所有的鼠标右击事件都传递到 mousePressEvent()、mouseReleaseEvent()处理函数

【**实例 10-13**】　创建一个窗口。如果在窗口中右击鼠标,则弹出上下文菜单。一个菜单选项可以打开图像文件,另一个菜单选项可以关闭窗口,代码如下:

```python
# === 第 10 章 代码 demo13.py === #
import sys
from PySide6.QtWidgets import (QApplication,QWidget,QFileDialog,QMenu)
from PySide6.QtGui import QPainter,QPixmap
from PySide6.QtCore import Qt,QRect


class Window(QWidget):
    def __init__(self):
        super().__init__()
        self.setGeometry(200,200,560,220)
        self.setWindowTitle('QContextMenuEvent')
        self.painter = QPainter()
        self.pixmap = QPixmap()

    def paintEvent(self,event):
        rect = QRect(0,0,560,220)
        if self.painter.begin(self):
            self.painter.drawPixmap(rect,self.pixmap)
        if self.painter.isActive():
            self.painter.end()

    def contextMenuEvent(self,event):
        contextMenu = QMenu(self)
        contextMenu.addAction("打开").triggered.connect(self.action_open)
        contextMenu.addSeparator()
        contextMenu.addAction("退出").triggered.connect(self.close)
        contextMenu.exec(event.globalPos())

    def action_open(self):
        fileDialog = QFileDialog(self)
        fileDialog.setNameFilter("图像文件( * .png * .jpeg * .jpg)")
        fileDialog.setFileMode(QFileDialog.ExistingFile)
        if fileDialog.exec():
```

```
                self.pixmap.load(fileDialog.selectedFiles()[0])
                self.update()


if __name__ == '__main__':
    app = QApplication(sys.argv)
    win = Window()
    win.show()
    sys.exit(app.exec())
```

运行结果如图 10-14 所示。

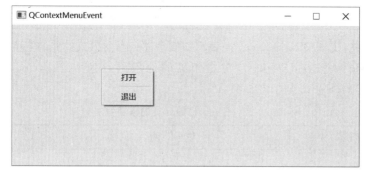

图 10-14 代码 demo13.py 的运行结果

10.4 窗口和控件的常用事件

在 PySide6 中,窗口和控件的常用事件包括显示、隐藏、移动、缩放、重绘、关闭、获得焦点、失去焦点等事件。在实际编程中,可以通过重写这些事件处理函数,以便完成比较特殊的功能。

10.4.1 显示事件和隐藏事件

在 PySide6 中,使用 QShowEvent 类表示显示事件。当调用窗口类的 show() 方法或 setVisible(True) 显示顶层窗口之前,程序会发生显示事件(QEvent. Show),与之相关的处理函数为 showEvent(QShowEvent)。QShowEvent 类为 QEvent 类的子类,没有自己独有的方法和属性。

在 PySide6 中,使用 QHideEvent 类表示隐藏事件。当调用窗口类的 hide() 方法或 setVisible(False) 隐藏顶层窗口之前,程序会发生隐藏事件(QEvent. Hide),与之相关的处理函数为 hideEvent(QHideEvent)。QHideEvent 类为 QEvent 类的子类,没有自己独有的方法和属性。

在实际的编程中,可以使用处理函数 showEvent(QShowEvent)在窗口显示之前做一些预处理工作,可以使用处理函数 hideEvent(QHideEvent)在窗口关闭之前做一些预处理工作。

10.4.2 移动事件和缩放事件

在 PySide6 中,使用 QMoveEvent 类表示移动事件。当窗口或控件的位置发生变化时会发生移动事件(QEvent. Move),与之相关的处理函数为 moveEvent(QMoveEvent)。QMoveEvent 类为 QEvent 类的子类,其常用方法见表 10-21。

表 10-21　QMoveEvent 类的常用方法

方法及参数类型	说　　明	返回值的类型
oldPos()	获取移动之前窗口左上角的坐标	QPoint
pos()	获取移动之后窗口左上角的坐标	QPoint

在 PySide6 中,使用 QResizeEvent 类表示缩放事件。当窗口或控件的宽度、高度发生变化时会发生缩放事件(QEvent. Resize),与之相关的处理函数为 resizeEvent(QResizeEvent)。QResizeEvent 类为 QEvent 类的子类,其常用方法见表 10-22。

表 10-22　QResizeEvent 类的常用方法

方法及参数类型	说　　明	返回值的类型
oldSize()	获取窗口缩放之前的宽和高	QSize
size()	获取窗口缩放之后的宽和高	QSize

10.4.3 绘制事件

在 PySide6 中,使用 QPaintEvent 类表示绘制事件。当窗口首次显示、隐藏、再次显示、缩放、移动控件时会发生绘制事件(QEvent. Paint),当调用窗口类的 update()、repaint()、resize() 方法时,也会发生绘制事件。与绘制事件相关的处理函数为 paintEvent(QPaintEvent)。QPaintEvent 类为 QEvent 类的子类,其常用方法见表 10-23。

表 10-23　QPaintEvent 类的常用方法

方法及参数类型	说　　明	返回值的类型
rect()	获取被重新绘制的矩形区域	QRect
region()	获取被重新绘制的裁剪区域	QRegion

10.4.4 进入事件和离开事件

在 PySide6 中,使用 QEnterEvent 类表示光标进入事件。当光标进入窗口时会发生光标进入事件(QEvent. Enter)。光标进入事件的处理函数为 enterEvent(QEnterEvent)。QEnterEvent 类为 QEvent 类的子类,其常用方法见表 10-24。

在 PySide6 中,当光标离开窗口时会发生光标离开事件(QEvent. Leave),光标离开事件的处理函数为 leaveEvent(QEvent)。

表 10-24 QEnterEvent 类的常用方法

方法及参数类型	说　　明	返回值的类型
globalPosition()	获取在屏幕或虚拟桌面上的坐标	QPointF
position()	获取在窗口或控件上的坐标	QPointF
scenePosition()	获取相对于窗口或场景的坐标	QPointF

【实例 10-14】 创建一个窗口,该窗口包含一个标签控件。当光标进入窗口时,标签显示光标的坐标,代码如下:

```python
# === 第 10 章 代码 demo14.py === #
import sys
from PySide6.QtWidgets import (QApplication,QWidget,QHBoxLayout,QLabel)
from PySide6.QtGui import QFont

class Window(QWidget):
    def __init__(self):
        super().__init__()
        self.setGeometry(200,200,560,220)
        self.setWindowTitle('QEnterEvent')
        self.setMouseTracking(True)
        hbox = QHBoxLayout()
        self.setLayout(hbox)
        #创建标签控件
        self.label = QLabel("坐标:")
        self.label.setFont(QFont("黑体",14))
        hbox.addWidget(self.label)

    def enterEvent(self,event):
        pos = event.position()
        text = f"坐标:({pos.x()},{pos.y()})"
        self.label.setText(text)
        self.update()


if __name__ == '__main__':
    app = QApplication(sys.argv)
    win = Window()
    win.show()
    sys.exit(app.exec())
```

运行结果如图 10-15 所示。

10.4.5 焦点事件

在 PySide6 中,使用 QFocusEvent 类表示焦点事件。当一个控件获得键盘输入焦点时会触发焦点进入事件(QEvent.FocusIn)。焦点进入事件的处理函数为 focusInEvent(QFocusEvent)。当一个控件失去键盘焦点时会触发焦点离开事件(QEvent.FocusOut)。焦点离开事件的处理函数为 focusOutEvent(QFocusEvent)。QFocusEvent 类为 QEvent 类的子类,其常用方法见表 10-25。

3min

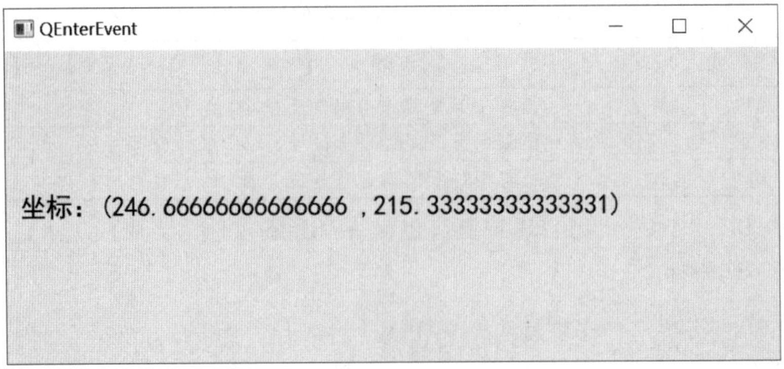

图 10-15　代码 demo14. py 的运行结果

表 10-25　QFocusEvent 类的常用方法

方法及参数类型	说　　明	返回值的类型
getFocus()	若事件类型 type()的返回值为 QEvent. FocusIn,则返回值为 True,否则返回值为 False	bool
lostFocus()	若事件类型 type()的返回值为 QEvent. FocusOut,则返回值 为 True,否则返回值为 False	bool
reason()	获取获得焦点的原因,返回值为 Qt. FocusReason 的枚举值	Qt. FocusReason

在 PySide6 中,Qt. FocusReason 类的枚举值见表 10-26。

表 10-26　Qt. FocusReason 类的枚举值

枚　举　值	说　　明
Qt. MouseFocusReason	鼠标导致的
Qt. TabFocusReason	Tab 键导致的
Qt. BackTabFocusReason	Shift＋Tab 键或 Ctrl＋Shift 键导致的
Qt. OtherFocusReason	其他原因导致的
Qt. ActiveWindowFocusReason	窗口系统使该窗口处于活动状态或非活动状态
Qt. PopupFocusReason	应用程序打开/关闭一个弹出窗口,该弹出窗口抓取/释放键盘焦点
Qt. ShortcutFocusReason	用户输入标签的快捷方式
Qt. MenuBarFocusReason	菜单栏获取焦点

10.4.6　关闭事件

在 PySide6 中,使用 QCloseEvent 类表示关闭事件。当单击窗口右上角的关闭按钮或调用窗口类的 close()方法时会发生关闭事件(QEvent. Close)。关闭事件的处理函数为 closeEvent(QCloseEvent)。

在实际编程中,可以重写处理函数 closeEvent(QCloseEvent),若事件使用 ingnore()方法,则什么也不会发生;若使用 accept()方法,则会将窗口隐藏,如果在窗口中使用 setAttribute (Qt. WA_DeleteOnClose,True),则窗口会被删除。

QCloseEvent 类为 QEvent 类的子类,没有自己独有的方法。

10.4.7 定时器事件

在 PySide6 中,使用 QTimerEvent 类表示定时器事件。只要是从 QObject 类继承的窗口和控件都会触发定时器事件。窗口或控件中与定时器事件相关的方法见表 10-27。

7min

表 10-27 窗口或控件中与定时器相关的类的常用方法

方法及参数类型	说 明	返回值的类型
startTimer(int, timerType = Qt. CoarseTimer)	启动定时器,并返回定时器的 ID,int 表示时间间隔(毫秒)。如果不能启动定时器,则返回值为 0	int
killTimer(int)	停止定时器,参数 int 为定时器的 ID	None

在 PySide6 中,使用处理函数 timerEvent(QTimerEvent)处理定时器事件。QTimerEvent 类为 QEvent 的子类,有一个独有方法,使用方法可以获取定时器事件的定时器 ID,返回的数据类型为 int。

【实例 10-15】 创建一个窗口,该窗口包含两个按钮控件。该窗口会启动两个定时器事件,单击这两个按钮会关闭这两个定时器事件,代码如下:

```python
# === 第 10 章 代码 demo15.py === #
import sys
from PySide6.QtWidgets import (QApplication, QWidget,QPushButton,QHBoxLayout)
from PySide6.QtCore import Qt

class Window(QWidget):
    def __init__(self):
        super().__init__()
        self.setGeometry(200,200,500,200)
        self.setWindowTitle('QTimerEvent')
        #设置布局方式
        hbox = QHBoxLayout()
        self.setLayout(hbox)
        #启动两个定时器
        self.id1 = self.startTimer(6000,Qt.PreciseTimer)
        self.id2 = self.startTimer(12000,Qt.CoarseTimer)
        btn1 = QPushButton("停止第 1 个定时器")
        btn2 = QPushButton("停止第 2 个定时器")
        hbox.addWidget(btn1)
        hbox.addWidget(btn2)
        btn1.clicked.connect(self.kill_timer1)
        btn2.clicked.connect(self.kill_timer2)

    def timerEvent(self, event):
        print("这是第" + str(event.timerId()) + "个定时器.")

    def kill_timer1(self):
        if self.id1:
            self.killTimer(self.id1)
```

```python
    def kill_timer2(self):
        if self.id2:
            self.killTimer(self.id2)


if __name__ == "__main__":
    app = QApplication(sys.argv)
    win = Window()
    win.show()
    sys.exit(app.exec())
```

运行结果如图 10-16 所示。

图 10-16　代码 demo15.py 的运行结果

10.5　事件过滤与自定义事件

在 PySide6 中,可以使用事件过滤器将控件的某种事件注册给其他控件进行监测、过滤、拦截。如果开发者没有使用 PySide6 提供的标准事件,则可以自定义事件。

10.5.1　事件过滤

在 PySide6 中,如果要监测某个控件,则这个被监测的控件需要使用 installEventFilter(QObject)方法安装事件过滤器,其中 QObject 为管理监测的控件。如果要解除某个控件的事件过滤器,则这个被监测的控件可以使用 removeEventFilter(QObject)方法解除监测。

在实际编程中,开发者可通过重写过滤处理函数 eventFilter(QObject,QEvent)来处理过滤事件,其中,QObject 表示被监测的控件对象,QEvent 表示被监测控件的事件类对象。如果过滤处理函数的返回值为 True,则表示事件已经被过滤掉了。如果过滤处理函数的返回值为 False,则表示没有被过滤。

【实例 10-16】　创建一个窗口,该窗口包含两个框架。每个框架中包含一个按钮。如果拖动一个按钮,则另一个按钮也会同步移动。要求使用事件过滤,代码如下:

```
# === 第 10 章 代码 demo16.py === #
import sys
from PySide6.QtWidgets import (QApplication,QWidget,QPushButton,QFrame,QHBoxLayout)
from PySide6.QtGui import QDrag
from PySide6.QtCore import QMimeData,Qt,QEvent

# 自定义按钮类
class MyPushButton(QPushButton):
    def __init__(self,parent = None):
        super().__init__(parent)
        self.setText("孙悟空")
    # 鼠标按下事件
    def mousePressEvent(self, event):
        if event.button() == Qt.LeftButton:
            self.drag = QDrag(self)
            pos = event.position().toPoint()
            self.drag.setHotSpot(pos)
            mime = QMimeData()
            self.drag.setMimeData(mime)
            self.drag.exec()

# 自定义框架类
class MyFrame(QFrame):
    def __init__(self,parent = None):
        super().__init__(parent)
        self.setAcceptDrops(True)
        self.setFrameShape(QFrame.Box)
        self.btn = MyPushButton(self)
    def dragEnterEvent(self,event):
        pos = event.position().toPoint()
        self.child = self.childAt(pos)
        if self.child:
            event.accept()
        else:
            event.ignore()
    def dragMoveEvent(self,event):
        pos = event.position().toPoint()
        if self.child:
            self.child.move(pos - self.child.drag.hotSpot())

class Window(QWidget):
    def __init__(self,parent = None):
        super().__init__(parent)
        self.setGeometry(200,200,560,220)
        self.setWindowTitle('事件过滤器')
        self.setAcceptDrops(True)
        hbox = QHBoxLayout()
        self.setLayout(hbox)
        self.frame1 = MyFrame(self)
        self.frame2 = MyFrame(self)
        hbox.addWidget(self.frame1)
```

```
        hbox.addWidget(self.frame2)
        #将 btn 的事件注册到窗口 self 上
        self.frame1.btn.installEventFilter(self)
        self.frame2.btn.installEventFilter(self)
    #事件过滤函数
    def eventFilter(self,watched,event):
        if watched == self.frame1.btn and event.type() == QEvent.Move:
            self.frame2.btn.move(event.pos())
            return True
        if watched == self.frame2.btn and event.type() == QEvent.Move:
            self.frame1.btn.move(event.pos())
            return True
        return super().eventFilter(watched,event)


if __name__ == '__main__':
    app = QApplication(sys.argv)
    win = Window()
    win.show()
    sys.exit(app.exec())
```

运行结果如图 10-17 所示。

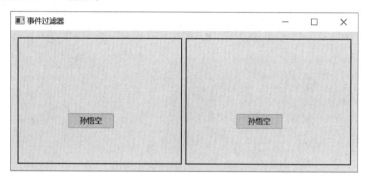

图 10-17 代码 demo16.py 的运行结果

10.5.2 自定义事件

在 PySide6 中,开发者不仅可以使用 PySide6 的标准事件,也可以应用自定义事件。如果开发者应用自定义事件,则不仅要创建自定义事件类,而且要指定事件产生的时机和事件的接收者。应用自定义事件的步骤如下:

第 1 步,创建自定义事件类,该类继承自 QEvent 类。在类中,可以使用 QEvent 类的静态函数 registerEventType(hint:int=-1)注册自定义事件的 ID,并检测给定的 ID 是否合适。ID 为 QEvent.User(值为 1000)、QEvent.MaxUser(值为 65535)或介于两者之间的数值。

第 2 步,使用 QCoreApplication 的 sendEvent(receiver,event)方法或 postEvent(receiver,event)方法发送自定义事件,其中,receiver 表示自定义事件的接收者,event 表示自定义事件的实例对象。这两种方法的不同见表 10-28。

表 10-28 自定义事件的发送方法

方　　法	说　　明
sendEvent（receiver，event）	该方法发送的自定义事件被 QCoreApplication 的 notify（）发送给 receiver 对象，返回值为事件处理函数的返回值
postEvent（receiver，event）	该方法发送的自定义事件被添加到事件队列中，可以在多线程应用程序中用于线程之间的交换事件

　　第 3 步，使用窗口或控件的 customEvent(event)或 event(event)方法处理自定义事件，形式参数 event 表示自定义事件类的实例对象。如果要使用 event(event)方法，则要根据事件类型进行相应处理。

　　【实例 10-17】 创建一个窗口，该窗口包含两个框架。每个框架中包含一个按钮。如果拖动一个按钮，则另一个按钮也会同步移动。要求创建自定义事件，代码如下：

```python
# === 第 10 章 代码 demo17.py === #
import sys
from PySide6.QtWidgets import (QApplication,QWidget,QPushButton,QFrame,QHBoxLayout)
from PySide6.QtGui import QDrag
from PySide6.QtCore import QMimeData,Qt,QEvent,QCoreApplication

# 自定义事件类
class MyEvent(QEvent):
    def __init__(self,position,object_name = None):
        super().__init__(QEvent.User)
        self.__pos = position        # 位置属性
        self.__name = object_name    # 名称属性
    # 自定义事件的方法
    def get_pos(self):
        return self.__pos
    # 自定义事件的方法
    def get_name(self):
        return self.__name


# 自定义按钮类
class MyPushButton(QPushButton):
    def __init__(self,name = None,parent = None,window = None):
        super().__init__(parent)
        self.setText(name)
        self.window1 = window
    # 鼠标按键事件
    def mousePressEvent(self, event):
        if event.button() == Qt.LeftButton:
            self.drag = QDrag(self)
            pos = event.position().toPoint()
            self.drag.setHotSpot(pos)
            mime = QMimeData()
            self.drag.setMimeData(mime)
            self.drag.exec()
    def moveEvent(self, event):
```

```
                    #创建自定义事件的实例对象
                    self.__customEvent = MyEvent(event.pos(), self.objectName())
                    #发送事件
                    QCoreApplication.sendEvent(self.window(), self.__customEvent)

        #自定义框架类
        class MyFrame(QFrame):
            def __init__(self, parent = None):
                super().__init__(parent)
                self.setAcceptDrops(True)
                self.setFrameShape(QFrame.Box)
            def dragEnterEvent(self, event):
                pos = event.position().toPoint()
                self.child = self.childAt(pos)
                if self.child:
                    event.accept()
                else:
                    event.ignore()
            def dragMoveEvent(self, event):
                pos = event.position().toPoint()
                if self.child:
                    self.child.move(pos - self.child.drag.hotSpot())


        class MyWindow(QWidget):
            def __init__(self, parent = None):
                super().__init__(parent)
                self.setGeometry(200, 200, 560, 220)
                self.setWindowTitle('自定义事件')
                self.setAcceptDrops(True)
                hbox = QHBoxLayout()
                self.setLayout(hbox)
                self.frame1 = MyFrame(self)
                self.frame2 = MyFrame(self)
                hbox.addWidget(self.frame1)
                hbox.addWidget(self.frame2)
                #创建按钮控件
                self.btn1 = MyPushButton("拖动我 1", self.frame1, window = self)
                self.btn1.setObjectName("button1")              #按钮的名称
                self.btn2 = MyPushButton("拖动我 2", self.frame2, window = self)
                self.btn2.setObjectName("button2")              #按钮的名称
            #自定义事件的处理函数
            def customEvent(self, event):
                if event.type() == MyEvent.User:
                #if event.type() == MyEvent.myID:
                    if event.get_name() == "button1":
                        self.btn2.move(event.get_pos())
                    if event.get_name() == "button2":
                        self.btn1.move(event.get_pos())


        if __name__ == '__main__':
```

```
app = QApplication(sys.argv)
window = MyWindow()
window.show()
sys.exit(app.exec())
```

运行结果如图 10-18 所示。

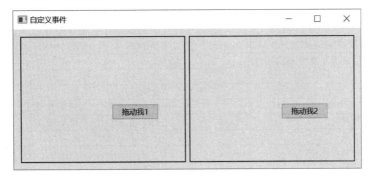

图 10-18　代码 demo17.py 的运行结果

10.6　小结

本章主要介绍了 PySide6 的事件处理机制,事件处理机制可以实现控件之间的通信,与信号/槽机制对比,事件处理机制更底层。

本章首先介绍了所有事件类的基类 QEvent、事件处理的集散地 event()函数。开发者可使用 event()函数截获、处理各种类型的事件。

然后介绍了在开发过程中经常用的事件,包括键盘事件、鼠标事件、拖放控件、剪切板、上下文菜单事件、窗口和控件的常用事件。

最后介绍了事件过滤和自定义事件,这部分内容比较复杂。

图 书 推 荐

书　　名	作　　者
深度探索 Vue.js——原理剖析与实战应用	张云鹏
剑指大前端全栈工程师	贾志杰、史广、赵东彦
Flink 原理深入与编程实战——Scala＋Java(微课视频版)	辛立伟
Spark 原理深入与编程实战(微课视频版)	辛立伟、张帆、张会娟
PySpark 原理深入与编程实战(微课视频版)	辛立伟、辛雨桐
HarmonyOS 移动应用开发(ArkTS 版)	刘安战、余雨萍、陈争艳 等
HarmonyOS 应用开发实战(JavaScript 版)	徐礼文
HarmonyOS 原子化服务卡片原理与实战	李洋
鸿蒙操作系统开发入门经典	徐礼文
鸿蒙应用程序开发	董昱
鸿蒙操作系统应用开发实践	陈美汝、郑森文、武延军、吴敬征
HarmonyOS 移动应用开发	刘安战、余雨萍、李勇军 等
HarmonyOS App 开发从 0 到 1	张诏添、李凯杰
HarmonyOS 从入门到精通 40 例	戈帅
JavaScript 基础语法详解	张旭乾
华为方舟编译器之美——基于开源代码的架构分析与实现	史宁宁
Android Runtime 源码解析	史宁宁
鲲鹏架构入门与实战	张磊
鲲鹏开发套件应用快速入门	张磊
华为 HCIA 路由与交换技术实战	江礼教
华为 HCIP 路由与交换技术实战	江礼教
openEuler 操作系统管理入门	陈争艳、刘安战、贾玉祥 等
恶意代码逆向分析基础详解	刘晓阳
深度探索 Go 语言——对象模型与 runtime 的原理、特性及应用	封幼林
深入理解 Go 语言	刘丹冰
Spring Boot 3.0 开发实战	李西明、陈立为
深度探索 Flutter——企业应用开发实战	赵龙
Flutter 组件精讲与实战	赵龙
Flutter 组件详解与实战	[加]王浩然(Bradley Wang)
Flutter 跨平台移动开发实战	董运成
Dart 语言实战——基于 Flutter 框架的程序开发(第 2 版)	亢少军
Dart 语言实战——基于 Angular 框架的 Web 开发	刘仕文
IntelliJ IDEA 软件开发与应用	乔国辉
Vue＋Spring Boot 前后端分离开发实战	贾志杰
Vue.js 快速入门与深入实战	杨世文
Vue.js 企业开发实战	千锋教育高教产品研发部
Python 从入门到全栈开发	钱超
Python 全栈开发——基础入门	夏正东
Python 全栈开发——高阶编程	夏正东
Python 全栈开发——数据分析	夏正东
Python 编程与科学计算(微课视频版)	李志远、黄化人、姚明菊 等
Python 游戏编程项目开发实战	李志远
量子人工智能	金贤敏、胡俊杰
Python 人工智能——原理、实践及应用	杨博雄 主编,于营、肖衡、潘玉霞、高华玲、梁志勇 副主编
Python 预测分析与机器学习	王沁晨

图 书 推 荐

书　名	作　者
Python 数据分析实战——从 Excel 轻松入门 Pandas	曾贤志
Python 概率统计	李爽
Python 数据分析从 0 到 1	邓立文、俞心宇、牛瑶
FFmpeg 入门详解——音视频原理及应用	梅会东
FFmpeg 入门详解——SDK 二次开发与直播美颜原理及应用	梅会东
FFmpeg 入门详解——流媒体直播原理及应用	梅会东
FFmpeg 入门详解——命令行与音视频特效原理及应用	梅会东
Python Web 数据分析可视化——基于 Django 框架的开发实战	韩伟、赵盼
Python 玩转数学问题——轻松学习 NumPy、SciPy 和 Matplotlib	张骞
Pandas 通关实战	黄福星
深入浅出 Power Query M 语言	黄福星
深入浅出 DAX——Excel Power Pivot 和 Power BI 高效数据分析	黄福星
云原生开发实践	高尚衡
云计算管理配置与实战	杨昌家
虚拟化 KVM 极速入门	陈涛
虚拟化 KVM 进阶实践	陈涛
边缘计算	方娟、陆帅冰
物联网——嵌入式开发实战	连志安
动手学推荐系统——基于 PyTorch 的算法实现（微课视频版）	於方仁
人工智能算法——原理、技巧及应用	韩龙、张娜、汝洪芳
跟我一起学机器学习	王成、黄晓辉
深度强化学习理论与实践	龙强、章胜
自然语言处理——原理、方法与应用	王志立、雷鹏斌、吴宇凡
TensorFlow 计算机视觉原理与实战	欧阳鹏程、任浩然
计算机视觉——基于 OpenCV 与 TensorFlow 的深度学习方法	余海林、翟中华
深度学习——理论、方法与 PyTorch 实践	翟中华、孟翔宇
HuggingFace 自然语言处理详解——基于 BERT 中文模型的任务实战	李福林
Java＋OpenCV 高效入门	姚利民
AR Foundation 增强现实开发实战（ARKit 版）	汪祥春
AR Foundation 增强现实开发实战（ARCore 版）	汪祥春
ARKit 原生开发入门精粹——RealityKit ＋ Swift ＋ SwiftUI	汪祥春
HoloLens 2 开发入门精要——基于 Unity 和 MRTK	汪祥春
巧学易用单片机——从零基础入门到项目实战	王良升
Altium Designer 20 PCB 设计实战（视频微课版）	白军杰
Cadence 高速 PCB 设计——基于手机高阶板的案例分析与实现	李卫国、张彬、林超文
Octave 程序设计	于红博
Octave GUI 开发实战	于红博
ANSYS 19.0 实例详解	李大勇、周宝
ANSYS Workbench 结构有限元分析详解	汤晖
AutoCAD 2022 快速入门、进阶与精通	邵为龙
SolidWorks 2021 快速入门与深入实战	邵为龙
UG NX 1926 快速入门与深入实战	邵为龙
Autodesk Inventor 2022 快速入门与深入实战（微课视频版）	邵为龙
全栈 UI 自动化测试实战	胡胜强、单镜石、李睿
pytest 框架与自动化测试应用	房荔枝、梁丽丽